Chemie der Zemente
(Chemie der hydraulischen Bindemittel)

Von

Dr. Karl E. Dorsch
Privatdozent für chemische Technologie an der
Technischen Hochschule zu Karlsruhe in Baden

Mit 48 Textabbildungen

Springer-Verlag Berlin Heidelberg GmbH
1932

ISBN 978-3-662-27769-0   ISBN 978-3-662-29264-8 (eBook)
DOI 10.1007/978-3-662-29264-8

Alle Rechte, insbesondere das der Übersetzung
in fremde Sprachen, vorbehalten.

Copyright 1932 by Springer-Verlag Berlin Heidelberg
Ursprünglich erschienen bei Julius Springer in Berlin 1932
Softcover reprint of the hardcover 1st edition 1932

Vorwort.

Die letzten beiden unruhigen Jahrzehnte mit den gewaltigen Erschütterungen des Weltkrieges und der Nachkriegszeit haben die Technik in ungeheurem Maße vorangebracht. Von dem, was vordem galt, gilt vieles nicht mehr. Aus der Not dieser Zeit heraus hat die Technik zahllose neue Wunder geschaffen, und die Wissenschaft, seit langem schon hinter der Technik zurück, hat Mühe, das Gefundene zu verstehen, zu fundieren und zu vertiefen.

Das vorliegende Buch ist der Versuch, den Fortschritten der Technik auf dem Gebiete der hydraulischen Bindemittel wissenschaftlich nachzukommen. Ich habe mich hierbei bemüht, die zahllosen Untersuchungen und Forschungen in diesem Wissenszweige kritisch zu sichten und zu einer Chemie der hydraulischen Bindemittel zusammenzufassen. Der Umfang des Darzustellenden erforderte Beschränkung; die Auswahl aus der Fülle des Stoffes geschah stets unter dem Gesichtspunkt: Multum, non multa. Wo es möglich war, habe ich Zahlenmaterial herangezogen, um dem Fachgenossen die Möglichkeit exakter Vergleiche an die Hand zu geben.

Die Lektüre dieses Buches wird den Eindruck erwecken, daß die Chemie der Zemente noch ziemlich in den Kinderschuhen steckt, und daß die Erkenntnisse auf diesem Gebiet noch nicht allzuweit vorangeschritten sind, ja, daß in vielen Dingen bisher von ganz falschen Voraussetzungen aus gearbeitet wurde. Die Schwierigkeit des Gegenstandes entschuldigt dies. Auch das in diesem Buche Gesagte kennzeichnet nur eine Etappe in der Entwicklung der Zementchemie.

Berlin, im Oktober 1932.

Dr. Karl E. Dorsch.

Inhaltsverzeichnis.

	Seite
Einleitung	1
I. Definition und Systematik der Bindemittel	6
II. Die Zementrohstoffe	15
a) Der Kalk als Rohstoff	15
b) Die Tonerde als Rohstoff	18
c) Die Kieselsäure als Rohstoff	21
III. Die Entwicklung der Zementforschung	27
IV. Die Gleichgewichtslehre bei den Silikaten	32
a) Die Phasenlehre	32
b) Die spezifische Wärme der Silikate	34
c) Die Bildungswärme	37
d) Die Kristallisations-, Schmelz- und Umwandlungswärme	40
e) Die Schmelzpunkte und Schmelzgleichgewichte	41
f) Die Unterkühlung	46
g) Die Umwandlung	47
h) Die Zweistoffsysteme	50
i) Die Dreistoff- und Mehrstoffsysteme	58
V. Die Kristalle	64
a) Die Kristalloptik	64
b) Die röntgenspektrographische Methode der Kristallanalyse	73
VI. Spezielle Ein- und Mehrstoffsysteme	81
a) Die Einstoffsysteme	81
1. SiO_2	81
2. Al_2O_3	85
3. Fe_2O_3	87
4. MgO	90
5. CaO	92
b) Die Zweistoffsysteme	97
1. $CaO-SiO_2$	97
2. $Al_2O_3-SiO_2$	108
3. $CaO-Al_2O_3$	110
4. $CaO-Fe_2O_3$	118
5. $MgO-SiO_2$	119
c) Das ternäre System $CaO-Al_2O_3-SiO_2$	120
VII. Die Konstitution des Portlandzementklinkers	126
VIII. Die Vorgänge beim Brennen des Zements	132
IX. Die Zementmoduln	139
X. Die technische Herstellung des Portlandzements	145
1. Rohstoffberechnung	145
2. Gewinnung der Rohstoffe	148
3. Das Dünnschlammverfahren	149
4. Das Trockenverfahren	150

Inhaltsverzeichnis. V

Seite

  5. Das Halbnaßverfahren 150
  6. Das Dickschlammverfahren 151
  7. Die Mühlen 152
  8. Das Brennen des Klinkers 154
  9. Der Schachtofen 155
 10. Der Drehofen 156
 11. Wärmebilanz des Zementbrennprozesses 159
 12. Die Lagerung und Mahlung des Klinkers 163
XI. Die technischen Eigenschaften des Portlandzements . 168
  1. Das Abbinden 168
  2. Die Raumbeständigkeit 170
  3. Die Festigkeit 175
XII. Die hochwertigen Portlandzemente 179
XIII. Die ungesinterten silikatischen Bindemittel 184
XIV. Die silikatischen Mischzemente 187
  1. Die Hochofenschlacke — Hochofenzemente und Eisenportlandzemente 187
  2. Die Puzzolanerden 201
  3. Der Traß 203
  4. Die Traßzemente 207
XV. Die Tonerdezemente 212
  1. Die Fabrikation der Tonerdezemente 221
  2. Die Eigenschaften der Tonerdezemente 224
XVI. Die Erhärtung der Zemente 228
XVII. Die Korrosion der Zemente 242

Namenverzeichnis 263
Sachverzeichnis 265

Einleitung.

Mehr denn je gilt heute die Forderung der Wirtschaft, Energien und Stoffe aufs äußerste zu nutzen, um so ein wirtschaftliches Bauen zu ermöglichen. Immer häufiger und lauter ertönt daher in letzter Zeit von fachkundiger Seite der Ruf nach einer eingehenderen Kenntnis der Baustoffe. Eine vertiefte Kenntnis des Baumaterials ist die Voraussetzung für die wirtschaftliche Gestaltung von Bauwerken. Dies kann nur dadurch erreicht werden, daß sich an den Hochschulen die Chemiker und Ingenieure mehr als bisher üblich mit dem Studium der Baustoffe, mit der Chemie und Technik der Bindemittel beschäftigen und sich mit deren Zusammensetzung und den Prüfungsmethoden genauestens vertraut machen. Charakteristisch für die Gleichgültigkeit, mit der man heute noch ganz allgemein den Baustoffen begegnet, ist die Tatsache, daß ein nur ganz kleiner Bruchteil der studierenden Chemiker sich dem Studium der angewandten Silikatchemie, der Chemie und Technik keramischer und zementtechnischer Produkte widmet, und daß ferner die Ergebnisse wissenschaftlicher Forschungen nur langsam in Baukreisen Eingang finden. Welche ungeheuren wirtschaftlichen Werte hierbei jedoch auf dem Spiele stehen, möge an Hand einer einfachen statistischen Darstellung gezeigt werden, die zugleich über den Umfang der deutschen Zementindustrie orientiert.

Die ersten deutschen Zementfabriken entstanden um das Jahr 1850 in Buxtehude, Uetersen und Dirschau. Die Erzeugnisse dieser Werke bestanden überwiegend aus Romanzement. Im Jahre 1852 wurde in Döhlen bei Dresden die Portlandzementfabrikation aufgenommen, und gleichzeitig richtete Bleibtreu eine Portlandzementversuchsanlage in der Nähe von Stettin ein. Aus dieser Versuchsanlage ist dann im Jahre 1855 die Stettiner Portlandzementfabrik mit einer damaligen Jahresproduktion von 25000 Faß Zement (pro Faß 170 kg) hervorgegangen. Im Verlauf von 50 Jahren (bis zum Jahre 1904) wurden dann in Deutschland 78 Portlandzementfabriken errichtet. Nach 1904 entstanden weitere 42 Portlandzementwerke und 17 Hochofen- und Eisenportlandzementfabriken. Die Leistungskapazität dieser rund 140 Fabriken beträgt etwa 70000000 Faß (à 170 kg), also ungefähr 12000000 Tonnen/Jahr. In Tabelle 1 ist die Entwicklung der Produktion, der Ausfuhr und Einfuhr von Zement in Deutschland seit dem Jahre 1900 zusammengestellt.

Einleitung.

Tabelle 1.

Jahr	Produktion	Ausfuhr	Einfuhr	Jahr	Produktion	Ausfuhr	Einfuhr
	in Tonnen				in Tonnen		
1900	3650000	543990	77290	1916	3000000	—	—
1901	4230000	506650	86860	1917	3377000	—	—
1902	4050000	641440	51950	1918	1879000	—	—
1903	3870000	683570	49830	1919	1786500	—	—
1904	3960000	580200	60170	1920	2250500	117870	58820
1905	4170000	617890	148010	1921	3909000	327230	8000
1906	4510000	732620	234490	1922	4696000	415030	132570
1907	4760000	693170	241420	1923	3482000	377640	10030
1908	5020000	528850	168500	1924	4048200	399790	35620
1909	5290000	611890	224180	1925	5811800	782440	72600
1910	5970000	725260	242660	1926	5949800	968290	59730
1911	5700000	725830	253670	1927	7342300	1150600	66000
1912	6400000	1064700	228950	1928	7576200	1061000	144210
1913	6868000	1129560	168540	1929	7039300	1100180	154650
1914	7148500	—	—	1930	5500000	904000	—
1915	5066000	—	—	1931	3700000	546000	—

Produktion, Ausfuhr und Einfuhr der bedeutendsten an der Zementerzeugung wie am Zementverbrauch interessierten Länder sind aus den nachfolgenden Zusammenstellungen ersichtlich (Tabelle 2 und 3).

Tabelle 2. Zementerzeugung.

	Jahr	Menge in Millionen Tonnen
Vereinigte Staaten	1928	30,01
Deutschland	1928	7,57
Frankreich	1927	5,10
Großbritannien	1927	4,95
Belgien-Luxemburg	1927	2,80
Italien	1927	2,55
Tschechoslowakei	1927	1,50

Tabelle 3.
Ausfuhr und Einfuhr im Jahre 1928 in 1000 Tonnen

	Ausfuhr		Einfuhr
Belgien	1816	Holland	892
Deutschland	1061	Brasilien	456
Großbritannien	925	Argentinien	401
Frankreich	640	Vereinigte Staaten	390
Dänemark	501	Straits Settlements	318
Jugoslawien	377	Großbritannien	281
Vereinigte Staaten von Amerika	141	Ägypten	251

Einleitung.

Der Preis für Portlandzement stellte sich im Jahre 1928 in den verschiedenen Ländern für je 100 kg (bezogen auf Reichsmark) auf:

Rußland	9,50 RM	(Frachtkosten, ungünstige Rohstoffbasis.)
Belgien	1,90 RM	(Billige Transportwege, günstige Rohstoffbasis.)
Großbritannien	5,55 RM	
Frankreich	5,40 RM	
Deutschland	4,55 RM	

Die Weltproduktion an Zement hat sich seit 1913 um 78% vergrößert. Die Fabriken sind allgemein nur zu zwei Drittel ihrer Leistungsfähigkeit ausgenutzt.

Diese Zahlen sind hier angeführt worden, um zu zeigen, welches Kapital die Zementindustrie alljährlich umsetzt. Setzen wir beispielsweise den Durchschnittswert einer Tonne Zement im Jahre 1928 mit 35.— RM (niedriger Wert) an, so wurde 1928 allein in den in Tabelle 2 angeführten sieben Staaten eine Zementmenge im Gesamtwert von etwa 2 Milliarden Mark produziert. Dies ungeheure Kapital wird von der Zementindustrie dieser Staaten jährlich in Umlauf gebracht und ruht sozusagen auf der Verantwortung der Chemiker und Techniker, die den Zement herstellen, und der Bauingenieure, die ihn verarbeiten. Wenn wir uns dazu nun vergegenwärtigen, daß das Produkt Zement bis zum heutigen Tage chemisch noch weitgehend unerforscht ist, daß wir nur gerade die Bedingungen kennen, um ein gewissen Konventionen (Normen) unterworfenes Gebilde, sei es nun Portlandzement, Hochofenzement oder Tonerdezement, fabrikatorisch einigermaßen gleichmäßig zu erzeugen, und daß wir weit davon entfernt sind, alle Möglichkeiten dieses neuen Baustoffs „Zement" auch nur zu erkennen, so werden wir einsehen, von welcher Wichtigkeit hier wissenschaftliche Forschungen sind. Nach welchen Richtungen hin sich diese Forschungen erstrecken können, sei an nur zwei Beispielen erläutert.

Alljährlich gehen zahllose Bauwerke, Hafendämme, Talsperren, Betonstraßen, Industrie- und Wohnbauten durch Korrosion zugrunde. Durch Temperatureinflüsse wie Frost und Hitze, durch den Wechsel von Regen und Trockenheit, durch Salzlösungen, Industrieabgase und Großstadtabwässer werden jährlich Betonschäden von Hunderten von Millionen Mark verursacht. Es ist bis heute noch nicht gelungen, diese Werte zu retten und einen Zement herzustellen, der gegen korrodierende Einflüsse größeren Widerstand zu leisten vermag. Amerika und Japan (letzteres ist seit dem Erdbeben von 1923 stark an Betonbauten interessiert und hat seitdem seine Zementindustrie in jähem Aufschwung entwickelt) arbeiten mit ungeheuren Mitteln an der Lösung dieses Problems. Dies erfordert allerdings zunächst eine genaue wissenschaftliche Kenntnis der chemischen Zusammensetzung der Zemente, der

Vorgänge beim Abbinden und Erhärten und des Korrosionsprozesses. Wie weit wir von einer solchen noch entfernt sind, zeigt auch das zweite Beispiel. Man ist seit langem mit Erfolg bemüht, die Qualität der Zemente stetig zu verbessern. Das Ergebnis dieses Strebens kommt in den von Jahr zu Jahr steigenden Normenanforderungen zum Ausdruck. Die folgende Tabelle 4 veranschaulicht dies an Hand der Mahlfeinheit und der Festigkeit von Portlandzement.

Tabelle 4.

Normen von	1877	1877—1892	1909	1928	1930
Siebrückstand auf dem 900-Maschensieb %	20	10	5	5	2
Festigkeit von 1:3 Mischung Portlandzement/Normensand					
Wasserlagerung:					
Zug nach 7 Tagen	—	—	12	18	—
„ nach 28 Tagen	10	16	—	30 (komb.)	—
Druck nach 7 Tagen	—	—	120	180	—
„ nach 28 Tagen	—	160	200	275	—
Kombinierte Lagerung:					
Druck nach 28 Tagen	—	—	250	350	—

Man hat relativ früh erkannt, daß die Festigkeit eines Zements wesentlich ansteigt, wenn man seine Mahlfeinheit erhöht. Tabelle 4 zeigt, daß die Siebrückstände eines Normenzements auf dem 900-Maschensieb von 20% im Jahre 1877 auf 2% im Jahre 1930 gesunken sind. Bei diesem Wettlauf um immer größere Festigkeiten hat man aber stets nur die Druckfestigkeit und nicht die Zugfestigkeit berücksichtigt. Der Quotient aus Zug- und Druckfestigkeit, der früher ungefähr 1:10 betrug, ist heute bei den meisten Zementen infolge der Steigerung der Druckfestigkeit auf 1:15 oder gar auf 1:20 (bei den Tonerdezementen) gestiegen. Während heute die Druckfestigkeiten der Zemente zum Teil weit höher sind als bautechnisch erforderlich ist, sind die Zugfestigkeiten noch genau so ungünstig wie vor 30 Jahren. Wenn auch die Normenanforderungen bezüglich der Zugfestigkeit erhöht worden sind, so erreichten doch die Zemente vor 30 Jahren ebenso wie die heutigen Zemente nach einer Lagerung von 28 Tagen eine Zugfestigkeit von 30 kg/qcm und mehr. Die Folge hiervon ist, daß wir überall dort, wo in der Praxis Zugspannungen im Beton und Eisenbeton auftreten wie z. B. bei Brücken, Talsperren, Deckenkonstruktionen, noch genau soviel Zement verwenden müssen wie vor 30 Jahren trotz all der hohen Druckfestigkeiten, die ein ganz falsches Bild von den Eigenschaften des Zements in der Praxis geben. Wenn es gelingt, Zemente mit wesentlich höheren Zugfestigkeiten herzustellen, dann wird man ungeheure Ersparnisse an Zement und Eisenbewehrungen im Beton und Eisenbeton erzielen und das Bauen weit wirtschaftlicher gestalten können.

Es sind dies nur zwei Beispiele aus der Fülle von wichtigen Problemen, von denen später noch weitere angeführt werden sollen. Ihre Lösung würde zu gewaltigen Umwälzungen im Bauwesen und zu riesigen wirtschaftlichen Fortschritten führen. Die genannten Probleme entstanden in der Praxis des Bauingenieurs; der Chemiker hat sie zu lösen. Es ist notwendig, immer wieder darauf hinzuweisen, daß alle Forschungen auf einem angewandten Gebiete chemischer Technologie, wie der Zementchemie, nur in enger Zusammenarbeit von Chemiker und Bauingenieur Ergebnisse zeitigen können, die einen Fortschritt bedeuten.

I. Definition und Systematik der Bindemittel.

Die Zahl der Bindemittel ist ungeheuer groß. Hierzu hat die rasche Entwicklung der chemischen Technik in den letzten Jahrzehnten in erheblichem Maße beigetragen. Seitdem es gelungen ist, die überaus lästigen Abfallstoffe der Eisenverhüttung zu Hochofenzement und Eisenportlandzement zu verarbeiten und damit die Roheisenproduktion sogar bedeutend wirtschaftlicher zu gestalten, werden zahlreiche industrielle Abfallstoffe zu Zement verarbeitet. Die Wirtschaftlichkeit vieler chemisch-technischer Prozesse hängt in gewisser Weise davon ab, daß nebenbei noch Zement erzeugt werden kann. Es sei in diesem Zusammenhange nur erinnert an die Erzeugung von Zement als Nebenprodukt bei der Phosphorsäuregewinnung, ferner an die Fabrikation des Portlandjuraments, eines neuartigen Mischzements aus Portlandzement und Juraölschieferasche. Es sei weiterhin gedacht an die Gewinnung von Zementen aus den Rückständen der Tonerdegewinnung (Aufschluß von Bauxiten mittels Kalk unter geringem Druck und bei Temperaturen von 180^0 C), an die Cineritzemente, die aus Mischungen von Portlandzement mit Gichtstaub und gereinigten Flugstaubaschen bestehen, an die verschiedenen Schlackenzemente, an die Mischzemente, die aus Portlandzement, Traß und Si-Stoff bestehen, und an die Zemente, die neuerdings aus Tonerdezement und geeigneter Hochofenschlacke hergestellt werden.

Da es zwischen all diesen verschiedenen teils neuen, teils älteren und ältesten Bindemitteln keine scharfen Trennungslinien gibt, ist eine Systematik der Bindemittel mit gewissen Schwierigkeiten verbunden. Ganz ohne jeden Zwang lassen sich die Bindemittel überhaupt nicht in ein System hineinbringen. Das ist aber auch gar nicht wesentlich, wenn wir uns nur immer vor Augen halten, daß eine solche Systematik ja nichts weiter ist als eine Art Leitfaden, an Hand dessen wir uns etwas besser und bequemer in dem Labyrinth der zahlreichen und mannigfaltigen Stoffe zurechtfinden. Eine Systematik soll vor allem klar sein, sie soll ferner nicht zu einseitig sein und keine offensichtlichen Fehler enthalten. Man kann die Bindemittel einteilen nach der Art ihrer Herkunft, nach dem Gange der Fabrikation (gefrittet, gesintert oder geschmolzen) und nach ihrem Verhalten im erhärteten Zustande. Da für die praktische Verwendung und Auswahl der Bindemittel in der Hauptsache ihre Widerstandsfähigkeit gegen Wasser ausschlaggebend ist, wollen wir uns zunächst die letzte Art der Einteilung — Verhalten im

Definition und Systematik der Bindemittel.

erhärteten Zustande — zunutze machen, um auf diese Weise einmal generell eine Grenze zwischen den Luftmörteln und den Wassermörteln zu ziehen. Demnach unterscheidet man also Luftmörtel, die der Einwirkung von Wasser nicht widerstehen können und von ihm aufgelöst werden, und Wassermörtel oder hydraulische Mörtel, die nach dem Erhärten vom Wasser nicht angegriffen werden.

Zu den Luftmörteln gehören die ältesten Bindemittel: die Mörtel aus Lehm, aus Gips und aus Kalk. Diese Bindemittel sind uralt. Sie wurden bereits vor 5000 Jahren bei den Kultbauten der Ägypter und ebenso bei den Bauten des alten jüdischen Volkes verwendet. Die Juden waren es auch, die schon die zweite Mörtelart, die hydraulischen, wasserfesten Bindemittel, herzustellen verstanden, indem sie Weißkalk mit Ziegelmehl vermischten. Hieran anknüpfend haben die Römer später wasserfeste gemischte Mörtel aus Weißkalk und ,,hydraulischen Zuschlägen", die den Weißkalkmörtel wasserfest machten, hergestellt und bei ihren Wasserbauten ausgiebig verwendet. Als ,,hydraulische Zuschläge" benutzten sie die in der Natur vorkommenden ,,Puzzolane". Den Römern gebührt das Verdienst erkannt zu haben, daß gewisse vulkanische Erden, z. B. die Puzzolanerde (genannt nach dem Orte Puteoli), die Santorinerde (von der Insel Santorin) und der rheinische Traß, sich als ,,hydraulische Zuschläge" noch weit besser eignen und den Kalkmörtel noch wasserfester machen als das von den semitischen Völkern verwendete Ziegelmehl.

Der Kreis dieser ,,hydraulischen Zuschläge" hat sich in neuerer Zeit gewaltig durch die Hinzunahme zahlreicher industrieller Abfallprodukte erweitert. Daher müssen wir heute sagen: Die Puzzolane oder ,,hydraulischen Zuschläge" sind teils in der Natur vorkommende Mineralien vulkanischen Ursprungs, teils kieselsäurehaltige industrielle Abfallprodukte. Man spricht daher von natürlichen und künstlichen Puzzolanen. Die natürlichen ebenso wie die künstlichen Puzzolane enthalten als hydraulisch wirksamen Bestandteil Kieselsäure in reaktionsfähiger Form. Für sich allein besitzen die Puzzolane kein Erhärtungsvermögen. Ihre Umwandlung in hydraulische Bindemittel geschieht erst durch ihre Beimischung zu Stoffen mit hohem Kalkgehalt wie z. B. Weißkalk, Romanzement oder Portlandzement.

Die eigentliche Einführung der hydraulischen Bindemittel in unsere Kulturwelt erfolgte jedoch erst im 18. Jahrhundert, und zwar ziemlich gleichzeitig in Frankreich und England. In Frankreich waren es die Arbeiten von Vicat und in England die von Smeaton, die den Weg zu den neuen Bindemitteln wiesen. Vicat und Smeaton beobachteten, daß durch geeignetes Brennen und Löschen kieselsäurehaltiger Kalksteine wasserfeste Mörtelstoffe, die sog. hydraulischen Kalke, entstehen. Smeatons besonderes Verdienst ist es, die Bedeutung des Tongehaltes für die hydraulischen Eigenschaften der Kalkmörtel erkannt zu haben.

Diese Feststellungen führten dann durch die weiteren systematischen Untersuchungen von Parker zur Erfindung des Romanzements, des Romankalks und der hydraulischen Kalke. Für die Herstellung des Romankalks verwendete Parker zunächst die in der Nähe von London vorkommenden tonhaltigen Kalkmergel. Später ging Parker zur Verwendung künstlicher Mischungen aus Kalkstein und Ton über. Diese Mischungen wurden jedoch noch nicht bis zur Sinterung gebrannt, offenbar weil die technischen Möglichkeiten für die Erzielung so hoher Temperaturen damals noch nicht gegeben waren.

Das Endglied dieser sehr langsamen Entwicklung, die der Vervollkommnung der hydraulischen Bindemittel und damit des bautechnischen Könnens diente, bildet dann die Erfindung des Portlandzements. Die Erfindung des Portlandzements wird dem Engländer J. Aspdin (1811 bis 1824) zugeschrieben. Es ist möglich, daß Aspdin gelegentlich auch schon portlandzementähnliche Produkte herzustellen vermochte, doch erst der Engländer J. C. Johnson (1848) erkannte klar die genauen Herstellungsbedingungen des bis zur Sinterung gebrannten Portlandzements. Von England ist dann die Portlandzementfabrikation durch Bleibtreu 1852 nach Deutschland gekommen.

Gegen Ende des 19. Jahrhunderts und zu Beginn des 20. Jahrhunderts sind dann noch eine große Reihe von neuen hydraulischen Bindemitteln durch die Erkenntnis entstanden, daß zahlreiche künstliche Puzzolane, d. h. industrielle Abfallstoffe wie z. B. die Hochofenschlacken, zwar für sich allein keinen Mörtel bilden können, aber ähnlich wie das Ziegelmehl und die vulkanischen Erden durch Zumischung zu Kalk oder zu Portlandzement hydraulische Bindemittel zu liefern vermögen.

Die meisten Mischzemente werden aus Hochofenschlacke durch Vermischung mit Portlandzement oder mit Kalkhydrat hergestellt. Je nach den Zuschlägen und den Mischungsverhältnissen unterscheidet man Hochofenzemente, Eisenportlandzemente und Schlackenpuzzolanzemente. Die Eisenportlandzemente sind Mischungen aus 30 Teilen Hochofenschlacke mit 70 Teilen Portlandzement, die Hochofenzemente solche aus mindestens 70 Teilen Hochofenschlacke mit höchstens 30 Teilen Portlandzement, und die Schlackenpuzzolanzemente entstehen durch Vermahlung von Hochofenschlacke mit sehr geringen Mengen von Kalk.

An Stelle der Hochofenschlacke können auch andere künstliche Puzzolane treten. Es entstehen dann die sog. ,,hydraulischen Kalke besonderer Fertigung" oder ,,Spezialzemente". Es sind dies Mischungen von industriellen Abfallstoffen mit Portlandzement oder mit Weißkalk. So erhält man z. B. durch Zusammenmahlung von Portlandzement mit Ölschieferasche den vornehmlich in Süddeutschland bekannten Portlandjurament.

Definition und Systematik der Bindemittel.

Bei Mischung von in der Natur vorkommenden Puzzolanen wie Traß mit Portlandzement oder mit Kalk entstehen die sog. Traßzemente und die neuerdings wieder sehr viel in der Praxis verwendeten Traßportlandzemente.

In allerneuester Zeit erfolgte dann noch die Erfindung der Tonerdezemente, die in der Hauptsache aus Kalziumaluminaten bestehen, während die Portlandzemente und älteren Wassermörtel vornehmlich auf der Basis der Kieselsäure aufgebaut sind.

Nach dieser geschichtlichen Abschweifung, die gleichzeitig eine gewisse Klärung der Begriffe bezweckte, wollen wir wieder zu unserem Ausgangspunkt zurückkehren und noch einmal wiederholen, daß ein Bindemittel entweder hydraulisch, d. h. wasserbeständig, oder aber nicht hydraulisch, nicht wasserbeständig sein kann (Tabelle 5). Zu den nicht wasserbeständigen Bindemitteln gehören der Lehm, der Kalk, der Gips und die Sorelmagnesia, zu den hydraulischen Bindemitteln alle Zemente und hydraulischen Kalke.

Tabelle 5. Bindemittel.

Nicht hydraulisch Werden vom Wasser angegriffen		Hydraulisch Werden vom Wasser nicht angegriffen	
unselbständig erhärtend	Lehm Kalk	Alle Zemente Hydraulische Kalke	selbständig erhärtend (unter Wasser weiter erhärtend)
selbständig erhärtend	Gips Sorelmagnesia		

Wir wollen uns im folgenden nur mit den hydraulischen Bindemitteln beschäftigen und die Chemie und Technik der nicht hydraulischen Bindemittel nur ganz flüchtig streifen. Daher ist eine Zusammenfassung der Bindemittel unter dem Gesichtspunkt der Tabelle 5 für unsere Zwecke zu allgemein, und es erweist sich als notwendig, die Gruppe der hydraulischen Bindemittel einer besonderen Gliederung zu unterwerfen. Solche Gliederungen sind schon des öfteren versucht worden. Ich erinnere an die systematischen Zusammenstellungen von Tetmajer[1], Arlt[2], vom Verein Deutscher Portlandzementfabrikanten[3], Kühl[4] und neuerdings von Grün[5]. Jede dieser Zusammenfassungen ist unter einem anderen Gesichtspunkt aufgebaut.

Die Systematik von Tetmajer beruht auf der Unterscheidung zwischen selbständig und nicht selbständig erhärtenden Bindemitteln und ist im übrigen ebenso allgemein gehalten wie die oben gezeigte

---
[1] Tetmajer, L.: Hydraulische Bindemittel 1893 Heft 6 S. 66.
[2] Arlt: s. Doelter 1911, Handbuch der Mineralchemie, Bd. 1 S. 815.
[3] Zementprotokoll 1913 S. 150.
[4] Kühl u. Knothe: Die Chemie der hydraulischen Bindemittel, 1915 S. 15.
[5] Grün, R.: „Zement". Berlin 1927 S. 3.

Tabelle 5, wobei die hydraulischen Bindemittel zu wenig berücksichtigt werden. Die auf physikalisch-chemischen Gesichtspunkten basierte Zusammenstellung von Arlt erfaßt die hydraulischen Bindemittel jeweils nach ihrem Formzustand, amorph, glasig oder kristallin. Arlt bezeichnet die hydraulisch wirksamen Substanzen als Hydraulite und unterscheidet zwischen amorphen und kristallinen Hydrauliten. Zu den amorphen Hydrauliten gehören nach Arlt die nichtglasigen hydraulischen Kalke, Romanzemente und Ziegelmehle und ferner die glasigen Hydraulite wie die Puzzolane und die Hochofenschlacken. Zu den kristallinen Hydrauliten rechnet Arlt die Portlandzemente und die Hüttenzemente. Diese Systematik hat den Nachteil, daß ihrem Wesen nach gleichartige Substanzen wie die „hydraulischen Zuschläge" ohne jeden Zusammenhang an ganz verschiedenen Stellen der Tabelle erscheinen, und daß die seit der Aufstellung dieser Systematik erfundenen neuen Zemente, die Mischzemente und namentlich die Tonerdezemente an Stellen eingetragen werden müßten, wo jeder chemische Zusammenhang fehlt.

Die Systematik des Vereins Deutscher Portlandzementfabrikanten teilt die Bindemittel unter praktischen Gesichtspunkten ein, und zwar in solche, die ohne Aufbereitung des Rohmaterials, und in solche, die mit Aufbereitung des Rohmaterials hergestellt werden. Bei einer derartigen Gliederung werden Zemente, die chemisch völlig identisch sind, wie z. B. die Naturzemente und die Portlandzemente, bloß infolge ihrer verschiedenen Aufbereitungsweise vollkommen voneinander getrennt, und ebenso werden die miteinander verwandten Hochofenzemente und die Puzzolanzemente auseinandergerissen.

Das gleiche ist bei der Systematik von Grün der Fall, der die Bindemittel nach ihrer Brennweise gliedert. Die Grünsche Zusammenstellung enthält von den Mischzementen nur die aus Hochofenschlacke hergestellten Hüttenzemente und Schlackenzemente, während die aus den natürlichen Puzzolanen hergestellten Puzzolanzemente, Traßzemente, Traßportlandzemente usw. fehlen.

Wirklich vollständig und klar ist die Einteilung von Kühl und Knothe, die inzwischen von Kühl erweitert worden ist. Sie umfaßt alle hydraulischen Bindemittel und wird auch dem chemischen Charakter der Zemente und ihren Eigenschaften gerecht. Wir wollen uns im folgenden Abschnitt an diese Systematik (Tabelle 6) anlehnen und nur einige Abänderungen und Ergänzungen, vor allem auf der Seite der Tonerdezemente einführen (Tabelle 6), ohne jedoch die Klarheit des Kühlschen Schemas zu gefährden. Ich verwende hierbei gleichzeitig einige neue Bezeichnungen in der Hoffnung, daß diese sich einbürgern mögen.

Danach unterscheiden wir zunächst einmal zwischen den Zementen, die in der Hauptsache aus Kalziumsilikaten, und denjenigen, die aus Kalziumaluminaten aufgebaut sind. Beide Zementarten sind grundsätzlich völlig voneinander verschieden.

Definition und Systematik der Bindemittel.

Tabelle 6.

Hydraulische Bindemittel							
Silikatzemente					Bindemittel aus latent hydraulischen Stoffen		Aluminatzemente
An sich hydraulische Bindemittel							Tonerdezemente
Ungesinterte Bindemittel		Gesinterte Bindemittel		Geschmolzene Bindemittel	Bindemittel mit Portlandzementzusatz	Bindemittel mit Kalkzusatz	
Löschbare Bindemittel	Nicht löschbare Bindemittel	Nicht aufbereitete	Aufbereitete				
Zementkalke / Wasserkalke	Dolomitkalke / Romankalke	Naturzement	Erzzement / Weißer Portlandzement / Portlandzement	Erzzement	Traßportlandzemente / Portlandjurament / Cineritzement / Hochofenzement / Eisenportlandzement ↑	Künstliche Zementkalke / Puzzolanzemente / Schlackenzemente ↑	Geschmolzene Tonerdezemente / Gesinterte Tonerdezemente

Zu den Aluminatzementen gehören die in neuester Zeit zu großer Bedeutung gelangten Tonerdezemente, die aus Bauxit und Kalk durch Schmelzen oder Sinterung der Rohmasse hergestellt werden. Die Tabelle 6 zeigt entsprechend der verschiedenen Brennweise bei den Tonerdezementen zwei Unterteilungen für geschmolzenen und für gesinterten Tonerdezement.

Hier erscheint es am Platze, drei Begriffe, die für die Chemie der hydraulischen Bindemittel von großer Wichtigkeit sind, zu definieren, nämlich den Begriff der „Frittung", der „Sinterung" und der „Schmelzung".

Unter „Frittung" versteht man einen Brennvorgang, bei dem das Brenngut sich im festen Zustande ohne Anwesenheit einer flüssigen Phase verdichtet.

Die „Sinterung" hingegen ist ein Prozeß, bei dem das Brenngut sich unter teilweisem Übergang in die flüssige Phase verdichtet. Die feste Phase verschwindet hierbei aber niemals völlig.

Die „Schmelzung" ist ein Brennvorgang, bei dem die feste Phase des Brennguts vollständig in den tropfbar flüssigen Zustand übergeht.

Die Silikatzemente werden eingeteilt in Stoffe, die für sich allein hydraulisch erhärten können, und in solche, die erst die Hilfe eines Erregers (Katalysators) benötigen, um hydraulisch zu erhärten. Es sind dies die „latent hydraulischen" Bindemittel. Die „an sich hydraulischen" Bindemittel ergeben die ungemischten Zemente, während die „latent hydraulischen" Stoffe zu den Mischzementen führen.

Die ungemischten silikatischen Zemente werden nun weiter nach der Art der Brennweise in nicht gesinterte, gesinterte und geschmolzene Bindemittel gegliedert. Es gibt somit silikatische Zemente, die unterhalb der Sinterung, ohne Eintreten einer partiellen Schmelzung, hergestellt werden und solche, die unter teilweiser Verflüssigung, Sinterung, gebrannt werden.

Geschmolzene silikatische Bindemittel, die an sich schon hydraulische Bindemittel wären, gibt es trotz zahlloser Versuche in dieser Richtung wegen des sehr hohen Schmelzpunktes solcher Gemische bis heute noch nicht. Schmelzen aus Kalk und Kieselsäure, wie die basischen Hochofenschlacken, werden jedoch wegen ihrer latent hydraulischen Eigenschaften zur Herstellung von Mischzementen verwendet und können als eine Art Übergang zu den latent hydraulischen Bindemitteln (s. Tabelle 6) angesehen werden.

Die ungesinterten, ,,an sich hydraulischen" Bindemittel werden nach ihrem verschiedenen Verhalten gegenüber der Einwirkung von Wasser charakterisiert. Einige besitzen die Fähigkeit, mit Wasser abzulöschen, andere wiederum nicht. Demnach unterscheidet man ,,löschbare Bindemittel", wie die Wasserkalke und Zementkalke, und ,,nicht löschbare Bindemittel", zu denen die Romankalke und die Dolomitkalke gehören.

Zu den gesinterten Bindemitteln zählen die bekanntesten Zemente: Die Portlandzemente und die Naturzemente. Sie unterscheiden sich voneinander durch die Art ihrer Herstellung. Die Naturzemente werden aus natürlichen Kalkmergeln, die die für die Herstellung von Portlandzement erforderliche Zusammensetzung besitzen, ohne Aufbereitung der Rohmaterialien hergestellt. Dagegen werden die Portlandzemente aus künstlich zusammengestellten Mischungen von Kalkmergeln, Tonen und Sanden gebrannt. Bei den Portlandzementen gibt es noch eine ganze Reihe von verschiedenartigen Produkten, die nur relativ kleine Unterschiede in ihrem Kieselsäure-, Tonerde- und Eisenoxydgehalt aufweisen. Der Erzzement z. B. ist ein Portlandzement mit geringen Mengen von Tonerde und großen Mengen von Eisenoxyd; der weiße Portlandzement hingegen ist ein Portlandzement mit außerordentlich niedrigem Gehalt an Eisenoxyd usw.

Neben den ,,an sich hydraulischen" Bindemitteln finden wir in Tabelle 6 die ,,latent hydraulischen" Bindemittel oder natürlichen und künstlichen Puzzolane. Die aus ihnen hergestellten Zemente sind nach ihrem ,,Erreger" geordnet. Als ,,Erregersubstanzen" werden hauptsächlich Portlandzement und Weißkalk verwendet. Bei Portlandzementzusatz erhält man die Eisenportlandzemente, die Hochofenzemente, die Traßportlandzemente, die Cineritzemente und den Portlandjurament; bei Weißkalkzusatz die Schlackenzemente, die Puzzolanzemente und die künstlichen Zementkalke.

Damit ist das Verhältnis der verschiedenen Zemente zueinander im wesentlichen geklärt, und wir kommen nunmehr zu der Frage, welche Beziehungen eigentlich zwischen den Zementen und den verschiedenen keramischen Produkten Porzellan, Ziegel, Steingut, Klinker und Glas bestehen. Denn die Zemente sind ja nur ein kleiner Bruchteil in dem großen Bereich der Keramik, und wenn wir uns wissenschaftlich mit der Chemie der Zemente beschäftigen wollen, dann ist es notwendig, daß wir auch die angrenzenden Gebiete etwas mit in den Kreis unserer Betrachtungen ziehen.

Die Grundkomponenten sind bei allen keramischen Produkten so ziemlich die gleichen, nämlich Kalk, Tonerde und Kieselsäure. Wenn man davon absieht, daß die keramischen Erzeugnisse meist noch mehr

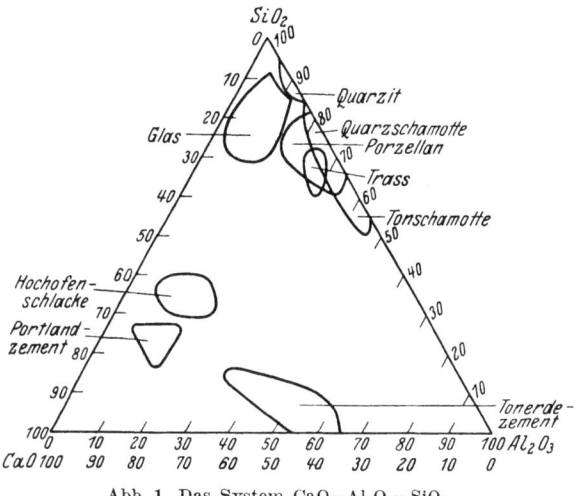

Abb. 1. Das System $CaO-Al_2O_3-SiO_2$.

Bestandteile, vor allem z. B. noch Eisenoxyd und Magnesia enthalten und daher mindestens quaternäre Systeme sind, so kann man die Beziehungen zwischen ihnen in dem bekannten Dreistoffsystem $CaO-Al_2O_3-SiO_2$ in der in Abb. 1 gezeigten Weise darstellen.

Dieses Diagramm ist so zu lesen, daß man von den drei Ecken des Dreiecks die Höhen auf die gegenüberliegenden Seiten fällt, auf den Höhen je zehn gleiche Teilstriche abträgt und dann durch diese Teilstriche Parallelen zur Grundlinie zieht. Diese Parallelen sind dann Niveaulinien gleicher Konzentration. Die Grundlinie entspricht einer Konzentration von 0%, die gegenüberliegende Ecke einer Konzentration von 100%. Nehmen wir als Beispiel die von der mit CaO bezeichneten Ecke auf die Seite $SiO_2-Al_2O_3$ gefällte Höhe, dann entspricht die Grundlinie $SiO_2-Al_2O_3$ einer Konzentration von 0% CaO, die CaO-Ecke einer Konzentration von 100% CaO und die Parallelen zur Grundlinie $SiO_2-Al_2O_3$ wechselnden Konzentrationen an CaO von 0—100%. Nach Abb. 1 erscheint demnach der Portlandzement als ein Gebilde mit 57—68% CaO, 18—27% SiO_2 und 5—18% Al_2O_3. Wie wir noch sehen werden, ist das Gebiet, innerhalb dessen der Portlandzement in dem Dreistoffsystem Kalk-Tonerde-Kieselsäure erscheint, erheblich kleiner. Es ist in der Abbildung größer gezeichnet worden, um es deutlicher zu veranschaulichen. Das Gebiet des Tonerdezements liegt innerhalb folgender Grenzen: 33—53% CaO, 0—17% SiO_2 und 32—65% Al_2O_3. Die Tabelle 7 soll die Verhältnisse zwischen den verschiedenen keramischen Erzeugnissen, soweit sie in Abb. 1 dargestellt sind, hinsichtlich der drei Komponenten Kalk, Tonerde, Kieselsäure noch einmal verdeutlichen.

Tabelle 7. Zusammensetzung der in Abb. 1 dargestellten Silikate.

	CaO %	Al_2O_3 %	SiO_2 %
Portlandzement	57—68	5—18	18—27
Hochofenschlacke	43—59	5—22	30—42
Tonerdezement	33—53	32—65	0—17
Glas	3—25	3—15	70—92
Quarzit	0— 3	6—18	88—96
Quarzschamotte	0— 6	18—48	52—88
Tonschamotte			
Porzellan	0—12	15—35	67—85
Traß	2—10	22—32	60—75

Tabelle 8 zeigt die keramischen und mörteltechnischen Produkte in Abhängigkeit von der Brennweise, der Brenntemperatur und der Art des im einzelnen Fall verwendeten Rohstoffs. Zu oberst befinden sich die gefritteten, dann die gesinterten und schließlich die geschmolzenen Produkte.

Tabelle 8. Die Erzeugnisse der Silikat- und Tonindustrie und ihre Rohstoffe.

Produkt	Rohstoff	Brenntemperatur Grad	Brennweise	Festigkeit kg/qcm
Mauerziegel	Ziegelton { kalkreich	900— 970	Frittung	150
	kalkarm	970—1170	Frittung, oberflächliche Sinterung	150
Hartbrandziegel	Ziegelton	1150	Frittung, oberflächliche Sinterung	200
Steinzeug	Klinkerton	900—1250	starke Sinterung	350
Klinker				
Schamotte	feuerfester Ton + Sand	1400	oberflächliche Sinterung	sehr schwankend

Fortsetzung der Tabelle 8 von S. 14.

Produkt	Rohstoff	Brenntemperatur Grad	Brennweise	Festigkeit kg/qcm
Steingut	weißbrennender Ton	1100—1250	Sinterung	sehr schwankend
Porzellan	Kaolin, Quarz, Feldspat	erst 900 dann 1400—1500	starke Sinterung	4500
Portlandzement .	Kalkmergel, Ton, Sand	1450	Sinterung	Normenmörtel 1:3 300—500
Hochofenschlacke	Kalkstein, Sand	1600—1700	Schmelzung	—
Glas	{ Quarz, Blei, Alkali { Quarz, Kalk, Alkali	900—1100 1200—1500	Schmelzung	60—125
Tonerdezement .	Bauxit, Kalkstein	1400	Schmelzung	Normenmörtel 1:3 500—700

II. Die Zementrohstoffe.

a) Der Kalk als Rohstoff.

Bevor wir nun auf die für den Umfang dieses Buches vorgesehene Besprechung des technischen Prozesses der Zementherstellung eingehen, wollen wir uns zunächst mit den verschiedenen Rohstoffen, die zur Herstellung der Bindemittel dienen, etwas näher beschäftigen.

Abb. 1 läßt erkennen, daß der Kalk beim Portlandzement, beim Tonerdezement und bei der Hochofenschlacke der Hauptträger der hydraulischen Eigenschaften ist. Er ist der unerläßliche Hauptbestandteil dieser Bindemittel. Als Kalkrohstoffe kommen hierbei in erster Linie die Kalksteine aller geologischen Formationen und deren mergelige Abarten in Betracht. Diese Kalkmergel sollen nach Möglichkeit physikalisch so beschaffen sein, daß ihre Sinterung, ihre Mahlung und Homogenisierung keine Schwierigkeiten verursacht. Das gleiche gilt von den übrigen Rohstoffen, vor allem von den Tonen und Sanden, die zur Korrektur gewisser Ungleichheiten der Zementrohmischung zugesetzt werden.

Der Kalk kommt in der Natur nicht als Kalziumoxyd, sondern nur in Form von Salzen der Kohlensäure, Schwefelsäure, Phosphorsäure und Kieselsäure vor. Von diesen wird für die Herstellung der hydraulischen Bindemittel im allgemeinen nur das Kalziumkarbonat verwendet. In geringen Mengen wird Kalziumsulfat als Zusatz zum Zementklinker zur Regelung der Abbindezeit benutzt. Von der Verwendung von phosphorsaurem Kalk für die Herstellung von Zement kann hier abgesehen werden, da der bei der Gewinnung der Phosphorsäure entstehende Zement nur als Nebenprodukt anfällt. Tabelle 9 bringt eine Zusammenstellung der verschiedenen in der Natur vorkommenden kohlensauren Kalke, und zwar in zunehmender Verunreinigung.

Tabelle 9. Vorkommen von kohlensaurem Kalk in der Natur.

Doppelkalkspat (hexagonal) . .	100% $CaCO_3$	Verwendung für Bindemittel unwirtschaftlich
Aragonit (rhombisch)	100% $CaCO_3$	
Marmor (feinkörniger Kalkspat).	99—100% $CaCO_3$	
Hochprozentiger Kalkstein (feinkörniger Kalkspat)	98—100% $CaCO_3$	Weiß- und Graukalkfabrikation
Mergeliger Kalkstein (mit Tonverunreinigungen).	90— 98% $CaCO_3$	Zementfabrikation
Kalkmergel (mit Tonverunreinigungen)	75— 90% $CaCO_3$	
Mergel.	40— 75% $CaCO_3$	
Tonmergel (mit Kalkverunreinigungen)	10— 40% $CaCO_3$	
Dolomit ($CaMg(CO_3)_2$)	30— 40% $CaCO_3$	Fabrikation von Magnesiakalken. Verwendung sehr beschränkt
Mergeliger Ton (mit Kalkverunreinigungen)	2— 10% $CaCO_3$	Fabrikation keramischer Erzeugnisse, Ziegel, Steingut
Ton	0— 2% $CaCO_3$	

Die reinsten Vorkommnisse des kohlensauren Kalks als Kalkspat oder Doppelspat (hexagonales System; spezifisches Gewicht 2,6—2,8) und als Aragonit (rhombisches System; spezifisches Gewicht 2,9—3,0) kommen für die Herstellung hydraulischer Bindemittel wegen ihrer Seltenheit nicht in Frage.

Eine etwas weniger reine Form des kohlensauren Kalks ist der Marmor, dessen Gefüge aus feinen Kalkspatkriställchen besteht. Aber auch seine Verwendung als Rohstoff für die Herstellung von Bindemitteln ist unwirtschaftlich, da der Marmor sich weit besser in natürlichem Zustande als Baumaterial eignet.

Tabelle 10. Chemische Analyse von hochprozentigen Kalksteinen.

	I	II	III
Glühverlust	44,20	43,41	43,74
Kieselsäure	0,38	0,79	1,21
Kalk	53,41	54,04	52,99
Tonerde	1,32	0,56	1,03
Eisenoxyd			
Magnesia	0,25	0,94	0,68

Hinsichtlich der Reinheit folgt auf den Marmor der Kalkstein. In ganz reiner Form ist der Kalkstein weiß; meist hat er jedoch graue oder rötliche Farbe, die von Eisenoxydverunreinigungen herrührt. Weitere Verunreinigungen sind Beimengungen von Tonerde, Kieselsäure und Magnesia. Tabelle 10 zeigt die chemischen Analysen einiger solcher Kalksteine.

Eine dem Kalkstein verwandte Form ist die Kreide, die in ihren reinsten Vorkommen ebenfalls aus 98—100% $CaCO_3$ besteht. Auch sie enthält geringe Mengen von Tonerde, Kieselsäure und Magnesia als Verunreinigungen. Ebenso wie die Kreide ist der Wiesenkalk eine Kalkablagerung mikroskopisch kleiner Lebewesen früherer geologischer Erdepochen. Er ist ähnlich wie die Kreide und der Kalkstein zusammengesetzt, so daß es sich hier erübrigt, die chemischen Analysen anzuführen.

Alle in der Natur vorkommenden Kalksteine sind durch Tonerde, Kieselsäure und Magnesia verunreinigt. Von diesen Stoffen ist die kohlensaure Magnesia dem kohlensauren Kalk am nächsten verwandt. Beide Mineralien kristallisieren im hexagonalen System. Ihre Kristalle sind völlig gleich oder, wie man auch sagt, isomorph und können infolgedessen isomorphe Mischungen miteinander bilden. Solche isomorphen Mischkristalle von Kalzium- und Magnesiumkarbonat liegen überall dort vor, wo natürlich vorkommendes Kalziumkarbonat durch Magnesiumkarbonat verunreinigt ist. Hiervon gibt es allerdings eine Ausnahme, nämlich den Dolomit von der Formel $CaMg(CO_3)_2$. Dies Mineral kristallisiert ebenso wie das Kalzium- und Magnesiumkarbonat im hexagonalen System, und man neigte daher ursprünglich zu der Ansicht, daß der Dolomit gleichfalls eine isomorphe Mischung von Kalzium- und Magnesiumkarbonat, und zwar sogar im genauen molaren Verhältnis von 1:1 sei. Tatsächlich weist aber das Dolomitkristall kleine Unterschiede gegenüber seinen beiden hexagonal kristallisierenden Komponenten auf. Der Dolomit ist mithin keine isomorphe Mischung, sondern eine regelrechte Doppelverbindung. Hierfür spricht ja auch das genaue molare Verhältnis von Kalzium- zu Magnesiumkarbonat.

Die Dolomite finden für die Herstellung von hydraulischen Bindemitteln nur geringe Verwendung. Eine reine Form des Magnesiumkarbonats, der Magnesit, wird durch Brennen in Magnesiumoxyd umgewandelt und dient so zur Erzeugung der Sorelmagnesia (fälschlich Magnesiazement oder Sorelzement genannt). Die Sorelmagnesia ist eine Mischung von Magnesiumoxyd und Zuschlagmaterialien, die mit konzentrierter Magnesiumchloridlösung angemacht wird und erhärtet. Diese Mischung von Magnesiumoxyd und Magnesiumchlorid ist nicht wasserbeständig und infolgedessen ist die bisher übliche Bezeichnung „Zement" für dieses Bindemittel falsch, da die Bezeichnung Zement nur für hydraulische Bindemittel gilt. Ich schlage daher an Stelle des bisher üblichen Namens „Sorelzement" oder „Magnesiazement" die Bezeichnung „Sorelmagnesia" vor. Die Sorelmagnesia wird für die Herstellung von Platten, Kunststeinen und von Steinholz verwendet.

Wenn die Dolomite stärkere Verunreinigungen durch Tone aufweisen, dann können sie zur Fabrikation der dolomitischen Romanzemente und der Schwarzkalke herangezogen werden. Und damit kommen wir nun zu den anderen Hydraulefaktoren der Zemente, zur Besprechung der Tonerde, der Kieselsäure und des Eisenoxyds.

b) Die Tonerde als Rohstoff.

Die Tone sind Verwitterungsprodukte von Silikatgesteinen. Eine genauere Kenntnis der Tonsubstanzen gibt es bis heute noch nicht. Dies ist auch ohne weiteres verständlich, wenn man die ungeheure Verschiedenartigkeit der Tone hinsichtlich ihrer chemischen Zusammensetzung und ihres physikalischen Verhaltens ins Auge faßt. Diese Verschiedenartigkeit ist es auch, die die Tone zu so mannigfachen Zwecken der keramischen Industrie geeignet erscheinen läßt. In seinen Arbeiten über die Verwitterung der Silikatgesteine der Erdrinde unterscheidet van Bemmelen[1] bei den Tonen vor allem zwei Grundsubstanzen. Die eine besteht in der Hauptsache aus kolloiden Bestandteilen und ist in Salzsäure löslich; die andere ist nur in Schwefelsäure aufschließbar. Diese Substanz ist gleichfalls von kolloider Beschaffenheit, aber bei ihr besteht zwischen der Tonerde und der Kieselsäure ein ganz bestimmtes molares Verhältnis, und zwar verhält sich die Tonerde zur Kieselsäure annähernd konstant wie 2:1. Es sind dies kaolinartige Verwitterungsprodukte des Feldspats. Der Feldspat ist ein Kaliumaluminiumsilikat von der Formel $K \cdot Al \cdot Si_3O_8$, aus dem das Kaolin oder die Porzellanerde ($Al_2O_3 \cdot 2\,SiO_2 \cdot 2\,H_2O$) durch Abspaltung des Kalisilikatrests hervorgeht.

In manchen Tonen ist die Verwitterung durch die Einwirkung von Luft und Wasser so weit vorangeschritten, daß sie zum völligen Abbau der Kaolin- und Feldspatreste geführt hat. Diese Tone bestehen dann nur noch aus den Hydroxyden des Aluminiums und des Eisens. Mineralien dieser Art sind die Bauxite.

Während vor zwanzig Jahren noch der Bauxit in der Zementindustrie nur als korrigierender Zuschlag benutzt wurde, um in einer Portlandzementrohmischung einen zu hohen Kieselsäuregehalt entsprechend herunterzudrücken, dient heute der Bauxit in ausgedehntem Maße zur Herstellung der Tonerdezemente. Deshalb sei hier kurz auf diesen Rohstoff eingegangen. Wie bereits gesagt wurde, ist der Bauxit ein Verwitterungsprodukt des Feldspats. Die Grundsubstanz der Bauxite besteht aus Tonerde mit zwei Molekeln Hydratwasser: $Al_2O_3 \cdot 2\,H_2O$. Neben dem amorphen Bauxit existieren noch zwei Tonerdehydrate in kristallisierter Form, nämlich der Diaspor $Al_2O_3 \cdot H_2O$ und der Hydrargillit $Al_2O_3 \cdot 3\,H_2O$. In der Technik pflegt man jedoch zwischen diesen verschiedenen Formen der hydratisierten Tonerde keinen Unterschied zu machen und man bezeichnet daher alle Mineralien mit einer Grundsubstanz von hydratisierter Tonerde als „Bauxit".

---

[1] Bemmelen, J. M. van: Z. anorg. allg. Chem. Bd. 66 (1910) S. 322—357.

Neben der hydratisierten Tonerde existieren noch wasserfreie Formen der Tonerde, die aber nur ziemlich selten in der Natur vorkommen. Diese wasserfreie Tonerde findet sich in hexagonalen Kristallen von der Härte 9 und dem spezifischen Gewicht 4 als farbloser bis gelber Korund in der Natur. Der durch Chromoxyd rot gefärbte Korund heißt Rubin; der blaue Saphir ist ein durch Spuren von Titan und Eisenoxyd verunreinigter Korund. In rhomboedrischen Kristallen oder in dichten Massen kommt die wasserfreie Tonerde noch als sog. Schmirgel vor. Tabelle 11 zeigt eine Zusammenstellung der verschiedenen wasserfreien und hydratisierten Tonerden.

Tabelle 11. Vorkommen der Tonerde in der Natur.

1. Wasserfreie Tonerde.

Korund	Al_2O_3	hexagonal
Rubin	Al_2O_3 + Chromoxydspuren	hexagonal
Saphir	Al_2O_3 + Titan- und Eisenspuren	hexagonal
Schmirgel ...	Al_2O_3 + Eisen- und Kieselsäureverunreinigungen	rhomboedrisch.

2. Hydratisierte Tonerde.

Urgestein ... Feldspat: $K \cdot Al_2O_3 \cdot Si_3O_8$
$\downarrow$
Verwitterung
$\downarrow$
Kaolin: $Al_2O_3 \cdot 2\,SiO_2 \cdot 2\,H_2O$

oder Ton: Kaolin + Kieselsäure- und Eisenoxydverunreinigungen
$\downarrow$
Verwitterung
$\downarrow$
Bauxit: $Al_2O_3 \cdot 2\,H_2O$ + Kieselsäureverunreinigungen amorph
Diaspor: $Al_2O_3 \cdot H_2O$ }
Hydrargillit: $Al_2O_3 \cdot 3\,H_2O$ } ... kristallin.

Die Bauxite kommen nie in reiner Form vor, sie enthalten stets recht erhebliche Mengen von Eisenoxyd und Kieselsäure, was ja bei der Herkunft des Bauxits nicht verwunderlich ist. Diese Verunreinigungen können zum Teil so beträchtlich werden, daß sich die Bauxite bei steigendem Gehalt an Eisenoxyden den Eisenerzen (Toneisenstein), bei steigendem Gehalt an Kieselsäure den Tonen nähern.

Die Bauxite sind in der Natur nicht allzu verbreitet. Größere Bauxitlager gibt es in den Vereinigten Staaten, in Frankreich und in Jugoslawien. In Deutschland hat man bisher nur sehr spärliche, wirtschaftlich kaum abbauwürdige Bauxitlager gefunden, so daß die für die Erzeugung von Tonerdezement erforderlichen Bauxitmengen aus dem Auslande mit hohen Transportkosten eingeführt werden müssen. Dies ist der Hauptgrund dafür, daß die Herstellung des Tonerdezements in Deutschland nicht heimisch geworden ist.

In Tabelle 12 seien zwei Analysenbeispiele für einen jugoslawischen (I) und für einen französischen (II) Bauxit angeführt.

Tabelle 12. Chemische Analyse von Bauxiten.

	I	II
Glühverlust....	12,02	10,39
Kieselsäure....	8,67	11,52
Tonerde.....	58,28	64,15
Eisenoxyd....	18,93	11,86
Kalk.......	1,02	0,99
Magnesia.....	0,86	0,41

Nach dieser Abschweifung über die Bauxite und deren Verwendung für die Herstellung der Tonerdezemente und als Zuschlagmaterial zur Zementrohmischung kehren wir nunmehr wieder zu den Tonen zurück. Die Tone werden in den verschiedenen Silikatindustrien nach ganz verschiedenen Gesichtspunkten ausgewählt. Während die Tone für die keramische Industrie in engerem Sinne nach ihrem physikalischen Verhalten, hauptsächlich nach ihren plastischen Eigenschaften ausgewertet werden, ist für die Zementindustrie vor allem die chemische Zusammensetzung der Tone von Wichtigkeit. Und da ist es so, daß nicht die reinen, sondern gerade die mit Kalk stark verunreinigten Tone, die sog. Mergel, besonders geschätzt sind. Es kommt bei der Zementfabrikation darauf an, Kalk, Tonerde und Kieselsäure miteinander zu vermischen und dann im Brennprozeß chemisch zu vereinigen. Eine bessere Durchmischung jedoch von Kalk, Tonerde und Kieselsäure, wie sie die Natur in den Kalk- und Tonmergeln (s. Tabelle 9) vollbracht hat, können wir uns gar nicht denken. Damit ist ein großer Teil der fabrikatorischen Arbeit bereits vorweggenommen. Besonders günstig liegt natürlich der Fall, wenn die Mergel gleich die für die Herstellung eines Zements notwendige chemische Zusammensetzung haben. Es gibt solche günstigen Mergelvorkommen, aus denen dann ohne weitere Aufbereitung die danach benannten Naturzemente oder Naturportlandzemente gebrannt werden können. — Die Mergel spielen mithin für die Zementindustrie als Rohstoff eine außerordentlich wichtige Rolle.

Tabelle 13. Chemische Analysen von Mergeln und Tonen.

	Kalkmergel	Mergel	Tonmergel	Ton
Glühverlust....	35,22	24,80	15,61	8,59
Kieselsäure....	10,87 ⟶	30,17 ⟶	45,53 ⟶	60,80
Kalk.......	46,36 ⟵	32,21 ⟵	16,11 ⟵	1,27
Tonerde.....	3,10 ⟶	6,98 ⟶	19,08 ⟶	20,53
Eisenoxyd....	2,24	3,68	2,89	6,14
Magnesia.....	1,49	1,74	0,51	0,83

Unter dem Begriff „Mergel" versteht man jede Mischung von Kalkstein und Tonerde. Je nach den Mischungsverhältnissen, in denen Kalkstein und Tonerde im Mergel vorliegen, spricht man von Kalkmergel oder Tonmergel (s. Tabelle 9). Die Mergel sind Naturgesteine, die sich in früheren geologischen Perioden durch gemeinsames oder schichtenweises (periodisches, abwechselndes) Sedimentieren von ganz fein verteilten Kalksteinen und Tonen auf dem Grunde von Meeren und Seen gebildet haben. Tabelle 13 bringt die chemischen Analysen einer Reihe von verschiedenen Mergeln und Tonen, wie sie in der Zementindustrie Verwendung finden. (Man beachte hierbei besonders die Übergänge zwischen den Kalk-, Kieselsäure- und Tonerdemengen.)

Zusammenfassende Darstellungen über die nutzbaren Kalksteinvorkommen in Deutschland lieferten Koßmann und Fritz, während die Tone als Rohstoff sehr eingehend von Cramer-Hecht und Schoch behandelt wurden.

c) Die Kieselsäure als Rohstoff.

Der dritte sehr wesentliche Bestandteil der Zemente ist die Kieselsäure. Sie kommt in so großen Mengen in den für die Zementherstellung verwendeten Kalkmergeln und Tonen als Beimengung vor, daß der Bedarf der Zementindustrie zum größten Teil schon von diesen Beimengungen her gedeckt ist. Reinere Kieselsäure wird zur Zementfabrikation nur benutzt, um kieselsäurearme Rohstoffmischungen mit Kieselsäure anzureichern.

Die Kieselsäure kommt in der Natur in amorphem und kristallinem Zustande vor. Die kristallinen Formen der Kieselsäure sind außerordentlich stark in der Natur verbreitet. Zu ihnen gehört der Tridymit (spezifisches Gewicht 2,3) und vor allem der Quarz. Der dem hexagonalen System angehörende Quarz (spezifisches Gewicht 2,6—2,8; Härte 7) bildet in reinster Form die Halbedelsteine Bergkristall und Amethyst und in gemeiner Form den Sandstein und Sand. Der Sandstein ist ein Naturmörtel, der aus Sand und einem tonartigen Bindemittel zusammengesetzt ist. Durch Verwitterung des Sandsteins entsteht der aus losen Quarzkörnern bestehende Sand, der in großen Lagern von außerordentlicher Reinheit vorkommt. So besteht der in Freienwalde an der Oder gewonnene Normalsand, der für die Zementnormenkörper verwendet wird, aus 99,5% Kieselsäure.

Weniger rein als die kristallinen sind die amorphen Formen der in der Natur vorkommenden Kieselsäure. Es sind dies in früheren Erdepochen gebildete Kieselsäuregele, wie die Opale, Kieseltuffe und Kieselsinter (Ablagerung von heißen Quellen) oder die Kieselgur, die von den Kieselpanzern von Diatomeen herrührt (s. Tabelle 14).

Sandstein und Sand sowie die amorphen Formen der Kieselsäure werden als korrigierende Zuschlagstoffe in der Zementindustrie verwendet.

Auf die Verwendung der natürlichen und künstlichen Puzzolane als Rohstoff für die Zementherstellung soll weiter unten zusammen mit der Besprechung der aus diesen Puzzolanen hergestellten Mischzemente eingegangen werden.

Tabelle 14. **Vorkommen der reinen Kieselsäure in der Natur.**

1. Kristallin.	2. Amorph.
Tridymit	Opal: Hyalith
Chalzedon: Achate	Feueropal
Quarz: Bergkristall	Halbopal
Amethyst	Kieseltuffe
Gemeiner Quarz { Sandstein	Kieselsinter
Sand	Kieselgur

Wenn man die chemischen Analysen der Zemente und hydraulischen Kalke, der Ziegel und Klinker, des Porzellans, des Steinzeugs und Steinguts und schließlich des Glases näher betrachtet, dann sieht man, daß die Unterschiede zwischen all diesen Produkten eigentlich nur quantitativer, nicht aber qualitativer Natur sind, insofern als ja nur der Gehalt an Kalk, Tonerde und Kieselsäure bei den einzelnen Stoffen schwankt. Ebenso zeigt der Fabrikationsprozeß bei diesen keramischen und mörteltechnischen Erzeugnissen keine sehr wesentlichen Unterschiede. Denn in allen Fällen wird ein Rohstoffgemisch von in bestimmter Weise zusammengesetzten Rohstoffen hergestellt und einem Brennprozeß bei Temperaturen zwischen 1000 und 1500^0 C unterworfen. Die gleiche Unterschiedslosigkeit scheint auch bei den Rohstoffen vorzuliegen. Bei allen in Frage stehenden Erzeugnissen werden als Rohstoffe Kalkmergel, Tonmergel, Tone, kaolinartige Verwitterungsprodukte des Feldspats, Sand und Sandstein verwendet. Doch bei näherer Betrachtung ergeben sich, wie wir gleich sehen werden, gerade bei der Auswahl und Bewertung der Rohstoffe ganz grundlegende Unterschiede zwischen den mannigfachen Erzeugnissen der Silikatindustrie. Und damit kommen wir zu der am Eingang dieses Abschnitts gestellten Frage zurück: Welche Anforderungen werden an die Rohstoffe für die Herstellung der Zemente, der keramischen Erzeugnisse und des Glases gestellt?

Wir hatten bereits gesehen, daß der Hauptbestandteil der Bindemittel der Kalk ist, der in Form von Kalkstein und Kalkmergel in allen beliebigen Reinheitsgraden verwendet wird; für die Erzeugung von Weißkalk der hochprozentige Kalkstein, für die Zementfabrikation vor allem Kalkmergel (s. Tabelle 9).

Die Reinheit der Rohstoffe ist bei der Zementfabrikation von untergeordneter Wichtigkeit. Die Anwesenheit von Tonerde, Kieselsäure und Eisenoxyd im Kalkstein ist im Gegenteil sehr erwünscht, einmal weil die Arbeit für die Vermischung der Komponenten Kalk, Tonerde und Kieselsäure bereits von der Natur vorweggenommen worden ist, und infolgedessen weitgehend an Energie gespart werden kann, und zweitens wegen der durch diese Beimengungen verursachten Herabminderung der Sinterungstemperatur.

Um weitere Energie bei der Fabrikation der Zemente einzusparen, werden vom Zementrohstoff noch gewisse physikalische Eigenschaften verlangt. Die Rohstoffe sollen möglichst leicht zerkleinert werden können; sie müssen daher spröde und nicht hart sein. Ferner sollen die Rohstoffe zur Erzielung einer möglichst homogenen Durchmischung der einzelnen Komponenten in den Rohmühlen gut zerteilbar sein. Sie müssen daher im Gegensatz zu den Anforderungen, die an die Rohstoffe der keramischen Erzeugnisse gestellt werden, keine plastischen, klebenden, schmierenden Eigenschaften haben.

Verunreinigungen der Zementrohstoffe durch zu große Mengen von Magnesia und von Kalziumsulfat sind schädlich. Die beim Brennprozeß frei werdende Schwefelsäure kann apparative Schädigungen am Ofensystem verursachen; und die Magnesia bringt in größeren Mengen den Zement zum Treiben und kann die Festigkeiten des Zements ungünstig beeinflussen. Wertvoll hingegen ist die Gegenwart von Eisenverbindungen im Rohstoff. Diese erniedrigen die Sintertemperatur und führen so im Endeffekt zu einer Brennstoffersparnis und zu einer Verbilligung der Fabrikation.

Anders liegen die Dinge bei der Erzeugung des Glases. Hier ist ein größerer Gehalt des Kalksteins an Eisenoxyden geradezu schädlich. Die Anforderungen an die Eisenfreiheit des Rohstoffs sind hier außerordentlich hoch. Schon geringe Verunreinigungen an Metalloxyden im Rohstoff färben die Gläser und machen den betreffenden Rohstoff nur noch zur Erzeugung von Flaschenglas geeignet.

Für die Glasfabrikation werden Marmor, Kreide und Kalkstein (gelegentlich auch als Kalkmergel) verwendet, die die Garantie für möglichste Reinheit und Gleichmäßigkeit liefern. Die Zusammensetzung der Kalksteine muß außerordentlich gleichmäßig sein, weil eine Homogenisierung des Fabrikationsproduktes, wie sie bei der Zementherstellung noch nachträglich während der Klinkermahlung erfolgt, beim Glase nur durch langwierige Manipulationen möglich wäre. Ungleichmäßigkeiten des Rohstoffes stellen daher die Wirtschaftlichkeit der Glasherstellung in Frage. Natürlich ist es auch hier so, daß die Rohstoffe für die Glasfabrikation leicht zu zerkleinern sein müssen, d. h. daß sie spröde und nicht hart sein dürfen.

Während der Kalk beim Zement und beim Glas eine wichtige Rolle spielt, ist er bei den speziellen keramischen Erzeugnissen nur von untergeordneter Bedeutung. Ein Blick auf das Dreistoffdiagramm $CaO-Al_2O_3-SiO_2$ (Abb. 1) zeigt ja auch, daß die Diagrammfläche der Ton- und Quarzschamotte, des Steinguts und des Porzellans eng an der CaO-Nullinie $SiO_2-Al_2O_3$ anliegen, und daß der Kalkgehalt in diesen Produkten nur wenige Prozent beträgt. Der Kalk ist bei vielen keramischen Erzeugnissen ein Fremdstoff, der für den Aufbau des Erzeugnisses nicht wichtig ist. Er wird auch in den meisten Fällen nicht in die Rohstoffe eingeführt, sondern befindet sich als Verunreinigung in diesen bereits drin. Übersteigt der Kalkgehalt von Tonen, z. B. Ziegeltonen. bestimmte Grenzen, dann kann die Güte des daraus hergestellten Fabrikats sehr stark beeinträchtigt werden. — In Fällen, wo für keramische Erzeugnisse, wie Kalksteingut oder Silikasteine, Kalke meist in Form von Kalkmergeln benötigt werden, ist möglichste Eisenfreiheit, leichte Mahlbarkeit und gute Plastizität erforderlich.

Während der Kalk der Hauptbestandteil der hydraulischen Bindemittel ist, spielt für die speziellen keramischen Erzeugnisse die Tonerde die wesentlichste Rolle. Auf den Tonen, die ja in der Hauptsache aus hydratisierten Tonerdesilikaten bestehen, baut sich die gesamte keramische Industrie auf. Die Tone besitzen eine außerordentlich große Plastizität, eine sehr hohe Bildsamkeit und Verformbarkeit in rohem Zustande, und darüber hinaus können sie beim Brennen relativ leicht unter Bindung und Umwandlung chemisch reagieren. Diese beiden Eigenschaften: die Bildsamkeit oder Plastizität und das Verhalten beim Brande machen sie in hervorragendem Maße für die Erzeugung keramischer Massen geeignet. Allgemeine Richtlinien für die Verwendung von Tonen für bestimmte Zwecke lassen sich jedoch darüber hinaus nicht aufstellen, da hier eine sehr große Anzahl von verschiedenen speziellen Faktoren hineinspielt.

Die Reinheit der Tone ist für viele keramische Produkte von sehr erheblicher Bedeutung. So dürfen in Rohstoffen für weiße Erzeugnisse, wie Steingut (Sanitätswaren usw.) und Porzellan, keine färbenden Metalloxyde enthalten sein. Ferner sind größere Mengen an Flußmitteln (d. h. die Schmelzung oder Sinterung fördernde Mittel wie z. B. Eisenoxyd oder Magnesia) in Rohstoffen schädlich, wenn diese gerade zur Herstellung feuerfester Produkte verwendet werden sollen.

Im Gegensatz zu den keramischen Produkten spielt die Tonerde bei den Zementen (mit Ausnahme des Tonerdezements) eine weniger wichtige Rolle. Die für die Portlandzemente notwendigen Tonerdemengen finden sich im allgemeinen bereits als Beimengung im Kalkmergel. In vielen Fällen werden jedoch zur Korrektur der Rohstoffmischung geringe Mengen von Tonen dem Kalkmergel beigemengt. Die hierfür verwendeten Tone können ziemliche Mengen von Verunreinigungen z. B. auch an Eisenoxyden enthalten. Da die Tone für die Zementherstellung ohne Schaden verunreinigt sein können, wird man hierfür nicht hochwertige feuerfeste Tone oder gar Kaoline, sondern minderwertige Tone verwenden. Wie wir wissen, sind die Tone Verwitterungsprodukte des Feldspats $K \cdot Al_2O_3 \cdot Si_3O_8$. Sie enthalten demnach häufig noch größere Mengen von Alkalisilikaten. Es ist darauf zu achten, daß diese Alkalimengen in den zu verwendenden Tonen nicht zu groß sind, weil dann die

Festigkeiten und die Abbindezeiten des Zements ungünstig beeinflußt werden. Zemente mit zu hohem Alkaligehalt neigen zum sog. „Umschlagen"[1].

Beim Tonerdezement, der in der Hauptsache aus Kalk und Tonerde mit nur geringen Mengen an Kieselsäure (0—10%) besteht — die Tonerdezementfläche legt sich in Abb. 1 im Dreistoffdiagramm CaO—Al_2O_3—SiO_2 direkt an die SiO_2-Nullinie an —, liegen die Verhältnisse anders. Hier kommt der Ton als Rohstoff nicht in Frage. Er ist zu kieselsäurereich und zu tonerdearm. Man muß daher bei der Tonerdezementerzeugung die tonerdereichen Bauxite verwenden.

Ebenso wie der Kalk bei den keramischen Produkten spielt die Tonerde bei den Gläsern nur eine untergeordnete Rolle. Man kann Gläser auch ohne Tonerde herstellen. Sie wird aber trotzdem bei der Glasherstellung verwendet, weil ihre Anwesenheit eine ganze Reihe von Vorteilen bietet. Die Tonerde verbessert nämlich die mechanischen Eigenschaften eines Glases, sie erhöht die chemische Widerstandsfähigkeit des Glases und reduziert die Neigung des Glases zur Kristallisation, zur „Entglasung". Ein Teil dieser Eigenschaften wird damit im Zusammenhang stehen, daß bei Gegenwart von Tonerde höhere Schmelztemperaturen erforderlich werden, die eine größere Homogenisierung des Glasflusses und eine andere Einstellung des Rohstoffgemenges bedingen.

Die für die Glasfabrikation verwendeten Tonerderohstoffe müssen außerordentlich rein sein. Soweit sie nicht von vornherein als Verunreinigung der Kalksteine in der Rohstoffmischung enthalten sind, werden Feldspate, Tonerdehydrate oder kalzinierte Tonerde verwendet.

Der für die Glasfabrikation wichtigste Hauptbestandteil ist die Kieselsäure. Als Rohstoffe dienen hierfür ausschließlich die kristallisierten Quarzite und Sande sowie die amorphen Feuersteine und Kieselgur. Diese Rohstoffe können nur dann verwendet werden, wenn sie einen hinreichenden Grad von Reinheit besitzen. Dies bezieht sich in erster Linie auf die Oxyde des Eisens und Mangans, von denen selbst Spuren die Gläser färben, aber auch auf die Anwesenheit von Titanoxyd, das die Ultraviolettdurchlässigkeit des Glases stark vermindert.

Von großer Wichtigkeit für den Schmelzprozeß des Glases ist die Mahlfeinheit der Rohstoffe. Die Kieselsäure muß in sehr feingemahlenem Zustande dem Glasfluß beigegeben werden, da die Löslichkeit eines Korns in einer Flüssigkeit bekanntlich mit der Mahlfeinheit ansteigt.

---

[1] Unter „Umschlagen" versteht man eine plötzliche Veränderung der Abbindezeit eines Zements. Aus einem „Langsambinder" wird namentlich unter dem Einfluß von jähen Witterungsveränderungen ein „Schnellbinder". Die Ursachen dieser Erscheinung sind noch nicht aufgeklärt. Man nimmt an, daß das Umschlagen mit dem Gehalt eines Zements an Alkalien zusammenhängt und erst durch diese ermöglicht wird.

Auch bei vielen keramischen Produkten, z. B. bei den Silikasteinen, ist die Kieselsäure der Hauptbestandteil der Masse. Bei der Auswahl der Rohstoffe ist hier vor allem das Umwandlungsverhalten maßgebend; um so mehr, je größer der Kieselsäuregehalt des keramischen Erzeugnisses ist. Man hat bei der Erzeugung von Porzellan, Steinzeug und Silikasteinen ganz besonders darauf zu achten, daß die verwendeten Kieselsäureformen ein **günstiges Umwandlungsverhalten** zeigen, d. h. daß sie sich möglichst vollständig in die beständige Tridymitform umwandeln. Näheres über diese „Tridymitumwandlung" wird später gesagt werden.

Neben dieser Bewertung des Umwandlungsverhaltens eines Kieselsäurerohstoffs ist ferner zu beachten, daß die Quarze und Sande möglichst rein sind, so daß die daraus hergestellten keramischen Erzeugnisse die gewünschte weiße Brennfarbe zeigen.

Bei porös brennenden Massen wie den Ziegeln und dem Steingut ist die Beachtung der Quarzumwandlung nicht so wichtig. Hier spielt der Sandzusatz mehr die Rolle eines Magerungsmittels und nicht die eines unbedingt erforderlichen Aufbaustoffs.

Bei der **Zementherstellung** wird die Kieselsäure meist als Verunreinigung des Kalkmergels oder als Bestandteil des Tons in die Zementrohmischung eingeführt. Reine Kieselsäure in Form von Sanden, Kiesen und Kieselgur wird nur zur Korrektur kieselsäurearmer Rohmischungen verwendet. Die Reinheit spielt auch hier keine große Rolle. Weit wichtiger ist die Frage der Mahlbarkeit des Rohstoffs. Aus diesem Grunde wird ein Stoff wie die Kieselgur naturgemäß mehr geschätzt wie Quarzsand.

Eine besondere Bedeutung gewinnt die Kieselsäure (Sand und Kies) bei der Verarbeitung der Zemente zu Mörtel und Beton als Betonzuschlagmaterial. Hierauf wird weiter unten eingegangen werden.

Zusammenfassend soll die folgende Tabelle 15 noch einmal ganz kurz die Bedeutung der drei Grundsubstanzen Kalk, Tonerde und Kieselsäure für die Herstellung der Zemente, des Glases und der keramischen Erzeugnisse aufzeigen.

Tabelle 15. **Die drei Bestandteile CaO, Al_2O_3 und SiO_2 der Silikatindustrie nach dem Grade ihrer Wichtigkeit.**

Grad der Wichtigkeit
←————

Zemente	Kalk	←——	Kieselsäure	←——	Tonerde
(Tonerdezement	Kalk	←——	Tonerde	←——	Kieselsäure)
Keramische Produkte . .	Tonerde	←——	Kieselsäure	←——	Kalk
Glas	Kieselsäure	←——	Kalk	←——	Tonerde

III. Die Entwicklung der Zementforschung.

Nachdem wir einen Einblick in die Systematik und Definition der verschiedenen Bindemittel gewonnen haben, kommen wir nunmehr dazu, uns mit den Forschungsmethoden und damit im Zusammenhang mit der Entwicklung der Zementchemie zu beschäftigen.

Die Zementchemie ist ein spezieller Teil der Silikatchemie, die wiederum in das umfassende Gebiet der anorganischen Chemie einzugliedern ist. Die Chemie der Silikate hat sich relativ spät entwickelt und erst in neuerer Zeit eine gewisse Selbständigkeit errungen. Es hängt dies mit mehreren Umständen zusammen, auf die kurz hingewiesen sei.

Die Erforschung der Silikate, also aller jener Verbindungen, die als wesentlichen Bestandteil Siliziumdioxyd oder Kieselsäureanhydrid (SiO_2) enthalten, ist mit ganz außerordentlichen Schwierigkeiten verbunden. Diese Schwierigkeiten haben zahlreiche Forscher von dieser Materie abgeschreckt oder nach kürzerem oder längerem Bemühen resigniert von weiteren Arbeiten auf diesem Gebiet abstehen lassen.

Die meisten Silikate sind im Gegensatz zu den übrigen anorganischen Salzen in Wasser unlöslich oder sehr schwer löslich, so daß man einfache Fällungsreaktionen, mit denen üblicherweise anorganische Salze identifiziert werden, nicht durchführen kann. Eine Darstellung und Identifizierung der Silikate in der wäßrigen Phase ist daher sehr schwierig, und die bei anderen anorganischen Salzen leicht ausführbare Reinigung auf dem Wege des Umkristallisierens ist bei den Silikaten fast unmöglich. Ferner geschehen alle Silikatreaktionen mit außerordentlicher Trägheit, und die Feststellung, bis zu welchem Grade die gewünschten Reaktionen dann auch wirklich eingetreten sind, bereitet große Schwierigkeiten. Sinterung, Schmelzung, Lösung, Diffusion und Umwandlung vollziehen sich mit solcher Langsamkeit, daß es schwierig ist, die bei diesen Reaktionen notwendigen Temperaturen konstant einzuhalten. Die Langsamkeit, mit der sich wahre Gleichgewichte bei Silikaten und Silikatschmelzen einstellen, und die Schwierigkeit der Beobachtung der chemischen und physikalischen Silikatprozesse hat zeitweise dazu geführt, anzunehmen, daß die physikalisch-chemischen Gesetze auf die Chemie der Silikate nur cum grano salis zuträfen. Diese Meinung ist aber irrig. Die Gesetze der physikalischen Chemie haben, wenn sie richtig sind, auch für die Silikate volle Gültigkeit. Wenn die Forschung bisher auf dem Gebiete der Silikate viele Fehlschläge und Mißerfolge gehabt hat, so liegt dies daran, daß man teilweise von falschen Voraussetzungen ausgegangen ist, die wir heute richtiger sehen, und daß man gewisse Dinge nicht berücksichtigte, die wir heute als unerläßlich ansehen. Wie schwierig diese Dinge sind, beweist die Tatsache, daß wir die Konstitution der verschiedenen Kieselsäuren, von denen die unzähligen

Silikate abgeleitet werden, nur bei den allereinfachsten Verbindungen als einigermaßen wahrscheinlich und gesichert annehmen können. Wir werden weiter unten sehen, daß es eine ganze Anzahl von verschiedenen Kieselsäuren gibt. Die einfachste ist die Orthokieselsäure, die die Formel $SiO_2 + 2 H_2O = Si(OH)_4$ oder H_4SiO_4 besitzt. Zahlreiche Silikate werden ferner von der wasserärmeren Metakieselsäure

$$Si(OH)_4 - H_2O = H_2SiO_3 \text{ abgeleitet.}$$

Da die Siliziumatome eine gewisse Neigung zur Kettenbildung (wie die Kohlenstoffatome) besitzen, so gibt es noch eine ganze Reihe von Polykieselsäuren von der Formel $H_2Si_2O_5$, $H_2Si_3O_7$ usw., deren genaue Konstitution man aber noch nicht kennt. Um so verwegener erscheinen daher frühere Versuche, so komplizierte Gebilde wie die Kalzium- und Aluminiumsilikate im Zementklinker in einer Konstitutionsformel zu erfassen. Hierher gehören die Versuche von Meyer, der eine Strukturformel für den Portlandzement aufstellte. Danach erscheint das Portlandzement- „Molekül" als ein Gebilde mit 18 Atomen, das sog. Hexakalziumsilikat. Ferner wären die Arbeiten von W. und D. Asch[1] über die Silikate im Portlandzement zu erwähnen, nach denen der Portlandzement aus ganzen Reihen von fünf- und sechszähligen Ringen aus Silizium- und Aluminiumatomen besteht.

Eine weitere Ursache für den so langsamen Fortschritt der Silikatforschung liegt darin, daß bis vor noch nicht allzu langer Zeit die Erforschung der Silikate ein Privileg der Mineralogie war. Diese hat sich in der Hauptsache nur mit den in der Natur vorkommenden Silikaten und ferner nur mit der Beschreibung der kristallographischen und optischen Eigenschaften der Silikate beschäftigt. Die in der Natur vorkommenden Silikate sind aber stets verunreinigt und stellen im Sinne des Chemikers keine reinen chemischen Verbindungen dar. Diese Verunreinigungen verändern in sehr starkem Maße die kristallographischen und optischen Eigenschaften eines Silikats. Trotzdem wären Arbeiten über solche verunreinigten Silikatmineralien für den Fortgang der chemischen Silikatforschung gewiß auch sehr wesentlich, wenn man in den früheren Arbeiten nicht vergessen hätte anzugeben, ob sich die Ergebnisse auf chemisch reine oder auf natürlich vorkommende Mineralien beziehen, und welche genaue chemische Zusammensetzung die untersuchten Mineralien und Substanzen besaßen. Arbeiten, in denen derartige Angaben fehlen, können leider nicht als vollwertiges Forschungsmaterial angesehen werden, und haben jenen Wirrwarr von Widersprüchen und Mißverständnissen erzeugt, der den Fortschritt der Forschung auf diesem Gebiet so außerordentlich hemmt.

Eine erfolgreiche Erforschung der Silikate wurde erst möglich, als die Wissenschaft die für das Studium der Silikatchemie erforderlichen

---

[1] Asch, W. u. D.: Die Silikate, S. 138. Berlin 1911.

Apparate und Hilfsmittel geschaffen hatte. Ohne das Mikroskop, ohne den elektrischen Laboratoriumsofen, ohne Apparate zur normierten Prüfung von Festigkeiten, ohne genaue chemisch-analytische Methoden war ein Beginn wissenschaftlicher Arbeit auf dem Silikatgebiet fast aussichtslos. Heute ist eine silikatchemische Forschung ohne Polarisationsmikroskop und Dünnschlifftechnik, ohne feinste elektrische Apparate, Platinöfen, Leitfähigkeitsapparaturen und Röntgenröhren kaum denkbar. Und Hand in Hand mit der Vervollkommnung unserer Meßtechnik haben sich neue Anschauungen, neue Erkenntnismöglichkeiten entwickelt, die die Dinge immer wieder von neuen Seiten sehen lassen. Ich erinnere an das Gebäude der physikalischen Chemie und der Kolloidchemie, an die Konstitutionsforschung, die durch die Röntgentechnik möglich wurde, an die Verfahren der thermischen Analyse, die auf der Erzeugung und der exakten Messung hoher Temperaturen auf elektrischem Wege beruht. Dementsprechend können wir in der Silikatchemie und ebenso in der Zementchemie ganz bestimmte, an die oben geschilderten Faktoren gebundene Stadien der Forschung erkennen. Wir wollen diese nun in einem kurzen Überblick über die geschichtliche Entwicklung der Zementforschung feststellen.

Als man ungefähr um das Jahr 1850 herum damit anfing, sich mit der Chemie der hydraulischen Bindemittel zu beschäftigen, da geschah dies ganz im Sinne der damaligen Chemie. Damals glaubte man die Frage nach dem Wesen und dem Aufbau der Zemente durch die Anwendung chemisch-analytischer Forschungsmethoden lösen zu können. Man war der Ansicht, daß der Zement, vor allem der Portlandzement, eine einheitliche, definierte chemische Verbindung sei, so daß bereits eine einfache quantitative chemische Analyse über den Aufbau des Zements Aufschluß geben und zu einer Konstitutionsformel führen mußte. Zu dieser Annahme „ver"führten die ungeheuren Erfolge, die die analytische Forschungsmethode der Chemie jener Zeit eingebracht hatte. Man wußte damals offenbar noch nicht, daß der Portlandzementklinker ein mehrphasiges Konglomerat von verschiedenen Mineralien ist, deren Zusammensetzung stets wechselt und von einer großen Anzahl von Faktoren, z. B. von der Art des Rohstoffs und der Art des Brandes abhängt. Diese Erkenntnis brachten die Arbeiten von Le Chatelier[1] und von Törnebohm[2].

Le Chatelier und Törnebohm leiteten damit die zweite Stufe der Zementforschung ein, die auf der **mineralogisch-petrographischen Methode** beruht. Mit dieser Methode beginnt eigentlich erst die systematische Arbeit an dem Zementproblem. So wie jede wissenschaftliche Arbeit begann die Forschung auch hier zunächst rein

---

[1] Chatelier, H. Le: C. R. Acad. Sci., Paris Bd. 96 (1883) S. 1056; Ann. Mines Bd. 12 (1887) S. 345; Rech. exper. S. 63. Paris 1904.
[2] Törnebohm, A. E.: Die Petrographie des Portlandzements. Stockholm 1897.

deskriptiv. Das petrographische Klinkerbild, das man auf Grund von mikroskopischen Beobachtungen an Klinkerdünnschliffen erhalten hatte, wurde eingehend beschrieben und eine systematische Reihe von immer wieder im Klinker auftretenden Hauptklinkermineralien aufgestellt. Diesen Untersuchungen, die dann später von v. Glasenapp[1] und in neuester Zeit von Guttmann und Gille[2] ergänzt wurden, verdanken wir unsere heutige Kenntnis des Klinkerbildes. Zu Kenntnissen über den molekularen Aufbau der Klinkermineralien konnte diese mineralogisch-petrographische Methode nicht führen, aber sie brachte die wichtige Erkenntnis, daß der Zementklinker ein mehrphasiges System von Klinkermineralien ist.

Diese ersten Forschungen auf dem Zementgebiet hatten alle mehr oder weniger zum Ziel, die Konstitution des Portlandzementklinkers aufzuklären. Mit dem Aufkommen der physikalischen Chemie erweiterte sich der Gesichtskreis der Zementforschung in ungeheurem Umfang. Die mineralogisch-petrographische Methode hatte gelehrt, den Klinker als ein mehrphasiges Gebilde anzusehen. Nunmehr wendete man die von Gibbs gefundene Gleichgewichtslehre in heterogenen Systemen auf das mehrphasige System des Zements mit den physikalischen Mitteln der „thermischen Analyse" an. Auf dieser thermisch-analytischen Methode beruhen die bekannten Arbeiten der amerikanischen Forscher Day, Allen, Rankin, Shepherd, White und Wright um das Jahr 1910[3]. Sie lieferten eine vollständige Beschreibung des ternären Systems $CaO-Al_2O_3-SiO_2$, die bis heute noch bis auf einige unwesentliche Korrekturen gültig ist.

Fast gleichzeitig mit den letztgenannten Forschern untersuchte Cobb[4] die Reaktionen, die sich beim Erhitzen von Gemischen von Tonerde, Kalk und Kieselsäure abspielen. Es ist dies gleichfalls ein thermisch-analytisches Verfahren, das aber im Gegensatz zu den Arbeiten von Day, Allen, Rankin, Shepherd, White und Wright nicht auf der Untersuchung von Gleichgewichten, sondern von Ungleichgewichten im ternären System und im Zementrohmehl beruht. Die Cobbschen Arbeiten waren die Grundlage für die späteren Untersuchungen von Endell[5], Nacken und Dyckerhoff[6] auf diesem Gebiet. Ihre Ausführung wurde nur möglich durch die Verfeinerung

---

[1] Glasenapp, M. v.: Silikat-Z. Bd. 1 (1913) S. 63; Zement 1923 S. 133.
[2] Guttmann, A. u. F. Gille: Tonind.-Ztg. Bd. 52 1928 Nr. 22 S. 418.
[3] Day, A. L., E. T. Allen, E. S. Shepherd, W. P. White u. F. E. Wright: Amer. J. Sci. Bd. 22 (1906) S. 265. — Shepherd, E. S., G. A. Rankin u. F. E. Wright: Amer. J. Sci. Bd. 28 (1910) S. 293; Z. anorg. allg. Chem. Bd. 68 (1910) S. 370.
[4] Cobb, J. W.: J. Soc. chem. Ind. Bd. 29 (1910) S. 69, 250, 335, 399, 608, 799.
[5] Endell, K.: Tonind.-Ztg. Bd. 39 1915 S. 73, 85.
[6] Nacken, R.: Zement 1920 S. 61; 1921 S. 246, 258, 270. — Dyckerhoff, W.: Diss. Frankfurt 1925; s. a. Zement 1924 u. 1925.

unserer Meßtechnik, die Temperaturen im Bereich zwischen 1000° und 1700° C mit großer Genauigkeit zu messen gestattete, und ferner durch den Bau elektrischer Widerstandsöfen mit konstanter Temperatur. Zu erinnern sei hier auch an die Kleinprüfapparate von Kühl[1], mit denen die Festigkeitseigenschaften kleiner, im elektrischen Ofen hergestellter, nicht technischer Zementproben geprüft werden können.

Einen völlig neuen Weg schlug die Zementforschung mit der Verwendung der Röntgenstrahlen zur Erforschung der Konstitution des Portlandklinkers ein. Diese röntgenanalytische Methode hat in kurzer Zeit zu ganz erstaunlichen Erfolgen geführt und die Frage nach der Konstitution des Portlandzementklinkers nahezu gelöst. Wir stehen noch am Anfange dieser Untersuchungen, die von Bogue und Brownmiller[2] in sehr aussichtsreicher Weise begonnen und von Weyer[3] fortgesetzt wurden.

Einen ganz ähnlichen Weg ist die Zementforschung auch bei der Lösung des Abbinde- und Erhärtungsproblems und des Korrosionsproblems gegangen. Zunächst wurden auch hier erst die rein äußerlich sichtbaren oder mit dem Mikroskop wahrnehmbaren Tatbestände mineralogisch-petrographisch registriert. Das Ergebnis dieser mikroskopischen Untersuchungen an abbindenden Zementen war die sog. „Kristalltheorie" der Erhärtung, die bis in die neuere Zeit leidenschaftlich verfochten wurde, aber auf falschen Versuchsbedingungen und irrigen Voraussetzungen beruhte. Mit dem Aufkommen der physikalischen Chemie und der Kolloidchemie konnten die Abbinde- und Erhärtungsvorgänge anders erklärt werden. Es taucht die von Michaelis aufgestellte „Kolloidtheorie" der Erhärtung auf, die bis heute noch das Feld beherrscht. Sie leitete die noch bis heute bestehende Epoche der Forschung ein, in der man die Abbinde- und Erhärtungsprozesse mit Dampfdruckisothermen, elektrischen Leitfähigkeiten, Viskositäts- und Löslichkeitsmessungen zu erforschen sucht.

Aber schon zeichnet sich am Horizont eine neue Methode ab, die genau so wie bei der Konstitutionsforschung des Klinkers von der Verwendung der Röntgenstrahlen stark beeinflußt sein wird. Es ist denkbar, daß die Reaktionsprodukte, die beim Abbinden und Erhärten entstehen, röntgenspektroskopisch besser erfaßt werden können als durch die bisher üblichen chemisch-analytischen und kolloidchemischen Methoden.

Auf der anderen Seite ist zu erwarten, daß man die Erforschung der Konstitution des Portlandzementklinkers, die bis heute nur hinsichtlich eines einzigen Bestandteils zu einem gewissen Abschluß gekommen ist, mit den Mitteln der kolloidchemischen Methode fortsetzen wird.

---

[1] Kühl, H.: Tonind.-Ztg. Bd. 53 1929 Nr. 77 S. 1381.
[2] Brownmiller, L. H. u. R. H. Bogue: Amer. J. Sci. (5) Bd. 20 (1930) 118; s. a. die früheren Arbeiten der Verfasser.
[3] Weyer, J.: Zement 1931 Nr. 3 S. 48; Nr. 5 S. 96.

Dabei werden dann die anderen Produkte der Silikatindustrie, Glas, Emaille und Porzellan zweckmäßigerweise mit in den Kreis der Betrachtungen gezogen werden müssen. Und damit wird sich endlich auch in der Chemie der Zemente das einstellen, was in anderen Wissenschaften schon seit längerer Zeit angestrebt wird, eine Erfassung allgemeiner Zusammenhänge, ein Mithineinnehmen benachbarter Wissensgebiete in den viel zu eng gespannten Kreis unserer Forschungen.

IV. Die Gleichgewichtslehre bei den Silikaten.
a) Die Phasenlehre.

Die Untersuchung des physikalisch-chemischen Verhaltens der Silikate ist eins der schwierigsten Probleme der anorganischen Chemie. Diese Aufgabe kann nur dann mit einiger Aussicht auf Erfolg gelöst werden, wenn man auf gewisse ganz einfache Verhältnisse, wie sie sich z. B. im Falle eines wirklichen chemischen Gleichgewichts dartun, zurückgehen kann, weil dann die Möglichkeit besteht, die beobachteten Abweichungen und Unregelmäßigkeiten von diesem Idealfall in ihrer Realität zu erfassen.

Wenn zwei Stoffe, sagen wir A und B, sich miteinander unter Bildung eines dritten neuen Stoffes C verbinden, so führt dieser Vorgang niemals quantitativ bis zum völligen Verbrauch eines der beiden Ausgangsstoffe, sondern die Reaktion hört schon vorher auf. Wir haben dann einen Zustand vor uns, in dem eine bestimmte Menge des neugebildeten Stoffes C da ist und daneben teilweise noch seine beiden Komponenten A und B existieren. Wenn die Reaktion bis zu dieser Grenze gekommen ist und sich das Verhältnis der drei Stoffe A, B und C nicht mehr gegeneinander verschiebt, dann sprechen wir von einem Gleichgewichtszustand und sagen, das System der drei Stoffe A, B und C sei im „stabilen" Gleichgewicht[1]. Ein in Reaktion befindliches System befindet sich also im „stabilen" Gleichgewicht, wenn es sich ohne äußeren Anlaß nicht mehr verändert und in allen seinen Teilen gleiche Temperatur und gleichen Druck besitzt. In kinetischer Betrachtung heißt das nun nicht, daß das System als solches im Zustande des Gleichgewichts vollkommen in Ruhe ist. Wir müssen uns die Dinge vielmehr so vorstellen, daß bei Beginn der Reaktion: $A + B \rightleftarrows C$ vorwiegend die Stoffe A und B sich vereinigen (die Reaktion verläuft von links nach rechts), um den neuen Stoff C zu bilden, und daß im Zustande des stabilen Gleichgewichts gleichzeitig sich ebenso viele A- und B-Teilchen vereinigen, wie sich C-Teilchen in A und B spalten. (Die Reaktion verläuft gleichzeitig

---

[1] Unter System versteht man hier eine Anzahl miteinander in chemische Reaktion gebrachter Stoffe beliebiger Art.

von links nach rechts und von rechts nach links.) Der stabile Gleichgewichtszustand ist also dadurch gekennzeichnet, daß sich in der Zeiteinheit ebenso viele Teilchen im einen wie im entgegengesetzten Richtungssinne der Reaktion umsetzen. Trotz dieser dauernden internen molekularen und atomaren Umsetzungen erscheint das stabile Gleichgewicht als ein völlig unveränderlicher Zustand, weil wir ja mit unseren Messungen nur die Gesamtheit aller Teilchen erfassen.

Von der Einstellung chemischer Gleichgewichte bei den Silikaten sei im folgenden gesprochen, weil sie die Grundlage für die Forschungen über das physikalisch-chemische Verhalten der Silikate darstellt. Hierzu ist notwendig, daß wir zunächst auf die Grundprinzipien der Phasenlehre eingehen, wie sie von Gibbs[1] und Bakhuis-Roozeboom[2] aufgestellt worden ist.

Was besagt nun die Phasenlehre? — Die oben entwickelten Gleichgewichte können sich auf homogene und heterogene Systeme beziehen. Unter einem homogenen System versteht man ein System, das nur aus einer einzigen Phase besteht, das also in allen seinen Teilen nur homogenkristallin, bzw. nur homogen-flüssig oder nur homogen-gasförmig ist. In einem solchen homogenen System, z. B. bei den technischen Gasgleichgewichten, spielt sich die Einstellung des Gleichgewichts in einer einzigen Phase in einem gegebenen Reaktionsraum in der Hauptsache so ab, daß sich Atome in bestimmten Zeiten und gemäß einer chemischen Reaktionsgleichung irgendwie umgruppieren.

Anders liegen die Verhältnisse bei den Gleichgewichten in heterogenen Systemen, die in der Silikat- und Zementchemie eine viel größere Rolle spielen als die homogenen Systeme. Heterogene Systeme sind solche Systeme, bei denen nebeneinander verschiedene Phasen vorkommen, die durch bestimmte Grenzflächen untereinander abgegrenzt sind. Demnach bezeichnet man alle in heterogenen Systemen auftretenden, nebeneinander bestehenden physikalischen Formzustände als Phasen. Zur Einstellung eines Gleichgewichts in heterogenen Systemen müssen die in Reaktion tretenden Atome sich dadurch umgruppieren, daß sie auch noch durch Grenzflächen irgendwelcher Art hindurchtreten.

Abgesehen von diesen Formzuständen oder Phasen ist jedes chemische System ferner noch durch die Zahl der in ihm enthaltenen unabhängigveränderlichen Bestandteile charakterisiert. Diese unabhängig-veränderlichen Bestandteile eines Systems bezeichnet man als Komponenten. Man versteht darunter alle chemisch-individuellen Grundstoffe, die ein System aufbauen. Zu diesen Grundstoffen rechnet man z. B. die Oxyde, so daß in Zementsystemen die Oxyde wie Siliziumdioxyd, Kalziumoxyd und Aluminiumoxyd zu den Komponenten des Systems gehören.

[1] Gibbs, W.: Trans. Conn. Acad. Bd. 3 (1874) S. 108, (1877) S. 343.
[2] Bakhuis-Roozeboom, H. W.: Die heterogenen Gleichgewichte, 1901.

Von der Zahl dieser unabhängig-veränderlichen Komponenten hängt die Art und Verteilung der Phasen in einem heterogenen System in der Hauptsache ab. Daneben sind aber noch einige äußere Zustandsbedingungen, vor allem die Temperatur und der Druck, und ferner die Mengenverhältnisse der Phasen und Komponenten auf ein heterogenes System von großem Einfluß. Ändert man z. B. bei einem Schmelzgleichgewicht willkürlich den Druck, so tritt in zwangsläufiger Abhängigkeit eine Änderung der Schmelztemperatur ein. Es zeigt sich also, daß eine ganz allgemeine Beziehung zwischen der Zahl der Phasen und der Zahl der unabhängig variablen Zustandsbedingungen besteht. Diese unabhängig variablen Zustandsfaktoren werden auch **Freiheiten genannt.**

Die Gesetzmäßigkeiten nun zwischen der Zahl der Phasen, der Zahl der Komponenten und der Zahl der Freiheiten faßte Gibbs in seinen thermodynamischen Untersuchungen über die Mehrphasengleichgewichte in der sog. Gibbsschen Phasenregel zusammen.

Die Summe der Anzahl der Phasen und Freiheiten ist gleich der um zwei vermehrten Zahl der Komponenten, mithin:

$$P + F = n + 2$$
$$\text{Phasen} + \text{Freiheiten} = \text{Komponenten} + 2$$

Diese Regel ist das Grundprinzip, auf dem sich unsere gesamte Kenntnis von den heterogenen Systemen aufbaut. Sie war die Grundlage für das Standardwerk von Bakhuis-Roozeboom und von Tammann[1] über die heterogenen Gleichgewichte. Im folgenden wollen wir nun unsere Betrachtungen den Einstoff- und Mehrstoffsystemen zuwenden.

b) Die spezifische Wärme der Silikate.

Seitdem es durch die Fortentwicklung der Quantentheorie und des Nernstschen Wärmetheorems möglich geworden ist, thermochemische Daten mit Erfolg zur Klärung chemischer Prozesse zu verwenden, finden die thermischen Eigenschaften der Silikate immer größere Beachtung. Eine der wichtigsten Aufgaben der Thermochemie der Silikate ist die Bestimmung der spezifischen Wärme.

Unter der spezifischen Wärme versteht man diejenige Wärmemenge, die erforderlich ist, um 1 g eines Stoffes um 1°, von 15° auf 16° C, zu erwärmen. Die spezifische Wärme ist abhängig von der Temperatur. Die Kenntnis der spezifischen Wärme eines Stoffes ist von außerordentlicher Bedeutung für die Berechnung seiner Reaktions-, Bildungs-, Kristallisations- und Umwandlungswärme. Während in dem Temperaturintervall von 0—100° C schon früher an chemisch undefinierten Mineralien zahlreiche Messungen durchgeführt wurden, liegen für hohe Temperaturen erst in neuerer Zeit einigermaßen genaue Messungen vor.

---

[1] Tammann, G.: Lehrbuch der heterogenen Gleichgewichte. Braunschweig 1924.

Als genaueste Bestimmungsmethode hat sich die Mischungsmethode von Regnault erwiesen, die besonders durch die Arbeiten von White[1] und Wietzel[2] sehr vervollkommnet worden ist. Im Prinzip wird dabei so verfahren, daß die auf bestimmte Temperatur erhitzte Substanz in eine genau abgewogene Menge Wasser gebracht und die hierdurch bewirkte Temperatursteigerung möglichst genau gemessen wird. Das Eintauchen der erhitzten Substanz muß sehr schnell geschehen, damit die dabei nicht völlig zu vermeidenden Wärmeverluste so klein wie möglich werden. Die Temperatursteigerung der Kalorimeterflüssigkeit nach dem Einwerfen der erhitzten Probe wird mit einem Beckmannthermometer oder mit einem Kupfer-Konstantan-Element nach der Kompensationsmethode gemessen.

Die spezifische Wärme eines kristallisierten Silikats ist stets kleiner als die spezifische Wärme eines Glases von gleicher Zusammensetzung, d. h. bei Beginn der Sinterung oder Schmelzung steigt die Kurve der spezifischen Wärmen an. Es lassen sich mithin an Hand der spezifischen Wärmen die Sinterungs- und Schmelzvorgänge genau verfolgen.

Dies ist bisher bei der Erforschung der Sinterungsvorgänge des Portlandzements und den Schmelzprozessen der Hochofenschlacke und des Tonerdezements leider nur in geringem Umfange geschehen. Solche Messungen würden zu weitreichenden Aufschlüssen über den Sinterungsvorgang führen.

Hartner[3] untersuchte die spezifische Wärme von Portlandzementklinker bei Temperaturen zwischen 100° und 1100° C. Eitel und Schwiete[4] haben die Messungen von Hartner am Portlandzementklinker nachgeprüft und bis zu einer Temperatur von 1500° C weitergeführt. Sie untersuchten ferner die Temperaturabhängigkeit der spezifischen Wärme von verschiedenen Kalziumsilikaten und -aluminaten. Die Versuchsergebnisse von Hartner und von Eitel und Schwiete divergieren sehr erheblich voneinander.

Der Verfasser hat neuerdings gleichfalls die spezifischen Wärmen von Kalk, Tonerde, Mono-, Di- und Trikalziumsilikat und von Monokalziumaluminat bei Temperaturen zwischen 200° und 1500° C in einem Kupferblockkalorimeter gemessen. Es ergaben sich hierbei gute Übereinstimmungen mit den Versuchsergebnissen von Eitel und Schwiete und von Roth und Bertram[5].

Meine Versuchsergebnisse seien im folgenden mitgeteilt. Es ergaben sich folgende spezifischen Wärmen (cp):

---

[1] White, W. P.: Amer. J. Sci. Bd. 28 (1909) S. 334, Bd. 47 (1919) S. 44; Physic. Rev. Bd. 31 (1910) S. 545; Chem. metallurg. Engng. Bd. 25 (1921) S. 17.
[2] Wietzel, R.: Z. anorg. allg. Chem. Bd. 116 (1921) S. 71.
[3] Hartner, F.: Zement 1927 S. 41.
[4] Eitel, W. und H. E. Schwiete: Zement 1932 S. 361—367.
[5] Roth, W. A. und W. Bertram: Z. f. Elektrochem. Bd. 35, 1929 S. 394.

Bei Kalziumoxyd: 200⁰ 0,195; 500⁰ 0,205; 800⁰ 0,213; 1100⁰ 0,218; 1300⁰ 0,219; 1500⁰ 0,221.

Bei Tonerde (α-Al_2O_3): 200⁰ 0,215; 500⁰ 0,250; 800⁰ 0,263; 1100⁰ 0,265; 1300⁰ 0,275; 1500⁰ 0,282.

Bei Monokalziumaluminat (wichtig für Tonerdezement): 200⁰ 0,200; 500⁰ 0,235; 800⁰ 0,242; 1100⁰ 0,252; 1300⁰ 0,254; 1500⁰ 0,260.

Bei Trikalziumsilikat (wichtig für Portlandzement): 200⁰ 0,195; 500⁰ 0,216; 800⁰ 0,231; 1100⁰ 0,238; 1300⁰ 0,245; 1500⁰ 0,252.

Bei Portlandzementklinker: 200⁰ 0,201; 500⁰ 0,222; 800⁰ 0,235; 1100⁰ 0,245; 1300⁰ 0,260; 1500⁰ 0,273.

Über die spezifischen Wärmen von Rohmehlen liegen bis heute noch keine exakten Messungen vor. Besondere Schwierigkeiten bereitet hier die Untersuchung der Tonsubstanzen. Die spezifische Wärme von feuerfesten Tonen wurde von Miehr, Immke und Kratzert[1] gemessen. Die genannten Forscher haben eingehend den für die Feuerbeständigkeit und die Standfestigkeit eines feuerfesten Tones technisch wichtigen Vorgang der ,,Erweichung'' untersucht (s. Abb. 2).

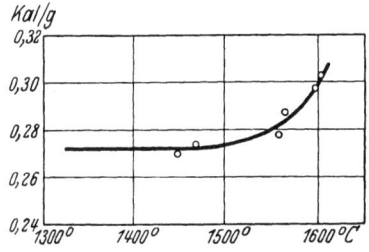

Abb. 2. Die spezifische Wärme eines feuerfesten Tons in der Nähe des Erweichungspunktes (nach W. Miehr).

Abb. 2, die das Ansteigen der spezifischen Wärme eines feuerfesten Tones im Gebiet der ,,Erweichung'' wiedergibt, zeigt deutlich, daß der Wärmeinhalt der Tonmasse (die spezifische Wärme) infolge des Auftretens einer schmelzenden Phase mit zunehmender Temperatur ansteigt. Sie läßt erkennen, daß das Erweichen eines feuerfesten Tones ein ganz allmählicher Prozeß ist, der erst durch eine teilweise Verflüssigung des Tones eingeleitet wird und über eine Reihe von schmelzflüssigen Zwischenphasen führt.

Wenn man die chemische Zusammensetzung eines Silikats genau kennt, dann kann man einen annähernden Wert für die spezifische Wärme dieses Silikats bei gewöhnlicher Temperatur berechnen. Man verfährt dabei so, daß man zunächst die angenähert bekannten Atomwärmen der in dem Silikat vorkommenden Atome zusammenaddiert. Nach dem Gesetz von Neumann-Kopp erhält man auf diese Weise die Molekularwärme des Silikats. Diese Molekularwärme ist aber nichts weiter als das Produkt aus Molekulargewicht und spezifischer Wärme. Um den Wert für die spezifische Wärme zu erhalten, hat man nur die berechnete Molekularwärme durch das Molekulargewicht des Silikats zu dividieren.

Die Molekularwärme eines Silikats steht in einer sehr wichtigen Beziehung zu der Bildungswärme des betreffenden Silikats. Wenn wir

---

[1] Miehr, W., H. Immke u. I. Kratzert: Veröff. wiss. Fachaussch. Bund. dtsch. Fabrik. feuerfest. Erz., Ber. Nr. 2.

die Molekularwärmen der ein Silikat aufbauenden Oxyde (in der Verbindung $CaO \cdot SiO_2$ also die Oxyde CaO und SiO_2) mit ΣC_0, die Molekularwärme des Silikats mit C_s und die Bildungswärme des Silikats bei einer Temperatur t mit Q_t bezeichnen, so ergibt sich für die Bildungswärme des Silikats folgende Gleichung:

$$(t_2 - t_1) \cdot C_s - Q_{t_1} = (t_2 - t_1) \cdot \Sigma C_0 - Q_{t_2}$$

oder allgemein ausgedrückt: $\frac{dQ}{dt} = \Sigma n \cdot C$, worin n die Molekülzahl jedes der reagierenden Stoffe ist. Das Gesetz von Neumann-Kopp, das in gewisser Weise sich aus dem Satz von Dulong-Petit ergibt und besagt, daß die Molekularwärme eines Silikats in erster Annäherung gleich der Summe der Atomwärmen der sie zusammenfassenden Elemente ist, ist für die Silikatchemie von großer Bedeutung geworden. Es gestattet eine quantitative Berechnung der Bildungswärmen und ermöglicht ferner Schlüsse auf die Konstitution eines Silikats. Messungen und Berechnungen auf diesem Gebiet an Zementen und Zementsilikaten liegen bis heute noch nicht vor.

c) Die Bildungswärme.

Es war schon mehrfach von der Bildungswärme gesprochen worden. Auch dieser Begriff, der in der neueren Silikatforschung eine große Rolle spielt, sei erläutert.

Die Bildung eines Silikats aus den Elementen ist meist mit einem Wärmevorgang, mit einer „Wärmetönung" verbunden, die man mit Bildungswärme bezeichnet. Sie wird in Kalorien gemessen und auf die Menge eines Grammoleküls bezogen. Unter Bildungswärme versteht man mithin die Anzahl Kalorien, die frei oder gebunden werden, wenn eine Verbindung aus den Elementen entsteht. Ist die Bildungswärme positiv, dann wird bei der Bildung der Verbindung Wärme frei. Einen solchen Vorgang bezeichnet man als exotherm. Wird hingegen Wärme gebunden, dann liegt ein endothermer Prozeß vor, die Bildungswärme ist negativ. Da die Bildungswärme eine Funktion der Temperatur ist, so muß naturgemäß bei allen Untersuchungen die Reaktionstemperatur berücksichtigt werden.

Thermochemisch wird eine chemische Bildungsreaktion so formuliert, daß man z. B. schreibt:

$$nA + mB + pC = nA \cdot mB \cdot pC + x\text{-cal}.$$

Hierin ist x-cal die bei der Reaktion freiwerdende Wärme. Nach dem Gesetz von Heß ist es in bezug auf die Bildungswärme nebensächlich, auf welchem Wege eine Verbindung entsteht. Es ist mithin gleich, ob die eben angeführte Reaktion nach der Gleichung:

$$nA + mB + pC = nA \cdot mB \cdot pC$$

oder nach der Gleichung:

$$nA \cdot mB + pC = nA \cdot mB \cdot pC$$

verläuft.

Aus den Bildungswärmen der Silikate ergibt sich ohne weiteres die sog. Reaktionswärme. Nicht nur bei der Reaktion der Elemente untereinander entstehen, wie wir eben gesehen haben, Wärmetönungen, sondern auch bei der Reaktion der Silikate untereinander treten Wärmetönungen auf. Diese bezeichnet man als „Reaktionswärme". Die Reaktionswärme ist gleich der Summe der Bildungswärmen der reagierenden Moleküle. Auch hier wollen wir ein Beispiel zur Verdeutlichung anführen. Es bilde sich nach der Gleichung:

$$CaO + SiO_2 = CaSiO_3 + x\text{-cal Kalziummetasilikat.}$$

Die hierbei auftretende Wärmetönung bezeichnet man als Reaktionswärme. Sie setzt sich zusammen aus den Bildungswärmen von CaO, SiO_2 und $CaO \cdot SiO_2$.

Eine direkte Bestimmung der Bildungswärme ist bei den Silikaten außerordentlich schwierig. Das bekannteste Verfahren, die Methode der Verbrennungskalorimetrie in der Berthelotschen Bombe, beruht darauf, daß man das Silikat mit einer bekannten Kohlenstoffmenge unter Sauerstoffzufuhr elektrisch erhitzt und die dann auftretende Wärmetönung direkt an der Erwärmung der Kalorimeterflüssigkeit mißt. Die Differenz zwischen der Wärmetönung bei der Verbrennung der Kohle allein und der Wärmetönung bei der Verbrennung des Silikat-Kohle-Gemischs ergibt die Bildungswärme des Silikats. Die nach dieser Methode erhaltenen Werte (es sei hier vor allem an die zahlreichen Messungen von Le Chatelier[1] und von Tschernobajeff und Wologdine[2] gedacht) dürften jedoch wegen der vielen Fehlerquellen dieser Methode recht ungenau sein.

Weit genauer geschieht die Ermittlung der Bildungs- und Reaktionswärme durch die Bestimmung der Lösungswärme eines Silikats. Die Lösungswärme wird nach der besonders von Mulert[3] ausgebildeten Methode in der Weise gemessen, daß man eine bestimmte Menge des feingepulverten Silikats in verdünnter Flußsäure auflöst und dann die hierbei auftretenden Wärmetönungen kalorimetrisch mißt[4]. Zwischen der Lösungswärme und der Bildungswärme besteht folgende Beziehung: Wenn wir die Lösungswärmen der Oxyde mit x und y und die Lösungswärme des Silikats mit z bezeichnen, dann ist die Bildungswärme des Silikats
$$B = x + y - z.$$

Die nach diesem Lösungsverfahren erhaltenen Bildungswärmen sind nach dem heutigen Stande der Meßtechnik schon recht zuverlässig.

---

[1] Chatelier, H. Le: La silice et les Silicates. Paris 1914.
[2] Tschernobajeff, D. u. S. Wologdine: C. R. Acad. Sci., Paris Bd. 120 (1895) S. 625, Bd. 122 (1896) S. 82, Bd. 154 (1903) S. 206, Bd. 157 (1913) S. 121; Silikat-Z. Bd. 1 (1913) S. 173.
[3] Mulert, O.: Z. anorg. allg. Chem. Bd. 75 (1912) S. 198.
[4] Siehe besonders Neumann, F.: Z. anorg. allg. Chem. Bd. 145 (1925) S. 196.

Man erhält mit diesen Werten einen Einblick in die Bildungsprozesse der Silikate, d. h. angewandt auf die Zementchemie, einen Einblick in die Vorgänge bei der Bildung des Klinkers und ferner in die Vorgänge beim Abbinden und Erhärten. Auch dieses Gebiet liegt noch völlig unbearbeitet vor uns. Es ist zwar der Versuch gemacht worden, die Bildungswärmen einiger für die Zementbildung wichtiger ganz einfacher Silikate und Aluminate zu messen. Aber diese Versuche stecken noch ganz in den Anfängen, was schon daraus hervorgeht, daß noch grundlegende Fehler bei der Veröffentlichung oder Ausführung dieser Arbeiten gemacht werden. So sind Untersuchungen über die Bildungswärme der Silikate wertlos, wenn sie keine Angaben über die Versuchsbedingungen, vor allem über die Temperatur, enthalten, denn die Bildungswärme ist temperaturabhängig. Der Prozeß: $CaO + H_2O = Ca(OH)_2$, der bei der Löschung von Kalk und bei der Hydrolyse der Zemente unter dem Einfluß von Wasser eine Rolle spielt, wurde von Thorvaldson und Brown, die Bildung von Kalziummetasilikat aus CaO und SiO_2 von Roth und Chall, von Nacken und Brodmann, die Bildung von Trikalziumaluminat von Thorvaldson, Brown und Peaker und die Entstehung von Aluminiumsilikaten von Klever und Kordes untersucht. Tabelle 16 bringt eine Zusammenstellung der Bildungswärmen einer Reihe für die Zementchemie wesentlicher Reaktionen:

Tabelle 16. Bildungswärmen verschiedener Stoffe aus dem System: $CaO-Al_2O_3-SiO_2$.

Reaktion	Versuchsbedingungen	Wärmeentwicklung in Kcal	Autor
$[CaO] + H_2O = [Ca(OH)_2]$	Aus den Lösungswärmen beider Stoffe in HCl, 200 H_2O, bei 20° C	+ 15,64 20°	Thorvaldson, Brown und Peaker[1]
$[CaO] + (CO_2) = [CaCO_3]$	Aus den Lösungswärmen, in 2 n-HCl bei 50° C	+ 42,47 50°	Roth und Chall[2]
$[CaO] + [SiO_2]_{Quarz}$ $= [CaSiO_3]_{\psi\text{-Wollastonit}}$	Aus den Lösungswärmen von $[CaO]$ und $[CaSiO_3]$ in 2 n-HCl, von $[SiO_2]_{amorph}$ und von $[Quarz]$ in 20%iger HF bei 50°	+ 19,66 50° + 20,40 600° + 20,70 800° + 20,70 900°	Roth und Chall[3] und Roth und Bertram[4]

[1] Thorvaldson, Th., W. G. Brown u. C. R. Peaker: Amer. Soc. Bd. 52 (1930) S. 914.
[2] Roth, W. A. u. P. Chall: Z. Elektrochem. Bd. 34 (1928) S. 185.
[3] Roth, W. A. u. P. Chall: Z. Elektrochem. Bd. 34 (1928) S. 185.
[4] Roth, W. A. u. W. Bertram: Z. Elektrochem. Bd. 35 (1929) S. 308.

Fortsetzung der Tabelle 16 von S. 39.

Reaktion	Versuchsbedingungen	Wärme-entwicklung in Kcal	Autor
$[CaO] + [SiO_2]_{amorph}$ $= [CaSiO_3]_{\psi\text{-Wollastonit}}$	Aus den Lösungswärmen der Komponenten in HCl-HF-Gemisch. Temperaturen und Herstellung der $[SiO_2]$ amorph nicht angegeben!	$+ 28,11$ $?^0$	Nacken und Brodmann[1]
$3 [CaO] + [Al_2O_3]$ $= [3 CaO \cdot Al_2O_3]$	Aus den Lösungswärmen in HCl, 200 H_2O, von $[Al_2O_3]$ aus Verbrennungswärme und Lösungswärme von $[Al]$ abgeleitet bei 20^0	$+ 20,70$ 20^0	Thorvaldson, Brown und Peaker[2]
$[Al_2O_3]_{krist.} + 2 [SiO_2]_{Quarz}$ $= [2 SiO_2 \cdot Al_2O_3]_{Metakaolin}$	Aus den Lösungswärmen in 40% HF bei Zimmertemperatur	$-15,8 \pm 2,5$	Klever und Kordes[3]
$[Al_2O_3]_{krist.} + [SiO_2]_{Quarz}$ $= [Al_2O_3 \cdot SiO_2]_{Sillimanit}$	Aus den Lösungswärmen in 40% HF bei Zimmertemperatur	$+ 45,95$	

d) Kristallisations-, Schmelz- und Umwandlungswärme.

Weitere für die Thermochemie der Silikate sehr wichtige Faktoren sind die Kristallisations- und Schmelzwärme, jene Wärmetönungen, die bei den Phasenübergängen flüssig-kristallin und kristallin-flüssig auftreten. Diese Wärmetönungen können als Spezialfälle der Reaktionswärme angesehen werden, und ihre Messung geschieht im Prinzip genau so wie die der Reaktionswärmen. Direkte Messungen der Kristallisations- oder Schmelzwärme im Kalorimeter nach dem Mischungsverfahren können nur dann durchgeführt werden, wenn die Kristallisation und Schmelze mit großer Geschwindigkeit vor sich geht. Nun, das ist bei den Silikaten meist nicht der Fall. Ihre Reaktionsträgheit ist ja gerade charakteristisch für sie, und man muß daher, ebenso wie bei der Bestimmung der Bildungs- und Reaktionswärme, in der Hauptsache indirekte Methoden anwenden. Man benutzt auch hier den Umweg über die Lösungswärme, die ja ohne weiteres und sehr bequem gemessen werden kann. Die Ausführung eines solchen Versuchs geschieht so, daß man gleiche Mengen eines kristallisierten und eines geschmolzenen

---

[1] Nacken, R.: Zement 1930 S. 818 u. 847. — Brodmann, L.: Diss. Frankfurt 1923.
[2] Thorvaldson, Th., W. G. Brown u. C. R. Peaker: Amer. Soc. Bd. 52 (1930) S. 3936.
[3] Klever, E. u. E. Kordes: Glastechn. Ber. Bd. 7 (1929) S. 85.

glasigen Silikats von gleicher Zusammensetzung in wässeriger Flußsäure bei gleicher Konzentration und Temperatur auflöst. Die auftretenden Wärmetönungen werden kalorimetrisch gemessen und ergeben dann die Schmelz- und Kristallisationswärmen.

Nach dem gleichen Lösungsverfahren erhält man die bei der Umwandlung eines Kristalls von einer Modifikation in die andere auftretenden Wärmetönungen (Umwandlungswärmen), indem man beide Modifikationen unter gleichen Bedingungen auflöst. Solche Messungen sind bisher nur bei wenigen Stoffen ausgeführt worden. Tabelle 17 gibt eine kleine Zusammenstellung der uns in bezug auf den Zement interessierenden Umwandlungswärmen im System: Kalk-Tonerde-Kieselsäure.

Tabelle 17. Umwandlungswärmen verschiedener Stoffe im System $CaO-Al_2O_3-SiO_2$.

Substanz	Umwandlung	Temperatur °C	Wärmetönung in Kcal pro g-Atom oder g-Mol.	Autor
$Al_2O_3 \cdot SiO_2$.	Andalusit → Sillimanit	15	6,35	Neumann[1]
$CaCO_3$ . . .	Marmor → Aragonit	50	0,050	Roth und Chall[2]
$CaO \cdot SiO_2$.	Pseudowollastonit → natürlicher Wollastonit	?	+1,77	Nacken[3]
SiO_2	amorph → α-Quarz	50	+3,4	Roth und Chall

c) Die Schmelzpunkte und Schmelzpunktsgleichgewichte.

Bei der Untersuchung von Silikaten (Zementsystemen) ist ferner die genaue Bestimmung der Schmelzpunkte und der Schmelzpunktsgleichgewichte von Wichtigkeit. Was versteht man nun unter dem Schmelzpunkt eines Systems? Der Schmelzpunkt eines Stoffes ist diejenige Temperatur, bei der die feste und die flüssige Phase des Stoffes miteinander im Gleichgewicht stehen. Während wir weiter oben Beispiele für chemische Gleichgewichte kennengelernt hatten, haben wir es hier mit einem physikalischen Gleichgewicht zu tun. Bei der Temperatur des Schmelzpunktes stehen zwei Phasen — eine feste und eine flüssige — miteinander im Gleichgewicht. Da die Schmelzpunktsmessungen immer bei ganz bestimmtem Druck, nämlich bei Atmosphärendruck, durchgeführt werden, so begibt man sich bei diesen Messungen von vornherein einer Freiheit — der Freiheit des Druckes —, und die Phasenregel lautet

---
[1] Neumann, F.: Z. anorg. allg. Chem. Bd. 145 (1925) S. 193.
[2] Roth, W. A. u. P. Chall: Z. Elektrochem. Bd. 34 (1928) S. 185.
[3] Nacken, R.: Zement 1930 S. 818 u. 847.

daher für Schmelzgleichgewichte bei 1 Atmosphäre Druck nicht wie üblich: $P + F = n + 2$, sondern:

$$P + F = n + 1.$$

Legen wir diese Formel einem System zugrunde, das nur aus einem einzigen Stoff besteht (Einstoffsystem), so ergibt sich, daß im gewöhnlichen Sprachgebrauch der Schmelzpunkt ein invariantes, nicht veränderliches System ist:

$P + F = n + 1$ Die Zahl der Phasen ist 2, die Zahl der Komponenten 1.
$2 + F = 1 + 1$
$F = 0$ Die Zahl der Freiheiten ist gleich Null. Das System ist invariant.

Wie wir bereits bei der Erklärung des chemischen Gleichgewichts gesehen haben, ist der Zustand des Gleichgewichts dadurch charakterisiert, daß zwei Vorgänge gleichzeitig in entgegengesetzten Richtungen verlaufen. Daher ist der Schmelzpunkt, bei dem die kristalline Phase in den schmelzflüssigen Zustand übergeht, identisch mit der Erstarrungstemperatur, bei der umgekehrt die schmelzflüssige Phase in den kristallisierten Zustand übergeht.

Der Schmelzpunkt eines Systems kann in mannigfacher Weise bestimmt werden. Die Eignung der Methoden für bestimmte Zwecke ist von Fall zu Fall verschieden. Die einfachsten Methoden sind ohne Zweifel die optischen. Sie beruhen auf der direkten Beobachtung des Schmelzvorgangs und sind stets subjektiv. Man kann z. B. beobachten, daß bei doppelbrechenden Kristallen die Doppelbrechung beim Schmelzpunkt verschwindet, oder daß beim Schmelzpunkt eine anisotrope Kristallphase und eine isotrope Flüssigkeit nebeneinander bestehen. Diese Messungen, um deren Entwicklung sich besonders Doelter[1] und Joly[2] verdient gemacht haben, werden entweder mit dem Meldometer oder dem Heizmikroskop durchgeführt.

Das von Joly konstruierte Meldometer besteht aus einer 6—10 cm langen, 4 mm breiten und 0,01 mm dicken Platinfolie, die zwischen zwei Anschlußklemmen eingespannt wird. Auf diesen Streifen wird eine Reihe von Substanzproben gelegt und der Streifen dann elektrisch erhitzt. Die Beobachtung des beginnenden Schmelzens der Proben geschieht durch ein Mikroskop, die Messung der Temperatur erfolgt mit einem optischen Pyrometer. Auf demselben Prinzip beruht das Heizmikroskop von Doelter. Die Erhitzung der kleinen Substanzprobe erfolgt hier mit Hilfe eines kleinen, unter dem Mikroskop angebrachten Öfchens mit Platindrahtwicklung. Die Temperatur wird mit einem Thermoelement gemessen. Genauere Resultate kann man nach diesen Methoden nur dann erhalten, wenn man die Temperatur außerordentlich

---
[1] Doelter, C.: Physikalisch-chemische Mineralogie. Leipzig 1905.
[2] Joly, J.: Proc. Roy. Acad., Dublin Bd. 2 (1891) S. 38.

langsam ansteigen und bei den ersten Anzeichen des Schmelzbeginns längere Zeit konstant bleiben läßt.

Beide Methoden eignen sich nicht zur genauen Bestimmung des Schmelzpunkts von Silikaten. Ihr Wert liegt vielmehr darin, daß man sich über die ungefähre Lage von Schmelzpunkten sehr schnell orientieren kann, und daß man rasch eine Übersicht über die Schmelzpunkte von zu vergleichenden Substanzen gewinnen kann. Ebenso kann die Lage eines Eutektikums und Umwandlungspunktes schnell und relativ genau festgestellt werden.

Die eben beschriebenen optischen Methoden sind Anwendungen der in der Technik schon seit langem geübten Segerkegelmethode zur Bestimmung der Schmelzbarkeit feuerfester Materialien. Bei der Segerkegelprüfung werden aus den zu prüfenden Stoffen kleine 3—6 cm hohe dreiseitige Pyramiden geformt und im elektrischen Ofen beobachtet. Die Schmelzpunkttemperatur des zu untersuchenden Körpers ist erreicht, wenn die Pyramidenspitze sich neigt. Zur Temperaturmessung werden gleichzeitig in den Ofen „Segerkegel" mit bekanntem Schmelzpunkt eingebracht.

Weit genauer als diese dynamischen Verfahren (Beobachtung erfolgt während des Erhitzens, während der zu untersuchende Stoff sich verändert) ist das statische Verfahren der ebenfalls optischen „Abschreckungsmethode". Diese beruht darauf, daß die Kristallisationsgeschwindigkeit der Silikate außerordentlich gering ist, und daß die Silikatschmelzen sehr leicht unterkühlt werden können. Man kann eine Silikatschmelze durch Abschrecken so stark unterkühlen, daß sie auch bei niedrigen Temperaturen in ihrem glasigen, isotropen Zustande verbleibt. Wenn man eine gepulverte Silikatprobe daher längere Zeit auf eine bestimmte hohe Temperatur erhitzt und dann plötzlich stark abkühlt, dann bleibt das Silikat in dem Zustande, in dem es während der Erhitzung war. Wurde die Silikatprobe so hoch erhitzt, daß eine Schmelzung eintrat, so läßt sich mikroskopisch das Vorhandensein des isotropen Zustandes feststellen. Bei nur teilweiser Schmelzung zeigt eine Silikatprobe unter dem Mikroskop noch die anisotrope Kristallphase. Diese Abschreckungsmethode gestattet sehr genaue Messungen des Schmelzpunkts, indem man durch eine Reihe von Versuchen den Schmelzpunkt in ganz enge Grenzen einschließt. Nur ist das Verfahren sehr zeitraubend. Die Erhitzungsdauer richtet sich nach der Beschaffenheit des zu untersuchenden Silikats, aber da die Reaktionsträgheit der Silikate sehr groß ist, müssen bei diesen Versuchen die Temperaturen in verschiedener Höhe stunden- und tagelang konstant gehalten werden. Die Schwierigkeit der Methode besteht in gewisser Weise darin, so hohe Temperaturen längere Zeit hindurch konstant zu halten. Subjektive Fehler, wie sie bei den früher beschriebenen optischen Verfahren auftreten können, sind hier weitgehend ausgeschaltet. Die weitaus größte

Zahl der Silikatschmelzpunkte wurde nach dem statischen Verfahren bestimmt. Die statische Methode der Schmelzpunktbestimmung wurde auch in den berühmten Arbeiten von Day, Allen, Rankin, Shepherd, White und Wright, den Forschern des geophysikalischen Instituts in Washington angewandt.

Im Gegensatz zu den eben aufgezählten Methoden wird bei der thermischen oder dynamischen Methode der Erhitzungs- oder Abkühlungskurve zur Bestimmung des Schmelzpunkts keine optische Beobachtung ausgeführt. Das thermische Verfahren der Erhitzungskurve geht von folgenden Voraussetzungen aus:

Es wurde bereits gesagt, daß zwischen der kristallinen und der flüssigen Phase eines Stoffes ein Energieniveau besteht; daß die Energieinhalte der kristallinen und der flüssigen Phase verschieden sind. Um einen kristallisierten Stoff zu verflüssigen, muß ihm während des Schmelzens eine bestimmte Wärmemenge, die sog. Schmelzwärme, zugeführt werden. Beim Übergang eines Stoffes vom kristallinen in den flüssigen Zustand wird also eine für den betreffenden Stoff charakteristische, ganz bestimmte Wärmemenge gebunden. Diese Wärmemenge wird wieder frei, wenn die geschmolzene Phase in die kristallisierte übergeht. Auf diesen Tatsachen beruht das Verfahren der thermischen Methode zur Bestimmung des Schmelzpunkts, und zwar in der Form, daß der zu untersuchenden Substanz ein ganz gleichmäßiger Wärmestrom zugeführt und die Temperatur im Innern der Substanz gemessen wird. Solange die Substanz vollständig kristallin ist, wird die Temperatur gleichmäßig ansteigen. Beginnt jedoch die Substanz zu schmelzen, so wird trotz der dauernden Wärmezufuhr in der Substanz solange kein Temperaturanstieg eintreten, als noch Spuren der kristallinen Phase vorhanden sind. Erst wenn die kristalline Phase verschwunden ist, wird die Temperatur der Substanz weiter ansteigen.

Die Ausführung der Messung, die auf die Feststellung einer Wärme-„tönung" hinausläuft, geschieht folgendermaßen. Eine kleine Probe des zu untersuchenden pulverisierten Silikats wird im elektrischen Ofen erhitzt. In dem Silikatpulver befindet sich die Lötstelle eines Thermoelements. Ein zweites Thermoelement ist in dem Ofen neben dem Tiegel mit der Substanz angebracht. Bei beiden Thermoelementen wird mittels Galvanometer in bestimmten Zeitabschnitten von z. B. 15 Sekunden die Temperatur gleichzeitig gemessen. Bei graphischer Darstellung der Meßresultate in Form einer Temperaturzeitkurve zeigt sich dann, daß das Thermoelement, das sich neben der Substanz befindet, eine kontinuierliche Temperaturzeitkurve liefert, während die Kurve des in die Substanz eintauchenden Thermoelements einen deutlichen Haltepunkt aufweist (s. Abb. 3).

Die Erhitzungskurve in Abb. 3 zeigt zwischen A und B ein Gebiet, in dem die Temperatur während längerer Zeit konstant ist. Bei A liegt der Beginn der Schmelzung, bei B ist die Substanz völlig geschmolzen. Bei Metallen, die eine große Wärmeleitfähigkeit und hohe Schmelzgeschwindigkeit besitzen, beobachtet man ein horizontal verlaufendes, scharf begrenztes Teilstück AB und genau definierte Knicke in der Erhitzungskurve. Bei den Silikaten ist der Kurvenabschnitt AB meist mehr oder weniger stark geneigt und die Knicke bei A und B sind gerundet, weil die Wärmeleitfähigkeit der Silikate gering ist und an den verschiedenen Stellen der schmelzenden Substanz die Temperaturen verschieden sind. Die schon oft erwähnte Trägheit der Gleichgewichtseinstellung macht die Anwendung der dynamisch-thermischen Methode bei den Silikaten besonders schwierig. Deshalb muß die Erhitzungskurve mehrere Male aufgenommen werden, wobei die Bedingungen (namentlich die Erhitzungsgeschwindigkeiten) nach Möglichkeit jedesmal zu verändern sind.

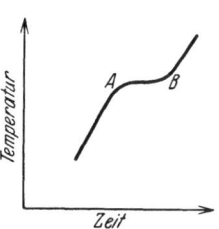

Abb. 3. Erhitzungskurve mit Haltepunkt.

Während bei den Metallen die Erhitzungs- und die Abkühlungskurven identisch sind und die letzteren sogar mit Vorliebe zur Bestimmung der Schmelzpunkte verwendet werden, können bei den Silikaten die Abkühlungskurven keine sinnvollen Resultate liefern. Bei Silikaten tritt fast immer Unterkühlung ein, so daß eine genaue Schmelzpunktsmessung unmöglich ist. Die gefundenen Schmelzpunktwerte sind stets viel zu niedrig.

Morey[1] hat neuerdings die Ergebnisse der statischen Abschreckungsmethode mit denen der dynamisch-thermischen Methode verglichen. Er kommt zu dem Ergebnis, daß eine genaue Angabe des Schmelzpunkts auf den Erhitzungskurven überhaupt kaum möglich ist. Der statisch bestimmte wirkliche Schmelzpunkt liegt immer in der Nähe des Punktes B auf der Erhitzungskurve.

In Tabelle 18 seien die bis heute sichergestellten Schmelzpunkte einer Reihe von Einstoffsystemen (einfachen Oxyden) mitgeteilt, die wichtige Bestandteile der hydraulischen Bindemittel sind.

Tabelle 18. Schmelzpunkte einiger Zementgrundstoffe.

Substanz	Kristallform	Schmelzpunkt	Autor
SiO_2	β-Quarz dimorph-enantiotrop	1600—1700°	Wietzel[2]
SiO_2	γ-Tridymit ? ?	1670° ± 10	Ferguson, Merwin[3]
SiO_2	Cristobalit regulär	1710° ± 10	Ferguson, Merwin
Al_2O_3 ...	—	2010° + 10	Ruff[4]

[1] Morey, G. W.: J. Wash. Acad. Sci. Bd. 13 (1923) S. 326—329.
[2] Wietzel, R.: Z. anorg. allg. Chem. Bd. 116 (1921) S. 71.
[3] Ferguson u. Merwin: Sill. J. (4) Bd. 46 (1918) S. 417.
[4] Ruff, O.: Z. anorg. allg. Chem. Bd. 82 (1913) S. 373.

Fortsetzung der Tabelle 18 von S. 45.

Substanz	Kristallform	Schmelzpunkt	Autor
Al_2O_3 ...	—	2050°	Kanolt[1]
CaO	dimorph; eine Modifikation ist regulär	2572°	Kanolt
MgO	regulär; Periklas; hexagonal (??)	2800°	Kanolt
Fe_2O_3 ...	polymorph: a) hexagonal-rhomboedrisch; b) rhombisch	1565°	Hilpert[2]
Fe_3O_4 ...	dimorph (?)	1527°	Hilpert
TiO_2	trimorph; tetragonal: Rutil, Anatas; rhombisch: Brookit	1560°	Cussak[3]

f) Die Unterkühlung.

Bei der Besprechung der Abschreckungsmethode war bereits von jener Eigenschaft der Silikate gesprochen worden, bei schneller Abkühlung aus dem Schmelzfluß im amorphen Zustande zu bleiben und nicht zu kristallisieren. Diese Eigenschaft, die man mit „Unterkühlung" bezeichnet, wird bei der statischen Abschreckungsmethode nutzbar gemacht. Sie ist bei den Silikaten eine ganz allgemeine Erscheinung. Die Unterkühlung, das Unvermögen, beim schnellen Abkühlen aus der Schmelze auskristallisieren zu können, beruht einmal auf der großen Reaktionsträgheit der Silikate und zweitens auf dem sehr raschen Ansteigen der Viskosität der Silikatschmelzen bei sinkender Temperatur. Weshalb streben denn Gläser überhaupt danach auszukristallisieren? Wie wir bereits gesehen haben, besitzen die Gläser gegenüber dem kristallisierten Zustand eine höhere spezifische Wärme und damit einen höheren Gehalt an innerer Energie. Mithin besteht zwischen dem amorphen glasartigen und dem kristallinen Zustand eine Energiedifferenz, die das Glas dadurch auszugleichen sucht, daß es auskristallisiert oder, wie man auch sagt, „entglast". Ein Glas kristallisiert um so schwerer, je viskoser es ist, je weniger nach den Vorstellungen von Tammann[4] ein Atomplatzwechsel vor sich gehen kann. Technisch wird von dieser Erscheinung der Unterkühlung der größte Gebrauch gemacht. So kühlt man Gläser möglichst rasch bis auf eine Temperatur weit unterhalb des Erweichungs- und Keimbildungsintervalls ab. So werden ferner die geschmolzenen basischen Hochofenschlacken durch Wasser oder Luft abgeschreckt (unterkühlt), da die nicht abgeschreckte Hochofenschlacke sofort entglast und dann hydraulisch wertlos ist.

---

[1] Kanolt, C. W.: Z. anorg. allg. Chem. Bd. 85 (1914) S. 1.
[2] Hilpert, S. u. E. Kohlmeyer: Ber. dtsch. chem. Ges. Bd. 42 (1909) S. 4581.
[3] Cussak: Jb. Min. 1899 I.
[4] Tammann, G.: Z. anorg. allg. Chem. Bd. 107 (1919) S. 7.

g) Die Umwandlung.

Bei den Untersuchungen über den Schmelzpunkt hatten wir gesehen, daß im Schmelzpunkt zwei Phasen, eine kristallisierte und eine flüssige, miteinander im Gleichgewicht stehen. Ganz analoge Gleichgewichte liegen nun auch bei der Erscheinung der Umwandlung vor. Zahlreiche Stoffe kristallisieren in zwei oder verschiedenen Kristallformen. Diese verschiedenen Modifikationen eines Stoffes haben zwar die gleiche chemische Zusammensetzung, aber verschiedene physikalische Eigenschaften. Die kristallographische Verschiedenheit kommt dadurch zum Ausdruck, daß die Anordnung und Symmetrie der Atome innerhalb des Kristallgittergefüges und damit auch der Energieinhalt der Kristallmodifikationen verschieden ist. Infolge dieser Energiedifferenz haben die Kristalle das Bestreben, in stabilere Modifikationen überzugehen. Diesen Übergang von einer Kristallmodifikation in eine andere, stabilere bezeichnet man als „Umwandlung"[1]. Im Umwandlungspunkt, bei der Temperatur, bei der die Umwandlung sich vollzieht, stehen zwei Kristallmodifikationen miteinander im stabilen Gleichgewicht (ganz analog wie im Schmelzpunkt zwei Phasen). Diese

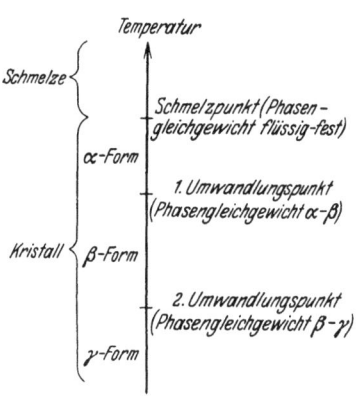

Abb. 4. Kristallisationsschema.

Umwandlungsgleichgewichte finden bei Einstoffsystemen in der Hauptsache im festen, kristallinen Zustande statt. Da die Silikate meist in zwei oder mehreren Kristallformen auftreten, also dimorph, trimorph, mit einem Worte, polymorph sind, so spielen die Umwandlung und das Umwandlungsgleichgewicht bei ihnen eine große Rolle.

Man ist übereingekommen, die verschiedenen Kristallmodifikationen in bestimmter Weise zu bezeichnen. Die erste aus der Schmelze sich abscheidende stabile Kristallart nennt man α-Phase. Diese „wandelt sich" bei einer tieferen Temperatur in die β-Form um, und die β-Kristallart geht bei einer noch tieferen Temperatur in die γ-Modifikation über. Bildlich sei dies in Abb. 4 gezeigt.

Es wurde bereits gesagt, daß das Schmelzgleichgewicht völlig reversibel ist und sowohl durch Erhitzen wie durch Abkühlen eines Systems beliebig oft erreicht werden kann. Ganz entsprechend liegen die Verhältnisse auch bei den Umwandlungsprozessen, bei denen beim Erhitzen beispielshalber die β-Form in die α-Form und beim Abkühlen ohne

---

[1] Über den allgemeinen Begriff der Umwandlung s. Ferguson, J. B.: Sci. Bd. 50 (1919) S. 544.

weiteres sofort wieder die α-Phase in die β-Phase übergeht. Bei jedem Druck und jeder Temperatur ist immer eine Kristallform allein stabil. Eine solche Art der Umwandlung nennt man „enantiotrop". Enantiotrope Umwandlungen sind z. B. die Übergänge von α- und β-Quarz in α-Tridymit. Beide Umwandlungen vollziehen sich mit sehr verschiedener Geschwindigkeit. α- und β-Quarz wandeln sich sehr schnell ineinander um, während die Umwandlung von α-Quarz in α-Tridymit sich außerordentlich langsam vollzieht. Nach Königsberger[1] ist dieser Unterschied in der Umwandlungsgeschwindigkeit so zu erklären, daß eine Umwandlung um so schneller und schärfer erfolgt, je mehr die beiden sich umwandelnden Kristallarten miteinander verwandt sind, so daß bei der Umwandlung nicht das ganze Kristallisationsgebäude umgestoßen werden muß. Nach Rinne nennt man Kristallarten, die sich ohne Zusammenbruch des Kristallgebäudes ineinander umwandeln, homöomer. α-Quarz und β-Quarz sind danach homöomer, α-Quarz und α-Tridymit jedoch nicht. Typisch nichthomöomer ist die Umwandlung Graphit $\rightleftarrows$ Diamant, die nur unter völliger Umstellung des Raumgitters vor sich gehen kann.

Im Gegensatz zu den enantiotropen Umwandlungen stehen diejenigen, bei denen der Übergang von einer Kristallart in eine andere nur in einer Richtung möglich ist. Solche Umwandlungen bezeichnet man als „monotrop".

Jede Modifikation ist nur innerhalb eines bestimmten Temperaturintervalls stabil. Wenn aber die Geschwindigkeit der Umwandlung in die stabile Form unendlich klein ist (und das ist bei vielen Silikaten der Fall), dann können unter Umständen verschiedene Kristallarten unbegrenzt lange nebeneinander existieren. Es sind dies die zahllosen Erscheinungen, die (ganz analog den Unterkühlungen) eine genaue Bestimmung des wirklichen Umwandlungspunktes außerordentlich erschweren.

Als Beispiel für die ungeheure Kompliziertheit der Polymorphieverhältnisse sei hier nur die Kieselsäure (SiO_2) genannt, die in drei nebeneinander in der Natur vorkommenden kristallisierten Modifikationen als Quarz, Tridymit und Cristobalit auftritt; jede dieser Modifikationen besitzt wieder enantiotrope Umwandlungspunkte. Eine genaue Darstellung dieser Verhältnisse erfolgt später.

Die Bestimmung der Umwandlungstemperaturen und der Nachweis der Umwandlungen geschehen nach ganz ähnlichen Methoden wie die Bestimmung des Schmelzpunktes. In erster Linie kommen hierfür also die thermische Methode der Aufnahme von Erhitzungskurven und die statische Abschreckungsmethode in Frage. Die thermische Methode trifft jedoch wegen der geringen Wärmetönung des Umwandlungsprozesses und oft auch wegen der großen Umwandlungsträgheit auf

---

[1] Königsberger, N.: Jb. Min. Beil. Bd. 32 (1911) S. 101.

Die Umwandlung.

recht erhebliche Schwierigkeiten. Die Aufnahme dynamisch-thermischer Erhitzungskurven zur Bestimmung kleinster Wärmetönungen bei Umwandlungen wurde in neuester Zeit durch eine von Smith und Adams[1] eingeführte Differentialmethode sehr vervollkommnet. Die statische Abschreckungsmethode hat den Vorzug außerordentlicher Genauigkeit. Sie kann natürlich nur dann angewandt werden, wenn durch die plötzliche Abschreckung eine Rückverwandlung des Kristalls in die bei normaler Zimmertemperatur stabile Kristallmodifikation wirklich nicht eintritt. Diese statische Methode wurde von den amerikanischen Forschern ebenso wie bei den Schmelzpunktsbestimmungen auch zur Untersuchung der Umwandlungsgleichgewichte benutzt.

Ebenso wird auch das Doeltersche Heizmikroskop zur mehr orientierenden Untersuchung der Umwandlungspunkte herangezogen. Um die Verbesserung dieser optischen Methode haben sich besonders Grahmann[2] und Endell[3] verdient gemacht.

Zu den den Schmelzpunktsbestimmungen analogen Verfahren zur Messung der Umwandlungstemperatur kommen nun noch neu hinzu: die thermogoniometrische, die röntgenographische und die dilatometrische Methode. Nach der thermogoniometrischen Methode werden die Änderungen der Kristallwinkel und Brechungsindizes bei höheren Temperaturen goniometrisch gemessen. Nach diesem von Rinne[4] ausgearbeiteten Verfahren wurden die Umwandlungen des Quarzes (durch Brechungsmessungen) untersucht. Die röntgenographische Methode beruht darauf, daß man die statisch abgeschreckten feingepulverten Kristallsubstanzen nach dem Verfahren von Debye-Scherrer röntgenspektroskopiert und die so erhaltenen charakteristischen Röntgeninterferenzen auswertet. Dieses Verfahren wurde besonders durch die Arbeiten von Westgren und Phragmén[5] sehr vervollkommnet. Diese Messungen werden in einer elektrisch geheizten Röntgenkamera durchgeführt. In der Zementchemie hat diese Methode noch keinen Eingang gefunden.

Die dilatometrische Methode beruht auf der Tatsache, daß zahlreiche Umwandlungen mit einer erheblichen Volumenänderung vor sich gehen. So kann man an einer plötzlichen Diskontinuität in der sonst kontinuierlichen Temperaturausdehnungskurve erkennen, ob irgendwelche Umwandlungen eingetreten sind. Dieses Verfahren wurde zuerst von Le Chatelier[6] bei der Untersuchung der $\alpha \rightleftarrows \beta$-Umwandlung des Quarzes benutzt.

---

[1] Smyth, F. H. u. L. H. Adams: J. Amer. chem. Soc. Bd. 45 (1923) S. 1172.
[2] Grahmann, W.: Z. anorg. u. allg. Chem. Bd. 81 (1913) S. 257.
[3] Endell, K.: Z. Kristallogr. Bd. 56 (1922) S. 191.
[4] Rinne, F.: Einführung in die kristallographische Formenlehre, S. 117. Leipzig 1922.
[5] Westgren, A. u. G. Phragmén: J. Iron Steel Inst. Bd. 119 (1924) S. 159.
[6] Chatelier, H. Le: C. R. Bd. 108 (1889) S. 1046.

Bei allen Untersuchungen über die Umwandlungsgleichgewichte besteht die Gefahr, daß man Kristallmodifikationen, die bei einer bestimmten Temperatur auftreten, ohne weiteres bei dieser Temperatur für stabil hält. Tatsache ist aber, daß besonders bei niedriger Temperatur (Zimmertemperatur) die verschiedensten Modifikationen sehr lange nebeneinander existieren können, ohne daß auch nur eine von ihnen bei dieser Temperatur stabil zu sein braucht. Als Beispiel hierfür sei die Kieselsäure angeführt, die in der Natur gleichzeitig als Quarz, Tridymit und Cristobalit vorkommt. Ferner sei das Aluminiumsilikat $Al_2O_3 \cdot SiO_2$ genannt, das als Andalusit, Disthen und Sillimanit auftritt, sowie das Kalziummetasilikat $CaO \cdot SiO_2$, das als Wollastonit und Pseudowollastonit in der Natur vorkommt.

Tabelle 19.
Natürliche Vorkommen von stabilen und instabilen Kristallmodifikationen bei den Zementgrundstoffen $CaO-SiO_2-Al_2O_3-MgO$.

Substanz	Stabile Form	Instabile Form
SiO_2	Quarz	Tridymit, Cristobalit
$CaCO_3$ ...	Kalzit	Aragonit
$CaO \cdot SiO_2$	Wollastonit	Pseudowollastonit
$Al_2O_3 \cdot SiO_2$.	Sillimanit	Disthen, Andalusit
$MgO \cdot SiO_2$.	Klinoenstatit	Enstatit, Kupfferit

Tabelle 19 bringt eine Zusammenstellung einiger solcher (gewissermaßen unterkühlter) instabiler Kristallmodifikationen aus dem Dreistoffsystem $CaO-Al_2O_3-SiO_2$, die gleichzeitig mit stabilen Modifikationen in der Natur vorkommen.

Angaben über die Umwandlungstemperaturen finden sich weiter unten jeweils bei der speziellen Besprechung der einzelnen für den Zementaufbau wichtigen Verbindungen.

h) Zweistoffsysteme.

Wir kommen nunmehr zu der Besprechung von Systemen, die aus zwei Stoffen aufgebaut sind, zu Mischungen zweier Stoffe miteinander und zu den einfachen binären Verbindungen. Damit müssen wir zunächst jene Gesetzmäßigkeit kennenlernen, die in der Technik der Silikate, z. B. in der Keramik und beim Zementbrennen eine große Rolle spielt, daß nämlich der Schmelzpunkt eines Stoffes durch die Zumischung eines anderen Stoffes erniedrigt wird. Für diese Schmelzpunktserniedrigung gilt das von I. H. van't Hoff thermodynamisch begründete Gesetz: die Schmelzpunktserniedrigung Δt pro Mol eines beliebigen Stoffes (bezogen auf 100 g Lösungsmittel) ist proportional dem Quadrat der absoluten Schmelztemperatur (T^2) des reinen Lösungsmittels und umgekehrt proportional der Schmelzwärme des Stoffes, also:

$$\Delta t = 0{,}02 \cdot \frac{T^2}{Q}.$$

Praktisch wird die Messung in der Weise durchgeführt, daß man eine genaue abgewogene Menge eines Silikats in einer genau abgewogenen Menge eines Lösungsmittels im Schmelzfluß auflöst und dann den Schmelzpunkt des Gemischs genau beobachtet (als Lösungsmittel verwendet man gut definierte Silikate, z. B. Orthoklas). Dabei muß ganz besonders darauf geachtet werden, daß das Silikat mit dem Lösungsmittel keine Mischkristalle bildet. Gerade diese Forderung bereitet bei der Untersuchung der Silikate erhebliche Schwierigkeiten, denn die Silikate haben eine besondere Neigung, andere in ihnen gelöste Stoffe in ihr Raumgittergefüge aufzunehmen. — Das van't Hoffsche Gesetz ist für die Chemie der Silikate von sehr großer Bedeutung, weil es gestattet, Molekulargewichtsbestimmungen an Silikaten vorzunehmen, und weil es erkennen läßt, ob sich Silikate in Schmelzen in dissoziiertem oder in assoziiertem Zustande befinden. Man bekommt durch diese Messungen einen genauen Einblick in die innere Struktur eines Silikats. Leider muß gesagt werden, daß die Forschungen in dieser Richtung noch ganz im Anfang stehen.

Wenn wir die Phasenregel auf die Schmelzpunktsgleichgewichte eines Zweistoffsystems anwenden wollen, so müssen wir uns darüber klar sein, wie ein solches Zweistoffsystem bei der Temperatur des Schmelzpunkts zusammengesetzt ist. Das Zweistoffsystem, das wir betrachten wollen, bestehe aus den beiden Komponenten A und B (wofür wir auch z. B. CaO und SiO_2 setzen können). Bei Atmosphärendruck — alle üblichen Schmelzpunktsmessungen werden bei Atmosphärendruck durchgeführt — stehen im Schmelzpunkt zwei Phasen, eine feste und eine flüssige, miteinander im Gleichgewicht. Wir haben also zwei Phasen und zwei Komponenten vor uns, und da der Druck (Atmosphärendruck) festgelegt ist, so lautet die Phasenregel in diesem Fall:

$$P + F = n + 1$$
$$2 + F = 2 + 1$$
$$F = 1.$$

Das System A—B hat also im Schmelzgleichgewicht eine Freiheit, es ist, wie man sagt, **monovariant**. Und da die Beziehung zwischen dem Schmelzpunkt (der Schmelztemperatur) und den Phasen (Konzentration der Stoffe fest und flüssig) monovariant ist, so kann man sie in einem Temperatur-Konzentrations-Diagramm in Form einer Kurve darstellen[1]. Diese Kurve nennt man bei Schmelzgleichgewichten Abkühlungskurve. Ein solches Zustandsdiagramm, bei dem die Schmelztemperatur von zwei miteinander vermischten Substanzen in Abhängigkeit

---

[1] In nonvarianten Systemen, wie wir sie bei den Einstoffsystemen weiter oben kennengelernt haben, ist die Beziehung zwischen den Phasen festflüssig und der Schmelztemperatur ein für allemal durch einen einzigen Punkt starr festgelegt. Die graphische Darstellung einer solchen nonvarianten Gleichgewichtsbeziehung ist nicht eine Kurve, sondern ein Punkt.

4*

von der Konzentration der beiden Komponenten A und B dargestellt ist (Abb. 5), wollen wir nun diskutieren und von ihm einige einfache andere Diagramme ableiten.

In dem Zustandsdiagramm von Abb. 5 sind die Temperaturen auf den Ordinaten, die Konzentrationen der beiden Komponenten A und B in Prozenten auf der Abszisse aufgetragen. Die Abszisse ist demgemäß in 100 Teile unterteilt. Die Konzentration der Komponente A rechnet von B ab, in B ist sie 0%, in A 100%. Umgekehrt beträgt die Konzentration des Stoffes B im Punkte A 0%, in B 100%.

Nun nehme man z. B. eine Mischung der beiden Stoffe A und B an, die einem zwischen A und B liegenden Punkte P entsprechen soll. Der Punkt P teilt die Strecke AB in die zwei Teilstrecken AP und BP, die sich wie $m:n$ verhalten. Die Konzentration der Komponente A im Punkte P ist dann gleich $\frac{m}{m+n}$, und die Konzentration der Komponente B gleich $\frac{n}{m+n}$. Auf den zwischen A und B befindlichen senkrechten Ordinaten werden die jeweils untersuchten Eigenschaften der verschiedenen Mischungen aufgetragen, in diesem Fall also die Schmelztemperaturen.

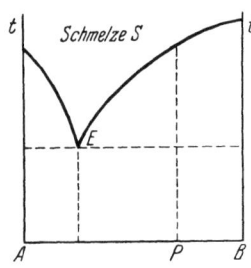

Abb. 5. Zustandsdiagramm einer Mischung von zwei Komponenten A und B, die miteinander keine chemische Verbindung bilden und im festen Zustande nicht ineinander löslich sind.

Es erhebt sich nun die Frage, was geschieht, wenn die zwei Stoffe A und B miteinander in Verhältnissen von 0 bis 100% vermischt und jeweils die zahlreichen verschiedenen Mischungen erhitzt werden. Dabei sei zunächst angenommen, daß die beiden Stoffe A und B nicht chemisch miteinander reagieren, d. h. keine chemische Verbindung bilden können, und daß sie in festem Zustande nicht ineinander löslich sind (keine Mischkristalle bilden). Bei graphischer Darstellung dieser Verhältnisse erhält man dann das in Abb. 5 gezeigte Bild.

Die thermischen Vorgänge, die sich längs der Erstarrungskurve abspielen können, sind dadurch charakterisiert, daß im Schmelzpunkt ein Zweiphasensystem vorliegt, in dem eine flüssige und eine feste Phase nebeneinander existieren. Zunächst seien einmal die geschmolzenen Mischungen untersucht, deren Konzentration zwischen A und E liegt. Wenn sich die zwischen A und E liegenden flüssigen Mischungen abkühlen, dann kristallisiert zunächst der Stoff A aus. Dadurch reichert sich naturgemäß die Schmelze immer mehr mit der Substanz B an. Kühlen wir nun weiter ab, so nimmt schließlich die Konzentration der Schmelze einen Wert an, der der Abszisse des Punktes E entspricht. Bei noch weiterer Abkühlung unterhalb der Ordinate des Punktes E besteht die Schmelze nur noch aus einer festen Masse, die aus den Kristallen der Stoffe A und B zusammengesetzt ist. Betrachtet man die Vorgänge, die sich zwischen B und E abspielen, so ist dort das gleiche wie zwischen A und E zu erkennen. Wenn die Schmelze bei B abgekühlt wird, dann kristallisiert zunächst B aus. Die Schmelze reichert sich dabei mit A an. Bei weiterer Abkühlung erreicht die Schmelze die Abszissen- und Ordinatenwerte des Punktes E, und unterhalb E ist die Schmelze fest. Zwischen A und E befindet sich die Schmelze mit dem Stoff A, zwischen B und E mit dem Stoff B im Gleichgewicht. Beim Punkt E befindet sich die Schmelze mit den Stoffen A und B gemeinsam im Gleichgewicht; in ihm stehen also drei Phasen miteinander im Gleichgewicht. Nach der Phasenregel

$$P + F = n + 1 \text{ (Atmosphärendruck!)}$$
$$3 + F = 2 + 1$$
$$F = 0$$

ist das Gleichgewicht im Punkte E nonvariant. Diesen nonvarianten Punkt auf der Erstarrungskurve nennt man den eutektischen Punkt oder **Eutektikum**. Das Eutektikum E habe die Temperatur t'; dann befindet sich unterhalb der gestrichelten Linie t' eine feste Mischung von A und B.

Die Bestimmung der eutektischen Gleichgewichtstemperaturen geschieht im wesentlichen nach den gleichen Methoden wie die Messung der Schmelztemperaturen. Nur hat sich herausgestellt, daß das dynamische Verfahren der Erhitzungs- und Abkühlungskurve lediglich zur Untersuchung des Eutektikums, nicht aber zur Bestimmung der Temperaturen der vollständigen Aufschmelzung (Untersuchung der ganzen Erstarrungskurve) geeignet ist. In der Hauptsache wird bei der Untersuchung der Erstarrungskurve bei binären Systemen die statische Methode angewendet. Die Erstarrungskurven der binären Systeme $CaO-SiO_2$, $CaO-Al_2O_3$, $Al_2O_3-SiO_2$ usw., auf die weiter unten eingegangen sei, wurden alle nach der statischen Methode erhalten[1].

Die Verhältnisse werden etwas komplizierter, wenn die Stoffe A und B chemisch miteinander reagieren können. Die hierbei entstehenden chemischen Verbindungen können nun entweder in der flüssigen Schmelze beständig sein, d. h. ihre flüssige Phase hat die gleiche Zusammensetzung wie die kristalline Phase, oder aber sie können in der Schmelze nicht beständig sein; in diesem Fall ist die chemische Verbindung dissoziiert. Chemische Verbindungen, die in der Schmelze beständig sind, nennt man **kongruente** Verbindungen, solche, die in der Schmelze dissoziieren, **inkongruente** Verbindungen. Zunächst seien die kongruenten Verbindungen betrachtet.

Bei der Schmelze der Stoffe A und B entstehe eine ,,kongruente" chemische Verbindung, die beim Schmelzpunkt **nicht** dissoziiert. Die Stoffe A und B und die Verbindung AB sollen ferner nicht ineinander

---

[1] Siehe die Arbeiten des Geophysikalischen Instituts in Washington.

löslich und die festen Bestandteile weder ganz noch teilweise mischbar sein. Bei graphischer Darstellung dieser verschiedenen Bedingungen erhält man ein Diagramm, das die Abhängigkeit der chemischen Zusammensetzung von der Schmelztemperatur zeigt (Abb. 8).

Man kann sich das Zustandsdiagramm von Abb. 8 folgendermaßen entstanden denken. A und AB seien die zwei Stoffe eines Systems. Diese beiden Stoffe sollen chemisch nicht miteinander reagieren und nicht ineinander löslich sein. Es würde sich dann ganz offenbar um das in Abb. 5 dargestellte Problem handeln, nur mit dem Unterschied,

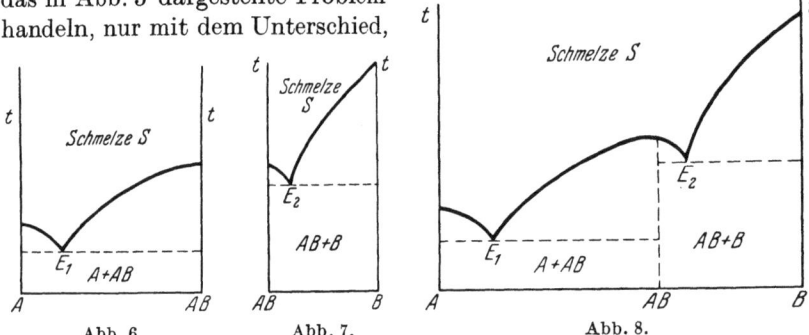

Abb. 6. Abb. 7. Abb. 8.
Abb. 6. Mischung von zwei Stoffen A und AB, die chemisch nicht miteinander reagieren.
Abb. 7. Mischung von zwei Stoffen B und AB, die chemisch nicht miteinander reagieren.
Abb. 8. Mischung von zwei Stoffen A und B, die miteinander unter Bildung einer Verbindung AB chemisch reagieren. Die Verbindung AB ist im Schmelzpunkt nicht dissoziiert.

daß sich in dem System an Stelle der Substanz B diesmal die Verbindung AB befände (s. Abb. 6).

Ebenso können wir uns ein System von zwei Stoffen B und AB vorstellen, die chemisch nicht miteinander reagieren und in festem Zustande nicht ineinander löslich sind. Das hieraus sich ergebende Zustandsdiagramm (Abb. 7) würde im Prinzip auch wieder völlig dem in Abb. 5 dargestellten Fall entsprechen. Man kann also das Diagramm von Abb. 8 als eine Aneinanderreihung von zwei Diagrammen ansehen, wobei sich das eine Diagramm auf die Komponenten A und AB (Abb. 6) und das andere auf die Komponenten B und AB (Abb. 7) bezieht.

Wir können das Zustandsdiagramm von Abb. 8 mithin als aus zwei Teilen $A-AB$ und $AB-B$ zusammengesetzt annehmen. Da nun nach dem Gesetz der Schmelzpunktserniedrigung ein Zusatz von A sowohl wie von B den Schmelzpunkt der Verbindung AB erniedrigt, so muß die Verbindung AB selber im Zustandsdiagramm einen maximalen Wert annehmen. Daraus folgt prinzipiell für die Betrachtung von Erstarrungskurven, daß überall dort, wo Maxima in den Erstarrungsdiagrammen auftreten, kongruente chemische Verbindungen vorliegen. Die Ordinate des Maximums ergibt die Temperatur, bei der sich die Verbindung bildet; die Abszisse des Maximums zeigt die chemische Zusammensetzung an.

Wie sieht nun das Schmelzdiagramm aus, wenn unter sonst völlig gleichen Bedingungen eine chemische Verbindung AB, die sich aus den beiden Stoffen A und B gebildet hat, beim Schmelzpunkt dissoziiert? In diesem Falle haben wir es mit einem inkongruenten Schmelzprozeß zu tun, bei dem eine bereits vorhandene Phase zugunsten einer andersgearteten verschwindet. Um Verwechslungen mit den polymorphen Umwandlungsvorgängen zu vermeiden, wird diese Art der Umwandlung mit „Übergang" und die Temperatur, bei der ein solcher „Übergang" eintritt, mit „Übergangspunkt" bezeichnet. Da im Übergangspunkt die Schmelze mit zwei Kristallarten (im einfachsten Fall mit einer Komponente A oder B und der Verbindung AB) im Gleichgewicht steht, so liegt beim Übergangspunkt im einfachsten Fall ein Dreiphasengleichgewicht vor. Nach der Phasenregel:

$$P + F = n + 1 \text{ (Atmosphärendruck)}$$
$$3 + F = 2 + 1$$
$$F = 0$$

ist dieses Gleichgewicht nonvariant. Auf der Erstarrungskurve muß dies, wie wir bereits oben gesehen haben, in einem scharf definierten Knickpunkt (Übergangspunkt) zum Ausdruck kommen. Abb. 9 zeigt ein solches inkongruentes Schmelzgleichgewicht. Der Punkt U ist ein Übergangspunkt. Bei allen Temperaturen oberhalb der durch U gezogenen „Übergangshorizontalen" ist die Verbindung AB nicht beständig.

Wir können zum besseren Verständnis das Zustandsdiagramm der Abb. 9 wieder in seine Bestandteile auflösen. Diesmal läßt sich das Diagramm aber nicht wie bei dem in Abb. 8 dargestellten kongruenten Gleichgewicht in zwei nebeneinanderstehende Diagramme zerlegen. Das Diagramm der Abb. 9 kommt vielmehr dadurch zustande, daß zwei Kurvenzüge sich überlagern. Und zwar bezieht sich die eine Kurve auf ein System A—B, in dem keine chemische Verbindung existieren würde (s. gestrichelte Kurve in Abb. 10) und die andere Kurve auf ein System A—B, in dem die Stoffe A und B miteinander unter Bildung einer Verbindung AB chemisch reagieren würden, wobei die chemische Verbindung AB im Schmelzpunkt nicht dissoziiert. (Diesem Fall entspricht die ausgezogene Kurve der Abb. 10.)

Die beiden Kurven der Abb. 10, die sich auf dasselbe Koordinatensystem beziehen, ergeben übereinandergelagert für jeden Punkt der Abszisse zwei Ordinatenpunkte. Nun gilt die Regel, daß immer nur derjenige Zustand allein möglich ist, der die größere Ordinate hat. Wendet man diese Regel auf die beiden Kurven der Abb. 10 an, so erhält man, wie leicht einzusehen ist, die Erstarrungskurve der Abb. 9.

Um die Dinge noch einmal etwas konkreter zu formulieren und zu verdeutlichen, müssen wir uns vorstellen, daß inkongruent schmelzende binäre Verbindungen solche Verbindungen sind, die zwar bei einer bestimmten Temperatur irgendwie schmelzen, aber dabei nicht eine gleich zusammengesetzte Schmelze, sondern eine neue feste Phase bilden (vgl. in Abb. 10 das Gebiet oberhalb E_2!). Inkongruente Verbindungen, zu denen z. B. das für das Konstitutionsproblem des Portlandzements wichtige Trikalziumsilikat gehört, haben also keinen physikalisch definierten Schmelzpunkt. Sie sind auch nicht wie die kongruenten Verbindungen durch ein Maximum auf der Erstarrungskurve charakterisiert. Der beim Schmelzpunkt eintretende Zerfall der inkongruenten Verbindung und die hierbei auftretende neue feste Phase sind nur an der

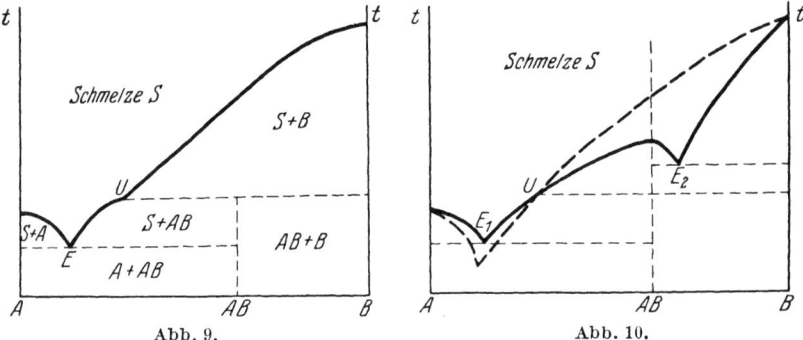

Abb. 9. Mischung von zwei Stoffen A und B, die miteinander unter Bildung einer Verbindung AB chemisch reagieren. Die Verbindung AB ist im Schmelzpunkt dissoziiert.
Abb. 10. Gestrichelte Kurve: Mischung von zwei Stoffen A und B, die chemisch nicht miteinander reagieren. Ausgezogene Kurve: Mischung von zwei Stoffen A und B, die chemisch miteinander reagieren. Die Verbindung AB ist im Schmelzpunkt nicht dissoziiert.

plötzlich einsetzenden Richtungsänderung der Erstarrungskurve zu erkennen. Da diese Richtungsänderungen oft sehr klein sind, so ist eine genaue Untersuchung der inkongruenten Schmelzpunktsgleichgewichte meist mit großen Schwierigkeiten verbunden. Wir müssen uns hierbei immer vor Augen halten, daß alle in den Silikatsystemen beobachteten Erscheinungen wegen der Unterkühlungseffekte und der Trägheit der Silikatreaktionen mit ganz besonderer Vorsicht beurteilt werden müssen. Bei der Untersuchung inkongruent schmelzender Verbindungen wird wirklich zuverlässig nur mit der statischen Abschreckungsmethode gearbeitet werden können.

Neben diesen „Übergangs"erscheinungen, die dadurch zustande kommen, daß binäre Verbindungen im Schmelzpunkt dissoziieren, kommen bei den binären Systemen Überlagerungen von verschiedenen Erstarrungskurven noch dadurch zustande, daß polymorphe Umwandlungen eintreten. Da diese Fälle recht häufig bei den binären Verbindungen vorkommen — hier sei nur auf das für die Zemente so wichtige Verhalten der β- und γ-Modifikation des Dikalziumsilikats 2 CaO · SiO$_2$ hingewiesen —, so sei der einfachste Fall einer solchen polymorphen

Umwandlung kurz besprochen. Und zwar soll eine binäre Verbindung AB im festen Zustande zwei umkehrbare Umwandlungen erfahren.

Abb. 11 zeigt die zwei Umwandlungspunkte U_1 und U_2. Oberhalb der Temperatur des Umwandlungspunktes U_1 ist die Verbindung AB nur in der α-Modifikation beständig. Unterhalb U_1 existiert nur die AB_β-Form. Bei der tieferen Temperatur des Umwandlungspunktes U_2 tritt ein $\beta \rightleftarrows \gamma$-Umwandlungsgleichgewicht auf und unterhalb U_2 existiert die Verbindung AB nur noch in der γ-Form. Im Punkte E_1 liegt das Eutektikum zwischen der Komponente A und der Verbindung AB, und zwar AB_β, da das Eutektikum E_1 unterhalb des Umwandlungspunktes U_1 liegt. Im Eutektikum E_2 stehen die Schmelze S, die Komponente B und die Verbindung $AB\alpha$ miteinander im Gleichgewicht. (Die Verbindung AB hat hier die α-Form, weil das Eutektikum E_2 oberhalb U_1 liegt.)

Eine weitere für Silikat- und Zementsysteme wichtige Erscheinung ist die Bildung von festen Lösungen oder von Mischkristallen. Bei der Abkühlung einer homogenen Schmelze von zwei Stoffen scheidet

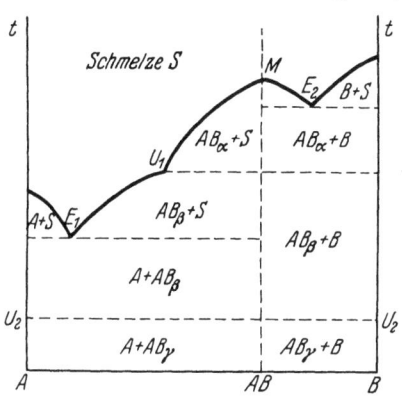

Abb. 11. Polymorphe Umwandlungen im binären System.

sich der im Überschuß befindliche Stoff nur sehr selten rein aus. Während die Metalle noch eine gewisse Neigung haben, in reiner Form auszukristallisieren, ist dies bei den Silikaten ganz und gar nicht der Fall. Sie enthalten meist geringe Mengen von anderen Komponenten in Form einer „festen Lösung". Diese „festen Lösungen" oder „Mischkristalle" sind ganz einheitlich-homogene Kristallphasen, in denen sich die Komponenten gegenseitig in ihren kristallographischen Raumgittern durchdringen. Im Gegensatz zu rein mechanischen Mischungen, z. B. einer amorph-flüssigen Phase, haben die Mischkristalle eine genau definierte Gitterstruktur. Diese gegenseitige Durchdringung, diese gegenseitige Lösung zweier Stoffe kann in jedem beliebigen Verhältnis eintreten, und es ist somit die Existenz einer völlig kontinuierlichen Reihe von Mischkristallen möglich. Je nach dem Gehalt eines Kristalls an dem beigemengten Grundstoff ändern sich die physikalischen Eigenschaften der Mischkristalle kontinuierlich. Hierüber hat vor allem Tammann[1] eingehend berichtet. Bei den Silikaten ist der häufigere Fall jedoch der, daß die gegenseitige Löslichkeit der Komponenten nur beschränkt ist. Es tritt hierbei eine sog. Mischungslücke auf. An Stelle der reinen

---

[1] Tammann, G.: Lehrbuch der Metallographie, Leipzig 1921.

Komponenten scheiden sich dann Mischkristalle von verschiedener Zusammensetzung aus. Die Bildung solcher Mischkristalle zwischen zwei Stoffen wird naturgemäß begünstigt, wenn die Stoffe in ihrer chemischen Konstitution eine gewisse Ähnlichkeit besitzen und in ihrem Kristallbau isomorph sind. Für die Entstehung einer Mischkristallbildung müssen nach Grimm[1] folgende Grundbedingungen erfüllt sein:
1. Gleichheit des chemischen Bautyps,
2. Übereinstimmung des Gittertyps,
3. Ähnlichkeit der Ionenabstände im Gitter.

Diese drei Postulate für die Mischkristallbildung belegt Grimm an einer großen Zahl von Beispielen. Danach sind die Möglichkeiten zur Mischkristallbildung viel umfassender, als man bisher angenommen hat.

Die Untersuchung der Mischkristallsysteme, die Festlegung der Gebiete gegenseitiger Löslichkeit und die Abgrenzung der verschiedenen Schmelzintervalle kann nur nach der statischen Abschreckungsmethode erfolgen, die zur Erreichung größtmöglicher Genauigkeit mit sorgfältigen mikroskopischen Untersuchungen Hand in Hand gehen muß.

Damit ist die allgemeine Besprechung der Zweistoffsysteme abgeschlossen, und wir kommen nun zur Darstellung der Drei- und Mehrstoffsysteme.

i) Die Drei- und Mehrstoffsysteme.

Nach den gleichen Methoden, wie sie eben bei den Zweistoffsystemen geschildert wurden, werden auch die Drei- und Mehrstoffsysteme untersucht, nur begegnet die Untersuchung dieser Systeme ungleich größeren Schwierigkeiten. Besonders hemmend wirkt, daß die Erforschung eines auch nur kleinen Gebiets in einem Dreistoffsystem Jahre erfordert. Aus diesem Grunde liegt bisher nur eine geringe Anzahl von Untersuchungen an Drei- und Mehrstoffsystemen vor, und selbst die bisher untersuchten Systeme sind zum großen Teil noch unvollständig.

Eine ausführliche allgemeine Darstellung der Dreistoffsysteme findet man bei Tammann[2]. Die Dreistoffsysteme sind Systeme mit drei Komponenten. Nach der Phasenregel liegt dann bei nonvariantem Gleichgewicht ein System von vier Phasen vor, wenn wir wieder den Druck konstant auf einer Atmosphäre belassen:

$$P + F = n + 1$$
$$F = 0; \; n = 3$$
$$P + 0 = 3 + 1$$
$$P = 4.$$

---

[1] Grimm, H. I.: Z. physik. Chem. Bd. 98 (1921) S. 353; Z. Kristallogr. Bd. 57 (1923) S. 575; Z. Elektrochem. Bd. 30 (1924) S. 467.

[2] Tammann, G.: Lehrbuch der heterogenen Gleichgewichte. Braunschweig 1924.

Die Zusammensetzung a, b, c eines solchen Systems mit drei Komponenten A, B, C enthält zwei unabhängig veränderliche Größen. Ich kann z. B. a und b beliebig verändern, wobei c jedesmal genau festliegt. Ein System mit zwei unabhängig Variablen läßt sich graphisch ohne weiteres in ebener Darstellung (Dreieck oder Rechteck mit zwei Koordinaten) wiedergeben. Will man also bloß Konzentrationsverhältnisse darstellen, so genügt eine Dreiecksdarstellung in der Ebene. Anders wird die Sache, wenn man gleichzeitig die Temperaturfunktionen in graphischer Darstellung zum Ausdruck bringen will. In diesem Falle muß man zur Raumdarstellung übergehen. Solche Temperatur-Raumdiagramme entstehen dadurch, daß man auf Ordinaten, die senkrecht zur Fläche des Grunddreiecks stehen, die Temperatur aufträgt. Die Grundfläche des Dreiecks entspricht einer Temperatur von 0^0. Bevor wir nun hierauf weiter eingehen, sei zunächst die graphische Darstellung der Konzentrationen im Dreistoffsystem $A-B-C$ besprochen. Wir zeichnen hierzu ein gleichseitiges Dreieck ABC (Abb. 12) und tragen in diesem System dreier Koordinatenachsen die prozentischen Anteile der Komponenten A, B und C, die wir mit a, b und c bezeichnen wollen, folgendermaßen ein:

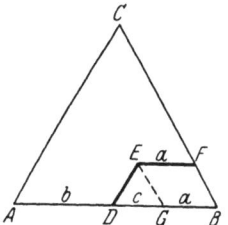

Abb. 12. Konzentrationsverhältnisse im Dreistoffdiagramm $A-B-C$.

Vom Punkt A aus trage ich auf der Strecke AB den Gehalt b der Komponente B ab und komme so zum Punkte D. Vom Punkte D aus ziehe ich eine Parallele zu AC und trage auf dieser den Gehalt c der Komponente C ab. Ich erhalte so den Punkt E. Der Gehalt a der Komponente A ergibt sich dann zwangsläufig durch die zu AB parallel laufende Strecke EF. Da bei der Darstellung der Komponenten ohne weiteres die Beziehung $a + b + c = 100\%$ gilt und da aus Gründen der Zweckmäßigkeit jede Seite des Dreiecks in 100 Teile geteilt zu denken ist, so läßt sich die genaue ternäre Zusammensetzung in jedem beliebigen Punkt innerhalb des Dreiecks ABC einfach auf der Grundlinie AB in der in Abb. 12 gezeigten Weise (durch die gestrichelte Hilfslinie EG) ablesen.

Besteht eine Mischung nur aus zwei von den drei Komponenten, dann lautet die obige Formel $a + b + 0 = 100\%$, d. h. eine von den drei Koordinaten wird gleich Null. Der entsprechende Punkt liegt dann auf einer der Dreieckseiten. Die Mischungen aus a und b befinden sich auf der Seite AB. Die Dreieckseiten stellen somit die Konzentrationsverhältnisse binärer Systeme (AB, BC und AC) dar. Die Ecken des Dreiecks entsprechen den reinen Komponenten A, B und C.

Die Zusammensetzung der verschiedenen Phasen bei verschiedenen Temperaturen erfordert, wie bereits gesagt wurde, eine Raumdarstellung (entweder im Raum als Gipsmodell oder in der Ebene in perspektivischer

Projektion). Sie geschieht in der Weise, daß man auf der Grundfläche eines gleichseitigen Dreiecks senkrechte Koordinaten errichtet. Man erhält dann ein dreiseitiges Prisma und für jeden Punkt des Grunddreiecks eine bestimmte Temperaturhöhe. Auf diese Weise lassen sich die Existenzfelder der Komponenten und der auftretenden Verbindungen, die Eutektika und eutektischen Linien sowie die entsprechenden Temperaturen ohne weiteres ablesen. Allerdings ist eine solche Raumdarstellung in der Ebene (die ja perspektivisch sein muß) sehr schwierig und z. B. in dem Dreistoffsystem $CaO \cdot Al_2O_3 \cdot SiO_2$, das uns bei den Zementen besonders interessiert, fast unmöglich. Man ist daher dazu übergegangen, alle horizontalen Querschnitte durch die räumlichen Flächen des prismatischen Raumdiagramms auf die Grundfläche des Dreiecks zu projizieren. Dabei erhält man Diagramme, in denen die Stellen gleicher Temperatur durch bestimmte Linien, „Isothermen", miteinander verbunden sind, und die die Existenzfelder der Komponenten und Verbindungen erkennen lassen (s. Abb. 13).

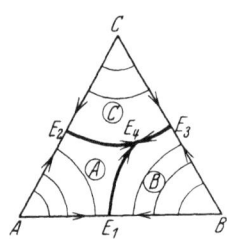

Abb. 13. Projektion eines ternären Raumdiagramms mit Isothermen.

Abb. 13 zeigt den für das Verständnis notwendigerweise vereinfachten Fall, daß in einem Dreistoffsystem die drei Komponenten ohne Mischkristallbildung vollkommen rein aus den Schmelzen auskristallisieren. Längs der drei Dreieckseiten haben wir dann die binären Gemenge $A-B$, $A-C$ und $B-C$ mit den eutektischen Punkten E_1, E_2 und E_3 vor uns. In diesen binären Gemengen ist das Schmelzgleichgewicht (wieder bezogen auf Atmosphärendruck) nach der Phasenlehre nonvariant:

$$\begin{aligned} P+F &= n+1 \\ \underline{3+F} &= 2+1 \quad \text{(zwei Kristallarten und eine Schmelze = 3 Phasen)} \\ F &= 0 \end{aligned}$$

und damit ist das Schmelzgleichgewicht durch einen Punkt, den eutektischen Punkt, dargestellt. Nach dem bereits früher entwickelten Gesetz der Schmelzpunktserniedrigung wird nun die Erstarrungstemperatur eines eutektischen binären Gemenges durch den Zusatz einer dritten Komponente noch weiter erniedrigt. Ferner wissen wir, daß nach der Phasenregel die Zahl der Freiheiten (F) ansteigt, wenn die Zahl der Komponenten (n) wächst. Nun wird durch die Hinzufügung einer dritten Komponente zu einem binären Gemenge die Zahl der Komponenten von zwei auf drei und die Zahl der Freiheiten von Null auf eins erhöht. Damit ist das eutektische Schmelzgleichgewicht nicht mehr nonvariant, sondern univariant. Die Eutektika E_1, E_2 und E_3 gehen in Kurven über. Und zwar bewegen sich die Kurven zu noch niedrigeren Temperaturen hin, da die Erstarrungstemperatur eines binären Eutektikums

Die Drei- und Mehrstoffsysteme.

durch den Zusatz eines dritten Stoffs noch weiter erniedrigt wird. Jeder Punkt auf den eutektikalen Kurven E_1—E_4, E_2—E_4 und E_3—E_4 entspricht einem Gleichgewicht zwischen zwei Kristallphasen und einer ternären Schmelze:

$$\begin{array}{r} P + F = n + 1 \\ 3 + F = 3 + 1 \\ \hline F = 1. \end{array}$$

Alle drei Gleichgewichtskurven laufen schließlich in einem einzigen Punkt (E_4) zusammen. In diesem Punkt stehen 3 Kristallphasen mit der konstant zusammengesetzten schmelzflüssigen Phase im Gleichgewicht. Nach der Phasenregel

$$\begin{array}{r} P + F = n + 1 \\ 4 + F = 3 + 1 \\ \hline F = 0 \end{array}$$

ist dieses Gleichgewicht nonvariant, und der Temperaturpunkt, bei dem dieses Gleichgewicht zustandekommt, ist das ternäre Eutektikum, der tiefstgelegene Schmelzpunkt in dem in Abb. 13 gezeigten Dreistoffdiagramm. Die Pfeile auf den eutektikalen Gleichgewichtskurven zeigen die Richtung an, in der die Temperaturen abfallen. Die Kreise um die Buchstaben A, B und C bedeuten, daß das betreffende Gebiet an den Komponenten A, B und C gesättigt ist.

Ein ternäres Eutektikum ist also im Dreistoffdiagramm daran zu erkennen, daß drei eutektikale Kurven in einem Punkt zusammenstoßen. Diese eutektikalen Kurven werden auch Kristallisationsbahnen genannt.

Aus dem oben Gesagten ergibt sich ohne weiteres, wie ein Dreistoffdiagramm ausschauen muß, wenn die drei Stoffe A, B und C miteinander unter Bildung von binären oder ternären Verbindungen reagieren. Binäre Verbindungen können wir daran erkennen, daß sie ein Sättigungs- und Existenzgebiet AB, AC oder BC aufweisen, das stets an eine der Grundseiten des Dreieckdiagramms angrenzt, und das von eutektikalen Linien umschlossen wird. An den innerhalb des Dreiecks gelegenen Ecken eines solchen Vierecks oder Fünfecks befinden sich ternäre Eutektika. Als Beispiel für das Auftreten solcher binärer Verbindungen in einem Dreistoffsystem seien die Abb. 14 und 15 gezeigt, die sich dadurch voneinander unterscheiden, daß die in Abb. 14 dargestellte binäre Verbindung kongruent, die in Abb. 15 gezeigte inkongruent ist.

Die Begriffe „kongruent" und „inkongruent" sind schon bei der Besprechung der Zweistoffsysteme erläutert worden. Eine Verbindung nennt man kongruent, wenn sie in der Schmelze beständig ist. Im Gegensatz hierzu gehen inkongruente Verbindungen beim Schmelzen in Phasen von andersartiger Zusammensetzung über, sie dissoziieren. Woran können wir nun an den Abb. 14 und 15 erkennen, ob eine binäre Verbindung in diesem Dreistoffsystem kongruent oder inkongruent ist? Zur Beantwortung dieser Frage sei auf den Punkt D in der Abb. 14 hingewiesen. Dieser Punkt D bedeutet dort den Schmelzpunkt der binären Verbindung AB. Wie wir schon in Abb. 8 gesehen haben, ist das Auftreten einer binären Verbindung AB in einem Zweistoffsystem A—B dadurch gekennzeichnet, daß die Schmelztemperatur ein Maximum aufweist, und daß das Maximum zwischen zwei eutektikalen Tiefpunkten liegt. In dem Dreistoffsystem von Abb. 14 liegt der Schmelzpunkt D der binären Verbindung AB auch zwischen zwei eutektischen Punkten (E_1 und E_2) und stellt somit ein Maximum dar (s. auch die Pfeilrichtungen). Die Verbindungslinie CD nennt man „Konjugationslinie". Nach dem Theorem von van Ryn van Alkemade gilt das Gesetz, daß der Schnittpunkt (M) einer solchen Konjugationslinie (CD) mit einer gemeinsamen Feldergrenze stets ein Temperaturmaximum darstellt. Der Punkt M ist also ein Maximum zwischen den beiden ternären eutektischen Punkten E_5 und E_6. Der Schmelzpunkt D der binären Verbindungen liegt ganz innerhalb des Existenzgebietes der Verbindung AB. Wir beobachten also bei einer kongruenten binären Verbindung im Dreistoffsystem ein Maximum auf der der Verbindung entsprechenden Dreiecksseite, und zwar innerhalb des Existenzgebietes der betreffenden Verbindung.

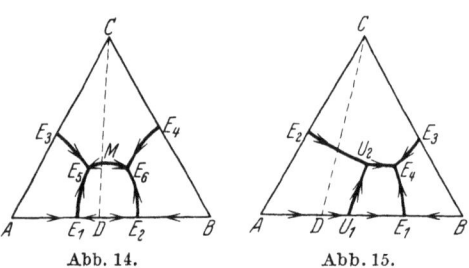

Abb. 14. Abb. 15.
Abb. 14. Binäre kongruente Verbindung AB im ternären System. M Maximum zwischen den ternären eutektikalen Punkten E_5 und E_6.
Abb. 15. Binäre inkongruente Verbindung AB im ternären System. Die Linie U_1—U_2 ist eine Übergangskurve. Zwischen U_2 und E_4 ist kein Maximum.

Anders liegen die Verhältnisse bei der inkongruenten Verbindung AB in Abb. 15. Hier liegt der Schmelzpunkt D der binären Verbindung AB außerhalb des Existenzgebiets der Verbindung AB. Infolgedessen können wir hier auch kein Temperaturmaximum in D beobachten (s. Pfeile). Der Punkt U_1 ist ein Übergangspunkt (kein Eutektikum) und daher weist die Temperatur hier auch kein Minimum auf (s. Pfeile); ein Temperaturminimum beobachten wir nur im Eutektikum E_1. Die Kurve U_1—U_2 ist eine typische Übergangskurve und keine eutektikale Kurve. Der Punkt U_2 ist auch kein ternäres Eutektikum. Und da der Schnittpunkt der Konjugationslinie das Existenzgebiet der binären Verbindung AB gar nicht schneidet, beobachtet man zwischen dem Übergangspunkt U_1 und dem ternären Eutektikum E_4 kein Maximum.

Die hier gekennzeichneten Unterschiede zwischen den kongruenten und inkongruenten binären Verbindungen sind auch bei den ternären

Verbindungen eines Dreistoffsystems festzustellen. Woran können wir nun eine ternäre Verbindung erkennen? Eine ternäre Verbindung entspricht einem von eutektikalen Gleichgewichtskurven völlig umschlossenen Felde innerhalb des Dreieckdiagramms (s. Abb. 16). Die Ecken des Feldes sind gekennzeichnet als ternäre Eutektika.

Abb. 16 zeigt eine kongruente ternäre Verbindung. Der Schmelzpunkt M der ternären Verbindung befindet sich innerhalb des Existenzgebiets, das durch die ternären Eutektika E_4, E_5 und E_6 gekennzeichnet ist. Der Schmelzpunkt M ist ein Maximum, das ringsherum von eutektikalen Kurven umschlossen ist. Die Schnittpunkte der Konjugationslinien AM, BM und CM mit diesen eutektikalen Gleichgewichtskurven zeigen Temperaturmaxima auf diesen Kurven an. Diese Maxima sind auch an den Pfeilrichtungen zu erkennen, die jeweils auf die ternären Eutektika E_4 und E_6 hinweisen.

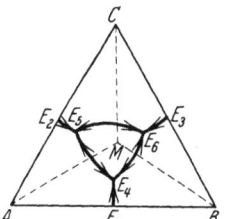

Abb. 16. Kongruente ternäre Verbindung ABC im ternären System.

Bei inkongruenten ternären Verbindungen beobachten wir dasselbe wie bei den inkongruenten binären Verbindungen, d. h. der Schmelzpunkt der ternären Verbindung liegt außerhalb ihres Existenzbereichs. Daraus ergibt sich, daß in diesem Fall mindestens eine der das Gebiet der ternären Verbindung umschließenden Kurven eine Übergangskurve sein muß.

Wir wollen auf die große Zahl der möglichen Bildungen von Mischkristallen sowie auf die verschiedenartigen Übergangserscheinungen und polymorphen Umwandlungen in ternären Systemen nicht näher eingehen, weil dies zu weit führen würde. Aus dem oben Gesagten sind die am häufigsten vorkommenden Fälle ohne weiteres abzuleiten. Aus diesem Grunde soll hier auch auf eine eingehende Darstellung der quaternären und polynären Systeme verzichtet werden, obwohl gerade das Vierstoffsystem $CaO-Al_2O_3-SiO_2-Fe_2O_3$ für die Untersuchung der Zemente sehr wichtig ist. Diese Systeme müssen phasentheoretisch unter ganz gleichen Gesichtspunkten behandelt werden wie die Dreistoffsysteme. Nur werden die Verhältnisse bei Hinzunahme weiterer Komponenten außerordentlich unübersichtlich, da mit der Zahl der Komponenten die Zahl aller möglichen Gleichgewichte ungeheuer groß wird. Die graphische Darstellung quaternärer und polynärer Systeme bereitet schon recht erhebliche Schwierigkeiten. Quaternäre Gleichgewichte pflegt man in Tetraederprojektion wiederzugeben. Für ein eingehenderes Studium dieser komplizierten Diagramme seien die Arbeiten von Boeke[1] empfohlen, in denen verschiedene Projektionsverfahren des darzustellenden Tetraeders angewandt werden.

---

[1] Boeke, H. E.: Z. anorg. allg. Chem. Bd. 98 (1916) S. 203; Neues Jb. Min. 1916 S. 118.

Damit sind wir am Ende unserer Betrachtungen über die Phasengleichgewichte in Ein- und Mehrstoffsystemen, die für die Erforschung der Konstitution der Zemente und des Abbinde- und Erhärtungsproblems ungeheuer wichtig sind. Diese Gleichgewichte beziehen sich in der Hauptsache auf die Phasengrenze kristallin/flüssig.

In dem nun folgenden Kapitel wollen wir uns mit dem kristallinen Zustand und damit in engem Zusammenhang mit der Kristalloptik beschäftigen.

V. Die Kristalle.
a) Kristalloptik.

Nachdem wir uns in den vorangegangenen Kapiteln mit den Grundlagen der thermischen Forschungsmethoden der Zementchemie vertraut gemacht haben, wollen wir nun dazu übergehen, die Prinzipien der kristallographischen Methode kennenzulernen. Die petrographischen Untersuchungen, die bei der Erforschung der Zementkonstitution neben den thermischen Methoden die größte Rolle spielen, beruhen auf der genauen Kenntnis optischer und kristallographischer Gesetze.

Bei den mikroskopischen Untersuchungsmethoden sind zwei Verfahren zu unterscheiden, je nachdem ob man das Präparat im auffallenden oder durchfallenden Licht betrachtet. Für die Untersuchung im auffallenden Licht wird das zu untersuchende Präparat hochpoliert und je nach Wunsch mit Salz- oder Säurelösungen vorsichtig angeätzt, um die Gefügebestandteile der Mineralien gut zu erkennen. Für die Untersuchung im durchfallenden Licht werden aus dem zu untersuchenden Präparat Dünnschliffe hergestellt. Es ist ferner von Vorteil (und manchmal gar nicht anders möglich), das Präparat auch noch in feingemahlenem Zustande unter dem Mikroskop zu beobachten.

Beide Untersuchungsmethoden (im auffallenden und im durchfallenden Licht) können unter dem Mikroskop mit gewöhnlichem oder mit polarisiertem Licht durchgeführt werden. Im gewöhnlichen Licht wird man sich nur qualitativ über den äußeren Charakter eines Minerals orientieren können — ob es z. B. aus verschiedenen Gefügebestandteilen oder einfach zusammengesetzt ist. — Über die physikalischen Eigenschaften der einzelnen Gefügebestandteile, über den optischen Charakter der verschiedenen Kristalle, deren Doppelbrechung, Brechungsindizes, Auslöschungswinkel, Winkel der optischen Achsen, Pleochroismus und Dispersion der optischen Achsen kann nur die Untersuchung im polarisierten Licht Auskunft geben. Die Untersuchungen im gewöhnlichen Licht, die Herstellung von Dünnschliffen und Anschliffen und die Methoden der Mikrophotographie wollen wir als bekannt voraussetzen. Auf die Untersuchungen im polarisierten Licht sei im folgenden näher eingegangen, weil wir bei diesen Betrachtungen eine ganze Reihe von kristallographischen und optischen Begriffen, denen wir bei der petrographisch-mineralogischen Klinkerforschung begegnen, genauer definieren müssen.

Weiter oben war schon des öfteren von Kristallen und dem kristallinen Zustand die Rede. Was versteht man nun eigentlich unter einem Kristall? Ein Kristall ist ein von ebenen Flächen begrenzter Körper, der — und das ist für seine Definition sehr wichtig — seine Form den in ihm wohnenden Kräften verdankt. Eine künstliche, von Menschen erzeugte Form, z. B. ein Stück Glas, dem man durch Schleifen die Form eines Kristalls gegeben hat, ist daher niemals ein Kristall, weil es diese Form nicht aus sich selbst heraus angenommen hat. Nicht nur die natürlichen Mineralien, sondern alle Elemente und chemischen Verbindungen, die aus einer flüssigen Phase in den festen Zustand übergehen, haben die Eigenschaft zu kristallisieren. Die Flächen der Kristalle schneiden sich in einer Kante unter einem bestimmten und für das betreffende Mineral stets konstanten Winkel (Gesetz von Steno 1669), den man mittels eines Winkelgoniometers messen kann. Zahlreiche Kristalle lassen sich in der Weise in zwei Hälften teilen, daß die eine Hälfte das Spiegelbild der andern ist. Eine Ebene, die das Kristall spiegelbildlich teilt, nennt man Spiegel- oder Symmetrieebene. Die Kristalle kann man nach der Zahl der Spiegelebenen, die durch sie hindurchgelegt werden können, einteilen. Es gibt Kristalle, durch die man keine Symmetrieebene, wohl aber eine Symmetrieachse legen kann, andere wiederum, die eine oder zahlreiche Symmetrieachsen und ein Symmetriezentrum besitzen. Im ganzen unterscheidet man 32 durch ihre Symmetrie charakterisierte Kristallklassen, die wir hier aber nicht aufzählen wollen.

Um sich die Bestimmung der Kristallformen zu erleichtern, hat man sich von den Ecken des Kristalls aus bestimmte Linien im Innern des Kristalls gezogen zu denken, die sich in einem Punkte in der Mitte des Kristalls schneiden; es sind dies die sog. Achsen. Eine Achse, die auf zwei anderen, unter sich gleichen Achsen senkrecht steht, nennt man Hauptachse, die andern Nebenachsen. Man kann nun eine einfachere Gliederung der Kristalle in der Weise vornehmen, daß man sie nach ihren Haupt- und Nebenachsen einteilt. Zu diesem Zweck wählt man immer für eine bestimmte Zahl der 32 Kristallklassen ein Achsenkreuz, durch das die gleiche Anzahl von Spiegelebenen gelegt werden kann. Diejenigen Kristalle, die auf ein gleiches Achsenkreuz bezogen werden können, gruppieren sich auf diese Weise zu einem sog. Kristallsystem. Ein Kristallsystem umfaßt also alle Kristalle, durch deren Achsenkreuz die gleiche Anzahl von Spiegelebenen gelegt werden kann. Es gibt 6 solche Kristallsysteme. Wiederholend können wir also sagen: die 32 Kristallklassen unterscheiden sich voneinander durch ihre Symmetrieverhältnisse (Spiegelebenen, Spiegelachsen und Spiegelzentren), die

6 Kristallsysteme durch ihr Achsenkreuz. Die verschiedenen Kristallsysteme haben die in Abb. 17 dargestellten Achsenverhältnisse.

System	Achsenkreuz	Schema
Reguläres System	3 gleiche aufeinander senkrechte Hauptachsen: a, a, a	Oktaeder 
Hexagonales System	3 gleiche Nebenachsen, die sich in einer Ebene unter 60^0 schneiden, und senkrecht dazu eine Hauptachse: a, a, a, c	Hexagonale Pyramide 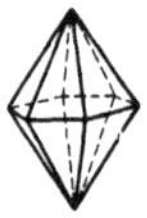
Quadratisches System	2 gleiche aufeinander senkrechte Nebenachsen und senkrecht dazu eine Hauptachse: a, a, c	Quadratische Pyramide 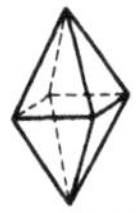
Rhombisches System	3 ungleiche aufeinander senkrechte Achsen: a, b, c	Vertikalprisma 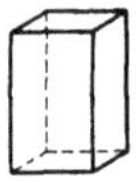
Monoklines System	3 ungleiche Achsen. 2 schneiden sich unter schiefem Winkel, die dritte steht auf ihnen senkrecht: a, b, c	Geneigtes Prisma 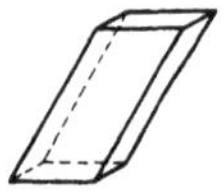
Triklines System	3 ungleiche, unter schiefem Winkel sich schneidende Achsen: a, b, c	Doppelt geneigtes Prisma 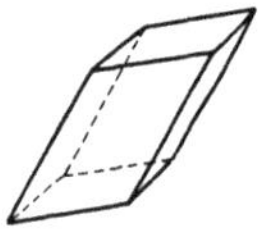

Abb. 17. Kristallsysteme.

Wir wollen nunmehr das optische Verhalten dieser Kristalle betrachten. Wenn das Licht von einem Medium in ein anderes Medium übergeht, dann erleidet es eine Änderung seiner Geschwindigkeit und wird von seiner ursprünglichen Richtung abgelenkt. Es wird gebrochen. Die Größe dieser Ablenkung findet in dem Brechungsgesetz von Snellius, dem Brechungsexponenten, seinen Ausdruck: $\frac{sin\,\alpha}{sin\,\beta} = \frac{c_1}{c_2}$, worin α der Einfallswinkel des Strahls, β der Brechungswinkel und c_1 und c_2

die Lichtgeschwindigkeiten in den verschiedenen Medien sind. Dieses Gesetz gilt nicht nur für alle homogenen Flüssigkeiten, sondern auch für alle Körper, die sich gegenüber dem einfallenden Licht wie homogene Flüssigkeiten verhalten. Solche Körper sind z. B. alle amorphen Stoffe und die regulären Kristalle. Bei ihnen hat das Brechungsgesetz in jedem Falle volle Gültigkeit, ganz gleich, von welcher Seite und Richtung und an welcher beliebigen Stelle des Körpers das Licht einfällt. Aus diesem Grunde nennt man solche Körper auch isotrop. Die kristallographische Untersuchung der isotropen regulären Kristalle erschöpft sich im wesentlichen mit der Bestimmung des Brechungsexponenten. Die refraktometrische Untersuchung feingepulverter isotroper Kriställchen beruht darauf, daß ein isotroper Körper, der in einer Flüssigkeit von bestimmtem Brechungsexponent suspendiert ist, einen Lichtstrahl nur dann hinsichtlich seiner Wellenlänge unverändert hindurchläßt, wenn die Brechungsexponenten des festen Stoffes und der Flüssigkeit gleich sind. In diesem Falle sind auch die Umrisse des durchsichtigen festen Körpers in der Flüssigkeit nicht erkennbar. Je größer die Differenz zwischen dem Brechungsexponenten der Flüssigkeit und dem des festen Körpers ist, desto deutlicher zeichnen sich die Umrisse des festen Körpers in der Flüssigkeit ab.

Alle nicht regulären Kristalle haben je nach der Richtung, in der sie untersucht werden, verschiedenartige physikalische Eigenschaften. Nicht nur das Wärmeleitvermögen und der Elastizitätsmodul, sondern auch die Fortpflanzungsgeschwindigkeit des Lichts ist bei allen nicht regulären Kristallen in den verschiedenen Richtungen innerhalb des Kristalls verschieden. Diese Kristalle nennt man anisotrop.

Die Anisotropie eines Kristalls zeigt sich darin, daß der einfallende Strahl nicht wie bei den isotropen Körpern entsprechend dem Brechungsgesetz gebrochen wird, sondern daß eine Zerlegung des einfallenden Strahls in zwei verschieden stark gebrochene Strahlen mit verschiedenen Fortpflanzungsgeschwindigkeiten, also eine Doppelbrechung eintritt. Mit dieser Doppelbrechung Hand in Hand geht eine völlige Polarisierung der beiden gebrochenen Strahlen, und zwar stehen die Schwingungsrichtungen der beiden polarisierten Strahlen aufeinander senkrecht.

Die Schwingungsbewegungen eines gewöhnlichen Lichtstrahls kann man sich atomar in der Weise vorstellen, daß hypothetische Ätherteilchen senkrecht zur Bewegungsrichtung des Lichtstrahls auf und ab schwingen. Die Schwingungsebenen, innerhalb derer die Teilchen schwingen, haben dabei die verschiedensten Richtungen und Neigungen und können diese auch dauernd gegeneinander verändern. Im Gegensatz hierzu ist die Schwingungsebene beim polarisierten Licht auf eine bestimmte Richtung festgelegt. Der Unterschied zwischen dem gewöhnlichen und dem polarisierten Licht besteht mithin darin, daß die Schwingungen beim gewöhnlichen Licht in den verschiedensten Ebenen, beim polarisierten Licht dagegen nur in einer einzigen Ebene verlaufen können.

Wie kann man nun polarisiertes Licht erzeugen? Es war bereits weiter oben gesagt worden, daß bei der Doppelbrechung in den anisotropen Kristallen der Lichtstrahl in zwei verschieden stark gebrochene Strahlen zerlegt wird, und daß gleichzeitig mit der Doppelbrechung eine Polarisierung der beiden Strahlen in der Weise eintritt, daß die Schwingungsebenen der beiden Strahlen senkrecht aufeinanderstehen. Von dieser Eigenschaft der anisotropen Kristalle macht man bei der Erzeugung polarisierten Lichts Gebrauch. Man verwendet hierzu das Nicolsche Prisma, eine Kombination zweier in besonderer Weise präparierter anisotroper, also doppelbrechender Kalkspatkristalle. Geht ein gewöhnlicher Lichtstrahl durch ein solches Nicolsches Prisma, so wird er in zwei polarisierte Lichtstrahlen zerlegt. Die Anordnung der Kalkspatkristalle im Nicol ist nun so getroffen worden, daß nur einer der beiden Strahlen das Prisma auf der anderen Seite wieder verlassen kann, während der andere Strahl total reflektiert wird. Um nun die Wirkungsweise des Nicolschen Prismas zu verstehen, sei an den für den Geldeinwurf angebrachten Schlitz eines Automaten gedacht. Durch diesen Schlitz werden von allen herangebrachten Geldstücken nur diejenigen hindurchgehen, die genau in der Richtung des Schlitzes liegen. Trifft ein gewöhnlicher Lichtstrahl auf ein Nicol, so wird er polarisiert, d. h. es wird überhaupt nur das Licht, das in der Schwingungsebene des Nicols liegt, hindurchgelassen. Trifft aber ein bereits polarisierter, d. h. in ganz bestimmter Richtung schwingender Lichtstrahl auf ein Nicol, so wird er hindurchgelassen, wenn seine Schwingungsebene mit der des Nicols übereinstimmt. Schwingt dagegen der polarisierte Lichtstrahl in einer Ebene, die senkrecht zur Schwingungsebene des Nicols steht, dann wird der Lichtstrahl nicht hindurchgelassen. Er wird „ausgelöscht". Bildet die Schwingungsebene des polarisierten Lichtstrahls mit derjenigen des Nicols einen Winkel, so findet eine teilweise Auslöschung des polarisierten Lichts statt. Passiert ein gewöhnlicher Lichtstrahl zwei Nicols hintereinander, dann wird er im ersten Nicol polarisiert und kann nur dann durch das zweite Nicol hindurchtreten, wenn beide Nicols in der gleichen Schwingungsrichtung liegen. Sind die Schwingungsrichtungen der beiden Nicols jedoch gekreuzt, dann tritt eine teilweise oder völlige Auslöschung des Lichtstrahls ein. Bei parallelen Nicols findet also eine Aufhellung, bei gekreuzten Nicols eine Verdunklung des Gesichtsfeldes statt.

Die Verwendung des polarisierten Lichts spielt bei der Untersuchung der Klinkermineralien, bei der Bestimmung der Größe der Doppelbrechung, zur Erkennung des optischen Charakters eines anisotropen Kristalls und zur Feststellung des Di- und Pleochroismus eine ausschlaggebende Rolle.

Wir hatten gesehen, daß bei den anisotropen Kristallen (alle Kristalle außer den regulären sind anisotrop) der eintretende Lichtstrahl in zwei

Strahlen gebrochen wird, daß also Doppelbrechung eintritt. Die Doppelbrechung erfolgt nun bei den anisotropen Kristallen je nach den Symmetrieverhältnissen in verschiedener Weise, je nachdem, ob die Kristalle eine kristallographische Hauptachse besitzen oder nicht. Die Abb. 17 zeigte, daß die Kristalle des hexagonalen und tetragonalen Systems eine kristallographische Hauptachse besitzen. Sie sind einachsig. Bei diesen einachsigen Kristallen hat der eine von den beiden gebrochenen Strahlen die Eigenschaft, vollkommen dem Brechungsgesetz zu folgen, wie wenn das Kristall ein isotropes Medium wäre. Dieser Strahl — man nennt ihn auch den „ordentlichen" Strahl — pflanzt sich also nach allen Richtungen im Kristall in gleicher Weise fort; mithin hat der Brechungsexponent für diesen Strahl einen ganz bestimmten Wert. Der andere gebrochene Strahl verhält sich bei den einachsigen Kristallen anders. Er hat je nach der Richtung, in der das Licht durch das Kristall hindurchgeht, einen wechselnden Brechungsexponenten. Diesen Strahl nennt man den „außerordentlichen" Strahl.

Wenn sich nun das Licht in einem solchen einachsigen Kristall längs der kristallographischen Hauptachse fortpflanzt, so fällt der außerordentliche mit dem ordentlichen Strahl zusammen. In diesem Falle sind die Fortpflanzungsgeschwindigkeit und der Brechungsexponent beider Strahlen gleich groß. Damit findet auch keine Doppelbrechung statt, vielmehr durchdringt das Licht den Kristallkörper so, als wenn er ein völlig isotropes Gebilde wäre. Wegen dieser Eigenschaft nennt man die Hauptachse auch die optische Achse eines Kristalls. Die hexagonalen und tetragonalen Kristalle sind demnach optisch einachsige Kristalle. Sie stehen im Gegensatz zu den optisch zweiachsigen Kristallen des rhombischen, monoklinen und triklinen Systems. Aus dem eben Gesagten folgt nun, daß der Unterschied zwischen dem Brechungsexponenten des ordentlichen und des außerordentlichen Strahls je nach der Durchgangsrichtung des Lichts in einem Kristall verschieden ist. Diesen Unterschied zwischen den Brechungsexponenten der beiden gebrochenen Strahlen bezeichnet man als den Grad der Doppelbrechung. Längs der optischen Achse ist die Doppelbrechung gleich Null, senkrecht zur optischen Achse erreicht sie ihren höchsten Wert.

Bevor wir zu den optisch-zweiachsigen Kristallen des rhombischen, monoklinen und triklinen Systems übergehen, müssen wir noch auf die Begriffe „optisch positiv" und „optisch negativ" eingehen. Der Grad der Brechung kann bei den beiden Strahlen, dem ordentlichen und dem außerordentlichen, verschieden sein. So kann bei manchen optisch einachsigen Kristallen der außerordentliche Strahl stärker abgelenkt werden als der ordentliche. Diese Kristalle werden als optisch positiv bezeichnet. Diejenigen optisch-einachsigen Kristalle hingegen, bei denen der ordentliche Strahl eine größere Brechung erleidet als der außerordentliche Strahl, nennt man optisch negativ. Wir werden den Begriffen „optisch positiv" und „optisch negativ" weiter unten bei der Darstellung der Klinkermineralien begegnen und können sie nunmehr mit den hier gegebenen Definitionen verstehen.

Die Kristalle, die keine kristallographische Hauptachse besitzen, also die Kristalle des rhombischen, monoklinen und triklinen Systems, verhalten sich hinsichtlich der Doppelbrechung anders als die einachsigen Kristalle. Hier sind beide gebrochenen Strahlen außerordentliche Strahlen, denn sie haben je nach der Durchgangsrichtung ganz verschiedene Brechungsexponenten. Die hier gekennzeichneten Kristalle enthalten zwei optisch ausgezeichnete Richtungen, und zwar eine Richtung größter und eine solche kleinster Lichtgeschwindigkeit. Beide Richtungen liegen in einer Ebene und stehen aufeinander senkrecht. Da die Lichtgeschwindigkeit proportional der optischen Elastizität eines Mediums ist (je größer die optische Elastizität eines Mediums, um so größer die Lichtgeschwindigkeit), so können wir auch sagen, daß die Kristalle des rhombischen, monoklinen und triklinen Systems eine Richtung größter und eine solche kleinster optischer Elastizität besitzen. Man bezeichnet diese ausgezeichneten Richtungen als optische Elastizitätsachsen. Zwischen diesen Elastizitätsachsen, und zwar in der durch sie gebildeten Ebene, gibt es nur noch zwei Achsen, längs derer die beiden gebrochenen Strahlen den gleichen Brechungsexponenten haben. Diese beiden Achsen bezeichnet man als die optischen Achsen und die betreffenden Kristalle als optisch-zweiachsig. Die optischen Achsen schließen zwei Winkel, einen spitzen und einen stumpfen, miteinander ein. Wenn nun die Mittellinie (Bisektrix) des spitzen Winkels der beiden optischen Achsen die Richtung kleinster optischer Elastizität ist, oder wenn der in dieser Richtung schwingende außerordentliche Strahl den größten Brechungsexponenten hat, dann nennt man das Kristall optisch positiv. Im andern Fall ist das Kristall optisch negativ.

Wie kann man nun experimentell erkennen, ob ein Kristall isotrop oder anisotrop, optisch einachsig oder zweiachsig, optisch negativ oder positiv ist? Die Richtlinien, die hierfür gegeben werden, sollen nur informatorischer Art sein. Für ein eingehenderes Studium sei auf die Bücher von Ostwald-Luther[1] und Weigert[2] hingewiesen. Bei den petrographischen Untersuchungen kommt es im wesentlichen zunächst darauf an, die Isotropie oder Anisotropie eines Kristalls zu erkennen und die Art und den Grad der optischen Anisotropie zu bestimmen. Für alle diese Messungen verwendet man das Polarisationsmikroskop. Es gestattet, selbst mikroskopisch kleine Kristalle, wie sie z. B. im Klinker vorliegen, genau zu untersuchen und die optischen Eigenschaften dieser Kriställchen festzustellen. Das Polarisationsmikroskop besteht aus zwei Nicols, dem Polarisator, der das auffallende oder durchfallende Licht

---

[1] Ostwald-Luther: Physikalisch-chemische Messungen.
[2] Weigert, F.: Optische Methoden der Chemie, S. 384f. Leipzig 1927.

polarisiert, und dem Analysator. Beide Nicolschen Prismen sind zueinander drehbar. Man bringt das zu untersuchende Objekt unter das Mikroskop und beobachtet zunächst, ob bei Drehung des Objekttisches eine Aufhellung und Verdunklung des Objekts eintritt. Ist dies nicht der Fall, so ist das zu untersuchende Kristall isotrop. Das Licht vermag ungehindert durch das isotrope Kristall hindurchzudringen. Ist ein Kristall anisotrop, so tritt, wie wir gesehen haben, Doppelbrechung ein. Die beiden gebrochenen Strahlen haben verschiedene Fortpflanzungsgeschwindigkeit und werden verschieden absorbiert. Die austretenden Strahlen besitzen daher verschiedene Farbe. Doppelbrechungen kann man immer an dem Auftreten von Interferenzfarben erkennen. Anisotrope Kristalle sind demnach im polarisierten Licht, je nachdem das Licht eindringt, verschieden gefärbt. Diese Erscheinung nennt man Pleochroismus. Der Pleochroismus mikroskopischer Objekte läßt sich schon mit nur einem Nicol feststellen, wenn man das gefärbte Kristall auf dem Objekttisch dreht. Wenn sich hierbei die Farben des Kristalls ändern, dann liegt Pleochroismus vor.

Wir hatten weiter oben gesehen, daß die optisch-einachsigen Kristalle des hexagonalen und tetragonalen Systems längs ihrer optischen Achse keine Doppelbrechung zeigen, da der außerordentliche und der ordentliche Strahl zusammenfallen. Bei untereinander gleichartigen ebenen Schnitten, die genau senkrecht zur optischen Achse in einem solchen Kristall ausgeführt wurden, beobachtet man bei Drehung des Objekttisches, daß die ursprüngliche Farbe, die auch Basisfarbe genannt wird, bestehen bleibt. Bei allen anderen, nicht genau senkrechten Schnitten tritt bei Drehung des Objekts nacheinander die Farbe des außerordentlichen und des ordentlichen Strahls auf. Man nennt diese Erscheinung wegen der Zweifärbung Dichroismus. Bei den optisch-zweiachsigen Kristallen haben wir drei Hauptschwingungsrichtungen vor uns, und jede von diesen zeigt im polarisierten Licht ihre besondere Farbe. Hier spricht man von Trichroismus. Der qualitative Nachweis von Dichroismus und Pleochroismus erfolgt am einfachsten mit der Heidingerschen dichroitischen Lupe, unter der ein dichroitisches Kristall bei geeigneter Stellung die beiden extremen Farbtöne in starkem Kontrast zu erkennen gibt.

Die Feststellung der Lage und der Anzahl der optischen Achsen in einem anisotropen Kristall geschieht im konvergenten polarisierten Licht. Die Beobachtung des Kristalls zwischen den gekreuzten Nicols erfolgt in diesem Falle nicht wie gewöhnlich bei einem mikroskopischen Bild in der Bildebene, sondern direkt in einer der Pupillen. Zu diesem Zweck wird das Okular des Mikroskops entfernt und man sieht dann direkt in der Austrittspupille des Objektivs die Achsenbilder des Kristalls. Bei einachsigen Kristallen beobachtet man die bekannten Ringfiguren und bei den zweiachsigen Kristallen Lemniskaten. Die Achsenbilder kann man mit der sog. Bertrandschen Linse vergrößern und so die Beobachtung dieser Erscheinungen wesentlich erleichtern.

Der Nachweis des optisch negativen oder positiven Charakters eines doppelbrechenden anisotropen Kristalls geschieht im polarisierten Licht unter Zuhilfenahme eines Gipsblättchens. Hierüber seien nur ganz kurz einige Worte gesagt. Wenn man einen Keil von einem optisch-einachsigen Kristall (z. B. Gips), der in der Richtung der optischen Achse herausgeschnitten wurde, zwischen zwei gekreuzte Nicols bringt, so erscheint er leuchtend farbig. Der Interferenzfarbton ist je nach der Dicke der gerade betrachteten Stelle verschieden (Newton); er durchläuft entsprechend der Dicke nacheinander alle Farben des Spektrums über schwarz, grau, weiß, gelb, rot, violett nach blau. Die Reihenfolge der Interferenzfarben bezeichnet man als erste, zweite, dritte usw. Ordnung. In der ersten Ordnung, die für eine Keildicke des Gipsblättchens von 0,000—0,052 cm gilt, entsteht eine ungeheure Anzahl von Farben, so daß für die einzelnen Farben nur ein sehr kleiner Bereich übrigbleibt, und eine ganz geringe Änderung in der Dicke des Gipskeils genügt, um außerordentlich starke Farbänderungen zu erzeugen. Von dieser Eigenschaft der Gipsblättchen wird für verschiedene Zwecke Gebrauch gemacht. So geschieht die Feststellung des optisch positiven oder negativen Charakters eines Kristalls in der Weise, daß man oberhalb des Mikroskopobjektivs ein Gipsblättchen vom „Rot erster Ordnung" einlegt. Die Richtung kleinster optischer Elastizität in dem Gipsblättchen — sie ist meist auf der Fassung des Gipsblättchens durch einen Pfeil angegeben — muß gegen die Schwingungsrichtung der gekreuzten Nicols unter einem Winkel von 45° geneigt sein. Dann dreht man den Kristall auf dem Objekttisch so, daß seine optische Achse oder Mittellinie (Bisektrix) parallel zu dieser Richtung liegt, und beobachtet die Veränderung der roten Polarisationsfarbe des Gipsblättchens. Wenn die Richtung kleinster optischer Elastizität im Kristall und im Gipsblättchen übereinstimmt und die rote Farbe des Gipses sich nach blau hin verändert oder, wie man auch sagt, der Polarisationston „höher" wird, dann ist der Charakter der Doppelbrechung positiv. Wird die Interferenzfarbe „tiefer", verändert sie sich von rot nach gelb hin, dann ist die Doppelbrechung des Kristalls negativ.

Von der Einrichtung der Gipsblättchen macht man ferner Gebrauch, um sehr schwache Doppelbrechungen nachzuweisen. Hierzu stellt man das Polarisationsmikroskop durch Verschieben des Gipskeils auf Rot erster Ordnung ein und bringt das zu untersuchende Kristall unter das Mikroskop. Wenn das Kristall auch nur eine Spur doppelbrechend ist, so interferieren die im polarisierten Licht entstehenden Farben des zu untersuchenden Kristalls mit der roten Polarisationsfarbe des Gipses, was zur Folge hat, daß das Rot erster Ordnung sich nach gelb oder blau hin verwandelt.

b) Die röntgenspektroskopische Methode der Kristallanalyse.

Die bisher dargestellten petrographischen Methoden gestatten die Feststellung und Berechnung der verschiedenen optischen Konstanten der Kristalle. Mit diesen refraktometrischen und polarimetrischen Untersuchungen und goniometrischen Winkelmessungen können wir eine im Zementklinker auftretende Kristallart identifizieren, aber ihren inneren Aufbau lernen wir auf diese Weise nicht kennen. Die Kenntnis der inneren Struktur eines Kristalls wurde erst durch die Entdeckung der Röntgenstrahlen (1895) ermöglicht. Die verschiedenen röntgenspektroskopischen Methoden der Feinstrukturuntersuchung, wie sie heute vorliegen, sind auf die von v. Laue, Friedrich und Knipping im Jahre 1912 gemachte Entdeckung zurückzuführen, daß die Röntgenstrahlen beim Durchgang durch natürliche Kristalle interferieren und abgebeugt werden, und daß sie somit Wellennatur besitzen[1]. Außer dieser endgültigen Entscheidung über die Wellennatur der Röntgenstrahlen fanden v. Laue und seine Mitarbeiter ein Verfahren zur Bestimmung der Wellenlänge. Die Wellenlängen der Röntgenstrahlen sind außerordentlich klein, sie liegen zwischen 0,05 und 600 Ångströmeinheiten. Dagegen beträgt die Größenordnung der Wellenlängen des optisch sichtbaren Lichts durchschnittlich ungefähr 5000 Ångström. Die Tabelle 20 gibt eine Zusammenstellung des gesamten Spektralbereichs elektromagnetischer Schwingungen.

Tabelle 20. Wellenlängen des gesamten Spektrums in Ångströmeinheiten ($1 \text{ Å} = 10^{-8}$ cm).

Strahlenart	Wellenlänge (nach Landolt-Börnstein)
Röntgenstrahlen	0,05—600
Ultraviolettstrahlen	202—3600
Sichtbares Licht { violett	3600
gelb	5800
rot	6500
Ultrarotstrahlen	5000—3 000 000
Reststrahlen	250 000—1 500 000
Kürzeste Hertzsche Welle	20 000 000 = 2 mm
Längenwelle der drahtlosen Telegraphie	100—30 000 m

Damit wären wir am Ende unserer Betrachtungen über die optischen Untersuchungsmethoden der Mineralien, die den petrographischen Forschungen zugrunde liegen, und wollen uns nunmehr mit den modernen Anschauungen über den Kristallaufbau beschäftigen.

---

[1] Die transversale Wellennatur der Röntgenstrahlen wurde bereits 1905 von Barkla durch Untersuchungen an sekundären Röntgenstrahlen nachgewiesen.

Die Beugung der Röntgenstrahlen beim Durchgang durch ein Kristall erfolgt in einem ganz bestimmten Winkel, und zwar steht die Größe dieses Beugungswinkels im unmittelbaren Zusammenhang mit der Wellenlänge der einfallenden Röntgenstrahlen und — das ist wichtig — mit dem Abstand der einzelnen Atome voneinander im Kristall. Es zeigte sich also bei den Arbeiten von v. Laue, daß ein von Röntgenstrahlen getroffener natürlicher Kristall für die Röntgenstrahlen genau so wirkt wie ein Strichgitter für die optisch sichtbaren Strahlen. Danach hat man sich ein Kristall als eine Art räumliches Strichgitter (Raumgitter) vorzustellen, in dem die Atome, Ionen oder Moleküle nach ganz bestimmten Gesetzmäßigkeiten in periodisch sich wiederholenden Abständen und Richtungen angeordnet sind. Abb. 18 zeigt, wie man sich diese Anordnung der Atome in einem Kristall vorstellen kann. Die Atome sind in diesem Modell als Punkte gekennzeichnet, die ein sog. Raumgitter bilden. Die durch die einzelnen Atome gelegten Ebenen bezeichnet man als Netzebenen. In Abb. 18 können wir neun solcher Netzebenen erkennen.

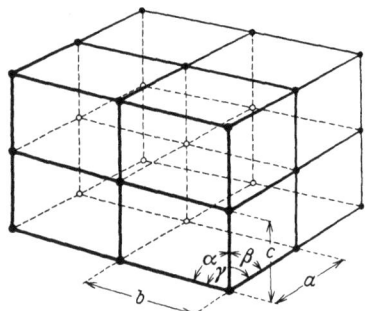

Abb. 18. Kristallraumgitter.

Es zeigt sich, daß von allen möglichen Netzebenenscharen drei sich dadurch auszeichnen, daß sie am dichtesten mit Gitterpunkten besetzt sind. Der Netzebenenabstand, der in der Abb. 18 mit a, b und c bezeichnet ist, beträgt bei den bisher untersuchten Elementen ungefähr 1—10 Ångström.

Eine von den drei am dichtesten mit Gitterpunkten besetzten parallelen Netzebenenscharen sei in Abb. 19 senkrecht zur Zeichenebene verlaufend dargestellt. Der Abstand der Netzebenen sei mit d bezeichnet. Auf diese Netzebenenschar falle ein Röntgenstrahlbündel A, B und C unter dem Winkel φ. Die von den Röntgenstrahlen getroffenen Netzebenen lassen sich als Spiegelebenen auffassen, die einen Teil der einfallenden Strahlenenergie unter dem Einfallswinkel (also hier dem Winkel φ) reflektieren. Dabei müssen natürlich die Röntgenstrahlen, die in gleicher Phase in dem Kristall ankommen (Wellenberge und Wellentäler fallen völlig aufeinander und verlaufen parallel), den Kristall auch wieder in gleicher Phase verlassen, d. h. so, daß sich Wellenberge und Wellentäler wieder decken. Die Gangunterschiede zwischen den Strahlen A, B und C, die dadurch verursacht werden, daß B und C einen längeren Weg im Kristall zurücklegen als A, müssen also ein ganzes Vielfaches der Wellenlänge betragen. Hieraus ergibt sich das einfache Reflexionsgesetz von Bragg, das die Grundlage für alle röntgenspektroskopischen Untersuchungen darstellt:

$n\lambda = 2d \cdot \sin\varphi$ (Gleichung von Bragg).

In dieser Gleichung bedeutet λ die Wellenlänge der Röntgenstrahlung, d den Abstand zweier paralleler Netzebenen voneinander, φ den Winkel zwischen dem einfallenden Röntgenstrahl und den reflektierenden Netzebenen und n eine ganze Zahl 1, 2, 3 usw.

Bei der Betrachtung von Abb. 18 zeigt sich, daß zur Beschreibung eines regelmäßigen Raumgitters ein kleines Parallelepiped genügt, dessen Achsen aus den drei Netzebenenabständen a, b und c bestehen. Man bezeichnet dieses kleinste Parallelepiped als die Grundzelle oder Elementarzelle des Raumgitters. Das Raumgitter eines Kristalls setzt sich aus lauter solchen aneinandergereihten Elementarzellen zusammen. Kennzeichnend für ein bestimmtes Kristall ist nun nicht, wieviel von solchen Elementarzellen sich in dem betreffenden Kristall aneinanderreihen — denn diese Tatsache würde ja nur auf die Größe des Kristalls

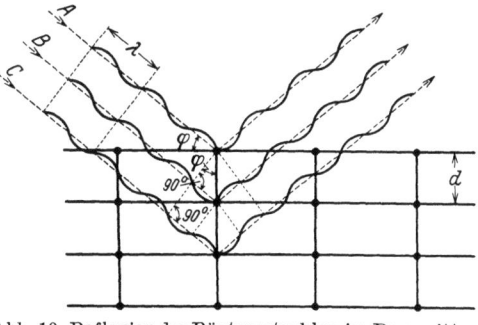

Abb. 19. Reflexion der Röntgenstrahlen im Raumgitter.

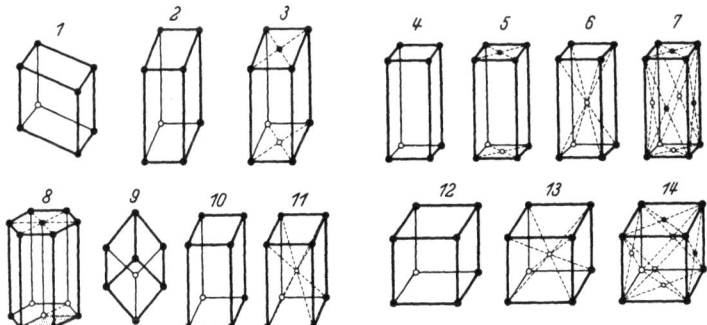

Abb. 20. Die Bravaisschen Translationsgruppen.

schließen lassen —, sondern einzig und allein der Aufbau der Elementarzelle. Man kann also die Feinstruktur eines Kristalls vollkommen beschreiben, wenn man den Aufbau der Elementarzelle eindeutig kennt. Damit sich nun die Elementarzellen in einem Kristall lückenlos aneinanderschließen können, müssen sie ganz bestimmten kristallographischen Symmetriegesetzen genügen. Die Zahl der Möglichkeiten für solche zu Raumgittern aneinanderfügbaren Elementarzellen ist relativ klein. Alle Raumgitter lassen sich mit Hilfe der Bravaisschen Translationsgruppen beschreiben, indem sie entweder direkt diesen Bravaisschen Elementartypen entsprechen oder aber durch verschiedenfache Ineinanderschachtelung und Aneinanderreihung der Bravaisgittertypen dargestellt werden können. Bravais hat 14 solcher Translationsgruppen unterschieden, die allen Gitterbeschreibungen zugrunde liegen (Abb. 20).

Die Bravaisschen Raumgitter:

1. Triklines Gitter; drei verschieden lange Achsen, die drei verschiedene Winkel miteinander bilden.

2. Einfaches monoklines Gitter; drei verschieden lange Achsen, deren eine auf den beiden andern senkrecht steht.

3. Monoklines einseitig flächenzentriertes Gitter; Achsenlänge und Winkel wie bei 2. In der Mitte zweier gegenüberliegender Flächen befindet sich je ein Atom.

4. Einfaches rhombisches Gitter; drei verschieden lange, aufeinander senkrecht stehende Achsen.

5. Rhombisches, einseitig flächenzentriertes Gitter; Achsenlänge und Winkel wie bei 4.; in der Mitte zweier gegenüberliegender Flächen befindet sich je ein Atom.

6. Rhombisches körperzentriertes Gitter; Achsenlänge und Winkel wie bei 4.; in der Mitte des Elementarkörpers befindet sich je ein Atom.

7. Rhombisches allseitig flächenzentriertes Gitter; Achsenlänge und Winkel wie bei 4.; in der Mitte aller Begrenzungsflächen befindet sich je ein Atom.

8. Hexagonales Gitter; zwei Achsen haben gleiche Längen und schließen einen Winkel von 120° miteinander ein. Die dritte Achse steht senkrecht auf den beiden anderen.

9. Rhomboedrisches Gitter; drei gleich lange Achsen schließen drei gleiche, nicht rechte Winkel ein.

10. Einfaches tetragonales Gitter; drei aufeinander senkrecht stehende Achsen, von denen zwei gleich lang sind.

11. Körperzentriertes tetragonales Gitter; Achsenlänge und Winkel wie bei 10.; in der Mitte der Elementarzelle befindet sich ein Atom.

12. Einfaches kubisches Gitter; die drei Achsen sind gleich lang und schließen drei rechte Winkel miteinander ein.

13. Körperzentriertes kubisches Gitter; Achsenlängen und Winkel wie bei 12.; in der Mitte der Elementarzelle befindet sich ein Atom.

14. Flächenzentriertes kubisches Gitter; Achsenlängen und Winkel wie bei 12.; in der Mitte jeder Fläche befindet sich ein Atom.

Fast alle anorganischen Stoffe zeigen kristalline Strukturen, die durch ein Bravaissches Gitter oder durch eine Kombination mehrerer

Gitter wiedergegeben werden können. In vielen Stoffen, wie z. B. im Klinker, sind die Kriställchen außerordentlich klein. Wenn nun Röntgenstrahlen auf diese feinkristallinen Stoffe fallen, so werden sie entsprechend der Reflexionsbeziehung von Bragg abgebeugt. Die abgebeugten Röntgenstrahlen ergeben auf einer hinter dem Kristall aufgestellten photographischen Platte je nach der angewandten Methode ganz bestimmte Interferenzbilder, die mit Zirkel und Zentimetermaß ausgemessen und nach ganz einfachen mathematischen Formeln ausgewertet werden.

Von den Methoden zur Feinstrukturuntersuchung seien vor allem drei angeführt und besprochen:

1. das Verfahren nach v. Laue,
2. das Verfahren nach Bragg und
3. das Verfahren nach Debye-Scherrer und Hull.

Auf diese Methoden und ihre Anwendung für die speziellen Zwecke der Feinstrukturuntersuchung wollen wir hier nur kurz eingehen. Eine ausführliche Beschreibung der einzelnen Verfahren und der Berechnung der experimentellen Daten ist in den Arbeiten von Ewald[1] und Mark[2] zu finden.

Man kann das Auftreten von Röntgeninterferenzen an Kristallen dadurch hervorrufen, daß man heterogene Röntgenstrahlen[3] (weißes Röntgenlicht) auf einen feststehenden Kristall auffallen läßt. Dabei tritt nach der Braggschen Reflexionsgleichung eine Reflexion der Strahlen nur bei denjenigen Wellenlängen ein, die die Interferenzbedingung (Strahlungsaustritt bei gleicher Phase) für die in den verschiedenen Richtungen verschieden großen Netzebenenabständen erfüllen. Hierauf beruht das Verfahren von v. Laue, Friedrich und Knipping.

Nach dieser Methode trifft ein ausgeblendetes Bündel heterogener Röntgenstrahlen auf einen einzelnen feststehenden Kristall auf. Einfallswinkel und Netzebenenabstände sind konstant; die Wellenlängen, die durch das kontinuierliche Röntgenspektrum gegeben sind, sind verschieden. Wenn man die an den verschiedenen Netzebenen abgebeugten

---

[1] Mark, H.: Die Verwendung der Röntgenstrahlen in Chemie und Technik. Leipzig 1926.

[2] Ewald, P. P.: Kristalle und Röntgenstrahlen. Berlin 1923. Der Aufbau der festen Materie und seine Erforschung durch Röntgenstrahlen. Handbuch der Physik, Bd. 24.

[3] Unter heterogener Strahlung versteht man eine Strahlung, deren Wellenlängen den ganzen Spektralbereich von 0,05—10 Å kontinuierlich ausfüllen. Man erhält diese Strahlung als Bremsstrahlung beim Aufprall von Elektronen auf die Anode. Über diese heterogene Bremsstrahlung lagert sich noch die homogene Strahlung. Die homogene Strahlung wird verursacht durch die Eigenschwingung des Anodenmaterials und besteht aus wenigen charakteristischen Wellenlängen. Man kann sie dadurch erzeugen, daß man günstige Anregungsspannungen wählt und die Strahlung durch Absorptionsmaterialien filtriert.

Strahlen auf einer photographischen Platte auffängt, so erhält man ein sog. Lauediagramm, das die Symmetrieverhältnisse des untersuchten Kristalls deutlich erkennen läßt und eine klare Übersicht über die Interferenzwinkel liefert. Ein solches Lauediagramm, wie es in der Abb. 21 gezeigt wird, enthält eine große Anzahl von symmetrisch angeordneten Punkten. Jeder Punkt des Diagramms ist bestimmt durch zwei Faktoren: durch die Symmetrieverhältnisse der reflektierenden Netzebene (Indizes der Netzebene) und durch die Wellenlänge der Röntgenstrahlung, die von der betreffenden Netzebene reflektiert wurde. Die Schwärzungsintensität der verschiedenen Punkte des Lauediagramms hängt von der Reflexionsfähigkeit der Netzebenen und von der Intensitätsverteilung der Röntgenstrahlenenergie auf die einzelnen Wellenlängen ab.

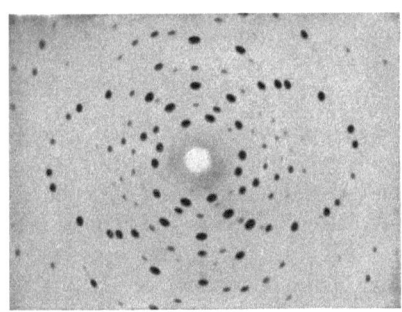

Abb. 21. Lauediagramm.

Für die Durchführung des Laueverfahrens benötigt man einen Kristall mit einer Fläche von mindestens 0,25 qmm und einer Dicke von mindestens 0,1 mm. Die Einstellung des Kristalls senkrecht zum Strahlenbündel erfolgt mittels eines Goniometers. Die Belichtungszeiten hängen von der Strahlenintensität, von dem Absorptions- und Reflexionsvermögen und von der Dicke des untersuchten Kristalls und der Empfindlichkeit der photographischen Platte ab. Sie liegen der Größenordnung nach ungefähr zwischen 20 Minuten und 6 Stunden.

Ein anderes Verfahren zur Erzeugung von Röntgendiagrammen ist die Drehkristallmethode von Bragg. Bei diesem Verfahren fällt ein strichförmig ausgeblendetes Bündel von homogenen Röntgenstrahlen (monochromatisches Röntgenlicht) auf einen einzelnen Kristall, der sich während der Aufnahme dreht. Es wird also dabei der Einfallswinkel des Strahls durch Drehen des Kristalls kontinuierlich geändert. Die Wellenlänge und die Netzebenenabstände sind konstant. Bei bestimmten Stellungen des Kristalls wird die Braggsche Reflexionsbedingung erfüllt. Unter den zahlreichen möglichen Kristallstellungen beim Drehen des Kristalls kommt auch diejenige vor, bei der das monochromatische Röntgenlicht an einer bestimmten Netzebene reflektiert wird. Man erhält dann Diagramme, wie sie die Abb. 22 zeigt.

Nach der Braggschen Methode werden die Röntgeninterferenzen auf einem schmalen photographischen Filmband aufgenommen, das kreisförmig um den sich drehenden Kristall herumliegt. Der zu untersuchende Kristall muß mindestens einen Durchmesser von 1 mm haben.

Er wird vor dem Versuch mit einem Goniometer so zentriert, daß seine Drehung um eine kristallographische Achse erfolgt. Für die Belichtungszeiten gilt das gleiche wie bei den Lauediagrammen.

Während bei den bisher beschriebenen Verfahren nur einzelne, scharf ausgebildete Kristallindividuen benutzt werden, ist es nach der Pulvermethode von Debye-Scherrer und Hull auch möglich, bei feinen Kristallpulvern durch Belichtung mit homogener Röntgenstrahlung reflexionsfähige Kristallagen und damit Röntgeninterferenzbilder zu erzielen. Was bei der Braggschen Methode durch Drehung des Kristalls

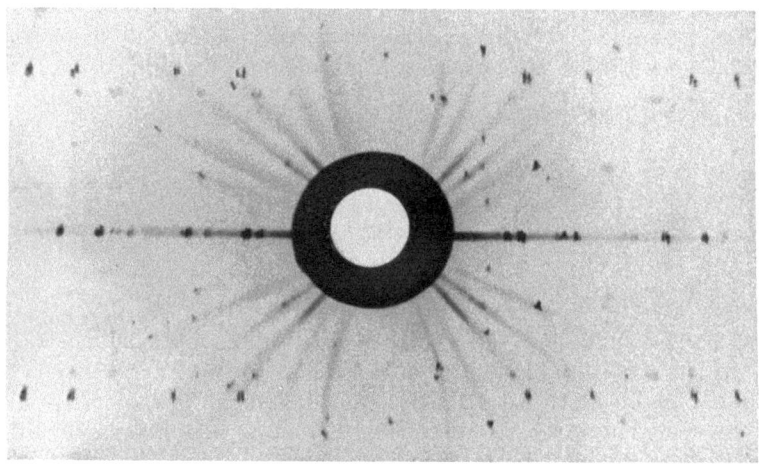

Abb. 22. Braggsches Drehkristalldiagramm.

erreicht wird, nämlich dem Röntgenlicht eine kontinuierliche Reihe von allen möglichen reflexionsfähigen Kristallagen darzubieten, das geschieht bei der Methode von Debye-Scherrer und Hull durch die regellose Lagerung des Kristallpulvers. Das zu untersuchende Material wird bei der Methode von Debye-Scherrer besonders fein gepulvert und in ein Glasröhrchen (⌀ höchstens 1 mm) gefüllt oder auf ein kleines Glasstäbchen aufgeklebt. Der Einfallswinkel ist bei diesem Verfahren infolge der regellosen Lagerung der Kristallpulverteilchen verschieden; die Wellenlänge und die Netzebenenabstände sind konstant.

Wie die Abb. 23 zeigt, entstehen bei der Debye-Scherrer-Methode auf der photographischen Platte konzentrische Ringe, deren Durchmesser und Intensität genau ausgemessen wird. Die Anzahl der Ringe und deren Durchmesser und Intensität sind für jedes Material, für jede chemische Substanz charakteristisch.

Die Pulvermethode hat den Vorteil, daß sie selbst bei mikroskopisch kleinen Kristalliten mit Erfolg verwendet werden kann. Von besonderer Wichtigkeit ist dies gerade für die Forschungen auf dem Gebiete der

Keramik und des Zements. Die Erforschung der Klinkermineralstrukturen ist nur auf diese Weise möglich. Das Material muß für die Röntgenaufnahme in einem Mörser außerordentlich fein gepulvert werden. Wenn das Material nicht genügend fein gepulvert wird, dann entstehen nicht die gleichmäßig geschwärzten Ringe, wie sie die Abb. 23 zeigt, sondern einzelne Flecken. — Die homogene Strahlung wird bei der Pulvermethode in den meisten Fällen rund ausgeblendet. Die Belichtungszeiten betragen je nach den Versuchsbedingungen meist 2—48 Stunden.

Welche Fragen können nun durch diese röntgenspektroskopischen Methoden beantwortet werden? Zunächst können wir darüber Auskunft erhalten, ob eine Substanz amorph oder kristallin ist. Der amorphe Zustand eines Stoffes ist dadurch gekennzeichnet, daß die Atome völlig

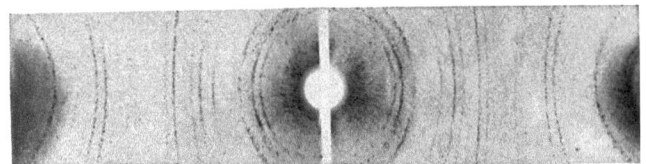

Abb. 23. Debye-Scherrer-Diagramm.

regellos angeordnet sind. Wenn daher ein Bündel von Röntgenstrahlen auf amorphes Material auftrifft, so entstehen keine Interferenzen. Die photographische Platte zeigt daher keine Interferenzlinien oder -punkte, sondern nur eine durch die allgemeine Streuung hervorgerufene diffuse Schwärzung. Einen Übergang von den amorphen zu den kristallinen Stoffen bilden die amorphen Kolloide wie z. B. die Gläser, Lacke und Kautschuk. Die Röntgenbilder dieser Stoffe zeigen das Auftreten ganz schwacher Linien und Punkte, die beweisen, daß die Atome in diesen Stoffen nicht völlig regellos geordnet sind.

Die beschriebenen Methoden können ferner dazu dienen, chemische Verbindungen zu identifizieren und nachzuweisen. Jede chemische Substanz hat ein ganz bestimmtes, für sie charakteristisches Raumgitter mit bestimmten Gitterabständen und infolgedessen auch ein für sie charakteristisches Röntgendiagramm. Die Bestimmung des Raumgitters erfolgt am zweckmäßigsten nach der Methode von Bragg oder, wenn dies nicht möglich ist, nach der Methode von Debye-Scherrer.

Weiterhin kann röntgenspektroskopisch die Frage geklärt werden, ob ein Material als feste Lösung, als Gemenge oder als chemische Verbindung vorliegt, ob das Raumgitter einer bestimmten Verbindung normal ausgebildet oder durch innere Spannungen irgendwie deformiert ist. Man kann schließlich die Frage entscheiden, wie groß die Dispersion (Teilchengröße) eines kristallinen Kolloids ist. Wenn nämlich die Kantenlänge eines Kriställchens kleiner wird als 10^{-6} cm, dann verbreitern sich die Interferenzlinien. Aus der Breite der Interferenzringe läßt sich dann die Teilchengröße eines kristallinen Kolloids berechnen. Diese Untersuchungen werden von Wichtigkeit sein, wenn es die Frage zu entscheiden gilt, ob sich beim Erhärten der Zemente im Laufe der Zeit submikroskopische Strukturen ausbilden. Aus der Breite der Interferenzringe werden hier Schlüsse auf die Teilchengröße dieser submikroskopischen Kristalle gezogen werden können.

Aus all dem geht hervor, daß die röntgenanalytischen Methoden die bisherigen mikroskopisch-petrographischen Methoden sehr wesentlich ergänzen und fortführen, da sie uns Aufschlüsse über die innere Struktur und den chemischen Charakter der Mineralien zu geben vermögen. Es sei hier erwähnt, daß das für die Zementchemie wichtige Problem der Existenz des Trikalziumsilikats und der Konstitution des Alits durch einige Debye-Scherrer-Aufnahmen gelöst werden konnte.

VI. Spezielle Ein- und Mehrstoffsysteme.

Bevor wir uns nun mit der Frage nach der Konstitution der Zemente beschäftigen, wollen wir zunächst alle chemischen Verbindungen besprechen, die sich maßgebend an dem Aufbau der Zemente beteiligen. Es sind dies im wesentlichen die Oxyde des Siliziums, Kalziums, Aluminiums, Eisens und Magnesiums und deren binäre und polynäre Verbindungen untereinander. Wenn wir sie alle in ihren chemischen und physikalischen Eigenschaften erst einmal kennen, dann bereitet auch das Verständnis für die chemische Zusammensetzung der Zemente, die ja aus all diesen Verbindungen bestehen, keine Schwierigkeiten.

a) Die Einstoffsysteme.

1. SiO_2. Man kennt zwei Oxyde des Siliziums, das rote unbeständige Siliziummonoxyd SiO und das hochpolymere, unflüchtige, glasig harte Siliziumdioxyd SiO_2. Das Siliziummonoxyd bildet keine Säuren und Verbindungen und scheidet für die weitere Betrachtung aus. Von dem Siliziumdioxyd leiten sich zahlreiche Säuren, zum Teil Polysäuren und von diesen alle Silikate ab.

Das Siliziumdioxyd entsteht bei der Verbrennung von Silizium und beim Erhitzen der verschiedenen Kieselsäuren als ein weißes Pulver. SiO_2 kommt in der Natur teils als Bergkristall, Quarz (spezifisches Gewicht 2,63), Chalzedon und Tridymit (spezifisches Gewicht 2,55)[1], teils in hydratisierter amorpher Form als Opal in ungeheuren Massen vor. Die Verbindungen der Kieselsäuren mit den verschiedenen Alkali-, Erdalkali- und Schwermetalloxyden, die Silikate, nehmen den allergrößten Teil der oberen Gesteinsschicht der Erde bis zu einer Tiefe von 1500 km ein.

---

[1] Die spezifischen Gewichte s. in Tabelle 25.

SiO₂ wird chemisch außerordentlich schwer angegriffen. Von sämtlichen Säuren wirken nur Flußsäure und schmelzende Phosphorsäure auf das Kieselsäureanhydrid ein. Bei höheren Temperaturen reagieren die oben genannten Metalloxyde, also z. B. Kalziumoxyd, Aluminiumoxyd oder Eisenoxyd, sehr lebhaft mit dem Siliziumdioxyd unter Bildung von im Wasser schwer löslichen Silikaten. Besonders gut und leicht reagieren die geschmolzenen Alkalioxyde mit der Kieselsäure, wobei je nach der Zusammensetzung wasserunlösliches Glas oder das in Wasser leicht lösliche Wasserglas (Natrium- oder Kaliumsilikat) entsteht. Wäßrige Alkalihydroxydlaugen lösen das Siliziumdioxyd in der Form des natürlichen Quarzes nur sehr schwer, in feinverteilter Form z. B. als Kieselgur hingegen leicht.

Bei diesen chemischen Reaktionen bilden sich die Salze der zahlreichen noch völlig unerforschten Kieselsäuren. Die verschiedenen Kieselsäuren lassen sich formal von der Orthokieselsäure $Si(OH)_4$ oder H_4SiO_4 ableiten. Geht man dabei von einem Molekül H_4SiO_4 aus, dann kommt man zu den Monokieselsäuren; mehrere Moleküle H_4SiO_4 führen zu den Polykieselsäuren, z. B. nach folgenden Gleichungen:

$$SiO_2 + 2\,H_2O = H_4SiO_4 \quad \text{Orthokieselsäure}$$
$$H_4SiO_4 - H_2O = H_2SiO_3 \quad \text{Metakieselsäure}$$
$$\left.\begin{array}{l}\end{array}\right\} \text{Monokieselsäuren.}$$

$$3\,(H_4SiO_4) - 5\,H_2O = H_2Si_3O_7 \quad \text{Trikieselsäure}$$
$$2\,(H_4SiO_4) - 3\,H_2O = H_2Si_2O_5 \quad \text{Dikieselsäure}$$
$$\left.\begin{array}{l}\end{array}\right\} \text{Polykieselsäuren.}$$

Die Dikieselsäure ist die beständigste Form der Kieselsäure. Sie bildet sich aus der Metakieselsäure durch einfaches Erhitzen. Sie ist es auch, die vorwiegend in den Kieselsäuregelen vorkommt. Die großen Moleküle der Polykieselsäuren entstehen nicht durch Verkettung der einzelnen Si-Atome untereinander[1], sondern durch Verkettung von Sauerstoffatomen, durch sog. O-Brücken. Alles in allem sind die verschiedenen Kieselsäuren bis heute noch wenig erforscht. Man kennt auch noch nicht die Versuchsbedingungen, unter denen die verschiedenen Kieselsäuren in ihren Salzen durch bestimmte chemische Reaktionen erkannt und voneinander unterschieden werden können. Deshalb erscheinen die Versuche mancher Forscher, große Strukturformeln von den in den Zementen vorkommenden Silikaten aufzustellen, als verfrüht.

Die chemischen Verbindungen der Kieselsäuren mit den Metalloxyden werden von Säuren sehr viel leichter angegriffen als das reine Siliziumdioxyd. Löst man ein Alkalisilikat in Salzsäure auf, so erhält man je nach den Versuchsbedingungen eine kolloidale Lösung von Kieselsäure oder eine Kieselsäuregallerte, ein Kieselsäuregel. Trocknet man dies Gel ein, so entsteht ein Pulver von der ungefähren Zusammensetzung der Metakieselsäure (H_2SiO_3). Von dieser Eigenschaft der Silikate, in Salzsäure unter Bildung von kolloidaler Kieselsäure in Lösung zu gehen, wird bei der Zementanalyse in weitgehendem Maße Gebrauch

---

[1] Wie die organischen Kohlenstoffverbindungen.

gemacht. Die Lösung des Zements für die analytische Untersuchung geht in der Weise vor sich, daß man eine kleine Zementprobe mit einem Überschuß von starker Salzsäure übergießt und erhitzt. Dabei löst sich der Zement bis auf kleine Mengen (den sog. „unlöslichen Rückstand") auf, und wir erhalten eine kolloidale Kieselsäurelösung, von der wir den unlöslichen Rückstand durch ein gewöhnliches Filter abfiltrieren können. Wenn wir das kolloidale Filtrat auf einem Wasserbad eindampfen, so entsteht eine dicke, durch Eisenchlorid gelb gefärbte Kieselsäuregallerte. Bei weiterem Erhitzen verdampft aus der Gallerte nach und nach das ganze adsorptiv gebundene Wasser, bis schließlich ein Pulver von der Zusammensetzung der Metakieselsäure übrigbleibt. Diese Metakieselsäure ist in Wasser nahezu unlöslich. Wenn man daher den Verdampfungsrückstand des mit Salzsäure behandelten Zements mit Wasser aufnimmt und das Ganze filtriert, so ergibt sich auf diese Weise eine glatte Trennung der Kieselsäure von den im Wasser löslichen Chloriden des Kalks, der Tonerde, des Eisens, des Magnesiums und der Alkalien und somit eine einfache quantitative Bestimmung der Kieselsäure im Zement.

Das SiO_2-Molekül tritt in zahlreichen polymorphen Gestaltungen in Erscheinung. Heute kennt man etwa 8—9 verschiedene Formen, nämlich den gewöhnlichen β-Quarz und α-Quarz, γ-Tridymit (?), β-Tridymit, α-Tridymit, β-Cristobalit, α-Cristobalit, Chalzedon und Quarzglas. Unsere heutigen Kenntnisse über die verschiedenen Stabilitätsgebiete der SiO_2-Formen verdanken wir den grundlegenden Arbeiten von Fenner[1]. Fenner führte seine Untersuchungen über die enantiotropen Umwandlungspunkte der SiO_2-Modifikationen nach der statischen Methode durch. Ebenso wurden die verschiedenen Schmelzpunkte nach dem statischen Verfahren festgelegt.

Die Ergebnisse dieser Fennerschen Arbeiten sind später durch die Untersuchungen von Ferguson und Merwin[2], von Bates[*] und neuerdings von v. Nieuwenburg und Zylstra[3] berichtigt worden. Danach beobachtet man vor allem folgende Reihe von enantiotropen Umwandlungen: Zunächst wandelt sich bei einer Temperatur von 573°[*] (nach Fenner 575°) der β-Quarz in die α-Quarzmodifikation um. Bei 870° findet die Umwandlung des α-Quarzes in die α-Tridymitform statt. Aus dem α-Tridymit wird bei Temperaturen oberhalb 1470° α-Cristobalit. Bei einer Temperatur von 1713°[†] schmilzt der Cristobalit. Der α-Tridymit schmilzt bei 1670° und der α-Quarz bei 1470° unter gleichzeitiger Umwandlung in α-Cristobalit.

---
[1] Fenner, C. N.: Z. anorg. allg. Chem. Bd. 85 (1914) S. 133; Amer. J. Sci. Bd. 36 (1913) S. 331.
[2] Ferguson, F. B. u. H. E. Merwin: Amer. J. Sci. Bd. 46 (1918) S. 417.
[*] Bates: Sci. Pap. Bur. Stand. Bd. 22 (1927) Nr. 557.
[3] v. Nieuwenburg, Zylstra: Rec. Trav. chim. Pays-Bas Bd. 47 (1928) S. 1; Bd. 48 (1929) S. 402.
[†] Greig, I. W.: Amer. J. Sci. (Sill.) (5) Bd. 13 (1927) S. 1.

Also:

β-Quarz $\rightleftarrows$ α-Quarz $\rightleftarrows$ α-Tridymit $\rightleftarrows$ α-Cristobalit $\rightleftarrows$ SiO_2-Schmelze
  573^0 870^0 1470^0 1713^0

α-Tridymit $\xrightleftharpoons{\hspace{3cm}}$ SiO_2-Schmelze
$\phantom{\alpha\text{-Tridymit}\ }$ 1670^0

α-Quarz $\xrightleftharpoons{\hspace{3cm}}$ SiO_2-Schmelze
$\phantom{\alpha\text{-Quarz}\ }$ 1470^0

Bei Tridymit und Cristobalit wurden noch folgende enantiotropen Umwandlungen beobachtet, und zwar in Gebieten, in denen ihre Haltbarkeit instabil ist: γ-Tridymit wandelt sich bei 100^0† in die oberhalb dieser Temperatur beständige β-Modifikation des Tridymits um, und bei 141^0 findet die Umwandlung von β- in α-Tridymit statt. Ferner geht der β-Cristobalit bei 220^0 in den α-Cristobalit über.

Also:

γ-Tridymit $\rightleftarrows$ β-Tridymit $\rightleftarrows$ α-Tridymit   und β-Cristobalit $\rightleftarrows$ α-Cristobalit
  100^0 141^0 220^0

Es gibt eine große Anzahl von röntgenspektroskopischen Arbeiten über die verschiedenen SiO_2-Formen. Eine zusammenfassende Darstellung dieser Ergebnisse finden wir in dem Buche von Sosman[1]: „The properties of Silica". Nach den Anschauungen von Sosman gibt es in dem System SiO_2 drei besonders starke SiO_2-Atomgruppen, die dem hexagonalen Quarz, dem hexagonalen Tridymit und dem hexagonalen oder regulären Cristobalit mit ihren verschiedenen Modifikationen entsprechen. Es wurde röntgenographisch durch zahlreiche Autoren festgestellt, daß die Strukturunterschiede zwischen den Modifikationen α- und β-Quarz, α- und β-Cristobalit und α- und β-Tridymit nur sehr klein sind, daß aber die Röntgeninterferenzbilder von α-Quarz, α-Tridymit und α-Cristobalit sehr erhebliche Abweichungen voneinander zeigen. Da nach der bereits oben erwähnten Regel von Königsberger[2] die Umwandlung zweier Kristallformen bei großer Ähnlichkeit des kristallographischen Gefüges sehr schnell vor sich geht, bei größerer Strukturverschiedenheit dagegen sehr träge ist, so beobachtet man, daß sich β-Quarz in α-Quarz schnell und leicht, dagegen α-Quarz in α-Tridymit und α-Tridymit in α-Cristobalit sehr träge und langsam umwandelt. Als Beispiel sei hier erwähnt, daß Ferguson und Merwin erst nach 144stündigem Glühen bei 1350^0 C aus reinen Quarzkristallen vorwiegend Cristobalit erhielten.

Wenn man die SiO_2-Schmelzen schnell abkühlt, dann erhält man das sog. Quarzglas, das technisch für die Herstellung chemischer Apparategläser (geringer Ausdehnungskoeffizient) und optischer Gläser (hohe Ultraviolettdurchlässigkeit) ausgedehnte Verwendung findet. Bei lang-

---

† Nieuwenburg, v.: a. a. O.
[1] Sosman, R. B.: The properties of Silica. New York 1927.
[2] Königsberger, J.: Neues Jb. Min. Beil. Bd. 32 (1911) S. 101.

samer Abkühlung des SiO_2-Glases tritt eine Entglasung ein. Die einzelnen Stufen der verschiedenen der Kristallisation vorausgehenden Kristallkeimbildungen wurden von Kyropoulos[1] mit Hilfe von Röntgenstrahlen untersucht. — Gleichfalls auf röntgenspektroskopischem Wege konnte ein anderes wichtiges Problem innerhalb des SiO_2-Systems gelöst werden, nämlich die Frage: Was ist Chalzedon? Nach den röntgenographischen Arbeiten von Washburn und Navias[2] und von Rinne[3] konnte nachgewiesen werden, daß die Debye-Scherrer-Diagramme des Chalzedons mit denen des Quarzes übereinstimmen, daß also der Chalzedon und der Quarz strukturell miteinander identisch sind. Chalzedon unterscheidet sich vom Quarz nur dadurch, daß er besonders locker geformt ist, eine große innere Oberfläche besitzt. Mit dieser größeren inneren Oberfläche Hand in Hand geht auch die größere Umwandlungs- und Reaktionsfähigkeit des Chalzedons. Der Chalzedon zeigt mithin auch die $\alpha \rightleftarrows \beta$-Umwandlung des Quarzes bei 573^0 C, die White[4] mit einer sehr empfindlichen Differentialmethode nachweisen konnte.

Wir sehen hier, von welch ausschlaggebender Bedeutung die Anwendung der röntgenanalytischen Methoden für die Erforschung der Feinstruktur der Silikate schon geworden ist, und dabei stehen wir erst am Anfange dieses neuartigen Forschungsweges.

2. Al_2O_3. Das Aluminiumoxyd kommt in der Natur in Form von silikatischen Verbindungen als Feldspat und dessen Verwitterungsprodukte Kaolin, Ton usw., als Hornblende, Augit und Turmalin in ungeheurer Verbreitung vor. Relativ seltener ist das natürliche Vorkommen der chemisch nicht gebundenen, reinen Tonerden. Die chemisch reinsten natürlich vorkommenden Formen des Aluminiumoxyds sind die Korunde, ferner die mit geringen Verunreinigungen von Chromoxyd rot gefärbten Rubine und die mit Titan und Eisen blau gefärbten Saphire. Sie kristallisieren im hexagonalen System, sind demgemäß optisch einachsig, besitzen eine außerordentlich große Härte (9) und das spezifische Gewicht 4,00. Die große Korundhärte führte zur technischen Verwertung des durch Eisenoxyd undurchsichtig gefärbten gemeinen Korunds als Schleif- und Poliermittel. Neben diesen kristallisierten Formen des Aluminiumoxyds gibt es auch eine amorphe Form. Amorphe Tonerde wird dadurch hergestellt, daß man frisch gefällte Aluminiumhydroxyde stark glüht. Der Schmelzpunkt der Tonerde liegt nach den neuesten Messungen von v. Wartenberg, Linde und Jung[5] bei 2055^0 C.

---

[1] Kyropoulos, S.: Z. anorg. allg. Chem. Bd. 99 (1917) S. 197.
[2] Washburn, E. W. u. L. Navias: Proc. Nat. Acad. Sci. Bd. 8 (1922) S. 1; J. Amer. ceram. Soc. Bd. 5 (1922) S. 565.
[3] Rinne, F.: Z. Kristallogr. Bd. 60 (1924) S. 55.
[4] White, W.: Bull. Geol. Soc. Amer. Bd. 35 (1924) S. 112.
[5] Wartenberg, H. v., H. Linde u. R. Jung: Z. anorg. u. allg. Chem. Bd. 176 (1928) S. 349.

Al_2O_3 ist in Wasser unlöslich. Stark geglühte Tonerde wird auch von Mineralsäuren, wie Salzsäure und Salpetersäure, nicht angegriffen. In der Hitze wirkt konzentrierte Schwefelsäure auf die Tonerde unter Bildung von Aluminiumsulfat ein, wobei die Tonerde der Schwefelsäure gegenüber die Rolle einer Base spielt. Überhaupt wird die Tonerde bei zunehmender Temperatur reaktionsfähiger. So reagiert sie, wie wir noch sehen werden, bei höherer Temperatur sehr leicht, selbst mit so trägen Säuren wie mit der Kieselsäure, unter Bildung von Aluminiumsilikaten, z. B. von $Al_2O_3 \cdot SiO_2$. Merkwürdigerweise vermag die Tonerde aber auch mit zahlreichen basischen Metalloxyden der Alkalien, Erdalkalien und Schwermetallgruppe unter Bildung von sog. „Aluminaten" zu reagieren. Hierbei nimmt die Tonerde den Charakter einer Säure an, wie z. B. im Kalziumaluminat ($CaO \cdot Al_2O_3$) oder im Kobaltaluminat ($CoO \cdot Al_2O_3$, Thenards Blau). Die Tonerde zeigt demnach ein zweiseitiges oder, wie man auch sagt, „amphoteres" Verhalten, indem sie sowohl als schwach saures Oxyd mit Basen ($CaO \cdot Al_2O_3$) als auch als schwach basisches Oxyd mit Säuren ($Al_2O_3 \cdot SiO_2$) reagieren kann. Wie bei allen amphoteren Oxyden sind jedoch die sauren und die basischen Eigenschaften der Tonerde nur sehr schwach entwickelt, so daß die gebildeten Salze und Aluminate schon durch Wasser ziemlich leicht zerfallen, hydrolysiert werden. Man beobachtet daher, daß die Lösungen der Aluminate in Wasser sehr stark alkalisch und die Tonerdesalzlösungen sauer reagieren:

$$CaO \cdot Al_2O_3 + x H_2O = \underline{Ca(OH)_2} + 2 Al(OH)_3$$
$$Al_2(SO_4)_3 + x H_2O = \overline{2 Al(OH)_3} + \underline{3 H_2SO_4}.$$

Die Aluminate, in denen die Tonerde als schwache Säure auftritt, können wir als Salze der Aluminiumsäure ansehen. Ebenso wie bei der Kieselsäure gibt es bei der Tonerde verschiedene Säuren, die formell dadurch zustande kommen, daß man zur Tonerde Wasser addiert. Diese „Aluminiumsäuren" entsprechen den verschiedenen Hydroxyden des Aluminiums:

Al_2O_3 \qquad Korund, Rubin, Saphir

$Al_2O_3 + H_2O \rightarrow 2 Al{<}^O_{OH}$ \qquad Diaspor, Metahydroxyd

$Al_2O_3 + 3 H_2O \rightarrow 2 Al(OH)_3$ \qquad Hydrargillit, Orthohydroxyd.

Von diesem Metahydroxyd und Orthohydroxyd leiten sich die verschiedenen Aluminate ab. Aluminiumhydroxyd fällt aus den Lösungen der Tonerdesalze durch Zusatz von Ammoniak oder von Alkalien als durchscheinender, gelatinöser und äußerst voluminöser Niederschlag aus. Hierauf beruht auch das Verfahren der quantitativen Bestimmung der Tonerde in den Zementen. Bei der chemischen Zementanalyse wird die Tonerde in der Weise bestimmt, daß man die salzsaure Lösung des Zements mit Ammoniak versetzt. Dabei fallen gleichzeitig die Hydroxyde der Tonerde und des Eisens aus. Der gallertartige Niederschlag der

Hydroxyde, der riesige Mengen von Wasser adsorbiert enthält, wird abfiltriert und über einem Gebläse erhitzt. Beim Erhitzen verlieren die Hydroxyde kontinuierlich ihr ganzes adsorptiv gebundenes Wasser, ohne vorher irgendwelche definierten Hydratstufen zu bilden. Bei weiterem Glühen bilden sich dann schließlich wasserfreie amorphe Tonerde und Eisenoxyd (Fe_2O_3), die gewichtsmäßig bestimmt werden. Von diesem Oxydgemisch wird dann die Menge des auf anderem Wege maßanalytisch bestimmten Eisenoxyds abgezogen. Die frisch gefällten, in Wasser unlöslichen, aber schon in verdünnten Säuren löslichen Aluminiumhydroxyde sind zunächst amorph. Sie gehen aber, wie die röntgenspektroskopischen Untersuchungen von Fricke und Wever[1] gelehrt haben, durch „Altern" in die kristallinen Tonerdehydratformen, den Hydrargillit und den Bauxit, über. Zu den gleichen Ergebnissen führten auch die wichtigen Arbeiten von Haber, Böhm und Niclassen[2] über die Alterung der Aluminiumhydroxyde. Neben den amorphen Formen der frisch gefällten Aluminiumhydroxyde existieren also noch die kristallinen Hydratformen der Tonerde, wie der in der Natur vorkommende monokline Hydrargillit (spezifisches Gewicht 2,36), der rhombische Diaspor (spezifisches Gewicht 3,3—3,46) und der Bauxit (spezifisches Gewicht 2—3). Rinne[3] hat die natürlichen Hydroaluminate röntgenographisch untersucht und gefunden, daß der Bauxit, der gemeinhin immer als die Verbindung $Al_2O_3 \cdot 2 H_2O$ gekennzeichnet wird, tatsächlich ein Gemenge von Hydrargillit ($Al_2O_3 \cdot 3 H_2O$) und Diaspor ($Al_2O_3 \cdot H_2O$) mit Verunreinigungen von Feldspat und Kaolin ist. Auch hier sehen wir wieder, daß die röntgenographischen Untersuchungsmethoden Einblicke in die Feinstruktur von Mineralien gewährt haben, die nach anderen Verfahren nicht erlangt werden konnten. Eine Zusammenstellung der Kristallsysteme des Korunds und der verschiedenen Tonerdehydrate finden wir in Tabelle 25.

3. Fe_2O_3. Bevor wir zu dem wichtigsten Zementbaustein, dem Kalk, übergehen, wollen wir uns noch kurz mit den Eisenoxyden und dem Magnesiumoxyd sowie mit deren Hydraten beschäftigen.

Es gibt zwei Arten von Eisenoxyden, je nachdem ob man vom zwei- oder vom dreiwertigen Eisen ausgeht. Das Eisenoxydul (FeO) ist in seinen wesentlichen Eigenschaften noch wenig bekannt und in ganz reinem Zustande bisher noch nicht hergestellt worden. Alle Versuche, durch Reduktion von Eisenoxyd mittels Wasserstoff oder Kohlenoxyd zum Eisenoxydul zu gelangen, führten immer nur zu Gemischen von Fe_2O_3, FeO und metallischem Eisen. Deshalb sind auch die Bestimmungen des bei 1377° C gefundenen Schmelzpunkts nicht sicher[4]. Etwas

---
[1] Fricke, R. u. F. Wever: Z. anorg. allg. Chem. Bd. 136 (1924) S. 321.
[2] Haber, F., J. Böhm u. H. Niclassen: Z. anorg. allg. Chem. Bd. 132 (1924) S. 1.
[3] Rinne, F.: Z. Kristallogr. Bd. 60 (1924) S. 60.
[4] Groebler, H. u. P. Oberhoffer: Stahl u. Eisen Bd. 47 (1927) S. 1984.

beständiger sind die Salze des zweiwertigen Eisens, die Ferrosalze. Aus den Ferrosalzlösungen fällt mit Alkalien oder Ammoniak das Eisenoxydulhydrat Fe(OH)$_2$ als ein weißer flockiger Niederschlag aus, der sich sehr schnell zu Eisenoxydhydrat Fe(OH)$_3$ oxydiert.

Von dieser Eigenschaft der Eisenoxydulsalze, sich außerordentlich leicht zu den dreiwertigen Formen des Eisens zu oxydieren, macht man bei der Zementanalyse zur Bestimmung des Eisens Gebrauch. Die Analyse des Fe$_2$O$_3$-Gehalts im Zement geschieht ja in der Weise, daß man die salzsaure Zementlösung mit Ammoniak versetzt, wobei das Eisen in Form von Fe(OH)$_3$ als gelatinöser Niederschlag ausfällt. Der Niederschlag wird abfiltriert und in Schwefelsäure aufgelöst. Man erhält dann eine schwefelsaure Lösung von dreiwertigem Eisen, die mit naszierendem Wasserstoff reduziert wird. Die Ferrosulfatlösung wird sodann mit einer eingestellten Permanganatlösung titriert.

Eine Zwischenverbindung zwischen dem Eisenoxydul und dem Eisenoxyd ist das Eisenoxyduloxyd (Fe$_3$O$_4$), das in der Natur als der regulär kristallisierende Magneteisenstein oder Magnetit (spezifisches Gewicht 4,9—5,4) vorkommt. Fe$_3$O$_4$ entsteht unter den verschiedenartigsten Bedingungen, so z. B. auch, wenn man Eisensilikate mit Kalk schmilzt. Es zeigt eine sehr hohe Widerstandsfähigkeit gegen Säuren und gegen oxydierende Einflüsse. Sein Schmelzpunkt liegt nach den Messungen von Hilpert und Kohlmeyer[1] bei 1527° C.

Das Eisenoxyd Fe$_2$O$_3$, das in der Natur weit verbreitet ist, bildet in Form des hexagonal rhomboedrisch kristallisierenden Eisenglanzes oder Roteisenerzes (spezifisches Gewicht 5,24) große Eisenlager, die technisch für die Eisengewinnung ausgebeutet werden. Diese Erze besitzen meist eine glänzend schwarze Farbe, die beim Pulvern in Rot übergeht. Andere Formen des Eisenoxyds sind die faserigen Glasköpfe und die feinfaserigen Hämatite. Neben diesen kristallinen Formen sind noch die amorphen Formen des Eisenoxyds zu erwähnen, die durch Glühen von frisch gefälltem Eisenhydroxyd oder durch Abrösten von Pyriten gewonnen werden können. Die auf diesem Wege erzielten amorphen Eisenoxyde zeigen eine schöne rote Farbe und eine außerordentliche Gleichmäßigkeit im Korn und werden aus diesem Grunde als Poliermittel oder als Anstrichfarbe benutzt. Die verschiedenartigen Färbungen der einzelnen amorphen Eisenoxyde beruhen auf Unterschieden in der Korngröße. Der Schmelzpunkt des Eisenoxyds liegt bei 1565°*. Es ist in Wasser unlöslich und wird von Mineralsäuren ziemlich schwer gelöst.

Aus den Ferrisalzlösungen fällt durch Ammoniak und Alkalien das Eisenoxydhydrat als ein rotbrauner flockiger Niederschlag aus, der in Wasser unlöslich, in Säuren hingegen sehr leicht löslich ist. Diese

---

[1] Hilpert, S. u. E. Kohlmeyer: Ber. dtsch. chem. Ges. Bd. 42 (1909) S. 4581.
* Hilpert, S. u. E. Kohlmeyer: a. a. O.

gelatinösen Eisenhydroxydniederschläge müssen als Hydrogele angesehen werden. In ihnen sind die Ionen des Fällungsmittels absorbiert und es besteht gerade bei der quantitativen chemischen Analyse der Zemente die große Schwierigkeit, die Hydroxyde (dies bezieht sich auch auf die Aluminiumhydroxyde) von diesen Verunreinigungen zu befreien. Bei der Fällung der Hydroxyde für gewichtsanalytische Zwecke fällt man nach Möglichkeit nicht mit Natronlauge oder mit Kalilauge, sondern mit Ammoniak, da sich die Ammonsalze beim Glühen verflüchtigen, die Alkalien jedoch nicht. Bei der Zementanalyse wird zur Erhöhung der Meßgenauigkeit die Fällung der Aluminium- und Eisenhydroxyde zweimal hintereinander vorgenommen. Man kann die Verunreinigungen, die die Hydroxydniederschläge absorbiert enthalten, bis zu einem gewissen Grade durch Auswaschen mit Wasser beseitigen; aber diese Art der Reinigung hat Grenzen. Von einem bestimmten Punkt ab — nach genügend langem Auswaschen — gehen die Hydroxyde kolloidal in Lösung und laufen durch das Filter. Die so erhaltenen kolloidalen Lösungen von Eisenhydroxyd und Aluminiumhydroxyd sind außerordentlich stabile Sole. Für diese Sole ist charakteristisch, daß sie gegenüber Schwefelsäure und Sulfaten instabil sind. So wird ein konzentriertes $Fe(OH)_3$-Sol durch geringe Mengen von Schwefelsäure sofort zur Koagulation gebracht. Interessant ist ferner, daß die Hydroxyde des Eisens und Aluminiums in Säuren nahezu unlöslich werden, wenn sie längere Zeit gestanden haben oder wenn man sie nur ganz kurze Zeit trocken erhitzt.

Der Wassergehalt der Hydroxyde ist außerordentlich schwankend und für sie keineswegs charakteristisch. Es ist daher eigentlich falsch, von Ortho- und Metahydroxyden zu sprechen und Formeln wie $Al(OH)_3$ oder $Fe(OH)_3$ aufzustellen. Wenn wir dies hier unter ausdrücklichem Vorbehalt trotzdem tun, so deshalb, weil es praktischer und übersichtlicher ist. Beim Glühen von Eisenhydroxyd und Aluminiumhydroxyd bilden sich keine bestimmten Hydratstufen, vielmehr nimmt der Dampfdruck kontinuierlich mit dem Wassergehalt des Hydroxyds ab, bis schließlich reines Fe_2O_3 oder Al_2O_3 zurückbleibt. Die Entwässerung des Hydroxydgels verläuft je nach der Vorgeschichte des Gels und je nach der Art der Versuchsdurchführung verschieden. Das gleiche gilt von der Wasseraufnahme. Es muß dies hier ausdrücklich festgestellt werden, weil in neuerer Zeit an den Zementen zahlreiche Entwässerungsuntersuchungen vorgenommen und aus diesen Messungen weitreichende Schlüsse auf den Abbinde- und Erhärtungsvorgang gezogen wurden, ohne daß diese Gesichtspunkte berücksichtigt wurden. Bei den abbindenden und erhärtenden Zementen liegen gleichfalls Reihen von verschiedenen Hydroxydgelen vor, die alle verschiedene Dampfdrucke besitzen. Es stellen sich zwar Gleichgewichte mit dem in der Atmosphäre befindlichen Wasserdampf ein, aber diese Gleichgewichte sind für jedes Untersuchungspräparat und vor allem für die verschiedenen ungleichartigen Zemente völlig verschieden. Ferner zeigt sich, daß die Entwässerung in den meisten Fällen sehr langsam und schwierig vor sich geht und erst bei sehr hohen Temperaturen völlig erreicht wird. In manchen Fällen haben Hydroxyde nicht einmal bei Zimmertemperatur die Orthohydratzusammensetzung, weil sie von vornherein wasserarm sind. Kurzum, man kann hieraus ersehen, daß diese Dinge weit komplizierter und unübersichtlicher sind, als man gemeinhin glaubt.

Die gelatinösen amorphen Eisenhydroxyde wandeln sich manchmal durch „Alterung" in kristalline Formen um. Die natürlich vorkommenden kristallisierten Eisenhydroxyde enthalten meist weniger Wasser als der Orthohydratformel entspricht. Als Beispiel hierfür sei das Metahydroxyd $FeO \cdot OH$ genannt, das als Nadeleisenerz oder Goethit in rhombischen Kristallen (spezifisches Gewicht 4,28) in der Natur vorkommt; ferner das Brauneisenerz oder der Limonit $Fe_4O_3(OH)_6$ (gleichfalls rhombisch; spezifisches Gewicht 3,3—4). Im folgenden sind die verschiedenen Eisenoxydhydratformen kurz zusammengestellt:

$Fe_2O_3 + 3 H_2O \rightarrow 2 Fe(OH)_3$ „Orthohydroxyd",
$2 Fe_2O_3 + 3 H_2O \rightarrow Fe_4O_3(OH)_6$ „Metahydroxyd", Brauneisenerz, Limonit,
$Fe_2O_3 + H_2O \rightarrow 2 FeO \cdot OH$ „Metahydroxyd", Goethit,
$Fe_2O_3 \longrightarrow$ kristallin: Roteisenerz, Hämatit,
$Fe_2O_3 \longrightarrow$ amorph: Caput mortuum, Polierrot, Pompejanischrot.

4. MgO. Das Magnesiumoxyd kommt in der Natur als regulär kristallisierender Periklas (spezifisches Gewicht 3,7—3,9) in Form von farblosen bis dunkelgrünen Oktaedern vor. Zur Darstellung des Magnesiumoxyds geht man meist von dem natürlich vorkommenden Magnesiumkarbonat, dem hexagonal-rhomboedrischen Magnesit aus, der beim Erhitzen nach der Gleichung $MgCO_3 \rightleftarrows MgO + CO_2$ zerfällt. Dies ist der gleiche Prozeß, dem wir auch bei der Gewinnung von Kalziumoxyd begegnen. Das Magnesiumoxyd ist ein weißes, leichtes Pulver, das seine Leichtigkeit dem Umstande verdankt, daß es außerordentlich locker ist. Bei längerem Erhitzen nimmt sein spezifisches Gewicht allmählich zu und erreicht Werte bis zu 3,60. Sein Schmelzpunkt ist außerordentlich hoch. Er liegt nach Messungen von Kanolt[1] bei 2800°. Wegen seiner großen Widerstandsfähigkeit gegen hohe Temperaturen wird das Magnesiumoxyd zur Herstellung von feuerfesten Magnesitsteinen benutzt. Mischungen von 90% MgO, 5% FeO und 5% Kalk, Tonerde und Kieselsäure sintern bei ungefähr 1400° zu festen Blöcken zusammen und schmelzen erst oberhalb 2000° C. Diese Magnesitsteine werden zur Ausfütterung von elektrischen Öfen verwendet.

Versetzt man Magnesiumoxyd mit Wasser, so geht es unter schwacher Erwärmung sehr langsam in Magnesiumhydroxyd über. Die Geschwindig-

---

[1] Kanolt, C. W.: Z. anorg. allg. Chem. Bd. 85 (1914) S. 1.

keit, mit der diese Umsetzung mit Wasser erfolgt, hängt von der Temperatur ab, bei der das Magnesiumoxyd gebrannt wurde. Je höher es erhitzt wurde, um so langsamer reagiert es mit Wasser. Solch ein sehr langsam reagierendes Magnesiumoxyd bindet mit Wasser ab, und es entsteht eine harte marmorähnliche Masse, die aber nicht wasserbeständig ist. Wenn man Magnesiumoxyd lange Zeit auf Weißglut erhitzt, dann ist es „totgebrannt" und reagiert mit Wasser überhaupt nicht mehr. Die Verhältnisse liegen ganz ähnlich wie beim Totbrennen des Kalks.

Das Magnesiumhydroxyd fällt bei geeigneter Konzentration aus den Magnesiumsalzlösungen durch Zusatz von Alkalien als ein schleimiger, flockiger Niederschlag aus, der in Säuren leicht löslich ist. Eine bestimmte Kristallwasserform gibt es nicht. Durch Erhitzen des $Mg(OH)_2$-Niederschlags wird das Wasser schon bei Temperaturen von 200° C sehr leicht unter Zerfall in MgO und H_2O abgegeben. — Magnesiumhydroxyd ist ein leichtes amorphes Pulver (spezifisches Gewicht 2,36), das in Wasser sehr schwer löslich ist; die Lösungen sind alkalisch. Die Löslichkeit des $Mg(OH)_2$ beträgt bei 10° C $3,5 \cdot 10^{-4}$ und bei 30° C $2,28 \cdot 10^{-4}$ Mol pro Liter. Die Löslichkeit des Magnesiumhydroxyds — und auch des Kalziumhydroxyds — nimmt bei steigender Temperatur ab.

Technisch von großer Wichtigkeit ist die Reaktion von Magnesiumoxyd mit Magnesiumchlorid. Versetzt man nämlich stark geglühtes Magnesiumoxyd mit einer konzentrierten Lösung von Magnesiumchlorid, so erstarrt das Gemisch nach wenigen Stunden zu einer sehr harten weißen Masse. Diese Masse entspricht in ihrer Zusammensetzung einem Magnesiumoxychlorid von der Formel $MgCl_2 \cdot 5\ MgO \cdot x\ H_2O$. Diese Mischung von gebrannter Magnesia und Chlormagnesiumlauge wird nach ihrem Erfinder Sorel (1867) Magnesiazement oder Sorelzement genannt. Die Bezeichnung „Zement" für dies Produkt ist jedoch irreführend, da man unter Zementen solche Bindemittel versteht, die wasserbeständig sind. Die Sorelmagnesia — so wollen wir die Mischung nennen — vermag der Einwirkung von Wasser nicht zu widerstehen. Sie ist außerordentlich vielseitig zu verwenden. So dient sie zur Herstellung von künstlichen Lithographiesteinen, von Kunstmarmor und künstlichem Elfenbein. In Verbindung mit Füllstoffen wie Sägespänen, Holzmehl, Kork, Asbest, Schamottemehl und Kieselgur entstehen die verschiedenen Steinholzarten (Xylolithe). Xylolithplatten erzeugt man in der Weise, daß man das Gemisch von Magnesiumoxyd, Magnesiumchloridlauge, Farbstoff und Sägespänen 24 Stunden lang einem Druck von 300 Atmosphären aussetzt, dann das überschüssige Magnesiumchlorid auslaugt und danach die Platten trocknet und zerschneidet. Durch die Erfindung der Sorelmagnesia wurde für das Magnesiumchlorid, das in der Kaliindustrie in Massen als lästiger Ballast anfällt, eine Möglichkeit der Verwertung geschaffen.

5. CaO. Kalziumoxyd entsteht beim Erhitzen von kohlensaurem Kalk. Der Vorgang geschieht nach folgender Gleichung:
$$CaCO_3 \rightleftarrows CaO + CO_2.$$
Der gebrannte Kalk ist ein weißes, amorphes, poröses Pulver vom spezifischen Gewicht 3,2—3,3. Sein Schmelzpunkt liegt nach den neuesten Messungen von Schumacher[1] bei 2576°. Kalziumoxyd ist dimorph; eine der beiden Modifikationen ist regulär. Beim Erstarren aus der Schmelze kristallisiert es im regulären System. CaO wird durch Säuren sehr leicht angegriffen, wobei verschieden lösliche Kalksalze entstehen. Leicht löslich in Wasser sind Kalziumchlorid und Kalziumnitrat; schwer löslich ist Kalziumsulfat, nahezu unlöslich Kalziumkarbonat, Kalziumoxalat, Kalziumphosphat und Kalziumfluorid. Kalziumsilikat und Kalziumaluminat werden im Wasser allmählich hydrolytisch gespalten. Die Schwerlöslichkeit des Kalziumoxalats in alkalischem und neutralem Wasser wird bei der quantitativen Bestimmung des Kalks im Zement benutzt. Die von Kieselsäure, Tonerde und Eisenoxyd befreite, schwach ammoniakalische Zementlösung wird in der Hitze mit Ammoniumoxalat versetzt. Dabei fällt ein weißer feinkörniger Niederschlag von Kalziumoxalat aus, der abfiltriert und geglüht wird. Beim Glühen entsteht aus dem Kalziumoxalat Kalziumoxyd:

$$Ca\begin{matrix}O\,O\,C\\O\,O\,C\end{matrix} + O \rightarrow CaO + 2\,CO_2.$$

Das längere Zeit bei sehr hoher Temperatur gebrannte reguläre Kalziumoxyd reagiert mit Wasser nur sehr langsam. Es ist, wie man sagt, „totgebrannt". Der im Kalkofen bei mittlerer Temperatur (etwa 900 bis 1000° C) gebrannte poröse Kalk reagiert mit Wasser außerordentlich lebhaft unter starker Wärmeentwicklung, die bis zu Temperaturen von über 400° C führen kann. Die Reaktion des Kalks mit dem Wasser erfolgt nach der thermischen Gleichung:
$$CaO + H_2O = Ca(OH)_2 + 15{,}2\,Cal.$$
Die Hydratisierung des Kalks bezeichnet man als „Löschen". In der Praxis gibt man dem gebrannten Kalk so viel Wasser hinzu, daß ein steifer, plastischer Kalkbrei entsteht. Bei reinen Kalksorten hat dieser Kalkbrei eine speckig-fette Beschaffenheit, und man nennt daher einen solchen Kalk Fettkalk. Ist der Kalk verunreinigt, namentlich mit Magnesiumoxyd, dann ist der Kalkbrei mehr pulvrig-schlammig, und er fühlt sich mager an. Er heißt daher Magerkalk.

Im Gemenge mit Sand wird der Kalkbrei als Luftmörtel verwendet. Er erhärtet in den Fugen der Bausteine, indem allmählich das überschüssige Wasser verdampft und dann die Kohlensäure der Luft das Kalziumhydroxyd in Kalziumkarbonat umwandelt. Das kristalline

---

[1] Schumacher: J. Amer. chem. Soc. Bd. 48 (1926) S. 396.

Die Einstoffsysteme.

Kalziumkarbonat verkittet die Bausteine und die eingebetteten Sandkörner miteinander. Das Erhärten des Luftmörtels schreitet in einem sehr langsamen Prozeß von außen nach innen vor; bei dickem Mauerwerk dauert dieser Vorgang Jahrhunderte. Die Erhärtung erfolgt also unter Wasserabgabe und Kohlensäureaufnahme:

$$Ca(OH)_2 \longrightarrow CaO + H_2O \nearrow$$
$$CaO + CO_2 \longrightarrow CaCO_3.$$

Wasserabgabe und Kohlensäureaufnahmen können in Wohnräumen durch die Aufstellung von Koksöfen beschleunigt werden, die Wärme zum Verdampfen des Wassers und Kohlensäure entwickeln. Von den Luftmörteln, die nur mit Hilfe von Wärme und Luft (Kohlensäure) erhärten, unterscheiden sich die Wasserkalke und die hydraulischen Bindemittel, die im Gegensatz zum Luftkalk ohne fremde Hilfe und auch unter Wasser erhärten können.

Der Kalkbrei ist chemisch als eine innige Mischung eines Hydrogels von der Zusammensetzung $Ca(OH)_2 \cdot 4 H_2O$ mit einem Hydrosol anzusehen. Das Hydrosol enthält 1,27 g CaO/Liter kolloidal gelöstes Kalziumhydroxyd und beträgt 36 Gewichtsprozent des Kalkbreis. Versetzt man den Kalkbrei mit einem großen Überschuß von Wasser, so wird der Kalk „ersäuft". Man erhält dann die sog. Kalkmilch, eine Aufschlämmung von Kalziumhydroxyd in Wasser, die den gelöschten Kalk teils grobdispers, teils kolloidal in Wasser suspendiert enthält.

Das Kalziumhydroxyd, $Ca(OH)_2$, tritt in amorpher und in kristalliner Form auf. Bei der Löschung des Kalks entsteht ein amorphes feines weißes Pulver vom spezifischen Gewicht 2,078. Die in hexagonalen Tafeln kristallisierende Modifikation hat das spezifische Gewicht 2,24. Das kristallisierte Kalziumhydroxyd ist in Wasser nur wenig löslich. In Tabelle 21 ist die Wasserlöslichkeit von CaO bzw. $Ca(OH)_2$ in Abhängigkeit von der Temperatur wiedergegeben.

Tabelle 21. Löslichkeit von CaO in Wasser.

Temperatur in ° C	Bodenkörper	g CaO in 100 ccm H_2O
0	$Ca(OH)_2$	0,131
+ 15	,,	0,129
+ 20	,,	0,123
+ 30	,,	0,113
+ 50	,,	0,096
+ 80	,,	0,067
+ 120	,,	0,031

Das Kalziumhydroxyd hält das chemisch gebundene Hydratwasser gemäß seiner hohen Hydratationswärme von 15,2 Cal bei Zimmertemperatur ziemlich fest, und es ist bei dieser Temperatur recht beständig. Der Zersetzungsdruck der Reaktion $Ca(OH)_2 \rightleftarrows CaO + H_2O$ beträgt bei 300° C nur 5,4 mm und steigt dann rasch an; bei 444° C ist er 175,4 mm und bei 547° C erreicht er Atmosphärendruck (s. auch Tabelle 22).

Die Tabelle 22 zeigt, daß das Kalziumhydroxyd bei einer Temperatur von 547° C Wasserdampf von Atmosphärendruck abgibt.

Die Lösungen des Kalziumhydroxyds sind trotz der geringen Löslichkeit des Kalks stark alkalisch. Da sich bei der Aufschlämmung von Zement in Wasser die Kalziumsilikate und Kalziumaluminate hydrolytisch spalten und sich das gebildete Kalziumhydroxyd im Wasser löst, reagieren auch die Zementwassergemische alkalisch. Man kann sich hiervon durch Zusatz von einigen Tropfen Phenolphthalein zu einem Zementwassergemisch leicht überzeugen. Die Anwesenheit des beim Abbinden und Erhärten hydrolytisch abgespaltenen Kalziumhydroxyds im Zement und Beton ist, wie wir noch sehen werden, für die Korrosion der Zemente von ungeheurer Bedeutung. Denn das im erhärteten Zement vorliegende freie Kalkhydrat reagiert mit den Ionen aggressiver Salzlösungen, z. B. mit $MgSO_4$, Na_2SO_4 und $MgCl_2$, unter Bildung von Kalksalzen ungefähr nach den Gleichungen:

$$Ca(OH)_2 + MgSO_4 = CaSO_4 + Mg(OH)_2$$
$$\text{oder} \quad Ca(OH)_2 + MgCl_2 = CaCl_2 + Mg(OH)_2.$$

Tabelle 22. Zersetzungsdrucke der Reaktion $Ca(OH)_2 \rightleftarrows CaO + H_2O$.

Temperatur in °C	Gleichgewichtsdruck des Wasserdampfes in mm Hg
301	2,7[1]
349,7	14,2[1]
444	175,4[1]
507	355[2]
547	760[2]

Im einen Fall entstehen $CaSO_4$-Kristalle, die den erhärteten Beton sprengen und zu den bekannten Treiberscheinungen führen, im andern Fall bildet sich das leicht lösliche Kalziumchlorid, das aus dem Zement herausgewaschen wird, wodurch ebenfalls eine Zerstörung des Zements herbeigeführt wird. Auch die im Wasser enthaltene Kohlensäure vermag sehr leicht mit dem Kalziumhydroxyd unter Bildung von Kalziumkarbonat zu reagieren. Da das Kalziumkarbonat im Wasser nahezu unlöslich ist, so bildet sich auf dem Zement zunächst eine Schutzschicht von Kalziumkarbonat. Durch weitere Mengen von Kohlensäure wird aber das Kalziumkarbonat zu Kalziumbikarbonat gelöst und der Zement allmählich auch auf diese Weise zerstört. Doch hierauf soll später näher eingegangen werden.

Das Kalziumkarbonat, $CaCO_3$, ist, wie wir schon früher bei der Besprechung der Zementrohstoffe gesehen haben, in der Natur außerordentlich verbreitet. Es tritt hauptsächlich in zwei Modifikationen auf: als hexagonal rhomboedrischer Kalkspat oder Kalzit (spezifisches Gewicht 2,72) und als rhombischer Aragonit (spezifisches Gewicht 2,93). Neben diesen beiden Kalziumkarbonatformen existieren nach den Untersuchungen von Johnston, Merwin und Williamson[3] noch zwei

---

[1] Drägert, W.: Diss. Berlin 1914.
[2] Johnston, J.: Z. physik. Chem. Bd. 62 (1908) S. 330.
[3] Johnston, J., H. E. Merwin u. E. D. Williamson: Amer. J. Sci. (4) Bd. 41 (1916) S. 433.

weitere Modifikationen: eine μ-$CaCO_3$-Form und ein amorphes Karbonat und nach den Beobachtungen von Vater[1] eine sphärolithische $CaCO_3$-Form, der Vaterit. Die Existenz des Vaterits wurde von Rinne[2] und Heide[3] durch den Nachweis von selbständigen Linien im Debye-Scherrer-Röntgenspektrogramm nachgewiesen. Es wurde festgestellt, daß der Vaterit sich vom Aragonit und Kalzit deutlich unterscheidet, und daß er weniger stabil ist. Gibson, Wyckoff und Merwin[4] fanden, daß der Vaterit mit dem μ-$CaCO_3$ der amerikanischen Forscher identisch ist.

Der Kalzit ist die stabilste $CaCO_3$-Modifikation. Der Umwandlungspunkt zwischen Kalzit und Aragonit wurde von Bäckström[5] auf Grund des Nernstschen Wärmetheorems berechnet. Er liegt nach dieser Berechnung bei -43 ± 5^0 C. Danach ist der Aragonit bei seinem natürlichen Vorkommen auf der Erde stets in einem metastabilen Zustande. Die Umwandlung des Aragonits in Kalzit vollzieht sich jedoch bei gewöhnlicher Temperatur mit solcher Trägheit, daß sie praktisch gleich Null ist. Sogar noch bei Temperaturen von 400^0 C geschieht die Umwandlung sehr langsam, bei 425^0 C jedoch wird sie schon deutlich meßbar. Da der Aragonit gegenüber dem Kalzit instabil ist, hat er auch eine größere Neigung, den ihm aufgezwungenen unnatürlichen Zustand zu verlassen. Er besitzt infolgedessen eine größere Reaktionsfähigkeit und Wasserlöslichkeit als der Kalzit. Praktisch sind beide Kalziumkarbonatmodifikationen in Wasser nahezu unlöslich.

Das Kalziumkarbonat wird von Säuren sehr leicht gelöst, so z. B. von der Kohlensäure nach der Gleichung:

$$CaCO_3 + CO_2 + H_2O \rightarrow Ca(HCO_3)_2 \text{ (Kalziumbikarbonat).}$$

Dieser Vorgang spielt bei der Korrosion der Zemente durch kohlensäurehaltige Gebirgswässer eine große Rolle.

Beim Erhitzen dissoziiert das $CaCO_3$ in seine Bestandteile CaO und CO_2. Aus diesem Grunde ist eine Schmelzpunktsbestimmung beim Kalziumkarbonat nur unter hohem Druck möglich. Der Vorgang der Dissoziation: $CaCO_3 \rightleftarrows CaO + CO_2$ ist reversibel und stark von der Temperatur und dem Gegendruck abhängig. Der Zersetzungsdruck wird bei 897^0 C gleich dem Atmosphärendruck. Diese Temperatur wäre demnach die Mindesttemperatur für das Brennen von Kalkstein, wenn die entstandene Kohlensäure nicht ununterbrochen aus dem Kalkofen abgeführt würde. Wie Tabelle 23 zeigt, beginnt der Austritt der Kohlensäure in erheblichem Maße schon bei 800^0 C. Um den Brennprozeß des Kalks zu beschleunigen, verwendet man in der Praxis Brenntemperaturen

---

[1] Vater: Z. Kristallogr. Bd. 35 (1902) S. 149.
[2] Rinne, F.: Z. Kristallogr. Bd. 60 (1924) S. 66.
[3] Heide, F.: Zbl. Mineral. Geol. 1924 S. 641.
[4] Gibson, Wyckoff u. Merwin: Sill. J. (5) Bd. 10 (1925) S. 325.
[5] Bäckström, H. L. J.: Z. physik. Chem. Bd. 97 (1921) S. 179.

von 900—1000° C. Der Partialdruck der Kohlensäure in den Abzugsgasen beträgt nur einige Zehntel Atmosphären.

Die Dissoziation des Kalziumkarbonats erfordert einen sehr beträchtlichen Wärmeaufwand. Für die Dissoziation eines Mols Kalkstein (100 g) benötigt man 42,5 Wärmeeinheiten, mithin für 1 kg 425 Wärmeeinheiten und für 100 kg Kalkstein 42 500 Wärmeeinheiten. Da 1 kg Steinkohle 7000 Wärmeeinheiten liefert, so sind für die Herstellung von 100 kg Ätzkalk, CaO, 11 kg Steinkohle erforderlich. In der Praxis braucht man für 100 kg Ätzkalk infolge Wärmeverlust 18—20 kg Steinkohle. Der aus 100 kg Kalkstein gebrannte Kalk wiegt 56 kg. Beim Brennen entweichen 44 Gewichtsprozente Kohlensäure und das Volumen des Brennguts schrumpft dabei um 10—12% zusammen.

Tabelle 23. CO_2-Gleichgewichtsdrucke der Reaktion $CaCO_3 \rightleftarrows CaO + CO_2$ [1].

Temperatur in °C	Druck in mm Hg	Temperatur in °C	Druck in mm Hg
550	0,41	900	793
600	1,84	950	1 577
650	6,90	1000	2 942
700	22,2	1050	5 196
750	63,2	1100	8 739
800	167,0	1150	13 750
850	372,0	1200	21 797
897	760,0	1240	30 149

Das Brennen des Kalks geschieht in ununterbrochenem Betriebe in Kalkschachtöfen von verschiedener Bauart. Die Höhe dieser Öfen beträgt bis zu 18 m, die Höhe der Beschickungssäule bis zu 11 m und der Durchmesser bis zu 5,5 m. An Stelle der bisher üblichen Rostfeuerungen werden neuerdings an die Kalkschachtöfen Gasgeneratoren angebaut, die den Vorteil haben, daß beim Kalkbrennen nun auch minderwertige Brennstoffe verwendet werden können. Eine Abart des Kalkschachtofens ist der Etagenofen von Dietzsch. Dieser Ofen ist wärmetechnisch von Vorteil, weil die heißen Abgase des Ofens ihre Wärme an das neu in den Ofen eingebrachte Brenngut abgeben können und dieses vor dem eigentlichen Brennprozeß vorwärmen. Der wärmetechnisch vollkommenste Kalkofen ist der Ringofen. Bei ihm wird nicht nur die Wärme der heißen Abgase zum Vorwärmen des frischen Kalksteins ausgenutzt, sondern auch die Wärme des fertig gebrannten, rotglühenden Kalks zum Vorwärmen der Verbrennungsluft verwendet. Auf betriebstechnische Einzelheiten des Kalkbrennens soll hier nicht eingegangen werden; wir finden diese in Spezialwerken, von denen nur das Buch von Schoch[2] genannt sei.

Die Festigkeiten der Kalkmörtel sind im Vergleich zu den Zementmörteln nicht sehr groß. Die Zugfestigkeit und Druckfestigkeit beträgt

---

[1] Smyth, F. H. u. L. H. Adams: J. Amer. chem. Soc. Bd. 45 (1923) S. 1167.
[2] Schoch, C.: Die Aufbereitung der Mörtelmaterialien Zement, Kalk, Gips. Berlin 1928. 4. Aufl.

nach einem Monat ungefähr 2—3 bzw. 6—10 kg/qcm, nach 3 Monaten 3—6 bzw. 8—15 kg/qcm und nach 6 Monaten 5—8 bzw. 15—30 kg/qcm (s. Tabelle 24).

Tabelle 24. Festigkeiten von 1:3 Kalkmörteln.

	Nach 1 Monat	Nach 3 Monaten	Nach 6 Monaten
Zugfestigkeit . . .	2— 3	3— 6	5— 8 kg/qcm
Druckfestigkeit . .	6—10	8—15	15—30 kg/qcm

Tabelle 25. Kristallsysteme, Doppelbrechung und spezifische Gewichte verschiedener einfacher Verbindungen von SiO_2, CaO, Al_2O_3, MgO und Fe_2O_3.

	Spezifisches Gewicht	Kristallsystem	Doppelbrechung
SiO_2:			
α-Quarz (SiO_2)	2,63	hexagonal	0,009 (+)
β-Quarz (SiO_2)	—	,,	0,007
Tridymit (SiO_2)	2,55	,,	0,002 (+)
Cristobalit (SiO_2)	—	tetragonal	0,005 (—)
Chalzedon (SiO_2)	—	hexagonal	0,011
CaO:			
Kalzit ($CaCO_3$)	2,72	hexagonal	0,172 (—)
Aragonit ($CaCO_3$)	2,93	rhombisch	0,156
Al_2O_3:			
Korund (Al_2O_3)	4,00	hexagonal	0,009 (—)
Hydrargillit ($Al_2O_3 \cdot 3\,H_2O$) . .	2,36	monoklin	0,023
Diaspor ($Al_2O_3 \cdot H_2O$)	3,3—3,46	rhombisch	0,048
Bauxit ($Al_2O_3 \cdot 2\,H_2O$)	—	—	—
Fe_2O_3:			
Roteisenerz (Fe_2O_3)	5,24	hexagonal	0,28 (—)
Magnetit (Fe_3O_4)	4,9—5,4	regulär	—
Brauneisenerz ($Fe_4O_3(OH)_6$) . .	3,3—4,0	rhombisch	0,048
Goethit ($FeO \cdot OH$)	4,28	rhombisch	stark
MgO:			
Magnesit ($MgCO_3$)	—	monoklin	0,202 (—)
Periklas (MgO)	3,7—3,9	regulär	—

b) Die Zweistoffsysteme.

1. Das System $CaO-SiO_2$. Das binäre System $CaO-SiO_2$ ist seit den ersten thermischen Untersuchungen von Day, Allen, Shepherd, White und Wright[1] aus dem Jahre 1906 Gegenstand lebhafter Diskussionen

---

[1] Day, A. L., E. T. Allen, E. S. Shepherd, W. P. White u. F. E. Wright: J. Amer. chem. Soc. Bd. 28 (1906) S. 1089; Amer. J. Sci. (4) Bd. 22 (1906) S. 265.

98 Spezielle Ein- und Mehrstoffsysteme.

und des größten Interesses. Dies wird ohne weiteres aus der Tatsache verständlich, daß Kalk und Kieselsäure die Hauptbestandteile des Portlandzements sind. Erst in neuerer Zeit wendet sich die Forschung im Zusammenhang mit der Entdeckung des Tonerdezements mehr dem System $CaO-Al_2O_3$ zu. Das Gleichgewichtsdiagramm des Systems

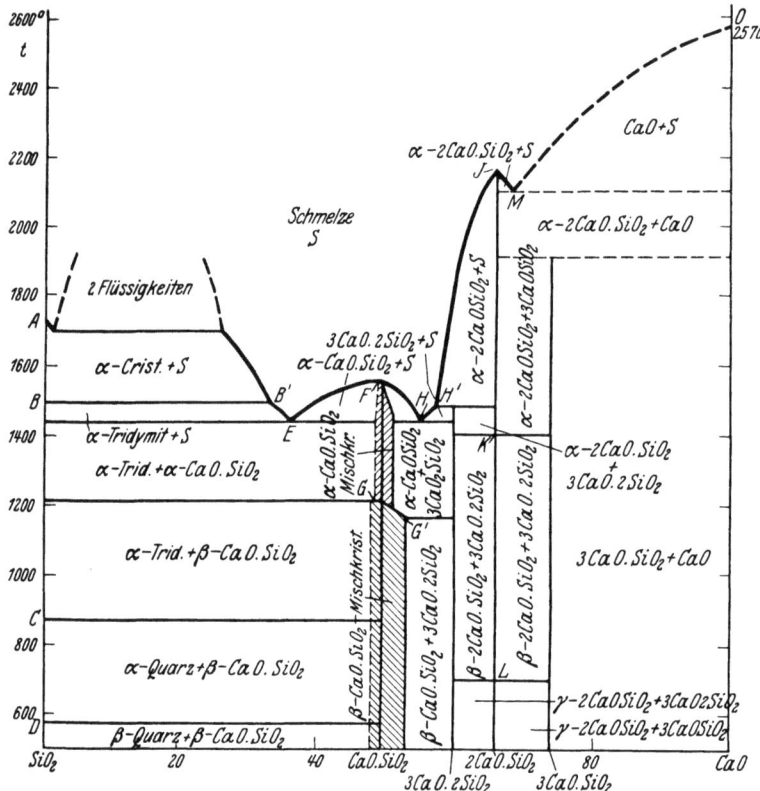

Abb. 24. Das System $CaO-SiO_2$ (nach Ferguson und Merwin).

$CaO-SiO_2$, das die obengenannten Forscher aufstellten, ist später von Shepherd und Rankin[1] ergänzt und von Ferguson und Merwin[2] und von Greig[3] revidiert worden. Die Abb. 24 zeigt das $CaO-SiO_2$-Diagramm von Ferguson und Merwin.

Nach den bereits entwickelten allgemeinen Gesichtspunkten über binäre Systeme fällt es uns nun nicht schwer, das Diagramm von Abb. 24

---

[1] Shepherd, E. S. u. G. A. Rankin: Z. anorg. allg. Chem. Bd. 71 (1911) S. 19, Bd. 92 (1915) S. 213; Amer. J. Sci. (4) Bd. 39 (1915) S. 1.
[2] Ferguson, J. B. u. H. E. Merwin: Amer. J. Sci. (4) Bd. 48 (1919) S. 81, 165.
[3] Greig, J. W.: Amer. J. Sci. (5) Bd. 13 (1927) S. 1.

zu verstehen. Auf der Abszisse ist links 100% SiO_2, rechts 100% CaO abgetragen. Dazwischen liegen einige Punkte, deren prozentische Zusammensetzung den Verbindungen $CaO \cdot SiO_2$, $3 CaO \cdot 2 SiO_2$ und $3 CaO \cdot SiO_2$ entspricht. Die obere Schmelzkurve läßt erkennen, ob die betreffende Substanz kongruent oder inkongruent schmilzt, d. h. ob sie beim Schmelzpunkt beständig ist oder nicht. Die Schmelzkurve zeigt zwei deutliche Maxima. Die beiden Maxima entsprechen den kongruent schmelzenden chemischen Verbindungen $CaO \cdot SiO_2$ und $2 CaO \cdot SiO_2$. Die Verbindung $3 CaO \cdot SiO_2$ schmilzt im Gegensatz zu $CaO \cdot SiO_2$ und $2 CaO \cdot SiO_2$ inkongruent.

Die Verbindung $CaO \cdot SiO_2$, das Monokalziumsilikat, kommt, wie das Diagramm zeigt, in zwei Modifikationen vor, als α-$CaO \cdot SiO_2$ oder Pseudowollastonit und als β-$CaO \cdot SiO_2$ oder Wollastonit. Die reversibel-enantiotrope Umwandlung beider Formen tritt bei 1200° ein, so daß oberhalb 1200° Pseudowollastonit, unterhalb 1200° Wollastonit beständig ist. Die Umwandlung vollzieht sich ohne Schwierigkeiten. Der Schmelzpunkt des α-Monokalziumsilikats liegt bei 1540°.

$$\beta\text{-}CaO \cdot SiO_2 \underset{1200°}{\rightleftarrows} \alpha\text{-}CaO \cdot SiO_2 \underset{1540°}{\rightleftarrows} \text{Schmelze } CaO \cdot SiO_2.$$

Wollastonit kristallisiert monoklin, Pseudowollastonit hexagonal. Beide Formen haben das gleiche spezifische Gewicht. Doppelbrechung und optischer Charakter sind aus der Tabelle 26 ersichtlich.

Das Monokalziumsilikat vermag in beschränktem Maße Mischkristalle mit einem kleinen Überschuß von CaO und von SiO_2 zu bilden. Man beobachtet nämlich, daß die unterhalb der Schmelzkurve FE und FH ausgeschiedenen α-$CaO \cdot SiO_2$-Kristalle voneinander verschiedene optische Eigenschaften haben. Eine genaue Untersuchung ergab, daß ungefähr 2% CaO bzw. SiO_2 in das Raumgitter des Monokalziumsilikats aufgenommen werden können.

Die Bestimmung des $\alpha \rightleftarrows \beta$-Umwandlungspunktes ist infolge dieser Mischkristallbildung außerordentlich unsicher. Wir sehen in dem Diagramm von Ferguson und Merwin, daß die Umwandlung der α-Form in die β-Form längs der Geraden $G-G'$ erfolgt. Der CaO-Gehalt des gesättigten Mischkristalls erniedrigt den $\alpha \rightleftarrows \beta$-Umwandlungspunkt bis auf 1170°, ein Gehalt von SiO_2 im Mischkristall bewirkt hingegen eine Erhöhung des Umwandlungspunktes auf 1210°.

Monokalziumsilikat ist in Säuren leicht löslich. Mit Wasser reagiert es, wie Klein und Phillips[1] und auch neuere Untersuchungen des Verfassers[2] zeigen konnten, außerordentlich träge. Nach Schott[3] nahm künstlich hergestelltes, glasig unterkühltes Monokalziumsilikat nach drei Monaten nur 0,8% und kristallines nur 2,7% Wasser auf.

---
[1] Klein u. Phillips: Technol. Pap. Bur. Stand. 1914 Nr. 43.
[2] Dorsch, K. E.: Korrosion und Erhärtung der Zemente. Berlin 1932.
[3] Schott, O.: Diss. Heidelberg 1907.

Die Festigkeiten, die pulverisiertes und mit Wasser angemachtes Monokalziumsilikat erreicht, sind gleich Null. Wenn in manchen früheren Arbeiten eine nennenswerte Erhärtung des Monokalziumsilikats beobachtet wurde, so ist zu vermuten, daß bei diesen Versuchen keine reinen Präparate verwendet wurden. In dieser Feststellung liegt kein Vorwurf. Denn gerade die neuesten Untersuchungen haben gezeigt, wie außerordentlich schwierig die Herstellung reiner Silikatverbindungen ist.

Die andere einwandfrei kongruent schmelzende Verbindung im System $CaO-SiO_2$ ist das Dikalziumsilikat, $2\,CaO \cdot SiO_2$. Das Dikalziumsilikat existiert in drei verschiedenen Modifikationen: oberhalb 1420^0 bis zum Schmelzpunkt als α-Form, zwischen 1420^0 und 675^0 als β-Form und unterhalb 675^0 als γ-Form.

$$\gamma\text{-}2\,CaO \cdot SiO_2 \rightleftarrows \beta\text{-}2\,CaO \cdot SiO_2 \rightleftarrows \alpha\text{-}2\,CaO \cdot SiO_2 \rightleftarrows \text{Schmelze von } 2\,CaOSiO_2.$$
$$675^0 1420^0 2130^0$$

Die α-Form des Dikalziumsilikats kristallisiert im monoklinen System; die Kristalle haben einen Brechungsindex von 1,714 und eine Doppelbrechung von 0,02. Der optische Charakter ist positiv.

Die β-Form bildet prismatische Kristalle mit Spaltbarkeit parallel zur Prismenachse. Außerdem kommt das β-Dikalziumsilikat auch in Form von gut ausgebildeten, sechsseitig begrenzten Kristallen vor. Der Brechungsindex für Natriumlicht beträgt $\alpha = 1{,}717$ und $\gamma = 1{,}735$ und die Doppelbrechung 0,02. Es ist optisch positiv.

Das γ-$2\,CaO \cdot SiO_2$ tritt gleichfalls in prismatischer Form, in prismatischen Leisten und in sechsseitigen Blättchen auf. Die Brechungsexponenten betragen für Natriumlicht $\alpha = 1{,}643$, $\beta = 1{,}646$ und $\gamma = 1{,}655$. Es besitzt eine sehr schwache Doppelbrechung von 0,014; sein optischer Charakter ist negativ.

Das spezifische Gewicht der α-Form ist 3,27, das der β-Form 3,28 und das der γ-Form 2,97. Der Unterschied in den spezifischen Gewichten der β- und γ-Form führt bei der $\beta \rightleftarrows \gamma$-Umwandlung zu der interessanten Erscheinung des „Zerrieselns". Läßt man eine Schmelze von Dikalziumsilikat langsam an der Luft abkühlen, so wird die ursprünglich zusammenhängende Masse rissig, schwillt an, fällt auseinander und verwandelt sich schließlich in ein spezifisch leichteres weißes Pulver. Die $\beta \rightleftarrows \gamma$-Umwandlung ist von einer großen Dichteveränderung (von 3,28 auf 2,97) begleitet und die Volumenzunahme bewirkt den Zerfall der ganzen Masse. Das zerrieselte Pulver besteht aus den prismatischen Kristallen von γ-$2\,CaO \cdot SiO_2$. Diese Erscheinung des Zerrieselns ist in der Metallurgie seit langem bekannt. Sie ist z. B. bei allen langsam gekühlten, genügend kalkhaltigen Hochofenschlacken zu beobachten. Ursprünglich glaubte man, daß das Zerrieseln der Schlacken auf die Einwirkung der Luftfeuchtigkeit zurückzuführen sei. Die Luftfeuchtigkeit bewirke eine Ablöschung der Schlacken unter Hydratbildung (ähnlich wie beim Kalk). Auch bei der Portlandzementfabrikation kann man häufig beobachten, daß Zementklinker nach einiger Zeit zu Staub zerrieseln. Da das entstehende γ-Dikalziumsilikat hydraulisch wertlos ist und seine Bildung bei der Fabrikation des Zements große Verluste herbeiführt, hat man schon sehr früh damit begonnen, die Zerrieselungserscheinungen eingehend zu untersuchen. Das Ziel dieser Bemühungen war, die hydraulisch wertvollen α- und β-Formen des Dikalziumsilikats in eine auch bei niedrigen Temperaturen stabile Form überzuführen. Man erhält die hydraulische α-Form, wenn man das über 1420° erhitzte Dikalziumsilikat sehr schnell abschreckt. Hierauf beruht ja das Verfahren von Passow[1], wonach schmelzflüssige basische Hochofenschlacken mit Luft oder Wasser in einer solchen Weise abgeschreckt werden, daß sie stabile glasige Schlacken darstellen, die nicht von selbst in Staub zerrieseln. Man hat ferner gefunden, daß die Neigung des Dikalziumsilikats zum Zerrieseln durch Zusätze von Magnesia, Tonerde und Eisenoxyd verringert wird.

Womit hängt dies zusammen? Nach den Untersuchungen von Dyckerhoff[2] besitzt das α- und β-Dikalziumsilikat die Eigenschaft, recht erhebliche Mengen von CaO in Mischkristallform aufzunehmen; genau so, wie wir das beim Monokalziumsilikat gesehen haben, tritt also in beschränktem Umfang CaO in das Raumgitter von α- und β-Dikalziumsilikat ein. Diese CaO—2 CaO · SiO_2-Mischkristalle wandeln sich nun außerordentlich schwer in die γ-Modifikation um, wenn sie in einer amorphen glasigen Grundmasse eingebettet sind. In diesem Falle lassen sich α- und β-Dikalziumsilikate ohne weiteres sehr stark unterkühlen. Wenn also β-2 CaO · SiO_2 geringe Mengen von CaO gelöst enthält und wenn ferner diese ,,feste Lösungs"phase von CaO in β-2 CaO · SiO_2 in einer glasigen eutektischen Restschmelze eingebettet ist, dann ist das β-2 CaO · SiO_2 ,,stabilisiert". Ein solches stabilisiertes β-2 CaO · SiO_2 kann sich nicht ohne weiteres in die γ-Modifikation umwandeln, sogar dann nicht, wenn man die Substanz mit γ-2 CaO · SiO_2 impft. Zur Stabilisierung des β-2 CaO · SiO_2 ist also auf jeden Fall eine Einbettung in eine glasige Schmelze erforderlich. Ohne eine solche Schmelze tritt trotz der Mischkristallbildung CaO—2 CaO · SiO_2 ein Zerrieseln ein. Setzt man zu zerrieselnden Zementen Magnesia, Tonerde oder Eisenoxyd hinzu, so fördert man damit die sofortige Bildung einer einbettenden Restschmelze und bewirkt so eine Stabilisierung des β-Dikalziumsilikats. Fügt man zum Zementbrenngut hingegen Kalk hinzu, so bildet sich keine solche eutektische Restschmelze, und infolgedessen wird das Zerrieseln des Zements durch Kalkzusatz nicht verhindert.

Die stabilisierte feste Lösung von CaO in β-2 CaO · SiO_2 soll nach Dyckerhoff der Träger der hydraulischen Erhärtung des Portland-

---

[1] Passow, H.: D.R.P. Nr. 151 228 (1902).
[2] Dyckerhoff, W.: Diss. Frankfurt 1925.

zements sein. Wieweit diese Anschauung heute noch haltbar ist, sollen erst die späteren Betrachtungen zeigen. Die Dyckerhoffsche Darstellung der Zerrieselungserscheinungen ist jedenfalls sehr fruchtbar. Auch ist sicher die Dyckerhoffsche Annahme richtig, daß vor allem solche Verbindungen hydraulisch wirksam und am stärksten reaktionsfähig sind, die an sich instabil sind, aber in geeigneter Weise stabilisiert wurden. Solche instabilen Kristallmodifikationen haben gegenüber den stabilen Kristallformen ein höheres thermodynamisches Potential und eine größere chemische Reaktionsfähigkeit. Vom physikalisch-chemischen Standpunkt aus besteht nach Dyckerhoff das Wesen der Zementherstellung in der Hauptsache in der Bildung und Stabilisierung von instabilen Verbindungen. Damit eine solche Stabilisierung nach dem Erstarren eintreten kann, ist die Bildung einer Restschmelze notwendig, in die die instabile Verbindung eingebettet werden kann. Wir werden sehen, daß man über das Wesen der hydraulischen Erhärtung der Zemente anders denkt, seit man weiß, daß der Hauptbestandteil des Portlandzements nicht, wie Dyckerhoff annahm, aus einer festen Lösung von Kalk in β-Dikalziumsilikat, sondern aus Trikalziumsilikat besteht.

Das stabile γ-Dikalziumsilikat reagiert mit Wasser außerordentlich träge. Wesentlich lebhafter werden die instabilen α- und β-Dikalziumsilikate vom Wasser angegriffen; aber alles in allem ist auch diese Reaktion recht träge. Die Versuche zur Prüfung der Erhärtung des Dikalziumsilikats zeigen bei den verschiedenen Autoren abweichende Ergebnisse. Diese Differenzen beruhen wahrscheinlich darauf, daß bei den Untersuchungen verschieden reine Präparate verwendet wurden. Übereinstimmend wurde von allen Forschern gefunden, daß das γ-Dikalziumsilikat selbst nach Monaten keinerlei hydraulische Erhärtung zeigt, während beim α- und β-Dikalziumsilikat eine schwache Erhärtung eintritt. Hierbei spaltet sich das Dikalziumsilikat in Monokalziumsilikat und Kalkhydrat:

$$2\,CaO \cdot SiO_2 + x\,H_2O \rightarrow CaO \cdot SiO_2 \cdot x\,H_2O + Ca(OH)_2\,.$$

In neuerer Zeit ist das Dikalziumsilikat mehrfach röntgenographisch untersucht worden. Es sei vor allem an die Arbeiten von Hansen[1], Bogue und Brownmiller[2] und Weyer[3] erinnert, deren Ergebnisse in Tabelle 26 zusammengestellt sind. In der Tabelle befinden sich auf der einen Seite die charakteristischen Netzebenenabstände $d = \dfrac{\lambda_\alpha}{2 \cdot sin\,\vartheta}$ der Verbindung β-$2\,CaO \cdot SiO_2$ und auf der anderen Seite die relativen Intensitäten der Röntgenlinien.

---

[1] Hansen, W. C.: J. Amer. ceram. Soc. Bd. 11 (1928) S. 2.
[2] Brownmiller, L. T. u. R. H. Bogue: Amer. J. Sci. (5) Bd. 20 (1930) S. 118.
[3] Weyer, J.: Diss. Kiel 1930; Zement 1931 Nr. 3 S. 48.

Tabelle 26. Debye-Scherrerdiagramm von β-Dikalziumsilikat.

$$d = \frac{\lambda_\alpha}{2 \cdot \sin \vartheta}.$$

β-Dikalziumsilikat nach Weyer		β-Dikalziumsilikat nach Brownmiller	
d_{hkl} in Å	Relative Intensität	d_{hkl} in Å	Relative Intensität *
2,90	8	2,88	s
2,79	20	2,77	s. st.
2,74	20	2,74	m
2,61	12	2,60	m
2,55	8	2,54	s
2,47	6	2,44	s
2,41	12	2,39	s
2,28	10	2,28	s
2,19	15	2,18	st
2,10	2	2,11	s
—	—	2,08	s
2,04	8	2,05	s
1,982	10	1,975	m
1,889	10	1,895	m
1,801	8	1,793	s
1,690	8	1,695	s
1,643	10	1,620	m
1,608	8	—	—
1,571	8	1,568	s
1,547	8	1,545	s
1,524	8	1,518	s
1,480	10	1,48	s
1,411	2	1,410	s
1,391	4	1,383	s
1,372	6	1,360	s
1,299	4	1,286	s

* Intensitätsbezeichnung: s. st. = sehr stark; st = stark; m = mittel; s = schwach.

Die Existenz des Trikalziumsilikats, $3 CaO \cdot SiO_2$, ist auf der Schmelzkurve des Diagramms von Ferguson und Merwin nicht zu erkennen. Die Verbindung $3 CaO \cdot SiO_2$ schmilzt im Gegensatz zum Mono- und Dikalziumsilikat inkongruent. Der inkongruente Schmelzpunkt liegt nach den Messungen von Rankin bei 1900° C. Nach Rankin[1] bildet sich das Trikalziumsilikat im kristallinen Gemenge von $2 CaO \cdot SiO_2$ und CaO zwischen 1400° und 1900° nach der Reaktionsgleichung:

$$2 CaO \cdot SiO_2 + CaO \rightleftarrows 3 CaO \cdot SiO_2.$$

Zwischen 1400° und 1900° verläuft die Reaktion von links nach rechts. Bei 1400° geht die Reaktion noch sehr langsam, bei 1500—1600° aber

---

[1] Rankin, G. A.: Amer. J. Sci. (4) Bd. 39 (1915) S. 1.

schon sehr schnell vonstatten. Bei Temperaturen über 1900° C verläuft die Reaktion von rechts nach links, d. h. es tritt eine Dissoziation des Trikalziumsilikats in Dikalziumsilikat und Kalziumoxyd ein. Nach neueren Untersuchungen von Carlson[1] beobachtet man auch unterhalb 1300° C eine Zersetzung des Trikalziumsilikats in Dikalziumsilikat und Kalk. Diese Zersetzung erreicht ihr Maximum bei 1175° C und ist bei 1175° C 15mal größer als bei 1000°.

Die Voraussetzungen für die Bildung des Trikalziumsilikats liegen also innerhalb ganz bestimmter enger Temperaturgrenzen, und dies dürfte wohl einer der Gründe dafür sein, daß man so lange an der Existenz dieser Verbindung gezweifelt und behauptet hat, Trikalziumsilikat sei keine chemische Verbindung, sondern ein Gemisch aus Dikalziumsilikat und CaO. Bei der Herstellung des Trikalziumsilikats müssen ganz bestimmte Versuchsbedingungen sorgfältig eingehalten werden, da sonst Gemische von allen möglichen Kalksilikaten, besonders von Dikalziumsilikat und Kalk, entstehen. Bei Forschungsarbeiten muß man darauf achten, daß bei der Herstellung von $3\,CaO \cdot SiO_2$ keine Dissoziation eintritt. Wegen dieser Dissoziation des Trikalziumsilikats ist es daher besser, das Trikalziumsilikat nicht aus dem Schmelzfluß, sondern durch **Reaktion in festem Zustande** herzustellen. Nach einer Vorschrift von Weyer[2] verfährt man dabei am besten so, daß man die genau im Verhältnis 1:3 eingewogenen Oxyde in einem geschlossenen Glasgefäß lange Zeit schüttelt und dann durch Schlämmen mit destilliertem Wasser sehr sorgfältig mischt. Unter ständigem Rühren werden dann die Oxyde auf einem Sandbad zur Trockne eingedampft. Die zusammengeschrumpften Oxyde werden erneut gepulvert, geschlämmt und wieder eingedampft. Dies wird mehrere Male wiederholt. Zuletzt wird der schwach angefeuchtete Brei in ein Platinschiffchen eingefüllt und das Ganze bei 1650—1720° erhitzt. Nach mehreren Stunden wird die Temperatur langsam etwas gesenkt. Das Präparat wird des öfteren aus dem elektrischen Ofen herausgenommen, gepulvert, mit Wasser zu einem Brei verrührt und wieder in den Ofen gegeben, bis völlige Homogenisierung erreicht ist. Die Homogenisierung des Präparats wird mikroskopisch festgestellt. Zuletzt wird das Präparat 4 Stunden lang auf rund 1700° erhitzt und im Verlauf von 4 Stunden auf 1300° abgekühlt. Mikroskopisch zeigt das Präparat dann völlige Homogenität. Freier Kalk ist nicht mehr nachzuweisen. — Der Verfasser hat nach diesem Verfahren einwandfrei homogene Präparate von Trikalziumsilikat herstellen[3] können, die optisch und röntgenographisch die gleichen Daten wie die von Rankin und Weyer angegebenen aufwiesen.

---

[1] Carlson, E. T.: Bur. Stand. J. Res. Nov. 1931.
[2] Weyer, J.: Diss. Kiel 1930; Zement 1931 Nr. 3 S. 49.
[3] Die Herstellung dieser Präparate erfolgte in einem Molybdänofen eigener Konstruktion.

Die Existenz des Trikalziumsilikats wurde erstmalig durch die Arbeiten von Rankin und seinen Mitarbeitern über das ternäre System $CaO-Al_2O_3-SiO_2$ sichergestellt. Genauere optische Messungen an den $3\,CaO \cdot SiO_2$-Kristallen wurden damals jedoch nicht vorgenommen, da die erhaltenen Kristalle nicht deutlich genug ausgeprägt waren. Immerhin konnte schon Rankin angeben, daß das Trikalziumsilikat eine sehr schwache Doppelbrechung besitzt, daß sein optischer Charakter negativ ist und sein mittlerer Brechungsexponent ungefähr 1,715 beträgt. Weyer[1], der sich die genaue optische Untersuchung des $3\,CaO \cdot SiO_2$ angelegen sein ließ, stellte fest, daß das Trikalziumsilikat in Körnern von unregelmäßiger Abgrenzung oder aber in deutlich ausgeprägten sechseckigen oder leistenförmigen Kristallen auftritt. Die Größe der Trikalziumsilikatkristalle beträgt durchschnittlich 0,03—0,04 mm. Die Doppelbrechung ist außerordentlich schwach und wahrscheinlich kleiner als 0,05. Die Brechungsexponenten für Natriumlicht betragen: $\alpha_{Na} = 1{,}718 \mp 0{,}001$ und $\gamma_{Na} = 1{,}723 \mp 0{,}001$. Der Charakter der Doppelbrechung ist negativ. Einen Vergleich der optischen Eigenschaften des Trikalziumsilikats mit denen des Dikalziumsilikats und des Alits finden wir weiter unten bei der Besprechung des Alitproblems (Tabelle 35).

Die Existenz des Trikalziumsilikats wurde bis in die neueste Zeit von zahlreichen Forschern bestritten. Noch in allerletzter Zeit glaubten Jänecke und Brill[2] den eindeutigen Beweis erbracht zu haben, daß es eine Verbindung $3\,CaO \cdot SiO_2$ nicht gäbe. Den Beweis führten sie in der Weise, daß sie ein geschmolzenes und dann bei niedrigerer Temperatur erhitztes Gemenge von Kalk und Kieselsäure (3:1) röntgenographisch aufnahmen. Dabei erhielten sie ein Debye-Scherrer-Diagramm, das mit dem Diagramm von Dikalziumsilikat identisch war. Hieraus folgerten sie, daß das „Trikalziumsilikat" keine chemische Verbindung, sondern ein Gemisch von Dikalziumsilikat und Kalk sei. Die Schlußfolgerungen von Jänecke und Brill sind durchaus richtig. Wenn das Trikalziumsilikat als individuelle chemische Verbindung existiert, dann muß sich das Debye-Scherrer-Diagramm des Trikalziumsilikats von dem des Dikalziumsilikats unterscheiden. Es ist ohne weiteres einleuchtend, daß die Raumgitterstrukturen beider Verbindungen sehr erhebliche Abweichungen voneinander aufweisen müssen.

Der Verfasser hat die Versuche von Jänecke und Brill nachgeprüft und gefunden, daß ein 3:1-Gemisch von Kalk und Kieselsäure tatsächlich ein Debye-Scherrer-Diagramm liefert, das mit dem des Dikalziumsilikats identisch ist, wenn man dies Gemisch in der von Jänecke und Brill angegebenen Weise erhitzt. Ferner konnte der Verfasser feststellen, daß die optischen Daten des erhitzten Gemischs mit denen des Dikalziumsilikats übereinstimmen. Wenn das Gemisch der Oxyde jedoch

---

[1] Weyer, J.: a. a. O.   [2] Jänecke, E. u. R. Brill: Zement 1930 Nr. 34 S. 796.

Spezielle Ein- und Mehrstoffsysteme.

sorgfältig nach den Angaben von Brownmiller und Weyer aufgearbeitet wurde (Reaktion in festem Zustande und nicht Schmelze), dann ergeben sich Debye-Scherrer-Werte, die mit den von Brownmiller und Weyer für Trikalziumsilikat gefundenen Werten übereinstimmen. Ebenso konnten die optischen Daten von Rankin und Weyer im wesentlichen bestätigt werden. Offenbar liegt die Sache also so, daß Jänecke und Brill bei ihren Untersuchungen Dikalziumsilikat und nicht Trikalziumsilikat in den Händen hatten[1]. Die röntgenographischen Debye-Scherrer-Werte von Trikalziumsilikat sind in Tabelle 27 den Werten von Dikalziumsilikat gegenübergestellt.

Tabelle 27. Debye-Scherrer-Aufnahme von Di- und Trikalziumsilikat.

$$d = \frac{\lambda_\alpha}{2 \sin \vartheta}.$$

β-$2CaO \cdot SiO_2$ nach Brownmiller		$3CaO \cdot SiO_2$ nach Brownmiller		$3CaO \cdot SiO_2$ nach Weyer	
d_{hkl} in Å	Relative Intensität	d_{hkl} in Å	Relative Intensität	d_{hkl} in Å	Relative Intensität
2,88	s	3,02	s. st.	3,08	20
2,77	s. st.	2,75	s. st.	2,79	20
2,74	m	2,59	s. st.	2,64	15
2,60	m	2,44	s	2,46	8
2,54	s	2,32	m	2,34	8
2,44	s	2,18	s. st.	2,21	15
2,39	s	2,07	s	—	—
2,28	s	1,973	m	1,96	8
2,18	st	1,925	m	1,93	8
2,11	s	1,824	m	1,84	3
2,08	s	1,761	s. st.	1,78	18
2,05	s	1,626	st	1,64	15
1,975	m	1,536	m	1,56	9
1,895	m	1,485	st	1,50	15
1,793	s	1,449	s	—	—
1,695	s	1,384	m	1,40	5
1,620	m	1,300	s	—	—
1,568	s	—	—	—	—

Die Gegenüberstellung der Diagramme des Dikalziumsilikats und des Trikalziumsilikats in Tabelle 27 zeigt, daß die Netzebenenabstände der Raumgitter beider Verbindungen sehr erheblich voneinander verschieden sind und daß das Trikalziumsilikat nicht mit einem Gemisch von Dikalziumsilikat und Kalziumoxyd identisch ist.

---

[1] Während der Drucklegung des Buches erschien eine Arbeit von Jänecke und Brill [Zement (1932) S. 380], wonach die Existenz des Trikalziumsilikats auf Grund genauerer Untersuchungen nun auch von diesen Forschern bestätigt wird.

Im Trikalziumsilikat haben wir den wesentlichsten Träger der hydraulischen Erhärtung der Portlandzemente zu erblicken. Es reagiert außerordentlich lebhaft mit Wasser nach der Gleichung:

$$3\,CaO \cdot SiO_2 + x\,H_2O \rightarrow 2\,CaO \cdot SiO_2 \cdot x\,H_2O + Ca(OH)_2.$$

Die Hydratation des Trikalziumsilikats mit Wasser auf dem Objektträger ergibt die Bildung von Kalziumhydroxydkristallen und amorpher Kieselsäure. Die Kalziumhydroxydkristalle scheiden sich in Form von hexagonalen Kristallen aus. Das Trikalziumsilikat besitzt im Gegensatz zum Mono- und Dikalziumsilikat ein sehr gutes Erhärtungsvermögen. Genauere Festigkeitswerte liegen bis heute noch nicht vor; die bisherigen Ergebnisse beziehen sich aller Wahrscheinlichkeit nach nicht auf reines Trikalziumsilikat.

Im System $CaO-SiO_2$ existiert ferner noch eine Verbindung $3\,CaO \cdot 2\,SiO_2$, die aber nur geringes Interesse beansprucht, da sie nur in einem ganz kleinen Konzentrationsbereich auftritt. Sie schmilzt inkongruent; sie zerfällt bei 1475° in Dikalziumsilikat und Monokalziumsilikat:

$$3\,CaO \cdot 2\,SiO_2 \rightleftarrows 2\,CaO \cdot SiO_2 + CaO \cdot SiO_2.$$

Zum Schluß sei noch kurz auf die den Kalziumsilikaten analogen Verbindungen des Bariums und Strontiums eingegangen. Die Systeme $BaO-SiO_2$ und $SrO-SiO_2$ wurden in neuerer Zeit von Eskola[1] thermisch untersucht. Das System $BaO-SiO_2$ unterscheidet sich vom System Kalk-Kieselsäure recht erheblich. Hier tritt vor allem ein Bariumsilikat von der Formel $BaO \cdot 2\,SiO_2$ und eine Verbindung $2\,BaO \cdot SiO_2$ auf, die untereinander eine ununterbrochene Reihe von Mischkristallen bilden. Im System $SrO-SiO_2$ gibt es keine Verbindung von der Zusammensetzung $3\,SrO \cdot SiO_2$, und das Distrontiumsilikat, $2\,SrO \cdot SiO_2$, zeigt nicht solch ein polymorphes Verhalten wie das Dikalziumsilikat. Die Systeme $SrO-SiO_2$ und $BaO-SiO_2$ beanspruchen ein recht großes technisches Interesse, weil man sich seit langem bemüht, Baryt- und Strontianzemente herzustellen, d. h. den Kalk der gewöhnlichen Zemente durch Barium- oder Strontiumoxyd zu ersetzen. Gegenüber den Portlandzementen ergäbe sich hierbei der große Vorteil, daß man Zemente erhielte, die in Schwefelsäure beständig wären. An der Oberfläche eines erhärteten Barytzements bildet sich beim Einlagern in Schwefelsäure eine Schutzschicht von Bariumsulfat, die einen weiteren Angriff durch die Schwefelsäure verhindert. Der Verfasser hat jahrelang gemeinsam mit seinem Mitarbeiter, Herrn Dr. Deubel, Versuche zur Herstellung von Barytzementen durchgeführt, ohne bis jetzt zu einem befriedigenden Ergebnis gekommen zu sein. Die Bariumsilikate und Bariumaluminate werden vom Wasser außerordentlich stark angegriffen und vollständig hydrolysiert. Die Barytzemente sind daher nicht wasserbeständig und

---

[1] Eskola, P.: Amer. J. Sci. (5) Bd. 4 (1922) S. 331.

alle Versuche, diese Hydrolyse irgendwie chemisch zu beeinflussen, sind bis jetzt gescheitert.

2. Das System Al_2O_3—SiO_2. Das System Tonerde-Kieselsäure begegnet uns vor allem bei den Tonen und bei den keramischen Produkten; für das Konstitutionsproblem der Zemente ist es von geringem Interesse. Unsere Anschauungen über dieses System haben sich in der letzten Zeit außerordentlich gewandelt. Das erste thermische Diagramm im System Al_2O_3—SiO_2 stellten Shepherd und Rankin[1] im Jahre 1909 auf. Sie fanden als einzige Verbindung in diesem System den Sillimanit, $Al_2O_3 \cdot SiO_2$, mit einem kongruenten Schmelzpunkt von 1810° C. Der

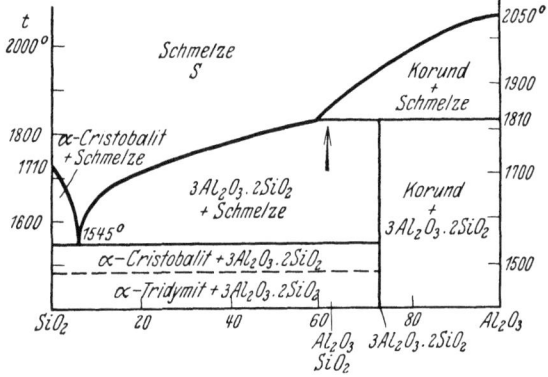

Abb. 25. Das System Al_2O_3—SiO_2 (nach Bowen und Greig).

Sillimanit kristallisiert rhombisch, hat eine Doppelbrechung von 0,222, das spezifische Gewicht 3,23—3,25 und eine Mohssche Härte von 6—7. Neben diesem Sillimanit kommen in der Natur noch zwei weitere labile Modifikationen vor, nämlich der trikline Cyanit oder Disthen und der rhombische Andalusit. Die Ergebnisse von Shepherd und Rankin galten bis zum Jahre 1924 als gesichert. In diesem Jahre stellten Bowen und Greig[2] auf Grund von sehr eingehenden Untersuchungen ein neues thermisches Diagramm auf, das unsere bisherigen Anschauungen über den Sillimanit über den Haufen warf. Dies Diagramm zeigt die Abb. 25.

Bowen und Greig stellten fest, daß bei gewöhnlichem Druck nur ein Aluminiumsilikat von der Zusammensetzung $3 Al_2O_3 \cdot 2 SiO_2$, der sog. Mullit, stabil ist. Beim Erhitzen auf 1600—1700°* geht der natürliche Sillimanit in den Mullit über. Auch der Andalusit wandelt sich bei 1390° C[3] und der Cyanit sogar schon bei 1350° C[3] in eine mullitische

---

[1] Shepherd, E. S. u. G. A. Rankin: Amer. J. Sci. (4) Bd. 28 (1909) S. 301; Z. anorg. allg. Chem. Bd. 68 (1910) S. 379.

[2] Bowen, N. L. u. J. W. Greig: J. Amer. ceram. Soc. Bd. 7 (1924) S. 238.

* Raatz, F.: Tscherm. Miner. Mitt. Bd. 38 (1925) S. 583.

[3] Peck, A. B.: Amer. Mineral. Bd. 9 (1924) S. 123.

Phase um. Im Al_2O_3—SiO_2-Diagramm finden wir ein Eutektikum zwischen dem Mullit und dem Cristobalit bei 1545°. Bei 1810° C schmilzt der Mullit inkongruent und geht in Korund und eine SiO_2-reiche Schmelze über. Nach den röntgenographischen Untersuchungen von Wyckoff[1] und Mark und Rosbaud[2] zeigen die Debye-Scherrer-Diagramme und Laue-Diagramme von Sillimanit und Mullit keine Unterschiede. Da Sillimanit und Mullit dasselbe Raumgitter haben, so sind sie auch kristallographisch identisch. Da aber der Sillimanit (Verhältnis von Al_2O_3 zu SiO_2 1:1) und der Mullit (Verhältnis von Al_2O_3 zu SiO_2 3:2) stöchiometrisch verschieden zusammengesetzt sind und dennoch die Feinstruktur der beiden Kristallarten dieselbe ist, so muß man wohl annehmen, daß die Überschüsse an Tonerde und Kieselsäure jeweils in den Gittern der beiden Kristalle irgendwie in regelloser Verteilung eingelagert sein müssen. Wie diese Überschüsse an SiO_2 und Al_2O_3 zustande kommen, sei an folgendem Reaktionsschema gezeigt:

Sillimanit zerfällt bei hohen Temperaturen in Mullit und Kieselsäure

$$3(Al_2O_3 \cdot SiO_2) \rightarrow 3\,Al_2O_3 \cdot 2\,SiO_2 + SiO_2.$$

Umgekehrt kann der bei hohen Temperaturen besonders stabile Mullit bei niedrigeren Temperaturen in Sillimanit und amorphe Tonerde übergehen:

$$3\,Al_2O_3 \cdot 2\,SiO_2 \rightarrow 2(Al_2O_3 \cdot SiO_2) + Al_2O_3.$$

Wie diese Dinge nun in Wirklichkeit liegen, das ist zur Zeit noch nicht geklärt. Sie sind jedoch für die Theorie des Porzellans und der keramischen Produkte von sehr großer Bedeutung. Für die Herstellung keramischer Massen werden bekanntlich die in der Natur vorkommenden Tone verwendet. Die Tonsubstanzen sind vor allem dadurch gekennzeichnet, daß sie in feuchtem Zustande (im Gemisch mit Wasser) eine außerordentlich hohe Plastizität besitzen, eine sehr große „Bildsamkeit", die sie für die Herstellung keramischer Produkte besonders geeignet macht. Die Plastizität des Tones hat verschiedene Ursachen. Sie ist auf die besondere Gestalt der Tonteilchen (die blättchenartige Struktur der Kaolinsubstanzen) und ferner auf die Oberflächenreaktionen kolloider Zwischenphasen zurückzuführen, die sich beim Anfeuchten des Tons bilden. Wenn man eine feuchte Tonform an der Luft trocknen läßt, dann beobachtet man, daß der trockene Tonscherben eine recht erhebliche Bruchfestigkeit besitzt. Dies Verhalten steht ganz im Gegensatz zu den nichtplastischen Massen, die beim Trocknen auseinanderfallen. Die Ursache für diese Eigenschaft des trocknenden Tons liegt darin, daß in dem Ton beim Trocknen eine bestimmte Wassermenge adsorptiv gebunden in den kolloiden, „oberflächenaktiven Zwischenphasen"

---

[1] Wyckoff, R. W. G., J. W. Greig u. N. L. Bowen: Amer. J. Sci. (5) Bd. 11 (1926) S. 459.
[2] Mark, H. u. P. Rosbaud: Neues Jb. Mineral. Beil. Bd. 54 (1926) S. 127.

zurückbleibt, so daß die Klebwirkung der Zwischenphasen im trockenen Ton voll erhalten bleibt. (Hier besteht eine gewisse Analogie zur Zementerhärtung!)

Wenn man nun die künstlich gebildeten Tonformen erhitzt oder brennt, dann treten einige wichtige Veränderungen in den Tonen ein. Bei ungefähr 450° C wird der größte Teil des Wassers aus dem Ton herausgejagt. Nur etwa 3% des Gesamtgehalts an Wasser bleiben noch im Ton und gehen erst oberhalb 850° C aus dem Ton heraus. Beim Erhitzen auf 450—500° C wird der ursprünglich in Salzsäure unlösliche oder nur wenig lösliche Ton salzsäurelöslich. Oberhalb 800° beginnt der Ton chemisch zu reagieren. Man beobachtet im Debye-Scherrer-Diagramm das Auftreten einer feinkristallinen Phase. Es ist anzunehmen, daß sich zunächst die feinverteilte Tonerde und Kieselsäure des Tons durch Kornvergrößerung zu Korund- bzw. Tridymitkonglomeraten rekristallisiert. Der oberhalb 800° C erhitzte Ton wird wieder in Salzsäure unlöslich. Erhitzt man den Ton über eine Temperatur von 920° hinaus, so setzt die Bildung von Aluminiumsilikaten, Mullit und Sillimanit ein. Schon oberhalb 950° treten bei den Tonen die Röntgenlinien des Mullits neben denen des Tridymits und des Cristobalits auf, bei 1400° sind die Röntgenlinien des Mullits sehr stark ausgeprägt. Bei weiterer Steigerung der Temperatur tritt schließlich eine Erweichung und im letzten Stadium eine Verglasung des Tons ein. Die Übergänge vom gesinterten in den flüssigen Zustand sind völlig kontinuierlich.

Je mehr Mullit ein gebrannter Ton enthält, desto widerstandsfähiger ist er gegen chemische Angriffe. Ein geschmolzener Ton, der praktisch völlig aus Mullit, $3 CaO \cdot 2 SiO_2$, besteht, ist daher chemisch außerordentlich widerstandsfähig, eine Tatsache, von der man technisch bei der Herstellung feuerfester Steine für Glaswannenöfen Gebrauch macht.

3. Das System $CaO-Al_2O_3$. Das System Kalk-Tonerde, das durch die Entdeckung des Tonerdezements zu besonderer Bedeutung gelangt ist, wurde eingehend von Shepherd, Rankin und Merwin[1] untersucht (Abb. 26).

Das Diagramm der Abb. 26 zeigt drei Maxima, die den drei kongruent schmelzenden Verbindungen $3 CaO \cdot 5 Al_2O_3$, $CaO \cdot Al_2O_3$ und $5 CaO \cdot 3 Al_2O_3$ entsprechen. Neben diesen Verbindungen existiert noch eine inkongruent schmelzende Kalk-Tonerde-Verbindung, das Trikalziumaluminat, $3 CaO \cdot Al_2O_3$. Verschiedene von diesen Verbindungen sind dimorph, d. h. sie erscheinen in zwei Modifikationen.

1. Das Trikalziumpentaaluminat, $3 CaO \cdot 5 Al_2O_3$, schmilzt bei $1720 \mp 10°$. Das Diagramm läßt ferner erkennen, daß diese Verbindung

---

[1] Shepherd, E. S. u. G. A. Rankin: Z. anorg. allg. Chem. Bd. 68 (1910) S. 385. — Rankin, G. A.: Z. anorg. allg. Chem. Bd. 92 (1915) S. 223. — Rankin, G. A. u. H. E. Merwin: Z. anorg. allg. Chem. Bd. 96 (1916) S. 291.

mit Aluminiumoxyd ein eutektisches Gemisch von der Zusammensetzung 24% CaO, 76% Al_2O_3 bildet, das bei 1700 ∓ 10° schmilzt.

$3 CaO \cdot 5 Al_2O_3$ kristallisiert in zwei Modifikationen, von denen die eine stabil, die andere monotrop instabil ist. Die stabile Form kristallisiert nach Rankin in abgerundeten, farblosen Körnern von glasigem Glanz. Das Kristallsystem ist wahrscheinlich tetragonal. Die Brechungsindizes betragen für Natriumlicht $\omega_{Na} = 1{,}617 \mp 0{,}002$, $\varepsilon_{Na} = 1{,}652 \mp 0{,}002$. Die Kristalle zeigen eine starke Doppelbrechung von 0,035, sind einachsig und optisch positiv. Ihre Härte beträgt ungefähr 6,5.

Die instabile Modifikation von $3 CaO \cdot 5 Al_2O_3$ kommt nur selten vor. Sie entsteht gelegentlich aus der schnell abgekühlten Schmelze. Man weiß noch nicht genau, ob die Kristalle rhombisch oder monoklin sind. Das Trikalziumpentaaluminat kommt in den bekannten Zementen nur gelegentlich in Spuren vor.

Weit wichtiger als das $3 CaO \cdot 5 Al_2O_3$ ist die nächst kalkreichere Verbindung im binären

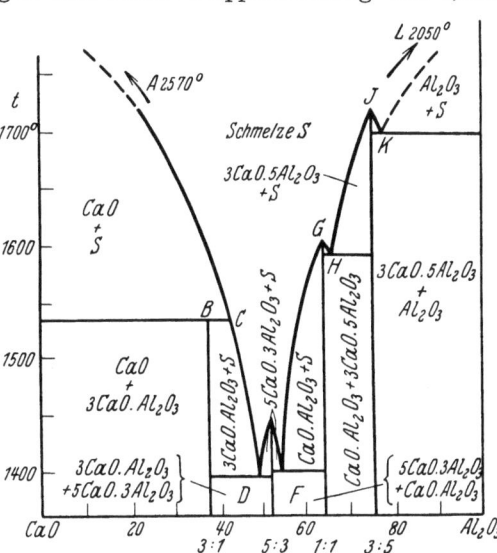

Abb. 26. Das System $CaO-Al_2O_3$ (nach Rankin).

System Kalk-Tonerde, nämlich das Monokalziumaluminat von der Formel $CaO \cdot Al_2O_3$. Diese Verbindung entspricht chemisch und kristallographisch dem in der Natur vorkommenden Chrysoberyll.

Das Monokalziumaluminat bildet sich beim Erhitzen von Kalk und Tonerde von allen Kalziumaluminaten zuallererst. Diese Reaktion tritt schon bei 900—1000° C ein. Der Schmelzpunkt des $CaO \cdot Al_2O_3$ liegt bei 1600°*. Es bildet mit dem bereits erwähnten Trikalziumpentaaluminat ein eutektisches Gemisch, das bei 1590 ∓ 5° C schmilzt, und mit der Verbindung $5 CaO \cdot 3 Al_2O_3$ ein Gemisch, das bei 1400 ∓ 5° C schmilzt (s. Diagramm). Die kristallographischen Beobachtungen von Rankin und Wright[1] wurden neuerdings von Carstens[2] nachgeprüft und berichtigt. Danach tritt das Monokalziumaluminat teils in kleinen

---

* Wartenberg, H. v., H. Linde u. R. Jung: Z. anorg. allg. Chem. Bd. 176 (1928) S. 358.
[1] Rankin, G. A. u. E. Wright: Amer. J. Sci. Bd. 39 (1915) S. 1.
[2] Carstens, C. W.: Z. Kristallogr. Bd. 63 (1926) S. 473.

rechteckigen Kristallen, teils in mehr oder weniger gut ausgebildeten pseudohexagonalen Kristallen auf. Die Kristalle neigen stark zu Zwillingsbildung und sind deutlich spaltbar. Das Kristallsystem des $CaO \cdot Al_2O_3$ ist rhombisch. Die Brechungsindizes für Natriumlicht betragen $\alpha_{Na} = 1,643$, $\gamma_{Na} = 1,663$. Die Kristalle zeigen ziemlich starke Doppelbrechung (0,020); der optische Charakter der Kristalle ist negativ. Das spezifische Gewicht des Monokalziumaluminats beträgt 3,671.

Das Monokalziumaluminat ist einer der Hauptbestandteile des Tonerdezements. Es besitzt außerordentlich hohe hydraulische Eigenschaften. Mit Wasser angerührt bindet es sofort ab und erreicht dann sehr große Festigkeiten. Nagai und Naito[1] haben die Druckfestigkeit von verschiedenen Kalziumaluminaten in 1:3 Mörtelmischung nach dem Nagaischen Kleinprüfungsverfahren untersucht. Danach ergab sich für $CaO \cdot Al_2O_3$ nach 28 Tagen kombinierter Lagerung eine Druckfestigkeit von 235,4 kg/qcm (s. Tabelle 28).

Tabelle 28. **Druckfestigkeit von Kalziumaluminaten (nach Nagai).**

Art des Aluminats	Druckfestigkeit von 1:3 Mörtel in kg/qcm nach Tagen					
	1	2	3	7	28 Tagen Wasser	28 Tagen kombiniert
$3\,CaO \cdot Al_2O_3$ . . .	11,5	10,8	10,6	20,2	25,8	82,8
$3\,CaO \cdot Al_2O_3$ . . .	10,6	9,9	9,4	13,1	18,3	96,0
$5\,CaO \cdot 3\,Al_2O_3$ . .	30,9	35,8	44,8	74,0	94,2	149,3
$CaO \cdot Al_2O_3$ . . .	92,8	91,2	97,3	103,9	85,2	235,4
$3\,CaO \cdot 5\,Al_2O_3$ . .	33,0	55,8	72,3	123,0	139,7	223,6

Das Monokalziumaluminat ist ebenso wie alle anderen Kalziumaluminate in Säuren leicht löslich. In Wasser ist es schwer löslich. Es bildet, wie die Untersuchungen von Wells[2] und Dorsch[3] zeigen, im Wasser metastabile Lösungen von Monokalziumaluminat, aus denen nach einiger Zeit hydratisiertes Kalziumaluminat und amorphe Tonerde ausfällt. Versetzt man eine kleine Menge von pulverisiertem $CaO \cdot Al_2O_3$ auf einem Objektträger mit Wasser und untersucht die Hydratation unter dem Mikroskop, so beobachtet man, daß sich nach 24 Stunden eine amorphe gelatinöse Masse von Aluminiumhydroxyd gebildet hat, die sich um die Körner herumlagert und nach einigen Tagen das ganze Präparat überdeckt. Gleichzeitig haben sich aus den Körnern radiale Sphäroidkristalle entwickelt. Diese Kristalle bestehen aus Kristallnadeln und Kristallplatten, die aus einem gemeinsamen Zentrum ausstrahlen. Sie sind identisch mit hydratisiertem Trikalziumaluminat. Nach

---

[1] Nagai, S. u. R. Naito: J. Soc. chem. Ind. Japan Bd. 33 (1930) S. 133, 164.
[2] Wells, L. S.: Bur. Stand. J. Res. Bd. 1 (1928) S. 951.
[3] Dorsch, K. E.: Erhärtung und Korrosion des Zements, S. 6 u. 11f. Berlin: Julius Springer 1932.

Lafuma[1] reagiert das Monokalziumaluminat des Tonerdezements in wässeriger Lösung mit Kalziumoxyd unter Bildung eines hydratisierten Dikalziumaluminats nach der Gleichung:

$$CaO \cdot Al_2O_3 + CaO + x\,H_2O \rightarrow 2\,CaO \cdot Al_2O_3 \cdot 7\,H_2O.$$

Die nächste Verbindung im binären System Kalk-Tonerde ist das Pentakalziumtrialuminat, $5\,CaO \cdot 3\,Al_2O_3$, das im Tonerdezement und auch im Portlandzementklinker vorkommt. Es kristallisiert in zwei Modifikationen, einer stabilen und einer monotrop instabilen. Die stabile Form schmilzt bei 1455 ∓ 5^0 C. Sie bildet mit Trikalziumaluminat, $3\,CaO \cdot Al_2O_3$, ein eutektisches Gemisch, dessen Schmelzpunkt bei 1395^0 C liegt (s. Diagramm Abb. 26). Das stabile Pentakalziumtrialuminat kristallisiert nach Rankin im regulären System, es ist demnach nicht doppelbrechend. Der Brechungsindex beträgt $1,608 \mp 0,001$. Die Mohssche Härte ist 5. Die instabile Form des $5\,CaO \cdot 3\,Al_2O_3$ tritt beim Abkühlen aus der Schmelze nur unter ganz besonderen Bedingungen auf. Sie hat keinen bestimmten Schmelzpunkt, und bis jetzt kennt man auch noch kein Temperaturbereich, in dem sie wirklich stabil ist. Sie kristallisiert im rhombischen System, besitzt schwache Doppelbrechung und ist optisch negativ. Die Brechungsindizes für Natriumlicht sind $\alpha_{Na} = 1,687 \mp 0,002$ und $\gamma_{Na} = 1,692 \mp 0,002$.

Mit Wasser reagiert das Pentakalziumtrialuminat ganz ähnlich wie das Monokalziumaluminat. In lebhafter Reaktion tritt eine Hydrolyse ein. Dabei bildet sich hydratisiertes Trikalziumaluminat und amorphe Tonerde. Es besitzt ausgezeichnete hydraulische Eigenschaften. Nach Nagai erreicht es nach 28 Tagen kombinierter Lagerung eine Druckfestigkeit von 149,3 kg/qcm.

Die kalkreichste Verbindung im Kalk-Tonerde-Diagramm ist das Trikalziumaluminat, $3\,CaO \cdot Al_2O_3$. Das Trikalziumaluminat ist ein sehr wesentlicher Bestandteil des Portlandzementklinkers. Es ist, wie das Diagramm der Abb. 26 zeigt, bei seinem Schmelzpunkt nicht stabil. Es zersetzt sich bei 1535 ∓ 5^0 C in CaO und eine Schmelze. Um diesen Zerfall in Kalk und Schmelze zu verhindern, stellt man das Trikalziumaluminat am besten unterhalb des inkongruenten Schmelzpunkts von 1535^0 dar. Es kristallisiert nach Rankin im regulären System in Form von Rhombendodekaedern. Die Brechung beträgt $n_{Na} = 1,710 \mp 0,001$. Manchmal beobachtet man eine ganz schwache Doppelbrechung, die aber nach Rankin durch Spannungen innerhalb der Kristalle hervorgerufen wird. Das spezifische Gewicht ist 3,038. Die Mohssche Härte ist 6. Weyer[2] und Harrington[3] haben neuerdings das Debye-Scherrer-Diagramm des Trikalziumaluminats aufgenommen, das

---
[1] Lafuma, H.: Recherches sur les aluminates de calcium. Thèses présentées à la Faculté d. Sci. de l'Univ. d. Paris. 1925. [2] Weyer, J.: a. a. O.
[3] Harrington, E. A.: Amer. J. Sci. Bd. 13 (1927) S. 467.

eindeutig definierte Linien zeigt und damit die Existenz eines definierten Raumgitters von Trikalziumaluminat beweist. Dies Diagramm zeigt Tabelle 29. Campbell[1] bestritt die Existenz des Trikalziumaluminats und nahm an, daß das Trikalziumaluminat eine Lösung von CaO in $5\,CaO \cdot 3\,Al_2O_3$ sei. Durch die Röntgenogramme von Weyer und Harrington werden diese Annahmen hinfällig. Denn wenn die Behauptungen von Campbell richtig wären, so müßte das Röntgenogramm des Trikalziumaluminats die Linien des Kalks (s. Tabelle 29) aufweisen. Dies ist jedoch nicht der Fall.

Tabelle 29. Debye-Scherrer-Aufnahme von Trikalziumaluminat und von Kalk.

$$d = \frac{\lambda}{2\sin\vartheta}.$$

CaO nach Harrington		$3\,CaO \cdot Al_2O_3$ nach Weyer		$3\,CaO \cdot Al_2O_3$ nach Harrington	
d_{hkl} in Å	Relative Intensität	d_{hkl} in Å	Relative Intensität	d_{hkl} in Å	Relative Intensität
—	—	—	—	4,10	4
—	—	—	—	3,30	2
—	—	3,00	8 (?)	3,04	1
2,77	m	2,69	20	2,70	20
2,40	s. st.	2,41	1	2,41	2
—	—	2,19	8	2,20	8
—	—	2,04	1	2,04	1
—	—	1,902	15	1,905	14
—	—	1,810	1	1,830	1
1,700	s. st.	1,727	3	1,732	0,5
—	—	1,555	20	1,555	16
1,450	st	1,350	12	1,345	10
1,388	st	1,299	1	1,312	0,5
—	—	1,238	1	1,235	4
1,201	m	1,207	12	1,204	10
—	—	1,163	1	1,163	1
—	—	1,127	1	1,122	0,5
—	—	1,106	1	1,100	2
—	—	—	—	1,057	0,5
—	—	—	—	1,038	0,5
—	—	1,022	15	1,019	12

Trikalziumaluminat reagiert mit Wasser unter Bildung von verschiedenen Hydraten, die sich alle als recht beständig erweisen. Thorvaldson[2] fand drei wohldefinierte Hydrate: $3\,CaO \cdot Al_2O_3 \cdot 6\,H_2O$ (spezi-

---

[1] Campbell, E. D.: J. Ind. Eng. Chem. Bd. 9 (1917) S. 943.
[2] Thorvaldson, Th., N. G. Grace u. V. A. Vigfusson: Canad. J. Res. Bd. 1 (1929) S. 201.

fisches Gewicht 2,52), 3 CaO · Al_2O_3 · 8 H_2O (spezifisches Gewicht 2,130) und 3 CaO · Al_2O_3 · 10,5 H_2O (spezifisches Gewicht 2,038). Das regulär kristallisierende Hexahydrat 3 CaO · Al_2O_3 · 6 H_2O scheint nach Thorvaldson das stabilste Hydrat zu sein, das infolge seiner Stabilität auch die geringste Reaktionsfähigkeit besitzt. Das Hexahydrat ist auch bei höheren Temperaturen beständig und bildet sich vornehmlich dann, wenn man erhärtende Zemente mit gespanntem Wasserdampf behandelt. Ein solcher mit gespanntem Wasserdampf behandelter Zement ist infolge der geringen Reaktionsfähigkeit des Hexahydrats recht widerstandsfähig gegen den korrodierenden Einfluß von Sulfatsalzlösungen. Das Hexahydrat ist bei Temperaturen von 100° C völlig stabil; bei 275—300° C gibt es $^3/_4$ seines Wassergehalts ab und bildet ein 1,5-Hydrat. Bei noch höherer Temperatur wird weiter langsam Wasser abgegeben. Die letzten Wasserreste verschwinden erst bei 1100° C. Die Trikalziumaluminate mit höherem Wassergehalt kristallisieren in hexagonalen Tafeln, deren Brechungsindizes von Wells und Dorsch zu $\omega_{Na} =$ 1,535 $\mp$ 0,004 und $\varepsilon = 1,515 \mp 0,005$ bestimmt wurden.

Das Trikalziumaluminat ist im Wasser nur wenig löslich. Thorvaldson hat die Löslichkeit des Hexahydrats in Wasser gemessen. Danach lösen sich in 100 ccm Wasser bei 21° C 0,0246 g und bei 40° C 0,0268 g. Beim Versetzen des Trikalziumaluminats mit Wasser auf dem Objektträger bilden sich sofort feine Nadeln und hexagonale Tafeln von hydratisiertem Trikalziumaluminat. Die anfänglich sehr kleinen Kriställchen zeigen ein sehr starkes Wachstum und erreichen nach einigen Tagen ihre maximale Größe. Das mit Wasser abgebundene Trikalziumaluminat zeigt eine recht erhebliche Druckfestigkeit. Sie beträgt bei einem 1 : 3 Mörtel aus Trikalziumaluminat nach Versuchen von Nagai nach 28 Tagen kombinierter Lagerung 82,8 bzw. 96 kg/qcm (s. Tabelle 28).

Travers und Schnoutka[1] haben in zahlreichen Messungen die Hydratation der Kalziumaluminate und die Existenzbedingungen der Kalziumhydroaluminate untersucht. Für ein eingehenderes Studium dieser für die Klärung der Tonerdezementerhärtung wichtigen Verhältnisse sei auf diese ausgezeichneten Arbeiten hingewiesen.

Die beim Abbinden und Erhärten des Tonerde- und Portlandzements entstehenden Trikalziumaluminathydrate reagieren mit Sulfaten unter Bildung von Kalziumaluminiumsulfaten. Da den Zementen bei der Klinkermahlung zur Regelung der Abbindezeit stets kleine Mengen von Gips, $CaSO_4$, zugesetzt werden, so tritt beim Abbinden und Erhärten des Zements in geringem Umfang die Bildung von Kalziumaluminiumsulfat ein. Die Bildung dieses Kalziumaluminiumsulfats ist eine der Ursachen für die verlangsamende Wirkung des Gipses auf das Abbinden der

---

[1] Travers, A. u. J. Schnoutka: Ann. Chim. (10) Bd. 13 (1930) S. 253—353, siehe dort die weiteren Arbeiten dieser Verfasser.

Zemente. Candlot[1] war der erste, der die Entstehung des Kalziumaluminiumsulfats bei der Hydratation des Portlandzements angenommen hat. Auf Grund von Versuchen an synthetisch hergestellten Kalziumaluminiumsulfaten stellte Candlot folgende Formel für das Kalziumaluminiumsulfat auf:

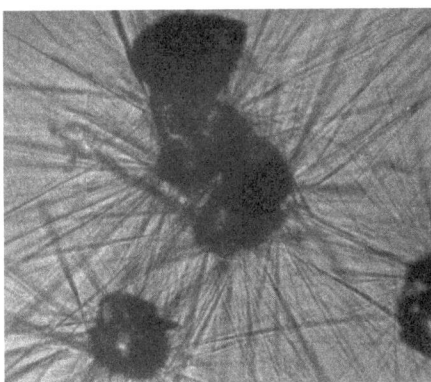

Abb. 27. Kalziumaluminiumsulfat (nach Koyanagi).

$3\,CaO \cdot Al_2O_3 \cdot 2{,}5\,CaSO_4 \cdot 59\,H_2O$.

Nach Candlot haben sich zahlreiche Forscher mit dem Kalziumaluminiumsulfat beschäftigt, von denen hier nur Klein und Phillips[2], Kühl und Albert[3], Lerch, Ashton und Bogue[4] und neuestens Koyanagi[5] genannt seien. Alle Forscher (außer Koyanagi) haben das Kalziumaluminiumsulfat aus reinen künstlichen Kalziumaluminaten und Gips hergestellt und so seine chemische Zusammensetzung ermittelt.

Im Gegensatz hierzu hat Koyanagi das Kalziumaluminiumsulfat aus technischem Portlandzement isoliert. Beim Abbinden des Portlandzements mit Gipszusatz beobachtet man unter dem Mikroskop kurze Zeit nach dem Anmachen das Auftreten feiner langer Nadelkristalle von Kalziumaluminiumsulfat. Dann bilden sich dicke kurze Prismen und dünne sechsseitige Blättchen von Trikalziumhydroaluminat, deren

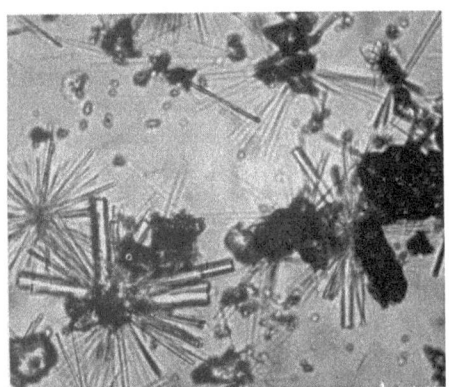

Abb. 28. Kalziumaluminiumsulfat (nach Koyanagi).

Entstehen durch die Menge des Gipses sehr stark beeinflußt wird. Je mehr Gips man zu einem Portlandzement hinzufügt, um so mehr wird die Bildung des Trikalziumhydroaluminats verzögert. Die Nadeln des

---

[1] Candlot, E.: Bull. Soc. Encour. Ind. nat. 1890 S. 682.
[2] Klein u. Phillips: Technol. Pap. Bur. Stand. 1914 Nr. 43.
[3] Kühl, H. u. Albert: Zement 1923 S. 279.
[4] Lerch, Ashton u. Bogue: Bur. Stand. J. Res. Bd. 4 (1929) S. 715.
[5] Koyanagi, K.: Zement 1931 Nr. 48 S. 1016.

Kalziumaluminiumsulfats sind bei geringer Wassermenge und ebenso bei geringem Gipszusatz außerordentlich dünn und fein (s. Abb. 27). Bei großem Wasserzusatz wachsen sie an Dicke und Länge, und nehmen schließlich bei hohem Gipszusatz die Form von Prismen an (s. Abb. 28). Koyanagi konnte ferner feststellen, daß das Kalziumaluminiumsulfat nach einiger Zeit langsam wieder in Gips und Trikalziumhydroaluminat zerfällt.

Koyanagis Messungen der chemischen Zusammensetzung des Kalziumaluminiumsulfats stimmen mit den neueren Beobachtungen von Lerch, Ashton und Bogue weitgehend überein. Ihre Ergebnisse seien in der folgenden Tabelle 30 zusammengestellt. Danach tritt das Kalziumaluminiumsulfat im Portlandzement nur in der Form $3\,CaO \cdot Al_2O_3 \cdot 3\,CaSO_4 \cdot 32{,}6\,H_2O$ auf. Es besitzt schwache Doppelbrechung (0,004), ist optisch negativ, und die Brechungsexponenten für Natriumlicht betragen: $\omega_{Na} = 1{,}465 \mp 0{,}002$, $\varepsilon_{Na} = 1{,}461 \mp 0{,}002$. Es kristallisiert bei niedrigem Gipszusatz in langen feinen Nadeln, oft in sphärolitischer Form, und bei höherem Gipsgehalt in Gestalt von Prismen.

Tabelle 30. Die optischen Daten des Kalziumaluminiumsulfats.

	Nach Lerch, Ashton und Bogue		Nach Koyanagi
	Hochsulfatform	Niedrige Sulfatform	
Formel	$3\,CaO \cdot Al_2O_3 \cdot 3\,CaSO_4 \cdot 31\,H_2O$	$3\,CaO \cdot Al_2O_3 \cdot CaSO_4 \cdot 12\,H_2O$	$3\,CaO \cdot Al_2O_3 \cdot 3\,CaSO_4 \cdot 32{,}6\,H_2O$
Kristallform	Lange feine Nadeln oft in sphärolithischer Form	hexagonale Blättchen	Prismen; bei niedrigem Gipszusatz lange feine Nadeln, oft in sphärolithischer Form
Optische Eigenschaften	einachsig negativ	einachsig negativ	einachsig negativ
Doppelbrechung	0,006	0,016	0,004
Brechungsindizes	$\omega = 1{,}464 \pm 0{,}002$ $\varepsilon = 1{,}458 \pm 0{,}002$	$\omega = 1{,}504 \pm 0{,}002$ $\varepsilon = 1{,}488 \pm 0{,}002$	$\omega = 1{,}465 \pm 0{,}002$ $\varepsilon = 1{,}461 \pm 0{,}002$

Wenn Sulfatsalzlösungen auf Zemente einwirken, dann entsteht je nach den Bedingungen Kalziumsulfat oder Kalziumaluminiumsulfat. Da das Kalziumsulfat und Kalziumaluminiumsulfat ein sehr gesteigertes Eigenvolumen gegenüber dem Zement besitzen (es sei nur an die riesigen Hydratwassermengen des Kalziumaluminiumsulfatkristalls gedacht), so tritt bei ihrer Bildung eine Zersprengung des erhärteten Zements ein. Dies ist die Ursache für die geringe Widerstandsfähigkeit der gewöhnlichen Zemente gegen Meerwasser. Näheres hierüber werden wir noch weiter unten in dem Kapitel über die Korrosion der Zemente erfahren.

4. CaO—Fe₂O₃. Die ersten thermischen Untersuchungen über das System Kalk-Eisenoxyd wurden von Hilpert und Kohlmeyer[1] durchgeführt. Danach sollten im System CaO—Fe₂O₃ fünf definierte Verbindungen existieren. Diese Ergebnisse wurden 1916 von Sosman und Merwin[2] revidiert und führten zu dem in Abb. 29 dargestellten Diagramm.

Nach Sosman und Merwin treten in dem System CaO—Fe₂O₃ nur zwei inkongruent schmelzende Verbindungen auf, nämlich das Monokalziumferrit, CaO · Fe₂O₃, und das Dikalziumferrit, 2 CaO · Fe₂O₃. Das in Abb. 29 dargestellte Diagramm zeigt, daß die Verhältnisse in diesem System noch keineswegs restlos geklärt sind, und daß exakte Angaben über die Schmelzgleichgewichte der Kalziumferrite bis heute noch fehlen. Das Eisenoxyd hat nämlich die Eigenschaft, bei höheren Temperaturen in Eisenoxyduloxyd zu dissoziieren, beispielshalber nach der Gleichung:

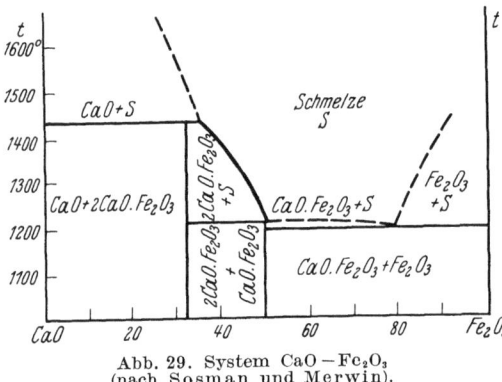

Abb. 29. System CaO—Fe₂O₃ (nach Sosman und Merwin).

$$6\,Fe_2O_3 \rightarrow 4\,Fe_3O_4 + O_2.$$

Wegen dieser Bildung von Eisenoxyduloxyd in den Mischungen von 0—50% CaO (s. Abb. 29) ist das Diagramm von Sosman und Merwin nur als eine Art Näherung anzusehen, und es müßte dieses System noch bei verschiedenen höheren Sauerstoffdrucken untersucht werden.

Das Diagramm von Sosman und Merwin läßt erkennen, daß das Monokalziumferrit bei 1216° C inkongruent schmilzt. Das Monokalziumferrit kristallisiert in großen metallglänzenden Kristallen vom spezifischen Gewicht 4,693. — Das Dikalziumferrit bildet sich beim Erhitzen von Kalk und Eisenoxyd oberhalb 1200° C. Beim Erhitzen über 1440° zerfällt das Dikalziumferrit in Kalk und eine Schmelze.

Neuerdings haben Nagai und Asaoka[3] das System CaO—Fe₂O₃ untersucht. Sie erhitzten 3 Teile CaO und 1 Teil Fe₂O₃ bei verschiedenen Temperaturen über 900° C und beobachteten die Menge des gebundenen Kalks. Die Ergebnisse zeigt die Tabelle 31.

Diese Versuche ergaben, daß bei 1100° C zunächst ein Teil des Kalks mit einem Teil Eisenoxyd unter Bildung von Monokalziumferrit reagiert.

---

[1] Hilpert, S. u. E. Kohlmeyer: Ber. dtsch. chem. Ges. Bd. 42 (1909) S. 4581.
[2] Sosman, R. B. u. H. E. Merwin: J. Wash. Acad. Sci. Bd. 6 (1916) S. 532.
[3] Nagai, S. u. K. Asaoka: J. Soc. chem. Ind. Japan Bd. 33 (1930) S. 130, 161.

Bei Temperaturen über 1300° C tritt dann eine vollständige Umwandlung in 2 CaO · Fe_2O_3 ein. Kalkreichere Ferrite als das Dikalziumferrit wurden auch von Nagai und Asaoka nicht beobachtet. Monokalziumferrit und Dikalziumferrit unterscheiden sich sehr wesentlich durch ihr Verhalten gegenüber $1/10$ normaler Salzsäure. Das Dikalziumferrit löst sich sehr leicht in $1/10$ normaler Salzsäure, während Monokalziumferrit ungelöst bleibt. Hierauf haben die genannten Forscher ein analytisches Verfahren zur Trennung von Mono- und Dikalziumferrit begründet.

Das Diagramm von Sosman und Merwin zeigt, daß zwischen dem System CaO—Fe_2O_3 und CaO—Al_2O_3 keinerlei Analogien bestehen. Beide Ferrite reagieren im Gegensatz zu den Kalziumaluminaten außerordentlich träge mit Wasser und zeigen nur äußerst schwache hydraulische Eigenschaften. Die erreichten Festigkeiten sind recht niedrig. Wenn frühere Autoren wie Schott[1] und Hilpert und Kohlmeyer[2] bei den von ihnen hergestellten „Trikalziumferriten" nach dem Anmachen mit Wasser beträchtliche Wärmeentwicklung und starkes Treiben beobachteten, so liegt das daran, daß dies „Trikalziumferrit", wie wir heute wissen, ein Gemisch von Dikalziumferrit, Monokalziumferrit und freiem Kalk gewesen ist.

Tabelle 31. Kalk und Eisenoxyd beim Erhitzen über 900° C.

Temperatur in °C	CaO · Fe_2O_3
900	0,11
1000	0,79
1100	1,04
1200	1,71
1300	1,92
1350	2,03
1400	2,08

Über die Rolle der Kalziumferrite in den Zementen soll weiter unten gesprochen werden.

5. MgO—SiO_2. Das System MgO—SiO_2 wurde

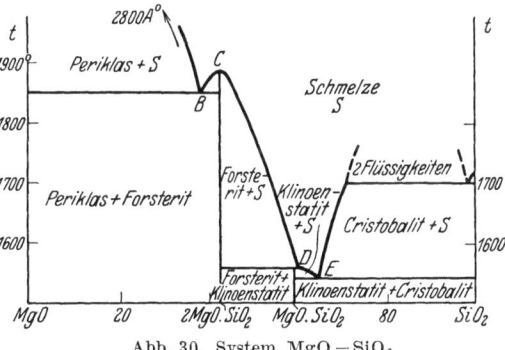

Abb. 30. System MgO—SiO_2 (nach Andersen und Bowen).

von Andersen und Bowen[3] erstmalig thermisch analysiert und dann von Greig[4] neu bearbeitet. Das Ergebnis dieser Arbeiten zeigt das Zustandsdiagramm der Abb. 30.

---

[1] Schott, O.: Kalksilikate und Kalkaluminate, S. 101 f.
[2] Hilpert, S. u. E. Kohlmeyer: a. a. O.
[3] Andersen, O. u. N. L. Bowen: Z. anorg. Chem. Bd. 87 (1914) S. 283; Amer. J. Sci. (4) Bd. 37 (1914) S. 487.
[4] Greig, J. W.: J. sci. Instrum. (5) Bd. 13 (1927) S. 133.

Danach gibt es zwei Magnesiumsilikate, erstens das bei 1890° C kongruent schmelzende Dimagnesiumsilikat und ferner das bei 1557° C inkongruent schmelzende Monomagnesiumsilikat. Das Monomagnesiumsilikat (spezifisches Gewicht 3,06) existiert in mehreren Modifikationen, von denen hier nur der rhombische Enstatit und der monokline Klinoenstatit genannt seien. Aus der Schmelze erhält man zunächst die α-Form, den Enstatit, der sich unterhalb 1375° C in den stabilen Klinoenstatit umwandelt. — Die Magnesiumsilikate spielen in den Zementen nur eine untergeordnete Rolle. In größeren Mengen bewirken sie bei den Portlandzementen das sog. Magnesiatreiben, dessen wahre Ursachen man noch nicht kennt. Wahrscheinlich geht die Hydrolyse der Magnesiumsilikate unter so großer Volumenveränderung vor sich, daß eine Zersprengung des Zements bewirkt wird. Immerhin konnte Klein nachweisen, daß ein Magnesiagehalt bis zu 8% noch keine Treibwirkung beim Portlandzement hervorruft. Dieser noch unschädliche Gehalt an Magnesia dürfte bei den einzelnen Portlandzementen jedoch sehr verschieden sein; er ist abhängig von der Art des Brandes und von dem Kalkgehalt des Zements.

Blank[1] untersuchte neuerdings den Einfluß von Magnesiumoxyd auf Klinker und Zement. Er fand, daß sich Portlandzemente mit 8 bis 19% MgO im Drehofen zusammenballten. Diese Zemente ergaben zunächst ganz gute Festigkeiten, aber nach einiger Zeit zerfielen sie. Weniger schlecht, aber auch unbrauchbar, waren Portlandzemente mit 6,2—7,6% MgO. Erst unterhalb 5% hatte die Magnesia keinen ungünstigen Einfluß auf den Zement.

Damit sind wir am Ende unserer Besprechung der binären Systeme $CaO-SiO_2$, $CaO-Al_2O_3$, $Al_2O_3-SiO_2$, $CaO-Fe_2O_3$ und $MgO-SiO_2$, deren Kenntnis für das Konstitutionsproblem der Zemente und für die Untersuchung der Abbinde- und Erhärtungsvorgänge von großer Wichtigkeit ist. In Tabelle 32 finden wir eine Zusammenstellung einiger in diesen Systemen natürlich vorkommender Verbindungen.

c) Das ternäre System $CaO-Al_2O_3-SiO_2$.

Das für die Chemie der hydraulischen Bindemittel so außerordentlich wichtige Dreistoffsystem Kalk-Tonerde-Kieselsäure wurde erstmalig von Rankin und Shepherd[2] nach der statischen Methode thermisch untersucht. Diese umfassende Arbeit wurde dann von Rankin[3] im Jahre 1915 weiter vervollkommnet und von Greig[4] 1927 nochmals

---

[1] Blank, A. J.: Concrete Bd. 37 (1930) S. 85—87.
[2] Rankin, G. A. u. E. S. Shepherd: Z. anorg. allg. Chem. Bd. 71 (1911) S. 19.
[3] Rankin, G. A.: Z. anorg. allg. Chem. Bd. 92 (1915) S. 213.
[4] Greig, J. W.: Amer. J. Sci. (5) Bd. 13 (1927) S. 35.

eingehend revidiert. Das Ergebnis der Greigschen Untersuchung zeigt das Zustandsdiagramm der Abb. 31.

Die genannten Forscher verwendeten bei ihren thermischen Untersuchungen die statische Methode der Abschreckung und ergänzten diese noch durch die dynamische Methode der Beobachtung von Energieänderungen (Auftreten von Wärmetönungen bei langsamem Abkühlen).

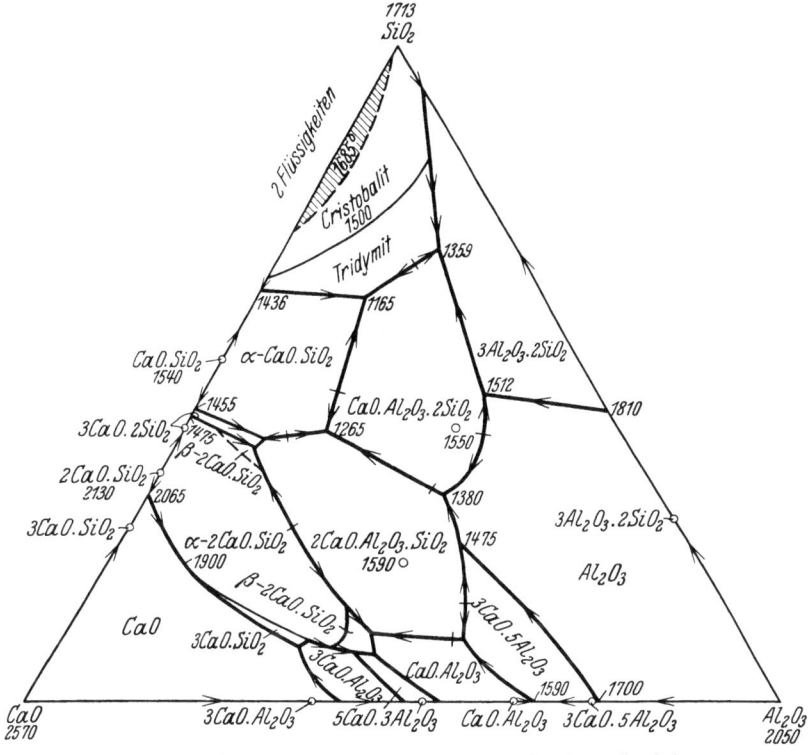

Abb. 31. System $CaO-Al_2O_3-SiO_2$ (nach Rankin-Greig).

Wie bereits oben gesagt wurde, ist die dynamische Methode für sich allein wertlos. In Verbindung mit der statischen Methode kann sie jedoch wertvolle Bestätigungen für die statisch gefundenen Ergebnisse liefern. Diese Untersuchungen sind sehr mühevoll. Als Beleg hierfür sei nur erwähnt, daß allein bei den Arbeiten von Rankin etwa 1000 verschiedene Gemische hergestellt und mehr als 7000 einzelne Erhitzungsversuche und mikroskopische Prüfungen durchgeführt wurden.

Es wurde nun gefunden, daß im ternären System $CaO-Al_2O_3-SiO_2$ neben den reinen Komponenten CaO, Al_2O_3 und SiO_2 folgende binären Verbindungen auftreten:

Die Silikate: Monokalziumsilikat ($CaO \cdot SiO_2$),
Dikalziumsilikat ($2\,CaO \cdot SiO_2$),
Trikalziumsilikat ($3\,CaO \cdot SiO_2$),
Trikalziumdisilikat ($3\,CaO \cdot 2\,SiO_2$),
Aluminiumsilikat ($3\,Al_2O_3 \cdot 2\,SiO_2$, Mullit).

Die Aluminate: Trikalziumpentaaluminat ($3\,CaO \cdot 5\,Al_2O_3$),
Monokalziumaluminat ($CaO \cdot Al_2O_3$),
Pentakalziumtrialuminat ($5\,CaO \cdot 3\,Al_2O_3$),
Trikalziumaluminat ($3\,CaO \cdot Al_2O_3$).

Die Existenzgebiete dieser binären Verbindungen liegen in dem Dreistoffdiagramm längs der drei Dreiecksseiten. Das Trikalziumsilikat tritt in diesem Diagramm nur in einem kleinen Existenzbereich in Erscheinung, da es ja nur in einem bestimmten engbegrenzten Temperaturbereich stabil ist und in einem binären System nicht als primäre Phase auftritt. Alle diese binären Verbindungen sind weiter oben schon besprochen worden.

Das Diagramm der Abb. 31 zeigt ferner, daß in dem Dreistoffsystem CaO—Al_2O_3—SiO_2 vor allem zwei ternäre Verbindungen mit kongruentem Schmelzpunkt existieren, nämlich die Verbindung $CaO \cdot Al_2O_3 \cdot 2\,SiO_2$ (Anorthit) und die Verbindung $2\,CaO \cdot Al_2O_3 \cdot SiO_2$. Eine dritte ternäre Verbindung, deren molekulare Zusammensetzung Rankin mit $3\,CaO \cdot Al_2O_3 \cdot SiO_2$ angibt, erwies sich in Berührung mit der Schmelze als instabil. Ebenso instabil ist die bei Atmosphärendruck inkongruent schmelzende Verbindung $3\,CaO \cdot Al_2O_3 \cdot 3\,SiO_2$, die in der Natur als Grossular vorkommt. Diese beiden ternären Verbindungen zerfallen beim Schmelzen und treten im System CaO—Al_2O_3—SiO_2 nicht als primäre Phase auf. Sie sind daher in dem Diagramm der Abb. 31 nicht dargestellt.

Der Anorthit, $CaO \cdot Al_2O_3 \cdot 2\,SiO_2$, schmilzt bei 1550 ∓ 2^0 C. Sein Existenzgebiet wird umgeben vom Tridymit, von $\alpha\text{-}CaO \cdot SiO_2$, von $2\,CaO \cdot Al_2O_3 \cdot SiO_2$, von der Tonerde und vom Mullit. Sein Kristallsystem ist triklin. Die Brechungsindizes betragen $\gamma_{Na} = 1{,}589 \mp 0{,}001$, $\beta_{Na} = 1{,}585 \mp 0{,}001$ und $\alpha_{Na} = 1{,}576 \mp 0{,}001$. Er besitzt schwache Doppelbrechung. Sein optischer Charakter ist negativ.

Die Verbindung $2\,CaO \cdot Al_2O_3 \cdot SiO_2$ schmilzt bei 1590 ∓ 2^0 C. Das Existenzgebiet dieser Verbindung wird von $CaO \cdot Al_2O_3 \cdot 2\,SiO_2$, $3\,CaO \cdot 2\,SiO_2$, $\alpha\text{-}2\,CaO \cdot SiO_2$, $\beta\text{-}2\,CaO \cdot SiO_2$, $CaO \cdot Al_2O_3$, $3\,CaO \cdot 5\,Al_2O_3$ und von der Tonerde begrenzt. Sie kristallisiert im tetragonalen System, und zwar in glasartigen klaren, farblosen Körnern von muscheligem Bruch und der Härte 6. Die Brechungsindizes betragen $\omega_{Na} = 1{,}669 \mp 0{,}001$ und $\varepsilon_{Na} = 1{,}658 \mp 0{,}001$. Sie besitzt schwache Doppelbrechung und ist optisch negativ. Der natürlich vorkommende Gehlenit, $3\,CaO \cdot Al_2O_3 \cdot 2\,SiO_2$, ist eine Doppelverbindung der beiden Verbindungen $2\,CaO \cdot Al_2O_3 \cdot SiO_2$ und $CaO \cdot SiO_2$.

Die Verbindung $3\,CaO \cdot Al_2O_3 \cdot SiO_2$ schmilzt inkongruent, d. h. sie ist im Schmelzpunkt instabil und zerfällt bei 1335 ∓ 5^0 C in $2\,CaO \cdot SiO_2$ und $CaO \cdot Al_2O_3$. Ihre optischen Daten und ihr Kristallsystem sind noch unsicher. Ihr optischer Charakter ist negativ, die Doppelbrechung beträgt ungefähr 0,01. Das Kristallsystem soll nach Rankin rhombisch sein.

Eine weitere ternäre Verbindung hat Jänecke[1] auf Grund von dynamischen Abkühlungskurven gefunden, nämlich eine Verbindung von der molekularen Zusammensetzung $8\,CaO \cdot Al_2O_3 \cdot 2\,SiO_2$, die kongruent bei 1382° C schmelzen soll. Man beobachtet beim Abkühlen einer Schmelze von dieser Zusammensetzung bei ungefähr 1370° C das Auftreten einer Wärmetönung. Auf Grund von mikroskopischen Beobachtungen, wonach die Schmelze von der Zusammensetzung $8\,CaO + Al_2O_3 + 2\,SiO_2$ als einheitlicher Körper erscheint, ergab sich dann für Jänecke der Schluß, daß eine ternäre Verbindung $8\,CaO \cdot Al_2O_3 \cdot 2\,SiO_2$ existiere. Die nadelförmigen Kristalle sind nach Jänecke rhombisch, ihr optischer Charakter ist vermutlich negativ. Rankin[2] hat dann die Angaben von Jänecke bezüglich des $8\,CaO \cdot Al_2O_3 \cdot 2\,SiO_2$ eingehend nachgeprüft und festgestellt, daß das bei Temperaturen von 1391° C und 1475° C erhitzte Produkt $8\,CaO + Al_2O_3 + 2\,SiO_2$ keine chemische Verbindung, sondern ein kompliziertes heterogenes Gemisch von Trikalziumsilikat, Dikalziumsilikat und Trikalziumaluminat ist:

$$8\,CaO \cdot Al_2O_3 \cdot 2\,SiO_2 = 3\,CaO \cdot Al_2O_3 + 3\,CaO \cdot SiO_2 + 2\,CaO \cdot SiO_2.$$

Dieses Gemisch erscheint deswegen unter dem Mikroskop als einheitlich homogen, weil die Brechungsindizes dieser Verbindungen nahezu gleich sind. Die von Jänecke beobachtete Wärmetönung erwies sich nach Rankin als Unterkühlungseffekt, der bei Silikaten außerordentlich leicht auftritt (wir haben oben wiederholt darauf hingewiesen, daß aus diesem Grunde die dynamische Methode der Abkühlungskurven bei Silikaten sehr roh und niemals allein beweiskräftig ist). Bei dem Haltepunkt auf der Jäneckeschen Abkühlungskurve handelt es sich höchstwahrscheinlich um das Eutektikum $3\,CaO \cdot Al_2O_3$ und $5\,CaO \cdot 3\,Al_2O_3$. Dyckerhoff[3] hat dann später die Angaben Jäneckes nochmals nachgeprüft. Bei den Arbeitsbedingungen Jäneckes und Rankins (d. h. bei 1350—1500°) fand auch Dyckerhoff keine Verbindung von der Zusammensetzung $8\,CaO \cdot Al_2O_3 \cdot 2\,SiO_2$. Dyckerhoff glaubt vielmehr, daß eine solche Verbindung erst bei sehr hoher Temperatur, oberhalb 1800° C, entstehe und bei etwa 1900° C unter CaO-Abspaltung zerfalle. Neuerdings haben Bogue, Ashton, Dyckerhoff und Hansen[4] nochmals eingehend die Existenz der Verbindung $8\,CaO \cdot Al_2O_3 \cdot 2\,SiO_2$ thermisch, mikroskopisch und röntgenographisch nachgeprüft. Diese Versuche, die unter den günstigsten Darstellungsbedingungen und entsprechend den früheren Untersuchungen von Dyckerhoff durchgeführt

---

[1] Jänecke, E.: Z. anorg. allg. Chem. Bd. 73 (1912) S. 200, Bd. 93 (1915) S. 271.
[2] Rankin, G. A.: Z. anorg. allg. Chem. Bd. 75 (1912) S. 63.
[3] Dyckerhoff, W.: Diss. Frankfurt 1925.
[4] Bogue, R. H., F. W. Ashton, W. Dyckerhoff u. W. C. Hansen: J. phys. Chem. Bd. 31 (1927) S. 607.

wurden, führten zu dem eindeutigen Ergebnis, daß die Schmelzen von der Zusammensetzung 8 CaO + Al_2O_3 + 2 SiO_2 beim Abkühlen die von Jänecke beobachteten nadelförmigen Kristalle ausscheiden. Die genaue mikroskopische Untersuchung ergab jedoch weiter, daß es sich hierbei um Trikalziumsilikat handelt. Die optischen Daten der Nadelkristalle stimmen vollkommen mit denen des Trikalziumsilikats überein. Neben den Trikalziumsilikatkristallen trat in den Schmelzprodukten noch Glas und freier Kalk auf. Die thermische Untersuchung der Mischung 8 CaO + Al_2O_3 + 2 SiO_2 bestätigte die früheren Behauptungen Rankins, daß Dikalziumsilikat und Trikalziumaluminat mit Trikalziumsilikat im Gleichgewicht stehen können. Darüber hinaus haben die genannten Forscher nachgewiesen, daß die Debye-Scherrer-Diagramme der Schmelzprodukte von der Zusammensetzung 8 CaO + Al_2O_3 + 2 SiO_2 vollkommen mit den Diagrammen von 3 CaO · SiO_2, 2 CaO · SiO_2 und 3 CaO · Al_2O_3 übereinstimmten, daß also eine Verbindung 8 CaO · Al_2O_3 · 2 SiO_2, die ja ein eigenes charakteristisches Raumgitter mit ganz individuellen Netzebenenabständen haben müßte, nicht existiert. Um zu beweisen, daß die nadelförmigen Kristalle in den Schmelzen von der Zusammensetzung 8 CaO + Al_2O_3 + 2 SiO_2 wirklich Trikalziumsilikat sind, hat man dann noch analoge thermische Versuche mit einem Gemisch von 8 CaO + Fe_2O_3 + 2 SiO_2 durchgeführt; in diesem Gemisch ist keine Tonerde enthalten und infolgedessen kann hier ein ternäres Kalziumaluminiumsilikat gar nicht auftreten. Aber auch bei diesem Versuch wurden jene nadelförmigen Kristalle beobachtet, was beweist, daß die Bildung dieser Kristalle von der Anwesenheit der Tonerde unabhängig ist.

Damit dürften die Akten über das Bestehen der Verbindung 8 CaO · Al_2O_3 · 2 SiO_2, die man auch Jäneckeit genannt hat, abgeschlossen sein. Es würde hier zu weit führen, auf die Entgegnungen von Jänecke und die weiteren Diskussionen über die Existenz dieser Verbindung einzugehen, weil diese bis heute noch nichts Neues ergeben haben und vor allem nicht experimentell basiert sind. Die Existenz des Jäneckeits mußte hier etwas breiter behandelt werden, weil bis vor kurzem immer noch die Meinung vertreten wurde, daß der Jäneckeit ein wesentlicher Bestandteil des Portlandzements sei.

Über die hydraulische Erhärtung der ternären Verbindungen CaO · Al_2O_3 · 2 SiO_2 und 2 CaO · Al_2O_3 · SiO_2 liegen bis heute noch keine sicheren Ergebnisse vor. Die Beobachtungen, die an synthetisch hergestellten Substanzen dieser Zusammensetzung gemacht wurden, sind, wie wir jetzt wissen, meist an unreinen Substanzen von unbekannter Struktur erfolgt, so daß wir uns hier die Mitteilung dieser Versuchsergebnisse schenken können. Man kann aber als sicher annehmen, daß das hydraulische Erhärtungsvermögen dieser beiden ternären Verbindungen sicher kleiner ist als das der binären Verbindungen 3 CaO · SiO_2, 2 CaO · SiO_2, CaO · Al_2O_3 und 3 CaO · Al_2O_3. Die folgende Tabelle 32a

Tabelle 32. Natürlich vorkommende binäre Verbindungen im System CaO—Al$_2$O$_3$—SiO$_2$—MgO—Fe$_2$O$_3$ (Kristallsystem, spezifisches Gewicht, Doppelbrechung).

	Spezifisches Gewicht	Krystallsystem	Doppelbrechung
CaO—SiO$_2$:			
Wollastonit (CaO · SiO$_2$)	2,80—2,90	monoklin	0,015 (—)
Pseudowollastonit (CaO · SiO$_2$)	2,80—2,90	hexagonal	0,025 (+)
Okenit (CaO · 2 SiO$_2$ · 2 H$_2$O)	2,30—2,40	rhombisch	0,009
Al$_2$O$_3$—SiO$_2$:			
Sillimanit (Al$_2$O$_3$ · SiO$_2$)	3,23—3,25	rhombisch	0,022
Andalusit (Al$_2$O$_3$ · SiO$_2$)	3,10—3,20	rhombisch	0,011
Disthen (Al$_2$O$_3$ · SiO$_2$)	3,56—3,67	triklin	0,012
Kaolinit (Al$_2$O$_3$ · 2 SiO$_2$ · 2 H$_2$O)	2,40—2,60	monoklin	0,008
Kollyrit (2 Al$_2$O$_3$ · SiO$_2$ · 9 H$_2$O)	2,215	—	—
MgO—SiO$_2$:			
Enstatit (MgO · SiO$_2$)	3,10—3,29	rhombisch	0,009
Forsterit (2 MgO · SiO$_2$)	3,20—3,33	rhombisch	—
Gymnit (4 MgO · 3 SiO$_2$ + 6 H$_2$O)	2,00—2,30	amorph	—
Meerschaum (2 MgO · 3 SiO$_2$ · 2 H$_2$O)	2	—	—
Fe$_2$O$_3$—SiO$_2$:			
Hypersthen (2 FeO · 2 SiO$_2$)	3,30—3,40	rhombisch	0,013
Hercynit (FeO · Al$_2$O$_3$)	3,91—3,95	regulär	—

Tabelle 32a. Ternäre Verbindungen im System CaO—Al$_2$O$_3$—SiO$_2$—MgO—Fe$_2$O$_3$ (Kristallsystem, spezifisches Gewicht, Doppelbrechung).

	Spezifisches Gewicht	Kristallsystem	Doppelbrechung
CaO—SiO$_2$—Al$_2$O$_3$:			
Anorthit (CaO · Al$_2$O$_3$ · 2 SiO$_2$)	2,73—2,76	rhombisch	0,013
Gismondin (CaO · Al$_2$O$_3$ · 2 SiO$_2$ + 4 H$_2$O)	2,265	monoklin	—
Lawsonit (CaO · Al$_2$O$_3$ · 2 SiO$_2$ + 2 H$_2$O)	3,08—3,09	rhombisch	0,019
Heulandit (CaO · Al$_2$O$_3$ · 6 SiO$_2$ + 5 H$_2$O)	2,10—2,20	monoklin	0,007
Laumontit (CaO · Al$_2$O$_3$ · 4 SiO$_2$ + 4 H$_2$O)	2,25—2,35	monoklin	0,012
Margarit (CaO · 2 Al$_2$O$_3$ · 2 SiO$_2$ + H$_2$O)	2,99—3,10	monoklin	0,010
Prehnit (2 CaO · Al$_2$O$_3$ · 3 SiO$_2$ + H$_2$O)	2,80—2,95	rhombisch	0,033
Gehlenit (3 CaO · Al$_2$O$_3$ · 2 SiO$_2$)	2,98—3,10	tetragonal	0,006 (—)
Grossular (3 CaO · Al$_2$O$_3$ · 3 SiO$_2$)	3,40—3,60	regulär	—
Meionit (4 CaO · 3 Al$_2$O$_3$ · 6 SiO$_2$)	2,60—2,74	tetragonal	0,035 (—)
CaO—MgO—SiO$_2$:			
Monticellit (CaO · MgO · SiO$_2$)	3,03—3,25	rhombisch	0,017
Palit (CaO · MgO · 2 SiO$_2$)	3,25—3,40	monoklin	—
CaO—FeO—SiO$_2$:			
Hedenbergit (CaO · FeO · 2 SiO$_2$)	3,46—3,58	monoklin	0,019
MgO—Al$_2$O$_3$—SiO$_2$—Fe$_2$O$_3$:			
Olivin (MgO · FeO · SiO$_2$)	3,27—3,57	rhombisch	0,036
Kornerupin (MgO · Al$_2$O$_3$ · SiO$_2$)	3,27—3,34	rhombisch	0,013

bringt eine Zusammenstellung von verschiedenen natürlich vorkommenden Kalziumaluminiumsilikaten. Gleichzeitig enthält sie einige andere ternäre und quaternäre Verbindungen aus den Komponenten Kalk, Kieselsäure, Tonerde, Eisenoxyd und Magnesia, deren Existenz in den Zementen jedoch nicht erwiesen ist.

VII. Die Konstitution des Portlandzementklinkers.

In der ersten Zeit der wissenschaftlichen Zementforschung hatte man geglaubt, daß der Zement eine einheitliche chemische Verbindung sei, deren Zusammensetzung mit einer mehr oder weniger komplizierten Konstitutionsformel ausgedrückt werden könnte. Die Folgezeit lehrte jedoch, daß die Dinge nicht ganz so einfach liegen. Um 1880 herum begann man zahlreiche Portlandzemente zunächst einmal mikroskopisch zu untersuchen, und dabei entdeckte man nach und nach eine ganze Reihe von verschiedenen Klinkermineralien. Die erste Beschreibung eines Klinkerdünnschliffs stammt wohl von Le Chatelier[1] aus dem Jahre 1887. Die Beobachtungen Le Chateliers, die völlig unbeachtet blieben, wurden 10 Jahre später von Törnebohm[2] bestätigt. Törnebohm hat das Verdienst, die heute noch üblichen Bezeichnungen für die verschiedenen Klinkermineralien eingeführt zu haben. Törnebohm beobachtete im ganzen vier verschiedene Kristallarten im Zementklinker, die er mit Alit, Belit, Celit und Felit bezeichnete. Daneben stellte er noch eine amorphe glasige Grundmasse fest. Die Klinkerbeschreibung von Törnebohm wurde dann im Jahre 1913 von v. Glasenapp[3] sehr wesentlich erweitert und berichtigt. v. Glasenapp stellte als erster die Ansicht auf, daß die verschiedenen Klinkermineralien in den meisten Fällen keine einfachen chemischen Verbindungen seien, sondern Mischungsreihen von verschiedenen chemischen Substanzen. Auch die Klinkerbeschreibung v. Glasenapps war noch keineswegs vollständig. Im Jahre 1927/1928 erschien eine neue Darstellung des Klinkerbildes von Guttmann und Gille[4]. Danach können im Portlandzementklinker neun verschiedene Klinkermineralien auftreten, von denen aber nur vier, nämlich der Alit, Belit und Celit und die dunkel gefärbte glasige Grundmasse technisch von Bedeutung sind. Diese neun Bestandteile treten auch nicht immer gleichzeitig in jedem Klinker auf. Man beobachtet in jedem Klinker immer nur einige von diesen Mineralien. Eine Zusammenstellung der neun Klinkermineralien nach Guttmann und Gille zeigt die Tabelle 33, die nur insofern etwas

---

[1] Chatelier, H. Le: Recherch. exper. sur la constitut. des mortiers hydrauliques, 1887.
[2] Törnebohm, A. E.: Die Petrographie des Portlandzements, 1897.
[3] Glasenapp, M. v.: Zementprotok. 1913 S. 313.
[4] Guttmann, A. u. F. Gille: Zement 1927 S. 921 u. 951; 1928 S. 296 u. 618.

geändert ist, als den neuesten Erfahrungen über die Konstitution des Alits Rechnung getragen wurde.

Tabelle 33. Bestandteile des Portlandzementklinkers (nach Guttmann und Gille).

Bezeichnung	Zusammensetzung	Farbe	Brechungsexponenten			Doppelbrechung	Kristallsystem
			α	β	γ		
Alit	$3\,CaO \cdot SiO_2$	farblos	1,718	—	1,722	negativ $\sim 0{,}005$	monoklin rhombisch
Belit	α- bzw. β- $2\,CaO \cdot SiO_2$	bräunlich	1,715	—	1,735	positiv	α = monoklin β = rhombisch
β-Dikalziumsilikat ..	$2\,CaO \cdot SiO_2$	farblos	—	1,715	—	positiv	tetragonal
Freier Kalk .	CaO	farblos	—	1,838	—	—	regulär
Celit	nicht einheitlich	dunkelbraun	—	—	—	—	—
Kalziumaluminate ..	$3\,CaO \cdot Al_2O_3$ $5\,CaO \cdot 3\,Al_2O_3$	farblos	—	1,710 1,608	—	—	regulär
Epezit ...	?	farblos	1,550	—	1,560	?	?
γ-Dikalziumsilikat ..	$2\,CaO \cdot SiO_2$	farblos	1,641	1,646	1,655	negativ	monoklin
Glas	stark Al_2O_3-haltig	verschieden gefärbt	—	—	—	—	amorph

Der wichtigste Bestandteil des Portlandzements und der Träger seiner hydraulischen Erhärtung ist der Alit. Er ist farblos, besitzt eine sehr starke Lichtbrechung, die völlig mit der des Trikalziumsilikats übereinstimmt und sein optischer Charakter ist ebenso wie der des Trikalziumsilikats negativ. Die Doppelbrechung ist schwach und beträgt ungefähr 0,005. Das Kristallsystem des Alits ist monoklin oder rhombisch (s. Dünnschliff Abb. 32 und 33).

Da der Alit der Hauptbestandteil des Portlandzementklinkers ist, so hat gerade die Frage nach seiner Zusammensetzung das allergrößte Interesse erregt. Jahrzehntelang tobte der Kampf um die Streitfrage: Was ist der Alit?, und die verschiedenartigsten Theorien wurden aufgestellt, um diese Frage zu beantworten. Die entscheidende Antwort konnte erst in allerneuester Zeit mit dem modernen Mittel der Röntgenspektroskopie gegeben werden. Es würde hier zu weit führen, das Für und Wider all der verschiedenen Theorien noch einmal zu wiederholen.

128   Die Konstitution des Portlandzementklinkers.

Diese Dinge sind alle überholt, seit es Guttmann und Gille[1] gelungen ist, den Alit aus den technischen Zementklinkern zu fraktionieren und optisch und röntgenographisch zu untersuchen. In aller Kürze und mehr

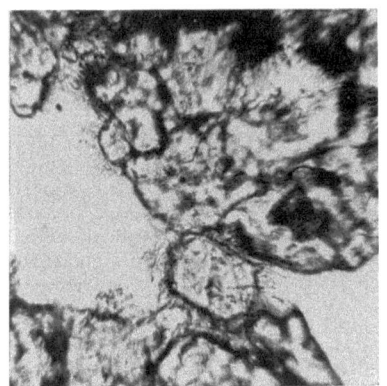 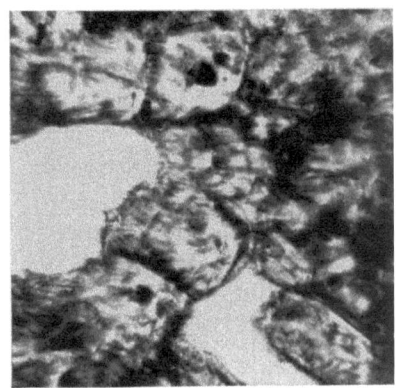

Abb. 32 und 33. Alitkristalle von Schachtofenklinkern (600 ×).

in Form einer tabellarischen Übersicht seien die verschiedenen Alittheorien aufgezählt.

Törnebohm[2] war der Ansicht, daß der Alit eine Mischung von Trikalziumsilikat und einem kalkreichen Aluminat sei.

Jänecke[3] glaubte auf Grund von Untersuchungen, die nach der dynamischen Methode der Abkühlungskurven durchgeführt wurden, daß der Alit die ternäre Verbindung $8\,CaO \cdot Al_2O_3 \cdot 2\,SiO_2$ sei. Hiergegen wurde der Einwand geltend gemacht, daß der Tonerdegehalt des Jäneckeits viel zu hoch sei, da der Tonerdegehalt des Portlandzements ja nur 5—8%, der des Jäneckeits aber 15,22% betrage (s. Tabelle 34).

Tabelle 34. Prozentuale Zusammensetzung von Portlandzement und von Jäneckeit.

	Portlandzement (Grenzwerte) %	Jäneckeit %
SiO_2	18—22	17,96
Al_2O_3. ...	5— 8	15,22
CaO	62—66	66,82

Gegenüber der Ansicht, daß der Alit möglicherweise ein Mischkristall sein könne, wurde von Jänecke[4] nochmals ausdrücklich die Identität des Alits mit dem Jäneckeit betont. Später vertrat dann

---

[1] Guttmann, A. u. F. Gille: Zement 1929 S. 912; 1931 Nr. 7 S. 144.

[2] Törnebohm, A. E.: Die Petrographie des Portlandzements, 1897.

[3] Jänecke, E.: Z. anorg. allg. Chem. Bd. 73 (1912) S. 200, Bd. 74 (1912) S. 428, Bd. 76 (1912) S. 357.

[4] Jänecke, E.: Z. anorg. allg. Chem. Bd. 89 (1914) S. 368.

Jänecke[1] die Ansicht, daß der Alit ein Mischkristall aus Jäneckeit und Dikalziumsilikat sei. Danach müßten ungefähr 5—10% Kalk im Portlandzement in ungebundener Form vorliegen. Freier Kalk kommt aber in einem gut gebrannten Zement überhaupt nicht oder nur in ganz geringen Spuren vor.

Dyckerhoff[2] kam zu dem Ergebnis, daß der Alit ein mit Kalk angereichertes Dikalziumsilikat sein müsse; ein Dikalziumsilikat, das bis zu 10% Kalk gelöst enthalte. Dieser Theorie wurde entgegengehalten, daß dann eine große Menge Kalk im Portlandzement in freier Form vorkommen müsse. Ebenso glaubt

Nacken[3], daß der Alit in der Hauptsache aus Dikalziumsilikat bestünde. Dem steht vor allem die praktische Erfahrung entgegen, daß Zementklinker, die größere Mengen von Dikalziumsilikat enthalten, zerrieseln. Dazu kommt, daß die optischen Daten des Alits und des β-Dikalziumsilikats in keiner Weise übereinstimmen. Der Alit ist optisch negativ, β-Dikalziumsilikat hingegen optisch positiv. Eine Zusammenstellung der optischen Daten von Jäneckeit, Trikalziumsilikat, Alit, β-Dikalziumsilikat und Trikalziumaluminat zeigt die folgende Tabelle 35.

Tabelle 35. Optische Daten des Alits usw.

	Mittlerer Brechungsexponent	Doppelbrechung	Optischer Charakter	Winkel der optischen Achsen
Jäneckeit	1,705	0,004	negativ	groß
Trikalziumsilikat	1,715	$\sim$ 0,005	negativ	sehr klein
Alit	1,715	$\sim$ 0,005	negativ	klein
β-Dikalziumsilikat . . .	1,726	0,01	positiv	groß
Trikalziumaluminat . .	1,710	regulär kristallisiert		

Guttmann und Gille[4] nahmen an, daß der Alit ein Mischkristall aus Trikalziumsilikat mit geringen Mengen von Trikalziumaluminat sei. Gegen diese Auffassung war mit Recht einzuwenden, daß eine isomorphe Mischung von optisch so verschiedenartigen Stoffen wie Trikalziumsilikat und Trikalziumaluminat kaum möglich erscheint. Der Betrag an Trikalziumaluminat ist zu groß, als daß man eine Eingliederung des Trikalziumaluminats in das Raumgitter des Trikalziumsilikats ohne Zwang vorstellen könnte.

Kühl[5], der sich stets in einen bewußten Gegensatz zu allen diesen Theorien stellte und deren Mängel aufdeckte, vertritt auf Grund seiner

---

[1] Jänecke, E.: Ber. 51. Hauptverslg. Ver. dtsch. Portl.-Zement-Fabrik. 1928 S. 8f. [2] Dyckerhoff, W.: Diss. Frankfurt 1925; Zement 1927 S. 735.
[3] Nacken, R.: Ber. 51. Hauptverslg.Ver. dtsch. Portl.-Zement-Fabrik. 1928 S. 42.
[4] Guttmann, A. u. F. Gille: Zement 1927 S. 921 u. 951; 1928 S. 296; Tonind.-Ztg. Bd. 52, 1928 Nr. 22 u. 29 S. 418 u. 570.
[5] Kühl, H.: Zementchemie in Theorie und Praxis 1929 S. 38f.; Tonind.-Ztg. Bd. 53, Nr. 89 S. 1575.

langjährigen praktischen Erfahrungen in der Zementherstellung sowie von mikroskopischen Klinkeruntersuchungen die Ansicht, daß der Alit eine isomorphe Mischung von Jäneckeit und Trikalziumsilikat sei. Er läßt es allerdings offen, ob der Jäneckeit wirklich existiert. Für den Fall der Nichtexistenz des Jäneckeits nimmt Kühl an, daß ein kalkreiches Aluminat (3 CaO · Al_2O_3 oder 5 CaO · 3 Al_2O_3) sich an dem Aufbau des Alits beteiligen müsse. In diesem Fall erklärt er seine Ansicht über den Alit als übereinstimmend mit den Anschauungen von Guttmann und Gille.

Einen ganz gewaltigen Fortschritt in der Erforschung des Alitproblems bedeutete es, als Guttmann und Gille[1] im Jahre 1929 darangingen, den Alit durch Zentrifugieren aus dem Zementklinker zu isolieren und chemisch und röntgenographisch zu analysieren. Dabei machten sie die Entdeckung, daß die chemische Zusammensetzung und das Raumgitter des Alits mit denen des Trikalziumsilikats völlig übereinstimmen. Weyer[2] konnte dann kurze Zeit darauf die Ergebnisse von Guttmann und Gille weitgehend bestätigen. Die röntgenographische Übereinstimmung des Alits mit dem Trikalziumsilikat sei an der folgenden Tabelle 36 dargetan.

Tabelle 36. Die Debye-Scherrer-Diagramme von Alit und Trikalziumsilikat.

Alit nach Guttmann und Gille		3 CaO · SiO_2 nach Brownmiller	
d_{hkl} in Å	Intensität	d_{hkl} in Å	Intensität
3,02	s. st.	3,02	s. st.
—	—	2,940	s
2,736	s. st.	2,75	s. st.
2,601	s. st.	2,59	s. st.
2,42	s	2,44	s
2,31	m	2,32	m
2,18	s. st.	2,18	s. st.
2,11	s. s.	—	—
—	—	2,07	s
—	—	1,97	m
1,943	m	1,925	m
1,819	s	1,82	m
1,761	s. st.	1,761	s. st.
1,695	s. s.	—	—
1,623	st	1,626	st
1,535	m	1,536	m
1,485	st	1,485	st
1,457	s	1,449	s

[1] Guttmann, A. u. F. Gille: a. a. O.   [2] Weyer, J.: Zement 1931 Nr. 5 S. 96.

Da der Alit aus Trikalziumsilikat besteht und keine oder wahrscheinlich nur sehr geringe Mengen von Tonerde enthält, so muß die Tonerde des Portlandzements in anderer Weise im Zement untergebracht werden. Nun, ein großer Teil der Tonerde ist wahrscheinlich im Celit ternär gebunden, ein weiterer Teil kommt im Klinker als freies Aluminat (als $3\,CaO \cdot Al_2O_3$ oder zum Teil als $5\,CaO \cdot 3\,Al_2O_3$) vor. Freie Kalziumaluminate treten im normalen Portlandzementklinker im allgemeinen nur in geringem Maße auf; sie sind jedenfalls bis heute nur wenig beobachtet worden. Dies kann allerdings damit im Zusammenhang stehen, daß sie mit dem gleichfalls regulär kristallisierenden Kalk verwechselt oder völlig übersehen wurden. — Der Celit ist ein Sammelbegriff für eine ganze Reihe von Klinkermineralien, die sich sehr wenig voneinander unterscheiden. Sie zeichnen sich alle durch ihre dunkle, undurchsichtige Färbung aus. Die Celite treten entweder in Form von Nadeln oder Plättchen mit starker Lichtbrechung oder als glasig isotrope Schmelzmasse auf. Nach Hansen, Brownmiller und Bogue besteht der Celit aus der Verbindung $4\,CaO \cdot Al_2O_3 \cdot Fe_2O_3$* in Mischung mit Dikalziumferrit, also:

$$x \cdot 4\,CaO \cdot Al_2O_3 \cdot Fe_2O_3 + y \cdot 2\,CaO \cdot Fe_2O_3.$$

Wie weit diese Annahme zutrifft, müssen erst weitere Untersuchungen lehren.

Der stark lichtbrechende Belit ist im Gegensatz zum Alit gelblich bis bräunlich gefärbt. Sein optischer Charakter ist positiv. Er erscheint in verschiedenen Modifikationen, teils rhombisch, teils monoklin, wobei aber keineswegs sichergestellt ist, ob es sich hierbei auch um die gleichen Substanzen handelt. Man nimmt an, daß der Belit in der Hauptsache aus Dikalziumsilikat besteht. Wegen seiner gelbbraunen Färbung muß er noch Ferrite und wahrscheinlich auch noch Aluminate in fester Lösung enthalten.

Freier Kalk wird im normalen Portlandzementklinker nur sehr selten beobachtet. Er kommt nur in Zementen mit einem Überschuß von Kalk vor. Er ist farblos, stark lichtbrechend, optisch isotrop und kristallisiert regulär. Ebenso kommt das Dikalziumsilikat nur gelegentlich in größeren Mengen in Portlandzementklinkern vor. Es ist farblos und optisch positiv.

Der Felit, der schon von Törnebohm festgestellt wurde, ist wahrscheinlich $\gamma\text{-}2\,CaO \cdot SiO_2$. Wie wir schon oben gesehen haben, ist das $\gamma\text{-}2\,CaO \cdot SiO_2$ jene Modifikation des Dikalziumsilikats, die sich beim langsamen Abkühlen von Dikalziumsilikat unter Volumenzunahme bildet. Der Felit wird daher meist nur in zerrieselnden Klinkern beobachtet. Er ist farblos, optisch negativ, besitzt starke Doppelbrechung und kristallisiert monoklin.

---

* Die von Brownmiller gefundene ternäre Verbindung $4\,CaO \cdot Al_2O_3 \cdot Fe_2O_3$ trägt die Bezeichnung Brownmillerit.

Neuerdings haben Guttmann und Gille ein neues Klinkermineral, den Epezit, entdeckt und eingehend beschrieben. Der Epezit ist farblos, zeigt schwache Licht- und starke Doppelbrechung. Er ist bis dahin meist mit dem Alit verwechselt worden. Die Existenz dieses Minerals bedarf jedoch noch der Bestätigung.

Wir sehen also, daß die Portlandzemente in der Hauptsache folgende Verbindungen enthalten:

Silikate: $3\, CaO \cdot SiO_2$,
$2\, CaO \cdot SiO_2$,
Aluminate: $3\, CaO \cdot Al_2O_3$,
$5\, CaO \cdot 3\, Al_2O_3$
Ferrite: $2\, CaO \cdot Fe_2O_3$,
$4\, CaO \cdot Al_2O_3 \cdot Fe_2O_3$ (Brownmillerit).

Wie die Dinge bei den Hochofenzementen und Tonerdezementen liegen, werden wir weiter unten sehen. Zunächst wollen wir uns jedoch erst einmal mit der Frage beschäftigen: Was geschieht beim Brennen des Portlandzements?

VIII. Die Vorgänge beim Brennen des Zements.

Nachdem wir erkannt haben, in welcher Weise die Portlandzemente ungefähr zusammengesetzt sind, kommen wir nunmehr zu der Frage nach den Vorgängen, die sich beim Brennen des Zements abspielen. Damit erleben wir gewissermaßen noch einmal rückläufig die geschichtliche Entwicklung der Zementforschung, die auch anfangs die Konstitution des Portlandzements zu erforschen trachtete und erst sehr viel später dazu kam, die Vorgänge beim Brennen selbst zu untersuchen.

Wenn wir ein Gemenge von Kalkstein, Ton und Kieselsäure erhitzen, so können wir beobachten, daß die Komponenten schon bei niedriger Temperatur und in völlig festem Zustande miteinander reagieren. Der erste, der den Verlauf von Reaktionen in festem Zustande am Beispiel des Kalziumkarbonats und der Kieselsäure untersucht hat, war J. W. Cobb[1]. Die Cobbschen Untersuchungen an Mischungen von Kalziumkarbonat, Kieselsäure und Tonerde zeigen, daß sich neue Verbindungen, wie Kalziumsilikate und Kalziumaluminate, schon bei relativ niedriger Temperatur, und zwar bereits unterhalb der Dissoziationstemperatur des Kalziumkarbonats bilden. Cobb stellte fest, daß beim Erhitzen eines Gemenges von Kalk und Kieselsäure stets zuerst das Orthosilikat, $2\, CaO \cdot SiO_2$, entsteht, selbst dann, wenn das Gemisch im Verhältnis von 1 : 1 (Kalk : Kieselsäure) gemischt wurde. Wenn man die Erhitzung des 1 : 1-Gemisches bei einer Temperatur von 1200° C schnell unterbricht, so beobachtet man nach Dyckerhoff[2], der gleich-

---

[1] Cobb, J. W.: J. Soc. chem. Ind. Bd. 29 (1910) S. 69, 250, 335, 399, 608, 799.
[2] Dyckerhoff, W.: Diss. Frankfurt a. M. 1925; Zement 1924 S. 681; 1925 S. 3, 21, 60, 102, 120, 140, 174, 200.

falls die Reaktionen im festen Zustande im System Kalk-Tonerde-Kieselsäure eingehend untersucht hat, unter dem Mikroskop das Orthosilikat. Bei längerem Erhitzen geht das Orthosilikat in das Metasilikat, CaO · SiO$_2$, über und oberhalb 1400° C bildet sich nur noch das Metasilikat. Die Untersuchungsergebnisse von Cobb sind jedoch nicht sehr sicher. Cobb bestimmte die Säurelöslichkeit seiner Reaktionsprodukte. Dieses analytische Verfahren ist nicht ganz einwandfrei. Dyckerhoff arbeitete daher später in der Weise, daß er das analytische Verfahren durch mikroskopische Prüfungen und durch die Aufnahme von Erhitzungskurven ergänzte. Abb. 34 bringt eine typische Erhitzungskurve des Gemenges 2 CaO + SiO$_2$ nach Dyckerhoff.

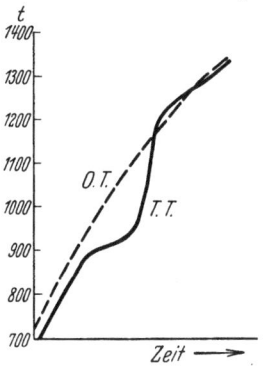

Abb. 34. Erhitzungskurve des Gemenges 2 CaO + SiO$_2$ (nach Dyckerhoff).

Die gestrichelte Kurve der Abb. 34 ist die sog. ,,Ofenkurve", die Erhitzungscharakteristik des Ofens. Sie gibt die Temperaturen des Ofens beim Erhitzen in Abhängigkeit von der Zeit an. Die Temperaturkurve des Präparats ist in der ausgezogenen Kurve wiedergegeben. Die Erhitzungskurve zeigt einen scharfen Knick bei 910° C. Dieser Knick ist auf die stark endotherme Reaktion der Kohlensäureabspaltung aus dem Kalziumkarbonat zurückzuführen:

$$CaCO_3 \rightleftarrows CaO + CO_2.$$

Zwischen 1100° und 1200° C überschneidet die Erhitzungskurve die ,,Ofenkurve". Ein exothermer Prozeß tritt ein. Die Reaktion von Kalk und Kieselsäure findet unter so großer Wärmebildung statt, daß die Temperatur des Präparats die des Ofens zeitweise erheblich übersteigt.

Dyckerhoff hat auch die Reaktion zwischen Kalk und Tonerde untersucht. Während sich beim Erhitzen von Kalk und Kieselsäure im festen Zustande immer zuerst das Dikalziumsilikat, 2 CaO · SiO$_2$, bildet, entsteht bei den Kalziumaluminaten zuerst das Monokalziumaluminat, CaO · Al$_2$O$_3$. Die Reaktion der Kalziumaluminatbildung im festen Zustand setzt schon bei 900—1000° C ein, und die Gleichgewichtseinstellung erfolgt hier erheblich schneller als bei den Kalziumsilikaten.

Was geschieht nun, wenn man nicht binäre Gemische, sondern technische Zementrohmehle erhitzt, die ja eine Vielheit von verschiedenen chemischen Verbindungen darstellen. Dyckerhoff hat auch solche technischen Rohmehle und synthetische Mischungen aus dem ternären Gebiet des Portlandzements untersucht. Die folgende Abb. 35 zeigt die Erhitzungs- und Abkühlungskurve eines technischen Zementrohmehls nach Dyckerhoff.

Wir beobachten hier wieder den Knickpunkt bei 910° C, der auf die thermische Dissoziation des Kalziumkarbonats zurückzuführen ist. Dann setzt oberhalb 1100° C die exotherme Bildung von Dikalzium- und Monokalziumsilikat ein (die Erhitzungskurve nähert sich der Ofenkurve und überschneidet diese schließlich). Bei 1285° C ist abermals ein Knickpunkt. Bei dieser Temperatur fangen die verschiedenen durch das Eisenoxyd in der Schmelztemperatur herabgesetzten eutektischen Rohmehlgemische an zu schmelzen. Das Zementrohmehl ist also in der Sinterzone des Dreh- und Schachtofens bei der Temperatur des Portlandzementbrandes von 1450° C zum Teil geschmolzen. Kühlt man das auf 1400° C erhitzte Zementrohmehl wieder rasch ab, so beobachtet man den Knickpunkt der eutektischen Temperatur nicht bei 1285°, sondern erst bei 1215° C. Es ist dies ein schönes Beispiel für die gerade bei den Silikaten immer wieder festzustellenden Unterkühlungen. Oberhalb 1285° C fand Dyckerhoff keine weiteren Unstetigkeiten in der Erhitzungskurve. Aus diesen Ergebnissen schlossen Dyckerhoff und Nacken, daß die eigentliche Klinkerbildung ungefähr bei 1250° C stattfindet. Bei dieser Temperatur tritt bei allen Zementrohmehlen ein starkes Schwinden ein, das auf einer Schmelzung und Verkittung der Zementrohmischung beruhen muß. Nacken vertritt den Standpunkt, daß die Temperatur von 1250—1270° C die Sinterungstemperatur des Portlandzementklinkers sei, und daß die Reaktionen oberhalb 1270° C eigentlich nur noch physikalische wären. Es trete dann nur noch infolge weiterer Schmelzung und Erweichung eine Verdichtung des Klinkers ein, die die technischen Eigenschaften des Klinkers jedoch günstig beeinflussen könne.

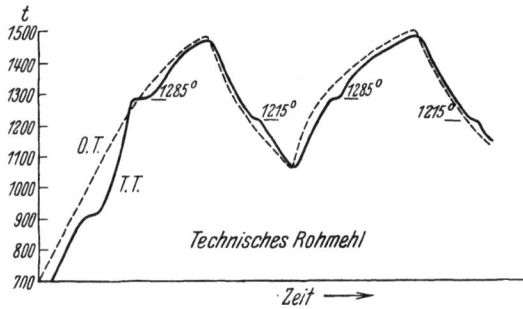

Abb. 35. Erhitzungs- und Abkühlungskurve eines technischen Zementrohmehls (nach Dyckerhoff).

Nun, die Praxis des Zementbrennens zeigt, daß diese Auffassung nicht ganz zutrifft. Kühl konnte bei Versuchen an technischen Zementöfen nachweisen, daß nur diejenigen Klinker ihr volles Erhärtungsvermögen zeigen, die bei Temperaturen über 1400° C gebrannt waren, und daß die bei Temperaturen zwischen 1200° und 1400° C gebrannten Klinker in ihrem Erhärtungsvermögen zurückblieben. Es erhebt sich nunmehr die Frage, worauf die Überlegenheit des dichtgesinterten, bei Temperaturen zwischen 1400° und 1450° C gebrannten Klinkers beruht. Beruht sie darauf, daß oberhalb 1285° C noch chemische Reaktionen stattfinden und weitere Mengen von Kalk in Form von Kalziumsilikaten und -aluminaten gebunden werden, oder auf rein physikalischen Ursachen, wie dies Nacken und Dyckerhoff annehmen? Diese Fragen wurden

Die Vorgänge beim Brennen des Zements.

durch die Arbeiten von Kühl und seinem Mitarbeiter Lorenz[1] entschieden. Bei diesen Untersuchungen wurde die Menge des ungebundenen, freien Kalks in den erhitzten Zementrohmehlen nach der Methode von White und Emley gemessen und der Gehalt an Kohlensäure bestimmt. Abb. 36 zeigt die Untersuchungsergebnisse an einem sehr kalkreichen Zementrohmehl von folgender Zusammensetzung:

SiO_2 . . . 22,23% Fe_2O_3 . . . 3,22%
CaO . . . 67,62%   MgO . . . 2,57%
Al_2O_3 . . . 3,44% SO_3 . . . . 0,92%

Aus der Abb. 36 geht hervor, daß der Gehalt an kohlensaurem Kalk mit zunehmender Temperatur abnimmt. Bei ungefähr 950° C ist im Zementrohmehl kein Kalziumkarbonat mehr vorhanden. Das Diagramm läßt ferner erkennen, daß der Kalk schon zwischen 800° und 900° C in sehr erheblichem Umfang mit dem Ton unter Bildung von Kalziumsilikaten und -aluminaten reagiert. Diese chemischen Prozesse setzen sich bis zur Temperatur von 1500° C fort.

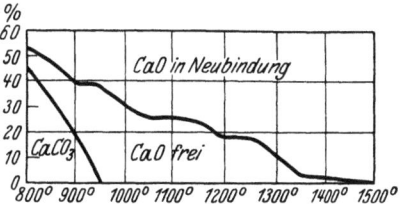

Abb. 36. Die Kalkbindung in einem Zementrohmehl beim Erhitzen (nach Kühl-Lorenz).

Bei den bis 1500° C erhitzten Proben konnten Kühl und Lorenz keinen freien Kalk mehr nachweisen. Die in der obigen Abbildung gezeigten Kurven sind natürlich Resultierende aus verschiedenen, sich überschneidenden und überdeckenden Reaktionen. Aber da die von Kühl und Lorenz erhaltenen Kurven bei den verschiedensten Rohmehlen übereinstimmen, so kann immerhin gefolgert werden, daß die Reaktionen beim Brennprozeß in einer gewissen Eindeutigkeit und in bestimmten Stufen aufeinanderfolgen. Die Versuchsergebnisse von Lorenz zeigen, daß bei der Nackenschen Schmelzreaktion (bei 1285° C) noch große Mengen von freiem, nicht gebundenem Kalk im Zementklinker vorhanden sind, die erst beim Erhitzen bis auf 1500° völlig verschwinden, chemisch gebunden werden. Die nachstehende, von Lorenz aufgestellte Tabelle 37 (S. 136) gibt eine systematische Berechnung der Kalkverteilung bei Temperaturen zwischen 800 und 1500° C.

Bei 1000° C ist kein Kalziumkarbonat mehr vorhanden. Der freie Kalk zeigt bei 1000° ein deutliches Maximum von 29,71% und sinkt bei 1250° auf 17,03%, bei 1300° auf 10,31% und ist bei 1500° gleich Null. Nach diesen Untersuchungen müssen wir uns nun die Vorgänge beim Brennen des Zements folgendermaßen vorstellen:

Der erste Prozeß beim Brennen des Zementrohmehls ist der, daß der Ton sein Hydratwasser verliert. Bei weiterem Erhitzen auf höhere

---

[1] Kühl, H.: Zementchemie in Theorie und Praxis. Berlin 1929. Tonind.-Ztg. Bd. 53 1929 Nr. 78 S. 1397.

Tabelle 37. Systematische Berechnung der Kalkverteilung in einem kalkreichen Zementrohmehl (nach Kühl-Lorenz).

CaO in %	Maximum	800°	900°	1000°	1150°	1250°	1300°	1500°
$CaCO_3$	67,62	47,14	20,80	—	—	—	—	—
CaO frei	67,62	7,22	18,32	29,71	23,12	17,03	10,31	—
Neubindung	67,62	13,26	28,50	37,91	44,50	50,59	57,31	67,62
$CaO \cdot Al_2O_3$	1,89	1,89	1,89	1,89	—	—	—	—
$CaO \cdot SiO_2$	20,67	11,37	14,73	5,32	—	—	—	—
$2\,CaO \cdot SiO_2$	41,34	—	11,88	30,70	41,34	33,66	21,48	0,86
$5\,CaO \cdot 3\,Al_2O_3$	3,15	—	—	—	3,15	3,15	—	—
$3\,CaO \cdot SiO_2$	62,01	—	—	—	—	11,52	29,79	60,72
$2\,CaO \cdot Fe_2O_3$	2,26	—	—	—	—	2,26	2,26	2,26

Temperatur entweicht dann die Kohlensäure des Kalziumkarbonats: $CaCO_3 \rightarrow CaO + CO_2$. Die Menge des Kalziumkarbonats im Zementrohmehl sinkt, die des freien Kalks steigt an. Aus dem Kalk und den Bestandteilen des Tons (Kieselsäure und Tonerde) bilden sich schon bei 800° einfache Kalziumsilikate und -aluminate, Monokalziumaluminat und Dikalziumsilikat. Gleichzeitig beobachtet man, daß die Tonsubstanz beginnt, in Salzsäure löslich zu werden. Unterhalb 1250° (also vor Auftreten der eutektischen Sinterschmelze von 1285°) bildet sich in der Hauptsache Dikalziumsilikat und vermutlich Pentakalziumtrialuminat. Ein Klinker, der bei 1000—1200° in einem Temperaturbereich gebrannt wird, in dem sich Dikalziumsilikat optimal bildet, sollte infolge des Überwiegens von Dikalziumsilikat die Neigung haben zu zerrieseln, namentlich dann, wenn ein solcher „Leichtbrand" schlecht gekühlt wurde. In der Tat konnte Kühl nachweisen, daß Zementrohmehle, die zwischen 1000° und 1200° C gebrannt werden, mehr oder weniger die Tendenz haben zu zerrieseln. Wie wir bereits oben gesehen haben, wandelt sich das α- und β-Dikalziumsilikat bei niedrigerer Temperatur in das γ-Dikalziumsilikat um, das ein geringeres spezifisches Gewicht (größeres Volumen) besitzt als die bei höherer Temperatur stabilen α- und β-Modifikationen. Die Folge hiervon ist eine Sprengung, ein „Zerrieseln" des Klinkers. — Zwischen 1250° und 1270° tritt ein Farbumschlag des Zementmehls ein, und zwar von der hellbräunlichen Farbe des Leichtbrandes in die grünlich-graue des Klinkers. Bei 1250—1270° C bildet sich das Dikalziumferrit, $2\,CaO \cdot Fe_2O_3$. Dieses Ferrit liefert die flüssige Phase der von Nacken und Dyckerhoff bei 1285° beobachteten eutektischen Sinterungsreaktion. Durch die Bildung des Dikalziumferrits wird die Entstehung des Trikalziumsilikats ermöglicht: oberhalb 1250° beginnt die Bildung von Trikalziumsilikat. Bei 1500° besteht der Portlandzementklinker in der Hauptsache aus Trikalziumsilikat, Dikalziumferrit, einigen Kalziumaluminaten und geringen Mengen von Dikalziumsilikat.

Es bleibt nun noch die Frage zu beantworten, in welcher Form das Eisenoxyd im Klinker vorkommt. Das Eisenoxyd wird zwar immer zu den Stoffen gerechnet, die sich mit dem Kalk unter Bildung von Dikalziumferrit, 2 CaO · Fe_2O_3, oder unter Entstehen der Brownmillerschen Verbindung 4 CaO · Al_2O_3 · Fe_2O_3 umsetzen. Doch diese Annahme bereitet gewisse Schwierigkeiten. Sämtliche Verbindungen des Eisenoxyds, auch die Brownmillersche Verbindung, sind nämlich gelb bis braun gefärbt. Normaler Portlandzementklinker hingegen ist von grünlich-grauer Farbe. Da aber gerade die Verbindungen des Eisenoxyduls in der Mehrzahl grünlich gefärbt sind, so liegt die Vermutung nahe, daß im Klinker Verbindungen des Eisenoxyduls und nicht solche des Eisenoxyds vorhanden seien. Man hat aber nun beobachtet, daß gerade diejenigen Klinker, die in reduzierender Flamme gebrannt werden, die Neigung haben, bräunliche oder rötliche Farbtöne zu zeigen. Hieraus ergab sich die paradoxe Tatsache, daß die Verbindungen des Eisenoxyds im normal gebrannten Klinker grünlich und die Verbindungen des Eisenoxyduls im reduzierend gebrannten Klinker bräunlich-gelb sind. Diesen scheinbaren Widerspruch hat Kühl[1] in genauen Untersuchungen über die thermische Dissoziation des Eisenoxyds aufzuklären vermocht. Kühl konnte zeigen, daß das Eisenoxyd schon bei einer Temperatur von 1400° C in sehr erheblichem Maße thermisch dissoziiert nach der Gleichung:
$$6 Fe_2O_3 \rightleftarrows 4 Fe_3O_4 + O_2.$$

Dabei bildet sich Eisenoxyduloxyd, Fe_3O_4, das in grober Verteilung eine schwarze Farbe hat, in feiner Verteilung hingegen grünlich-schwarz gefärbt ist. Die grünlich-schwarze Farbe des normalen Klinker wird nach Kühl in der Hauptsache durch das Eisenoxyduloxyd verursacht. Die Entstehung brauner, gelblicher und rötlicher Farbtöne bei manchen Klinkern ist auf das Rivalisieren von Eisenoxyd, Eisenoxyduloxyd und Kalziumferriten zurückzuführen. Aus dieser Tatsache würde sich auch zwanglos erklären, warum die normalen Portlandzemente alle einen gewissen Permanganatverbrauch haben. Wenn man einen normalen, oxydierend gebrannten Klinker von der Sinterungstemperatur von über 1400° sehr schnell herunterkühlt, so beobachtet man, daß der gekühlte Klinker eine rote bis rotbraune Farbe besitzt. Kühlt man den Klinker hingegen relativ langsam ab, so bekommt er seine normale grünlich-graue Farbe. Hieraus ergibt sich der Schluß, daß ein Teil des Eisenoxyds bei der Sinterungstemperatur als Eisenoxyd in ungebundener Form vorliegt und auch ungebunden bleibt, wenn der Klinker schnell abgekühlt wird. Dies Eisenoxyd bildet sich bei der Dissoziation des Dikalziumferrits oder der Brownmillerschen Verbindung. Die beiden Verbindungen 2 CaO · Fe_2O_3 und 4 CaO · Al_2O_3 · Fe_2O_3 dissoziieren bei der Sinterungstemperatur unter Abspaltung von Eisenoxyd. Daher hat der

---
[1] Kühl, H. u. R. Rasch: Zement 1931 Nr. 36 S. 812, Nr. 37 S. 833.

aus der Sinterungszone eines Brennofens genommene und sehr schnell heruntergekühlte Klinker eine rote bis rotbraune Farbe. Wird der Klinker jedoch langsam abgekühlt — und die Abkühlung des Klinkers in der Technik erfolgt langsam —, dann kann das abgespaltene Eisenoxyd bei etwas niedrigerer Temperatur wieder mit dem Kalk unter Bildung von Kalziumferrit reagieren. Die rote Farbe des Klinkers verschwindet. Dies zeigt, daß nicht nur im Brennofen, sondern auch beim Abkühlen des Klinkers wichtige chemische Reaktionen erfolgen.

Die Abkühlungsgeschwindigkeit spielt aber noch aus anderen Gründen eine sehr wichtige Rolle beim Zementbrennen. Man hat gefunden, daß eine schnelle Abkühlung des Klinkers sein Erhärtungsvermögen steigert. Es ist dies die gleiche Erscheinung, wie man sie auch bei der Granulation der Hochofenschlacken beobachtet hat. Bekanntlich werden die Schlackenschmelzen für die Herstellung von Hüttenzementen abgeschreckt. In dieser schnell gekühlten Form besitzen die Schlacken wertvolle hydraulische Eigenschaften, während die gleichen Schlacken bei langsamer Abkühlung hydraulisch wertlos sind. Wir konnten schon weiter oben zeigen, daß bei der Abschreckung von Silikatschmelzen ein an sich instabiler Ungleichgewichtszustand fixiert wird. Die Schlacken erstarren glasig und die bei langsamer Abkühlung erfolgende Kristallisation wird verhindert. Zwischen dem glasartigen und dem kristallinen Zustand besteht eine Spannung, ein chemisches Potential, und dieses ist die Ursache für die größere Reaktionsfähigkeit der abgeschreckten Hochofenschlacken gegenüber den langsam abgekühlten Schlacken. Bei den Portlandzementklinkern dürften die Verhältnisse ganz ähnlich liegen. Auch hier wird bei der schnellen Abkühlung ein Ungleichgewicht fixiert, das gegenüber dem langsam abgekühlten Klinker ein chemisch höheres Potential besitzt und damit zu einer stärkeren Reaktionsfähigkeit, zu einem größeren Erhärtungsvermögen des Klinkers führt.

Aus dem Gesagten dürfte bereits hervorgehen, daß die Annahme von Nacken und Dyckerhoff bezüglich der Sinterungstemperatur des Portlandzements nicht zutrifft. Oberhalb 1285° C beobachtet man noch eine ganze Reihe von wichtigen chemischen Reaktionen. Beim Sintern lösen sich in der Sinterschmelze die festen Bestandteile der Zementrohmischung auf, reagieren chemisch in der Schmelze und kristallisieren aus der Sinterschmelze als neue Mineralien aus. Dies geschieht beim Portlandzement erst oberhalb 1400°. Es ist klar, daß bei diesem ständigen Wechsel in der chemischen Zusammensetzung beim Sintern in keinem Augenblick ein Gleichgewichtszustand erreicht wird. Infolgedessen haben wir es beim sinternden Portlandzement nicht mit Gleichgewichten, sondern mit Ungleichgewichten zu tun. Gleichgewichte liegen erst dann vor, wenn eine vollständige Schmelze eingetreten ist. Hieraus ergibt sich, daß ein gesinterter und ein geschmolzener Klinker topochemisch sehr erheblich voneinander verschieden sind.

Ferner zeigen diese Betrachtungen, daß die Beschaffenheit des Klinkers, abgesehen von der Art des Rohstoffs und dessen chemischer Zusammensetzung, in hohem Maße von der Brenndauer und der Abkühlungsgeschwindigkeit abhängt.

IX. Die Zementmoduln.

Bevor wir nun zur Darstellung der technischen Prozesse der Zementfabrikation übergehen, wollen wir uns zunächst mit den für die Zementtechnik so wichtigen Zementmoduln beschäftigen. Die Zementmoduln stammen noch aus einer Zeit, in der man über die chemische Zusammensetzung der Zemente nur sehr wenig wußte. Ohne genauere Richtlinien bezüglich der Mengenverhältnisse von Kalk, Tonerde, Kieselsäure und Eisenoxyd war nun aber eine Fabrikation beim besten Willen kaum durchzuführen. Es ist das große Verdienst von Michaelis, damals durch die Einführung des sog. hydraulischen Moduls Ordnung in die Dinge gebracht zu haben.

Der hydraulische Modul ist der Quotient aus dem Prozentgehalt an Kalk und der Summe der Prozentgehalte an Kieselsäure, Tonerde und Eisenoxyd:

$$\text{Hydraulischer Modul} = \frac{CaO\%}{SiO_2\% + Al_2O_3\% + Fe_2O_3\%}.$$

Nach Michaelis erhält man einen guten Portlandzement, wenn der hydraulische Modul möglichst nahe an den Wert 2 herankommt. Der hydraulische Modul beruht auf reiner Empirie, irgendeine wissenschaftliche Bedeutung hat er nicht. Aus dem hydraulischen Modul geht in keiner Weise hervor, wie sich die drei Bestandteile Kieselsäure, Tonerde und Eisenoxyd auf den Kalk verteilen. Ferner wird von vornherein angenommen, daß sich Kieselsäure, Tonerde und Eisenoxyd in ganz analoger und äquivalenter Weise mit dem Kalk verbinden. In Wirklichkeit verhalten sich Kieselsäure, Tonerde und Eisenoxyd dem Kalk gegenüber völlig verschieden. Wir werden noch sehen, daß es Portlandzemente mit einem „idealen" hydraulischen Modul von 2 gibt, die als schlecht bezeichnet werden müssen. Dennoch ist die Einführung des hydraulischen Moduls für die Zementfabrikation von entscheidender Bedeutung gewesen. Die bis dahin nur ganz roh betriebene Fabrikation wurde damit auf eine sichere Basis gestellt. Damals begann man die Rohstoffe auf Grund von analytischen Voruntersuchungen im Betriebslaboratorium nach genauen Berechnungen zusammenzusetzen, und wenn man dabei vorsichtig zu Werke ging, so konnte man mit ziemlicher Sicherheit die Herstellung von „kalktreibenden" Zementen vermeiden. Solange man nichts Besseres an die Stelle des hydraulischen Moduls zu setzen vermochte, hatte er seine praktische Berechtigung. Man hat oftmals versucht, eine andere mathematische Formulierung für den hydraulischen Modul zu finden. Auf diese Versuche wollen wir jedoch nicht näher eingehen, denn sie brachten im Grunde nichts wesentlich Neues und beruhten gleichfalls nur auf Empirie.

Welche Rolle spielt nun bei der Berechnung des hydraulischen Moduls das Magnesiumoxyd? Wenn wir annehmen, daß die Magnesia den Kalk bis zu einem gewissen Grade zu ersetzen vermag, dann müßte sie in der Formel für den hydraulischen Modul mit angeführt werden. Doch diese Annahme trifft nur zum Teil zu. Man hat nämlich gefunden, daß Portlandzemente, die größere Mengen von Magnesia enthalten, auch dann treiben, wenn die Summe von Magnesia und Kalk innerhalb der für den hydraulischen Modul statthaften Grenze (um 2 herum) bleibt. Dies zeigt, daß Kalk und Magnesia nicht ohne weiteres miteinander verglichen werden können. Man weiß bis heute noch nicht, in welcher Form die Magnesia eigentlich in den Zementen vorliegt, ob in Form von Silikaten und Aluminaten oder frei als Magnesiumoxyd. Ebensowenig ist die Frage geklärt, worauf eigentlich das „Magnesiatreiben" beruht. Ferner kennt man bis heute noch kein Kriterium für die höchstzulässige Magnesiamenge, bei welcher noch kein Magnesiatreiben im Zement eintritt. Diese höchstzulässige Menge hängt offenbar von einer ganzen Reihe von verschiedenen Faktoren ab, die sich von Fall zu Fall ändern. Immerhin kann man annehmen, daß die zulässige Magnesiamenge mit der absoluten Kalkhöhe des Zements in einem engen Zusammenhang steht. — Im Gegensatz zu den Portlandzementen kann die Magnesia bei den Magnesiakalken und den Dolomitkalken und -zementen einen großen Teil des Kalks ersetzen, ohne daß ein Treiben des Bindemittels stattfindet oder seine Festigkeiten leiden. Erstaunlicherweise beteiligt sich die Magnesia bei den ungesinterten Bindemitteln ohne weiteres an der hydraulischen Erhärtung. Auch bei den Hochofenschlacken und den aus ihnen hergestellten Hochofenzementen und Eisenportlandzementen sind größere Mengen von Magnesia nicht schädlich und können den Kalk in weiten Grenzen vertreten.

Um bei den gesinterten Portlandzementen auf jeden Fall ein Magnesiatreiben zu verhindern, hat man in den Normenvorschriften für die Portlandzemente — ziemlich willkürlich — eine obere Grenze für den Magnesiagehalt festgesetzt. Danach darf ein Portlandzement nur bis zu 5% MgO enthalten. Hieraus ist natürlich nicht zu folgern, daß ein Portlandzement, der mehr als 5% MgO, also z. B. 6—8% MgO enthält, unbedingt treiben müsse. Eine andere Frage ist die, ob der Portlandzementverbraucher sich mit solch hohen Magnesiagehalten im Portlandzement abfinden würde, selbst wenn ihm zugesichert wird, daß bei dem betreffenden Zement kein Magnesiatreiben zu befürchten ist. Denn die Magnesia und ihre Verbindungen sind im Portlandzement stets hydraulisch wertloser als Kalk und verschieben sozusagen den wirtschaftlichen Wert des Zementfabrikats. — Ebenso ist das Manganoxyd, das

Die Zementmoduln.

gelegentlich im Portlandzement auftritt, ein lästiger Ballast. Seine Anwesenheit im Portlandzement und ebenso in der Hochofenschlacke ist unerwünscht. Das Manganoxyd wirkt beim Brennen des Zements sinterungsfördernd, ebenso wie das Eisenoxyd, dürfte aber darüber hinaus hydraulisch wertlos sein. Untersuchungen hierüber liegen bis heute noch nicht vor.

Im Laufe der Zeit zeigte es sich, daß der Begriff des hydraulischen Moduls bei weitem nicht ausreichte, um allen Verhältnissen des Zementbrennens Rechnung zu tragen. So stellte sich z. B. heraus, daß die kieselsäurereichen Zemente viel mehr Kalk zu binden vermögen als die kieselsäurearmen Zemente. Die kieselsäurereichen Zemente unterscheiden sich sehr erheblich von den kieselsäurearmen Zementen. Um diese Dinge zu berücksichtigen, mußte man zu einer weiteren Differenzierung des hydraulischen Moduls übergehen. Das Ergebnis dieses Bestrebens ist der von Kühl eingeführte Silikatmodul. Der Silikatmodul ist der Quotient aus dem Prozentgehalt an Kieselsäure und der Summe der Prozentzahlen an Tonerde und Eisenoxyd:

$$\text{Silikatmodul} = \frac{SiO_2 \%}{Al_2O_3 \% + Fe_2O_3 \%}.$$

Er schwankt bei den normalen Portlandzementen je nach dem Kieselsäuregehalt etwa zwischen 2,0 und 2,4.

Die kieselsäurereichen Portlandzemente haben Silikatmoduln von mehr als 4,5, die kieselsäurearmen Zemente solche von weniger als 0,5. Sehr kieselsäurereiche Portlandzemente sind z. B. die sog. Grappierzemente oder Krebszemente, die außerordentlich geringe Mengen von Tonerde und Eisenoxyd enthalten und somit in der Hauptsache aus Trikalziumsilikat bestehen.

Noch später erwies es sich als notwendig, auch das Verhältnis von Eisenoxyd und Tonerde zueinander zu differenzieren. Diese Entwicklung setzte in dem Augenblick ein, als man erkannte, daß die Rollen, die die Tonerde und das Eisenoxyd beim Aufbau des Zements spielen, nicht gleich, sondern grundlegend voneinander verschieden sind. Die Einführung des Eisenmoduls verdanken wir gleichfalls Kühl. Der Eisenmodul ist der Quotient aus dem Prozentgehalt an Eisenoxyd und dem Prozentgehalt an Tonerde:

$$\text{Eisenmodul} = \frac{Fe_2O_3 \%}{Al_2O_3 \%}.$$

Er liegt bei normalen Portlandzementen zwischen 1,2 und 2,4.

Alle diese Moduln, der hydraulische Modul, der Silikatmodul und der Eisenmodul, sind nur rechnerische Notbehelfe, die sich für die Fabrikation der Zemente als sehr nützlich erwiesen haben. Sie geben prozentische Summenverhältnisse wieder, die natürlich in keiner Weise chemischen Gesetzmäßigkeiten gerecht werden; sie beruhen mithin nicht auf dem Äquivalenzprinzip, auf dem wirklichen molekularen Aufbau der Zemente. Solange man noch keinen Einblick in die Konstitution der Zemente hatte, war es auch sinnlos, mit Äquivalenzzahlen zu rechnen. Es sei hier nur an die früheren Versuche von Le Chatelier[1] und Newberry[2] erinnert. Heute liegen die Dinge aber schon erheblich anders. Wir kennen die wichtigsten Bestandteile des Portlandzements. Wir wissen, daß sich der Kalk im Portlandzement in der Hauptsache auf folgende drei Verbindungen verteilt: Trikalziumsilikat, Trikalziumaluminat und Dikalziumferrit. Und damit können wir ohne weiteres diejenige Menge des Kalks berechnen, die maximal in einen Zement eingeführt werden kann, ohne daß ein Kalktreiben des Zements zu befürchten ist. Es erhebt sich nur noch die Frage, ob ein Zement, der die größtmögliche Kalkmenge besitzt, auch immer die bestmögliche Kalkmenge hat, oder anders ausgedrückt, ob derjenige Zement, der die kalkreichsten Verbindungen der Tonerde, der Kieselsäure und des Eisenoxyds enthält, auch der beste (nichttreibende) Zement, der Zement mit dem besten hydraulischen Erhärtungsvermögen ist. Nach den neuesten Untersuchungen von Lerch[3] ist diese Frage ohne weiteres zu bejahen. Weder das kalkreichste Kalziumsilikat, das Trikalziumsilikat, noch das kalkreichste Kalziumaluminat, das Trikalziumaluminat, noch das Dikalziumferrit zeigen irgendwelche Treiberscheinungen. Es wurde schon bei der Besprechung des Trikalziumsilikats darauf hingewiesen, daß die Feststellungen von Schott über das Treiben des Trikalziumsilikats nicht richtig sein dürften, weil Schott höchstwahrscheinlich gar nicht reines Trikalziumsilikat untersuchte.

Wenn man annimmt, daß im Portlandzement theoretisch folgende drei kalkreichsten Verbindungen der Tonerde, der Kieselsäure und des Eisenoxyds vorkommen können: Trikalziumsilikat, Trikalziumaluminat und Dikalziumferrit, so kommen auf ein Molekül SiO_2 drei Moleküle CaO, auf ein Molekül Al_2O_3 ebenfalls drei Moleküle CaO und auf ein Molekül Fe_2O_3 zwei Moleküle CaO. Setzt man nun die Molekulargewichte ein, so ergibt sich für den „theoretisch größtmöglichen" Kalkgehalt eines Portlandzements in einfacher Rechnung folgende Formel:

$CaO = 2{,}785\ SiO_2 + 1{,}646\ Al_2O_3 + 0{,}702\ Fe_2O_3$ oder etwas vereinfacht
$CaO = 2{,}8\ SiO_2 + 1{,}65\ Al_2O_3 + 0{,}7\ Fe_2O_3$.

In der Technik wird dieses theoretische Ideal für den höchstmöglichen Kalkgehalt eines Zements wahrscheinlich nie erreicht werden. Alle auf dem Sinterungswege hergestellten Portlandzemente werden wohl immer Kalkgehalte haben, die unter diesem theoretischen Idealwert liegen. Aber wir können den „wirklichen" Kalkgehalt eines Zements mit dem „theoretisch höchstmöglichen" Kalkgehalt des Zements in Beziehung setzen und dann erkennen, wieweit ein Zement an Kalk

---

[1] Chatelier, H. Le: Rech. expér. S. 76.
[2] Newberry, S. B.: Cement age 1905 S. 75.
[3] Lerch: Cement Mill edition of Concrete Bd. 35 (1929) S. 109.

"gesättigt" ist. Auf diese Weise kommen wir zu dem von Kühl[1] eingeführten Begriff des „Kalksättigungsgrades". Der Kühlsche Kalksättigungsgrad ist der Quotient aus dem „wirklichen" Kalkgehalt eines Zements und dem „theoretisch höchstmöglichen" Kalkgehalt des Zements multipliziert mit 100.

$$S = \frac{100 \cdot CaO}{2{,}8 \cdot SiO_2 + 1{,}65 \cdot Al_2O_3 + 0{,}7 \cdot Fe_2O_3}.$$

Der Kalksättigungsgrad beträgt im Idealfall 100. Es ist dies die Grenzzahl, die auf dem Wege der Sinterung von der Zementtechnik wohl kaum erreicht werden dürfte. Der Unterschied zwischen dem hydraulischen Modul und dem Kühlschen Kalksättigungsgrad wird besonders deutlich an Hand der Tabelle 38, die wir der Kühlschen Arbeit über die Zementmoduln entnehmen.

Tabelle 38. Die Zementmoduln verschiedener Zemente (nach Kühl).

	Kieselsäurereicher Portlandzement	Normaler Portlandzement	Kieselsäurearmer Portlandzement
SiO_2	24,51%	20,43%	17,32%
CaO	64,36%	64,36%	64,36%
Al_2O_3	4,33%	6,70%	7,44%
Fe_2O_3	1,80%	3,51%	5,88%
Rest	5,00%	5,00%	5,00%
Hydraulischer Modul	2,10	2,10	2,10
Silikatmodul	4,00	2,00	1,30
Eisenmodul	2,41	1,91	1,27
Kalksättigungsgrad	83,5	91,0	99,2

Die Tabelle 38 zeigt drei verschiedene Zemente, die den gleichen Prozentgehalt an Kalk besitzen, sich aber im Kieselsäure-, Tonerde- und Eisenoxydgehalt unterscheiden. Der hydraulische Modul ist bei allen drei Zementen gleich. Er beträgt 2,10. Dennoch sind die drei Zemente völlig voneinander verschieden. Dies zeigt der Kalksättigungsgrad an. Der kieselsäurereichste Zement ist kalkarm, sein Sättigungsgrad beträgt nur 83,5. Der mittlere Zement hat einen Kalksättigungsgrad von 91, der einem normalen Portlandzement entspricht. Und der kieselsäurearme Zement ist außerordentlich hoch im Kalkgehalt, erreicht nahezu den idealen Grenzfall. Wir sehen hier eine ganz neue Möglichkeit der Beurteilung eines Portlandzements, die den wahren Kalkbedarf eines Zements weit richtiger erkennen läßt als der hydraulische Modul. Kühl fordert denn auch mit Recht, daß man in den Normenvorschriften

---
[1] Kühl, H.: Tonind.-Ztg. Bd. 54 1930 Nr. 23 S. 389; Bd. 55 1931 Nr. 22 S. 320.

für die Portlandzemente die Abgrenzung der Zemente nach dem hydraulischen Modul fallen lassen und statt dessen eine Abgrenzung nach dem Kalksättigungsgrad vornehmen solle. Als untere Grenze für den Kalksättigungsgrad eines Portlandzements gibt er 75—80 an. Portlandzemente mit einem Kalksättigungsgrad von 80 sind bereits so kalkarm, daß sie den technischen Anforderungen hinsichtlich der Festigkeit noch gerade nachkommen dürften. Die normalen gewöhnlichen Portlandzemente haben Kalksättigungsgrade von ungefähr 90, die hochwertigen Portlandzemente im allgemeinen solche von 95 und mehr.

Wie bei jeder bedeutenden Neuerung hat es auch hier nicht an Verbesserungsvorschlägen gefehlt. Heß[1] und Spindel[2] haben neue Formeln für den Kalksättigungsgrad eines Zements aufgestellt, die wir als Heßsche und als Spindelsche Zahl bezeichnen wollen. Die Heßschen wie die Spindelschen Zahlen haben gegenüber dem Kühlschen Kalksättigungsgrad den Nachteil, daß sie sich außerordentlich umständlich berechnen lassen, und das wird auch der Grund sein, weswegen sie in der Praxis keinen Eingang finden werden. Nachstehend seien der Kühlsche Kalksättigungsgrad (S) und die Heßsche (H) und Spindelsche Zahl (Sp) angeführt:

$$S = \frac{100 \cdot CaO}{2{,}8\,SiO_2 + 1{,}65\,Al_2O_3 + 0{,}7\,Fe_2O_3}$$

$$H = \frac{CaO\,(100 + 2{,}8\,SiO_2 + 1{,}65\,Al_2O_3 + 0{,}7\,Fe_2O_3 - CaO)}{100\,(2{,}8\,SiO_2 + 1{,}65\,Al_2O_3 + 0{,}7\,Fe_2O_3)}$$

$$Sp = \frac{CaO\,(3{,}8\,SiO_2 + 2{,}65\,Al_2O_3 + 1{,}7\,Fe_2O_3)}{(2{,}8\,SiO_2 + 1{,}65\,Al_2O_3 + 0{,}7\,Fe_2O_3) \cdot (SiO_2 + Al_2O_3 + Fe_2O_3 + CaO)}.$$

Diese Ausführungen zeigen, daß es für die Beurteilung eines Zements ganz gleichgültig ist, in welcher absoluten Höhe die einzelnen Bestandteile, vor allem der Kalk, in ihm enthalten sind. Es kommt vielmehr darauf an, in welchem Verhältnis die einzelnen Bestandteile zueinander stehen. Dies ist der Sinn der Zementmoduln, des hydraulischen Moduls, des Silikatmoduls, des Eisenmoduls und schließlich des Kalksättigungsgrades. Daher lassen sich aus der Kenntnis des Kalksättigungsgrades, des Silikat- und Eisenmoduls wertvollere Schlüsse auf das Verhalten eines Zements ziehen als aus der einfachen chemischen Analyse. Die chemische Analyse wird eigentlich nur dadurch sinnvoll, daß sie uns die Kenntnis der verschiedenen Moduln, jener Beziehungen zwischen den vier Bestandteilen des Zements, dem Kalk, der Tonerde, der Kieselsäure und dem Eisenoxyd, vermittelt.

Nachdem wir die für die Technik der Zemente so wichtigen Begriffe der Zementmoduln geklärt haben, wollen wir nun dazu übergehen, uns in beschränktem Rahmen mit den Herstellungsmethoden der Zemente vertraut zu machen.

---

[1] Heß: Zement 1931 Nr. 2 S. 28. [2] Spindel, M.: Zement 1931 S. 338 u. 360.

X. Die technische Herstellung der Portlandzemente.

Über die Technik der Zementfabrikation gibt es eine ganze Reihe von ausführlichen Darstellungen, von denen hier nur die von Schoch[1] und von Wecke[2] genannt seien. Für ein eingehenderes Studium sei auf diese Arbeiten verwiesen. Hier soll die Zementfabrikation nur kurz gestreift werden.

Die Fabrikation des Portlandzements zerfällt in folgende drei Stufen:
1. die Gewinnung und Aufbereitung der Rohstoffe,
2. das Brennen des Klinkers und
3. die Aufbereitung des Klinkers.

1. Die Berechnung der Rohstoffmischung. Vor der Inbetriebsetzung einer Zementfabrik muß man zunächst einmal die Rohstoffe, aus denen der Zement gebrannt werden soll, genauestens kennen. Man muß wissen, wie groß die in Betracht kommenden Rohstofflager sind und ob sie eine für die Fabrikation günstige Gleichmäßigkeit der Zusammensetzung besitzen. Sodann muß eine große Anzahl von Versuchsbränden mit den verschiedensten Rohstoffmischungen durchgeführt werden. In welcher Weise die Berechnung der Rohstoffmischungen für die Zementherstellung geschieht, sei im folgenden kurz erläutert.

Es ist natürlich nicht schwer, zwei Zementrohstoffe so miteinander zu vermischen, daß ein bestimmter hydraulischer Modul sich einstellt. Für den hydraulischen Modul gibt es bei zwei Mischkomponenten ja nur ein einziges bestimmtes Mischungsverhältnis, und davon ist dann auch der Silikat- und Eisenmodul abhängig. Aber dieser Fall, daß ein Zement mit einem ganz bestimmten hydraulischen Modul und ferner einem bestimmten Silikatmodul schon bei Mischung von zwei Rohstoffen hergestellt werden kann, ist außerordentlich selten. Man benötigt hierzu meist mehr als zwei Rohstoffe. Die Berechnung der Rohstoffmischzahlen für einen vorbestimmten hydraulischen und Silikatmodul bereitet schon bei drei Rohstoffkomponenten recht erhebliche Schwierigkeiten.

Gille[3] hat für die Berechnung von Rohstoffmischungen aus drei Komponenten eine Reihe von Formeln aufgestellt. Ebenso hat Helbig[4] versucht, die langwierigen Rechnungen für die Herstellung von bestimmten Rohstoffmischungen mit Hilfe von Determinanten durchzuführen. Am einfachsten und übersichtlichsten sind naturgemäß graphische Darstellungsverfahren, von denen die von Grün und Kunze[5] sowie

---

[1] Schoch, C.: Die Aufbereitung der Mörtelmaterialien. Berlin 1928. 4. Aufl.
[2] Wecke, F.: Zement. Dresden u. Leipzig 1930.
[3] Gille, F.: Tonind.-Ztg. 1928 Nr. 81 S. 1477.
[4] Helbig: Chem.-Ztg. 1919 S. 786.
[5] Grün, R. u. G. Kunze: Zement 1928 S. 1166 u. 1201.

die besonders einfache Methode von Meier[1] genannt sei. An einem kurzen Beispiel wollen wir im folgenden eine solche graphische Rohstoffberechnung durchführen.

Gegeben seien die Analysen von drei Rohstoffen, einem Kalkstein (Rohstoff 1), einem Ton (Rohstoff 2) und einem Sand (Rohstoff 3).

	Rohstoff 1	Rohstoff 2	Rohstoff 3
SiO_2	4,00 ⎫	35,00 ⎫	90,00 ⎫
Al_2O_3 . . .	2,00 ⎬ Si_1	12,00 ⎬ Si_2	3,00 ⎬ Si_3
Fe_2O_3 . . .	2,00 ⎭	1,00 ⎭	5,00 ⎭
CaO	90,00 = c_1	49,00 = c_2	2,00 = c_3
Rest	2,00	3,00	—

In dieser Zusammenstellung sei die Summe von SiO_2, Al_2O_3 und Fe_2O_3 mit Si_1, Si_2 und Si_3 bezeichnet. Danach ist $Si_1 = 8,00$, $Si_2 = 48,00$ und $Si_3 = 98,00$. Die Kalkgehalte der Rohstoffe sind mit c_1, c_2 und c_3 bezeichnet, also $c_1 = 90,00$, $c_2 = 49,00$ und $c_3 = 2,00$.

Aufgabe: Es soll ein Zement mit einem hydraulischen Modul von 2,2 hergestellt werden. Welches sind die Mischkurven für variable Silikatmoduln?

Lösung: 1. Man kombiniert den Rohstoff 1 und den Rohstoff 2. Rohstoff 3 ist gleich Null. Dann ist die Mischzahl x_1 für den Rohstoff 1:

$$x_1 = \frac{c_2 - \text{Hydr. Mod.} \cdot Si_2}{\text{Hydr. Mod.} \cdot (Si_1 - Si_2) + c_2 - c_1} \quad \text{oder}$$

$$= \frac{49 - 2,2 \cdot 48}{2,2 (8 - 48) + 49 - 90} = \mathbf{0,44}$$

$$x_2 = 1 - x_1 = \mathbf{0,56}.$$

Wenn wir also 44 Teile des Rohstoffs 1 mit 56 Teilen des Rohstoffs 2 vermischen, dann bekämen wir einen Zement von folgender Zusammensetzung:

	CaO	SiO_2	$Al_2O_3 + Fe_2O_3$
Rohstoff 1 · 0,44	39,5	1,8	1,8
Rohstoff 2 · 0,56	27,4	19,6	7,3
Mischung	66,9	21,4	9,1

Aus diesen Werten ergibt sich für eine Mischung von Rohstoff 1 und Rohstoff 2 folgender hydraulische Modul und Silikatmodul:

$$\text{Hydraul. Modul} = \frac{CaO}{SiO_2 + Al_2O_3 + Fe_2O_3} = 2,19$$

Silikatmodul = **2,35**.

2. Nun werden Rohstoff 1 und Rohstoff 3 miteinander kombiniert. Rohstoff 2 ist gleich Null. Die Mischzahl x_1 für den Rohstoff 1 ist in diesem Fall:

$$x_1 = \frac{c_3 - \text{Hydr. Mod.} \cdot Si_3}{\text{Hydr. Mod.} \cdot (Si_1 - Si_3) + c_3 - c_1} \quad \text{oder}$$

$$= \frac{2 - 2,2 \cdot 98}{2,2 (8 - 98) + 2 - 90} = \mathbf{0,75}$$

$$x_3 = 1 - x_1 = \mathbf{0,25}.$$

---

[1] Meier, F. W.: Zement 1929 Nr. 22 S. 691.

Wenn wir 75 Teile des Rohstoffs 1 mit 25 Teilen des Rohstoffs 3 vermischen, erhalten wir einen Zement von folgender Zusammensetzung:

	CaO	SiO$_2$	Al$_2$O$_3$+Fe$_2$O$_3$
Rohstoff 1 · 0,75	67,5	3,0	3,0
Rohstoff 3 · 0,25	0,5	22,5	2,0
Mischung	68,0	25,5	5,0

3. Und schließlich müssen wir noch den Rohstoff 2 mit dem Rohstoff 3 kombinieren. Rohstoff 1 ist gleich Null.

Ganz analog den obigen Formeln erhalten wir für die Mischzahl x_2 des Rohstoffs 2 folgenden Wert:

$$x_2 = \frac{c_3 - \text{Hydr. Mod.} \cdot \text{Si}_3}{\text{Hydr. Mod.} \cdot (\text{Si}_2 - \text{Si}_3) + c_3 - c_2} \text{ oder}$$

$$= \frac{2 - 2{,}2 \cdot 98}{2{,}2(48 - 98) + 2 - 49} = \mathbf{1{,}36}$$

$x_3 = 1 - x_2 = \mathbf{-0{,}36}.$

Bei Kombination von 136 Teilen des Rohstoffs 2 mit 36 Teilen des Rohstoffs 3 erhält man folgenden Zement:

	CaO	SiO$_2$	Al$_2$O$_3$+Fe$_2$O$_3$
Rohstoff 2 · 1,36	66,7	47,6	17,7
Rohstoff 3 · —0,36 ...	—0,7	—32,4	—2,9
Mischung	66,0	15,2	14,8

Hieraus ergibt sich als hydraulischer Modul ein Wert von 2,2 und als Silikatmodul ein Wert von 1,03.

Bei einem hydraulischen Modul von rund 2,2 erhielten wir nach unseren obigen Berechnungen drei verschiedene Silikatmoduln: 1.) 2,35, 2.) 5,10 und 3.) 1,03. Diesen Silikatmoduln entsprechen bestimmte Mischungsverhältnisse der Rohstoffe 1, 2 und 3, nämlich:

Silikatmodul	x_1	x_2	x_3
2,35	0,44	0,56	0
5,10	0,75	0	0,25
1,03	0	1,36	—0,36

Im Diagramm der Abb. 37 sind diese verschiedenen Mischzahlen für einen konstanten hydraulischen Modul von 2,2 in Abhängigkeit von den Silikatmoduln dargestellt. Die Ordinate zeigt die Mischzahlen der Rohstoffe 1—3 in Prozenten, die Abszisse die Silikatmoduln. Man sieht aus dieser Abbildung, daß die Rohstoffmischungen mit den Silikatmoduln von 1,03—2,35 nur theoretischen Wert haben, da die Mischzahl des Rohstoffs 3 negativ ist. Beim Silikatmodul 2,35 wird die Mischzahl des Rohstoffs 3 gleich Null. Wenn man in diesem Punkte 44 Teile des Rohstoffs 1 mit 56 Teilen des Rohstoffs 2 mischt, dann erhält man einen Zement, der einen hydraulischen Modul von 2,2 und einen Silikatmodul von 2,35 hat. Bei Silikatmodul 5,10 erreicht die Mischzahlkurve des

148 Die technische Herstellung der Portlandzemente.

Rohstoffs 2 den Nullpunkt. Das bedeutet, daß alle Mischungen, die über einen Silikatmodul von 5,10 hinausgehen, nur dann möglich sind, wenn sich gleichzeitig der hydraulische Modul ändert. — An Hand solcher Kurven kann man relativ einfach Rohstoffmischungen für einen bestimmten hydraulischen Modul und Silikatmodul zusammenstellen.

2. **Die Gewinnung der Rohstoffe.** Die Rohstoffe Kalkmergel, Ton und Sand werden im Tagebau gewonnen. Der Abbau des Kalkmergels im Kalksteinbruch erfolgt mit maschinell angetriebenen Gesteinsbohrmaschinen (Antriebsarten: Dampf, Elektrizität, Druckluft) oder mittels Sprengung. Das Verladen des anfallenden Kalkmergels wird mit großen Löffelbaggern bewerkstelligt, die den Kalkstein von der Bruchwand abtragen und ihn in Loren verladen. Diese auf Schienen oder Raupenbändern laufenden Löffelbagger haben sich für den Abbau von Kalkmergel als außerordentlich wertvoll erwiesen. Bei sehr weichem Kalkstein genügt ihre Kraft allein, um den Kalkstein direkt, ohne vorherige Sprengung, von der Bruchwand abzutragen.

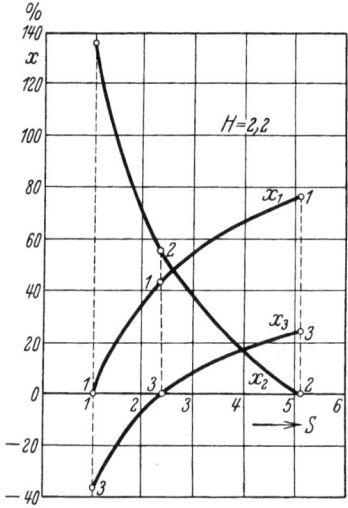

Abb. 37. Rohstoffdiagramm für drei Rohstoffe (nach Meier.) Hydraul. Modul = 2,2; Silikatmodul variabel.

Der Ton wird heute noch in den meisten Fällen von Hand abgebaut. Die für die Gewinnung des Tons konstruierten Maschinen haben sich bei der Verschiedenheit und Ungleichartigkeit der Tonlager als nicht sehr praktisch erwiesen.

Die Rohstoffe werden auf Loren verladen und mit Seilen auf Schienen oder schwebend in die Fabrik geschafft. Hier erfolgt nun die eigentliche Aufbereitung der Rohstoffe. Das Ziel dieser Rohstoffaufbereitung ist, eine innige Mischung der Rohstoffkomponenten Kalkstein und Ton herzustellen. Diese Mischung soll so eingestellt sein, daß Zemente mit ganz bestimmten Eigenschaften daraus entstehen. Je nach der Zusammensetzung der Rohstoffe erhält man kieselsäurereiche oder kieselsäurearme Zemente bzw. Zemente mit hohem oder niedrigem Kalkgehalt. Die kieselsäurereichen Zemente haben die Eigenschaft, anfangs sehr träge zu erhärten, aber später sehr hohe Festigkeiten zu erreichen, während die kieselsäurearmen Zemente hohe Anfangsfestigkeiten besitzen, aber später in ihren Festigkeiten meist zurückbleiben. Diese Bedingungen erfordern eine genaue Festlegung der Zementmoduln, eine exakte Einstellung der Rohmischung und sorgfältige chemische Untersuchungen der Rohstoffe im Betriebslaboratorium der Fabrik. In welcher Weise die

Zusammenstellung der Rohstoffe auf Grund der chemischen Analyse zur Erzielung eines bestimmten hydraulischen Moduls und Silikatmoduls erfolgt, hatten wir bereits im vorigen Abschnitt gesehen. Die chemische Zusammensetzung der Rohstoffmischung soll nun nicht nur im großen Durchschnitt der Mischung richtig sein, sondern soll bis zu den kleinsten Teilchen das richtige vorherbestimmte Verhältnis der Hydraulefaktoren aufweisen. Zu diesem Zweck müssen die Rohstoffe außerordentlich gleichmäßig und innig miteinander vermischt werden. Dies sucht man dadurch zu erreichen, daß man die Rohstoffe zunächst sehr fein mahlt. Die Art dieser Mahlung bestimmt den gesamten Charakter der Rohstoffaufbereitung.

Doch bevor wir nun näher auf die Aufbereitung der Rohstoffe eingehen, müssen wir uns noch mit jenen besonderen Fällen von natürlichen Kalkmergelvorkommen beschäftigen, die von Haus aus schon völlig homogen sind und eine solch günstige Zusammensetzung besitzen, daß aus ihnen ohne weiteres Portlandzemente gebrannt werden können (ungefähr 76—78% $CaCO_3$). In diesem Falle ist es selbstverständlich nicht notwendig, eine künstliche Rohmischung herzustellen. Für den „gesinterten" Zement ist es ja an und für sich ganz gleichgültig, ob die richtige Zusammensetzung des Rohmehls auf „natürlichem" oder auf „künstlichem" Wege erreicht wurde. Trotzdem macht man zwischen dem „künstlichen" Portlandzement und dem „natürlichen" oder Naturportlandzement einen Unterschied. In Deutschland dürfen überhaupt nur die auf künstlichem Wege aufbereiteten Zemente die Bezeichnung „Portland" und „Portlandzement" tragen, während die gesinterten silikatischen Bindemittel, die aus nicht oder nur grob aufbereiteten Rohstoffen hergestellt wurden, „Naturzemente" heißen. Diese strenge Scheidung hat ihren Grund darin, daß die Naturzemente infolge der Ungleichmäßigkeit in den Rohstoffvorkommen häufig stärkere Schwankungen in ihrer Beschaffenheit aufweisen. Um diese Schwankungen in der chemischen Zusammensetzung auszugleichen, werden den Naturzementen nach dem Brennen oft latent hydraulische Stoffe beigemischt. Von dem Fehlen der Rohstoffaufbereitung abgesehen, ist die Fabrikation der Naturzemente im übrigen die gleiche wie bei den Portlandzementen. Ebenso sind die technischen Eigenschaften der Naturzemente, wie z. B. die Abbindezeit, Festigkeit usw., bei gleichen fabrikatorischen Verhältnissen denen der Portlandzemente sehr ähnlich, namentlich wenn der Kalkmergel günstig und gleichmäßig zusammengesetzt ist. Solche günstigen Rohstoffvorkommen findet man besonders in Spalado in Dalmatien und bei Noworossisk am Schwarzen Meer. In der Literatur haben sich im Laufe der Zeit die verschiedensten Vorurteile gegen die Naturzemente gehäuft. Diese sind jedoch z. T. nicht berechtigt.

3. Das Dünnschlammverfahren. Die Aufbereitung des „künstlichen" Portlandzements kann nach zwei Verfahren geschehen, entweder nach dem Trockenverfahren oder nach dem Naßverfahren. Das ältere von beiden ist das Naßverfahren. Es hat im Laufe der Zeit mancherlei Abwandlungen erfahren. In den Anfängen der Zementfabrikation verarbeitete man recht weiche Rohstoffe, wie Kreide und Ton, und mied nach Möglichkeit jede Zerkleinerung von harten Rohstoffen. Die Mahlmaschinen waren auf die Zerkleinerung von sehr harten Rohstoffen nicht eingerichtet. Infolgedessen waren in dem vorzerkleinerten Rohmehl stets große Mengen von harten, nicht zerkleinerten Rohstoffbrocken, die nur durch Schlämmen mit viel Wasser entfernt werden konnten. Dabei erhielt man den sog. Dünnschlamm, von dem das Dünnschlammverfahren seinen Namen hat. Bei diesem Verfahren benötigt man also riesige Mengen von Wasser, 75—90 Teile Wasser auf 100 Teile Schlamm, und für diese wässerigen Dünnschlammengen sind große Rührbottiche zum Absetzen des Schlämmguts nötig. Dieses Aufbereitungsverfahren erfordert in den Fabriken sehr viel Platz, ist unwirtschaftlich und deshalb heute aus der Zementfabrikation völlig verschwunden. Es wird ab und an noch zum Aufschlämmen von Tonen verwendet, und dieser Tondünnschlamm wird an Stelle des beim Dickschlammverfahren für den Mahlprozeß notwendigen Wassers benutzt.

4. Das Trockenverfahren. Auf das Dünnschlammverfahren folgte gewissermaßen als Reaktion das Trockenverfahren. Beim Trockenverfahren werden die Rohstoffe zunächst getrocknet und dann staubfein miteinander vermahlen. Die Trocknung des vorzerkleinerten Rohstoffmaterials geschieht in Trockentrommeln. Diese Trockentrommeln sind geneigt gelagerte, in Mauerwerk eingebettete Rohre. Im Innern der Rohre befinden sich rotierende Schaufeln, die beim Rotieren das Rohmaterial bewegen und kräftig durchmischen. Die Heizung der Trockentrommeln erfolgt in der Weise, daß die Heizgase die Trommeln durchstreifen und das Rohmaterial im Gegenstrom erhitzen. Die getrockneten Rohstoffe, die noch ungefähr 5—10% Wasser enthalten, werden dann automatisch zu der Wiegestation gefördert, wo die Rohstoffe entsprechend ihrer Zusammensetzung zusammengewogen werden. Danach werden die Rohstoffe den Vorratsbehältern der Rohmühlen zugeführt und schließlich so fein gemahlen, daß das Rohmehl auf einem Sieb mit 4900 Maschen/qcm nur noch einen Rückstand von höchstens 15% hinterläßt. Das die Rohmühle verlassende Mehl wird dann noch einmal chemisch analysiert, und etwaige Fehler in der Zusammensetzung werden ausgeglichen. Dieser Ausgleich erfolgt in großen Mischsiloanlagen, die aus mehreren Silozellen bestehen. Diesen wird das Rohmehl automatisch zugeführt und in ihnen dauernd in Bewegung gehalten. Es gelingt auf diese Weise, die Schwankungen im Rohmehl bis auf Bruchteile eines Prozents auszugleichen. Aus den Mischsilos gelangt dann das Rohmehl zum Brennofen.

5. Das Halbnaßverfahren. Ein Übergang zwischen dem Naßverfahren und dem Trockenverfahren ist das sog. Halbnaßverfahren, das heute ebenso wie das Dünnschlammverfahren nicht mehr (oder nur selten) benutzt wird. Beim Halbnaßverfahren wird nur der Kalkmergel trocken vermahlen, während der Ton zu Dünnschlamm aufgeschlämmt wird (s. oben). Danach wird der gemahlene Kalkmergel und der Tondünnschlamm miteinander vermischt. Das Halbnaßverfahren spielte bei der Schachtofenfabrikation eine gewisse Rolle. Bei der Mischung von Kalkmergelmehl und Tondünnschlamm suchte man eine solche Konsistenz zu erreichen, bei der die Herstellung von kleinen Ziegeln möglich war. Auf diese Weise gab man dem Rohmaterial eine für den Schachtofenbetrieb notwendige Formung.

6. Das Dickschlammverfahren. Die Weiterentwicklung des Halbnaßverfahrens führte dann zum Dickschlammverfahren, das von allen Ausführungsformen des Naßverfahrens heute allein angewendet wird. Beim Dickschlammverfahren werden die Rohmaterialien zunächst entsprechend ihrer chemischen Zusammensetzung in geeigneter Weise miteinander vermengt und dann in Steinbrechern, Hammermühlen oder, wenn es sich um weiche Materialien handelt, in Walzwerken vorgebrochen. Das vorgebrochene Material wird in Verbundmühlen unter Zusatz von 34—42% Wasser feingemahlen. Der Dickschlamm, der die Verbundmühlen mit einem Wassergehalt von 36—42% Wasser verläßt, wird durch pneumatische Förderungseinrichtungen (Pressoren) oder durch Kolben- und Kreiselpumpen in große Schlammbehälter befördert. In diesen Behältern wird der Dickschlamm durch von unten her einströmende Preßluft anhaltend kräftig durchgemischt. Der Dickschlamm wird durch dauernde chemische Betriebskontrolle in seiner chemischen Zusammensetzung geprüft und durch Zusatz von kalkreicherem oder kalkärmerem Rohschlamm in gewünschter Weise korrigiert. Aus diesen Schlammmischern wird der Dickschlamm durch Pumpen in den Brennofen gebracht. Der Dickschlamm soll nur soviel Wasser enthalten, daß er gerade noch durch die Pumpen und Pressoren gefördert werden kann, ohne sie zu verstopfen. Er soll so wasserarm wie möglich sein, damit nicht unnötig Heizenergie zum Verdampfen des Wassers beim Zementbrennen vergeudet wird.

Budnikoff, Kukolew und Leschoeff[1] fanden neuerdings, daß der Wassergehalt des zur Herstellung von Portlandzement auf nassem Wege verwendeten Schlammes durch Zusätze von Natriumsilikat, Natriumkarbonat und Natronlauge verringert werden kann. Diese Zusätze erhöhen infolge ihrer peptisierenden Wirkung die Fluidität des Schlamms, so daß bei gleicher Viskosität der Wassergehalt um etwa 6% gesenkt werden kann. Dadurch soll eine Brennstoffersparnis von etwa 8% erzielt werden können. Auch Zuckermelasse soll eine ähnliche Wirkung zeigen.

---

[1] Budnikoff, P., G. W. Kukolew u. W. M. Leschoeff: Koll. Zeitschr. Bd. 52 1930 S. 341—348.

Von allen geschilderten Verfahren werden heute nur noch das Trockenverfahren und das Dickschlammverfahren ausgeübt. Das Dickschlammverfahren kann nur im Drehofenbetrieb, das Trockenverfahren im Schachtofen- und im Drehofenbetrieb angewendet werden. Die Wahl zwischen diesen beiden Verfahren hängt ganz von den örtlichen Bedingungen ab, von der Wirtschaftlichkeit des Schachtofen- oder Drehofenbetriebs am Fabrikationsort, von der Beschaffenheit der Rohmaterialien usw., so daß sich über die Vorzüge und Nachteile dieser beiden Aufbereitungsverfahren nichts Generelles sagen läßt.

Zwischen dem Dickschlammverfahren (34—42% Wasser) und dem Trockenverfahren (5—10% Wasser) steht hinsichtlich der Wassermenge das Filtrierverfahren[1] (17—23% Wasser), nach dem heute etwa 30 Fabriken in Amerika arbeiten. Der Schlamm muß sich bei dem Filtrierverfahren gut filtrieren lassen, d. h. er muß sich im Wasser möglichst schnell absetzen.

7. Die Mühlen. Die wichtigste Arbeit der Zementindustrie besteht in der Zerkleinerung von harten Stoffen. Nicht nur bei der Aufbereitung der Rohstoffe spielt diese Zerkleinerungsarbeit die Hauptrolle, sondern auch bei der Aufbereitung des fertig gebrannten Klinkers, bei der Feinmahlung des Halbfabrikats Klinker zu Zement und schließlich bei der Aufbereitung der Brennstoffe, bei der Feinung der Kohle. Die Anforderungen, die dabei an die verschiedenen Mühlen gestellt werden, sind außerordentlich hohe. Die Zementmühlen sollen in möglichst kurzer Zeit möglichst große Mengen von sehr harten Materialien bis zu großer Feinung zermahlen. Die Zementrohstoffe sollen so fein gemahlen werden, daß höchstens 15% auf dem 4900-Maschensieb zurückbleiben, und die Mahlung des Klinkers zu Zement soll so weit gehen, daß höchstens 2% Klinker auf dem 900-Maschensieb als Rückstand verbleiben dürfen. Bei der Zerkleinerung der Rohstoffe unterscheiden wir drei Stadien: die Vorzerkleinerung, die Schrotung und die Feinmahlung.

Die ältesten Vorzerkleinerungsmaschinen sind die Backen- oder Maulbrecher, bei denen die Rohstoffe zwischen einer feststehenden Backe und einer durch Kniehebel in Bewegung gesetzten Brechbacke zermalmt werden. Für größere Stücke und stärkere Inanspruchnahme zeigten sich diese Brecher jedoch nicht geeignet, so daß weitere Vorzerkleinerungsmaschinen, wie Brechwalzwerke und Kollergänge, an die Backenbrecher angeschlossen werden mußten. Alle diese Zerkleinerungsmaschinen sind jedoch überwiegend aus der Zementaufbereitung verschwunden und haben den Kreiselbrechern oder Rundbrechern und den Hammerbrechern Platz gemacht. Die modernste Art der Vorzerkleinerung ist zweifellos die mittels Hammerbrecher. Beim Hammerbrecher wird das Rohmaterial durch Hammerschläge so lange und bis zu einem solchen

---

[1] Böhm, G. und D. Steiner: Zement 1930 S. 768—775.

Zerstörungsgrade bearbeitet, bis es durch einen Rost von bestimmter Weite hindurchfällt. Es gibt Hammerbrecher, die mit zwei um parallele Wellen gegeneinander rotierenden Gruppen von Hämmern arbeiten (Titanbrecher), und solche, die nur eine mit Hämmern besetzte Welle aufweisen. An diese Hammerbrecher schließt sich heute oft noch ein kräftiges Brechwalzwerk an, das teilweise schon eine Feinung des Rohmaterials bis zur Schrot- oder Grießgröße herbeiführt.

Damit kommen wir zu den Schrotmühlen. Zu ihnen gehören vor allem die Kugelmühlen, die Hammermühlen und die Ringwalzenmühlen. Die Ringwalzenmühlen werden heute vor allem für die Mahlung der Kohle verwendet. Beim Drehofenbetrieb muß die Heizkohle zu Kohlenstaub zerkleinert werden. Diese Zerkleinerung der Kohle erfolgt mehr durch Reibung als durch Schlag. Die Ringwalzenmühle, die hauptsächlich bei der Kohlenmüllerei verwendet wird, beruht auf der Druckwirkung dreier Walzen, die gegen einen vertikal laufenden Mahlring gedrückt werden. Eine Weiterentwicklung dieser Ringwalzenmühle ist die Löschemühle, bei der gleichzeitig das Feingemahlene durch Luftstrom aus der Mühle ausgetragen wird.

Weitere Kohlenzerkleinerungsmühlen sind die auf der Ausnutzung der Zentrifugalkraft beruhenden Pendelmühlen, Kugelrollmühlen, Fullermühlen und die Roulette, auf deren Konstruktion hier im einzelnen nicht eingegangen werden soll. Die Hammermühlen sind Hammerbrecher von kleinerem Format. Sie besorgen die weitere Zerkleinerung des Rohmaterials bis zur Schrotgröße. — Die eigentliche Schrotmühle ist die Kugelmühle, bei der das Mahlgut automatisch ein- und ausgetragen wird. Es sind dies um waagerechte Wellen rotierende Trommeln, mit einem Durchmesser bis zu 3 m und Kugelfüllungen bis zu 3000 kg Gesamtgewicht. Diese Mühlen enthalten zum Teil Vorrichtungen zur Abtrennung des Feingemahlenen, Siebe oder Windsichter, und sind in dieser Form Feinmahlapparate.

Man unterscheidet bei den Feinmahlmaschinen solche, die mit Separation und solche, die ohne Separation des Feingemahlenen arbeiten. Jede Schrotmühle, an die ein Windsichter oder eine sonstige Vorrichtung zur Abtrennung des Mahlguts angeschlossen ist, ist somit eine Feinmahlmaschine. Solche Mühlen existieren in zahlreichen Ausführungen, von denen nur die Doppelhartmühle, die Ergomühle, die Humboldtmühle, die Manstädtmühle und die Orionmühle genannt seien.

Die andere Möglichkeit der Feinmahlung ist die, daß man das geschrotete Rohmaterial bis zur gewünschten Feinheit ohne Separation durchmahlt. Dies geschieht in den sog. Rohrmühlen, in einfachen, mit schwacher Neigung gelagerten, langgestreckten Trommeln, die um ihre Längsachse rotieren und mit Mahlkörpern von verschiedener Form gefüllt sind. Als Mahlkörper benutzt man gewöhnlich Stahlkugeln und Flintsteine von verschiedener Größe und neuerdings auch kantige und spiralige Mahlkörper, von denen die Cylpebs, die Helipebs und die Spirolen erwähnt seien. Bei der Umdrehung des Rohrs fallen die Mahlkugeln auf das durch die Trommel langsam hindurchwandernde Mahlgut und bewirken durch sog. „schiefen Schlag" seine Zerkleinerung. Die Umdrehungszahl der Trommeln pro Minute bei günstigster Mahlwirkung beträgt nach Fischer[1] $n = \dfrac{32}{\sqrt{d}}$, wobei d der lichte Durchmesser der Trommel ist. Die Mahlwirkung der Rohrmühle hängt ab von dem Durchmesser und der Umdrehungsgeschwindigkeit der Trommel und von dem Gewicht, der Art und Form der Mahlkörper. Der Arbeitsverbrauch der Rohrmühlen wurde von Dreyer[2] für verschiedene Füllungsarten zu folgenden Werten berechnet:

Flintsteinmühlen: $N = 9{,}5 \cdot \dfrac{Q}{1000} \cdot \sqrt{D}$ PS

Stahlkugelmühlen: $N = 8{,}5 \cdot \dfrac{Q}{1000} \cdot \sqrt{D}$ PS.

In diesen Formeln bedeutet Q das Gewicht der Mahlkörperfüllung in Kilogramm und D den lichten Durchmesser der Rohrmühle in Metern.

Die Rohrmühle ist der Vorläufer der sich heute allgemein durchsetzenden Verbundmühle. Sie besteht in ihrer älteren Form aus zwei Teilen, der Vorschrotkammer und der Feinmahlung. Die Verbundmühle erledigt zwei Arbeitsprozesse hintereinander, den Prozeß der Schrotung und den der Feinmahlung. Die Erkenntnis, daß man eine noch bessere Mahlwirkung erzielen kann, wenn man den Mahlprozeß nicht nur in zwei Stufen, nämlich in die Schrotung und in die Feinmahlung, sondern in drei oder gar in vier Stufen zerlegt, führte dann zur Konstruktion der Mehrkammermühlen, bei denen die Mahlung des Rohmaterials in drei bis vier Stufen erfolgt. Die ersten Mahlkammern sind mit Stahlpanzerung und mit Stahlkugelfüllung ausgerüstet, die letzte Kammer hat meist Silexfütterung und Flintsteinfüllung. Von den zahlreichen Formen von Verbundmühlen seien hier nur einige erwähnt: der „Comparator", die Molitor-Verbundmühle, die Rekordmühle, die Solomühle und die Unidanmühle, die sich nur in der Konstruktion, nicht aber im Prinzip voneinander unterscheiden.

8. Das Brennen des Klinkers. Wir kommen nun zu dem wichtigsten Abschnitt im Fabrikationsgang des Zements, nämlich zum Brennen der aufbereiteten Zementrohmasse. Die Aufgabe des Brennens ist die, die einzelnen Teile der Rohstoffmasse auf dem Wege der Sinterung miteinander zum Reagieren zu bringen. Die chemischen Vorgänge, die hierbei eintreten, hatten wir bereits kennengelernt. Wir wollen nun sehen, welche Maßnahmen in der Technik getroffen werden, um die für die Sinterung notwendigen Temperaturen zu erreichen. Die Erzeugung so hoher Temperaturen, wie sie für die Herstellung der Zemente

---

[1] Fischer, H.: Z. VDI 1904 S. 437. [2] Dreyer H.: Zement 1929 S. 1434.

erforderlich sind, und die genaue Innehaltung ganz bestimmter Temperaturen war für die Zementindustrie ein sehr wichtiges und außerordentlich schwieriges Problem, das sie jedoch in enger Zusammenarbeit mit den Konstrukteuren und Wärmetechnikern der Maschinenindustrie in befriedigender Weise zu lösen vermochte. Wird die Sinterungstemperatur des Portlandzements nicht erreicht, so entsteht ein technisch wertloserer „Leichtbrand"; wird die Sinterungstemperatur überschritten, so entsteht der überbrannte oder geschmolzene Klinker, der andere Eigenschaften besitzt, als der normal, d. h. bis zur Sinterung gebrannte Klinker.

Der Portlandzementklinker wird gegenwärtig auf zwei Arten gebrannt, entweder im Schachtofen oder im Drehrohrofen. Eine dritte Form des Brennens, die im Ringofen, hat mit den beiden anderen Verfahren nicht konkurrieren können und ist daher wieder verschwunden.

9. Der Schachtofen. Der Schachtofen ist in seiner ursprünglichen Form der keramischen Nachbarindustrie entnommen. Er hat eine ganze Reihe von Umwandlungen erfahren, von denen wir nur die beiden folgenden erwähnen wollen: den Etagenofen von Dietzsch und den Hauenschild-Schneiderofen. Bei dem Dietzschen Etagenofen ist ein oberer Schacht, der sog. Vorwärmer, mit einem unteren Schacht, dem Brennschacht, durch einen schrägen Kanal verbunden. In dem oberen Schacht erfolgt die Vorwärmung der Rohmehlziegel, während das Brennen des Klinkers im unteren Schacht vor sich geht. Durch die Unterteilung des Schachts wollte man vermeiden, daß die sinternde Zementmasse durch den Druck der Ofenbeschickung an der Ofenwand anbackte.

Der Hauenschild-Schneiderofen ist ein vollkommen zylindrischer Ofen mit einem etwas erweiterten unteren Teil und einem dünnen Ofenmantel im Brennraum, um das Anbacken zu vermeiden. Ursprünglich arbeitete man so, daß man den Ofen abwechselnd mit Schichten von Stückkoks und Rohziegeln beschickte und durch geeignete Aufstellung der Rohziegel verhinderte, daß der sinternde Klinker „hängenblieb". Später wurde der Stückkoks durch billigen Kohlegrus ersetzt und der Kohlegrus schon bei der Herstellung der Rohziegel dem Rohmehl zugesetzt. Das kennzeichnendste Merkmal des Hauenschild-Schneiderofens ist aber die automatische Austragung des fertigen Klinkers durch einen rotierenden Drehrost. Auf diesem Drehrost ruht die ganze Klinkersäule. Auf seiner Oberseite befindet sich eine Anzahl von Knaggen und Nocken. Durch langsame Umdrehung des Rostes (1 Umdrehung in der Stunde) wird der fertig gebrannte Klinker an der Unterseite abgeschert. Die Austragung des Klinkers erfolgt auf diese Weise vollkommen automatisch und gleichmäßig. Der Drehrostschachtofen hat eine Reihe von Abwandlungen bezüglich der Art des Rostes erfahren. Man unterscheidet heute Drehroste, Schieberoste und Walzenroste, die alle mit

Nocken versehen sind, um den Klinkerstock abzuscheren und zu zertrümmern. Mit der Einführung des automatischen Schachtofens blieb der Schachtofen der Zementindustrie erhalten, und konnte mit dem Ende des vorigen Jahrhunderts aufkommenden Drehrohrofen konkurrieren. Während man mit den älteren Schachtöfen höchstens 20 t Klinker pro Tag herstellen konnte, kann man heute mit einem modernen Drehrostofen 100—120 t Klinker pro Tag erzeugen. Die Höhe der modernen automatischen Schachtöfen beträgt ungefähr 10—12 m, ihr Durchmesser 2,5—3 m. Der Brennstoffverbrauch ist sehr günstig, und zwar beträgt er ungefähr 15—18% Kohle bezogen auf das Klinkergewicht. Dies entspricht einem Energieaufwand von 90000 Wärmeeinheiten für 100 kg Klinker. Was dies bedeutet, werden wir weiter unten bei einem Vergleich mit dem Drehofenverfahren sehen. Die automatischen Schachtöfen werden mit Druckluft betrieben, die in verschiedener Weise in den Ofen eingeblasen wird, meist unter dem Rost. Beim Schachtofenbetrieb muß das Rohmehl vor dem Brennen geformt werden. Für diese Formgebung (Brikettierung) eignet sich nur das trockene Rohmehl und infolgedessen kommt beim Schachtofen nur das Trockenverfahren zur Aufbereitung des Rohmehls in Betracht. Die Brikettierung des Zementrohmehls geschieht in der Weise, daß man das Rohmehl in einer Mischschnecke mit 7—9% Wasser anfeuchtet und dann einer Kolbenpresse zuführt. Die Kolbenpresse erzeugt aus dem angefeuchteten Rohmehl zylindrische Briketts, die automatisch direkt in den Schachtofen gelangen. Während bei den älteren, nicht-automatischen Schachtöfen sehr viel Handarbeit nötig war, ist durch die Einführung des Drehrostschachtofens (um das Jahr 1910) die Handarbeit im Schachtofenbetrieb sehr stark zurückgegangen und der Fabrikationsprozeß erheblich abgekürzt worden.

10. Der Drehofen. Die Verbesserung des Zementbrennverfahrens führte nun nicht nur zur Erfindung des automatischen Schachtofens, sondern auch zu einem ganz andersartigen Brennapparat, nämlich zum Drehrohrofen oder kurz Drehofen. Der Drehofen wurde in den achtziger Jahren des vorigen Jahrhunderts von dem Engländer Ransome erfunden und zunächst in Amerika eingeführt. In Deutschland wurden die ersten Drehofenversuche 10 Jahre später von C. von Forell durchgeführt. Der Drehofen ist inzwischen außerordentlich entwickelt worden. Bei seiner Einführung betrug seine Länge gewöhnlich 25 m bei einem Durchmesser von 1,8—2,0 m und seine Leistung etwa 40 t pro Tag. Heute betragen die Ofenlängen 50—70 m bei einem Durchmesser von 3—3,5 m und einer Leistung bis zu 250 t pro Tag.

Der Drehofen besteht im allgemeinen aus zwei übereinanderliegenden Trommeln. Die obere ist der Brennofen, die untere die Kühltrommel. In der oberen Trommel wird der Zement gebrannt. In der unteren Kühltrommel wird der aus der Brenntrommel fallende glühende Klinker abgekühlt. Beide Trommeln haben eine geringe Neigung, so daß der Klinker sich beim Drehen der Trommeln langsam fortbewegt. Die Verbindung zwischen der Brenntrommel und der Kühltrommel geschieht durch eine am Ofenende angebrachte Rutsche. Die Trommeln bestehen aus zusammengenieteten Eisenblechen. Sie ruhen auf Rollenlagern und werden in der Mitte mittels Zahnkranz angetrieben. Die Brenntrommel ist im Innern mit einer dicken Schicht von feuerfester Schamotte oder mit Dynamidonsteinen ausgekleidet.

Das Rohmaterial, trockenes Rohmehl oder Dickschlamm, wird am höherliegenden, der Feuerung entgegengesetzten Ende des Drehofens durch automatische Speisevorrichtungen in den Ofen eingeführt und wandert bei der Umdrehung des Ofens infolge der schrägen Lagerung der Brenntrommel langsam durch den Ofen.

Die Heizung des Drehofens geschieht mit Kohlenstaub, bei besonderen örtlichen Verhältnissen auch mit Öl oder Gas. Das Rohöl, das in südlichen Teilen Rußlands und in Nordamerika billig zur Verfügung steht, wird vom tieferliegenden Teil der Brenntrommel aus in den Drehofen eingeblasen. Bei Verwendung von Kohlenstaubfeuerung muß die Kohle zuerst getrocknet und dann in besonderen Mühlen (s. oben) sehr fein gemahlen werden (bis auf wenige Prozent Rückstand auf dem 4900-Maschensieb!). Der Kohlenstaub wird mit Hilfe eines Luftdruckgebläses in automatisch regulierter Dosierung in den Ofen eingeblasen. Die Verbrennungsluft für den Kohlenstaub wird teils durch das Luftdruckgebläse geliefert, teils infolge des Schornsteinzuges durch die Kühltrommel angesaugt.

Die Sinterung und Klinkerbildung erfolgt im unteren Teil des Ofens, und zwar direkt in der heißen Flamme der Heizgase. Der Klinker, der sich dabei bildet, besteht aus lauter kleinen, steinharten schwarzen Körnern von verschiedener Größe (Durchmesser 0,1—5 cm). Der heiße Klinker fällt dann aus der Sinterzone in die Kühltrommel, wo er durch die entgegenstreichende Luft schnell abgekühlt wird. Der Klinker hat, wenn er die Kühltrommel verläßt, meist nur noch eine Temperatur von 100° C. Der Klinker, der im Drehofen erzeugt wird, besitzt eine außerordentliche Gleichmäßigkeit, wie sie beim Schachtofen niemals erzielt werden kann.

Der Nachteil des Drehofens ist der, daß er einen recht erheblichen Brennstoffverbrauch aufweist. Sein Verbrauch betrug in den ersten Stadien seiner Entwicklung 32—35% Kohle bezogen auf den fertig gebrannten Klinker. Im Laufe der Zeit ist dieser hohe Brennstoffverbrauch durch eine Reihe von Verbesserungen verringert worden und beträgt jetzt beim Trockenverfahren 23%, beim Dickschlammverfahren ungefähr 27% des hergestellten Klinkers. Bei dieser Verbesserung der Brenntechnik war man vor allem darauf bedacht, die Wärmestrahlung des Ofens zu verringern und die Temperatur der atmosphärischen

Verbrennungsluft zu erhöhen. Ferner wurde die hohe Temperatur der Abgase und des fertig gebrannten Klinkers ausgenutzt. Die Ausnutzung der Abgase geschah dadurch, daß man die Länge des Ofens vergrößerte, und daß man Drehofenabhitzekessel nach der Erfindung von Schott baute. Nach dem Marguerre-Verfahren wurden dann bei der Abhitzeverwertung statt der teuren Abhitzekessel billige Economiser gebaut. Dabei entsteht Dampf, mit dem ein Teil des Kraftstroms der Zementfabrik erzeugt wird. Auch die Klinkerwärme hat man durch geeignete Vorrichtungen auszunutzen verstanden, indem man die Kühltrommel luftdicht und starr mit dem Ofen verband und die Sekundärluft durch die Kühltrommel einblies. Hierauf beruht das Prinzip des Soloofens und des Unaxofens.

Auch die ursprüngliche Bauart der Drehöfen wurde mannigfachen Änderungen unterworfen, um die Wärmeausnutzung der Heizgase zu verbessern. So hat man nach dem Verfahren von Polysius die Sinterzone des Brennrohrs erweitert, um den in der Sinterung begriffenen Klinker in der Sinterzone zu stauen. Ferner wurde von Fellner und Ziegler die sog. Kalzinierzone[1] erweitert. Durch diese Erweiterung der Kalzinierzone wird das Rohmaterial in dieser Zone gestaut, angehäuft, und hierdurch eine bessere Wärmeausnutzung erreicht.

Die größte Wärmeausnutzung wurde neuerdings dadurch erzielt, daß man den Drehofen nach der Erfindung von Lellep[2] mit einem Wanderrost kombinierte. Bei dem nach dem Erfinder und der Herstellerfirma (Polysius) benannten Lepolofen hat der Drehofen nur noch die Aufgabe, das Rohmaterial zu sintern. Aus dem Rohmehl werden unter Zusatz von 10—12% Wasser in einer Granuliertrommel Rohstoffgranalien hergestellt und diese Granalien dann auf einem Wanderrost getrocknet und teilweise kalziniert. Von dem Wanderrost wandert das vorgewärmte Rohmaterial in einen kurzen Drehofen, wo es gesintert wird. Die heißen Abgase des Drehofens werden mit einem Ventilator durch den Wanderrost hindurchgesaugt und dienen zum Vorwärmen des Rohmaterials. Dabei werden die Abgase stark abgekühlt und verlassen den Ofen mit einer Temperatur von etwa 100—120° C. Hierdurch wird eine Wärmewirtschaftlichkeit des Drehofenbetriebes erreicht, die der des automatischen Schachtofens nahezu gleichkommt.

Wo liegen nun die verschiedenen Reaktionszonen im Drehofen, und welche Temperaturen sind dort anzutreffen? Hierüber hat Nacken[3] bei einem Drehofen von 60 m Länge Untersuchungen angestellt. Danach reicht die Trockenzone bis 37 m und die Kalzinierzone bis 45 m von

---

[1] Unter der Kalzinierzone versteht man die Zone des stärksten Wärmeverlustes im Drehofen. Der stärkste Wärmeverlust tritt dort ein, wo das Rohmaterial seine Kohlensäure abgibt, wo es thermisch dissoziiert.
[2] Lellep, O.: D.R.P. 466298 (1927).
[3] Nacken, R.: Zementprotokoll 1921 S. 181.

der oberen Einlaufzone des Ofens. Die höchste Heizgastemperatur finden wir 54 m vom oberen Einlauf entfernt. Sie betrug bei den Nackenschen Versuchen 1430° C. Die höchste Klinkertemperatur wurde 56 m vom oberen Einlauf mit einer Höhe von 1370° C beobachtet. Diese Messungen enthalten naturgemäß große Fehlermöglichkeiten und beziehen sich nur auf einen speziellen Fall; doch können sie uns einen ungefähren Einblick in die Brennverhältnisse im Drehofen geben.

Theoretisch sind nach Kühl[1] zum Brennen von 100 kg Klinker ungefähr 48700 Wärmeeinheiten erforderlich. Diese Wärmemengen wären tatsächlich nur notwendig, um Rohmehl von 20° C in Klinker + Kohlensäure + Wasser von 20° umzuwandeln. Für jedes Kilogramm Klinker benötigt man also den Betrag von 487 Wärmeeinheiten, der als latente Bildungswärme in den Klinker hineingeht. Dieser Betrag würde tatsächlich zur Klinkerbildung ausreichen, wenn erstens keine Wärme verloren ginge und wenn zweitens die Klinkerbildung sich bei 20° C bewerkstelligen ließe. Wir wissen ja, daß gerade letzteres ganz unmöglich ist. Selbst wenn man bei 20° C dem Rohmehl den Betrag von 487 Wärmeeinheiten zur Verfügung stellte, würde sich niemals Klinker bilden. Die Umwandlung des Rohmehls in Klinker geht nur bei hohen Temperaturen mit der nötigen Geschwindigkeit vor sich und ist erst bei Temperaturen über 1400° C vollständig. Infolge Wärmestrahlung und schlechter Ausnutzung der Abhitze und der Klinkerwärme gehen riesige Mengen an Wärme verloren. Ein großer Teil dieser Wärmeverluste ist unvermeidlich. Man hat die Wärmeausnutzung heute so gewaltig verbessert, daß das Optimum, für absehbare Zeit wenigstens, erreicht sein dürfte. Bei den ersten Drehöfen betrug der Wärmeverbrauch für die Herstellung von 100 kg Klinker 180000—200000 Wärmeeinheiten. Er beträgt heute beim Trockenverfahren nur noch 120000—130000 Wärmeeinheiten, beim Dickschlammverfahren 135000—150000 Wärmeeinheiten. Durch Verwertung der Abhitze nach dem Verfahren von Schott konnte der Wärmeverbrauch für je 100 kg Klinker auf 120000 Wärmeeinheiten heruntergedrückt werden. Eine weitere Verringerung des Wärmeverbrauchs im Drehofenbetrieb wurde durch den Lepolofen erzielt, der zum Brennen von 100 kg Klinker nur noch 100000 Wärmeeinheiten benötigt. Damit hat der Drehofen nahezu die Wärmewirtschaftlichkeit des automatischen Schachtofens erreicht, der günstigenfalls einen Wärmeverbrauch von 90000 Wärmeeinheiten aufweist. Dieser Wärmeverbrauch von 90000 Wärmeeinheiten für 100 kg Klinker dürfte für absehbare Zeit das wärmetechnische Optimum bei der Klinkererzeugung darstellen.

11. Wärmebilanz des Zementbrennprozesses. Nachdem wir bereits weiter oben die Vorgänge beim Brennen des Zements kennengelernt haben, wollen wir nun eine Wärmebilanz für den Zementbrennprozeß

---
[1] Kühl, H. u. W. Knothe: Die Chemie der hydraulischen Bindemittel, 1915 S. 222f.

160   Die technische Herstellung der Portlandzemente.

aufstellen, wie sie für praktische Verhältnisse zutrifft. Eine solche Bilanz hat Wecke[1] in seinem Buch über die Zementfabrikation dargestellt; sie sei nachstehend wiedergegeben.

A. Als bekannt seien vorausgesetzt folgende Werte:
1. 1 kg Rohmehl (trocken) enthält . . . . a kg $CaCO_3$
2. 1 kg Rohmaterial enthält . . . . b kg Wasser
3. 1 kg Kohle liefert. . . . . p Kcal
4. die Abgastemperatur des Ofens ist . . . . t^0 C
5. der Kohlenverbrauch je Kilogramm Klinker ist . . . . k kg Kohle
6. die mittleren spezifischen Wärmen sind
   für Rohmehl 0,21
   für Klinker (nach Nacken) 0,25
   für Wasserdampf . . . . Mc_{pw}
   für Kohlensäure . . . . Mc_{pk}
   für Luft. . . . . Mc_{pl}

Bei Temperaturen zwischen 0^0 und 1000^0 liegt Mc_{pw} zwischen 0,462 und 0,495; Mc_{pk} zwischen 0,202 und 0,260; Mc_{pl} zwischen 0,241 und 0,256.

Zu A1:

1 kg Rohmehl enthält . . . . a kg $CaCO_3$
     oder $0{,}4394 \cdot a$ kg CO_2
und entspricht $(1-0{,}4394\,a)$ kg Klinker.

1 kg Klinker entspricht . . . . $\dfrac{1}{1-0{,}4394 \cdot a}$ kg Rohmehl

     oder $\dfrac{0{,}4394 \cdot a}{1-0{,}4394 \cdot a}$ kg CO_2.

Zu A2:

1 kg Rohmehl enthält . . . . b kg Wasser
          und $(1-b)$ kg Rohmehl (trocken).

Zur Errechnung des Wassergehalts (w) bezogen auf 1 kg Klinker dient folgende Proportion:

$$(1-b) : b = \frac{1}{1-0{,}4394 \cdot a} : w$$

$$w = b \cdot \frac{\dfrac{1}{1-0{,}4394 \cdot a}}{1-b} = \frac{b}{(1-0{,}4394 \cdot a) \cdot (1-b)}.$$

Zu A3—A5:

Nach Brauß beträgt der Luftbedarf für 1 kg Kohle: $L = p \cdot \dfrac{0{.}143}{100}$ kg.

Die Verbrennungsgase für 1 kg Kohle setzen sich zusammen aus

dem Luftbedarf $L = \dfrac{p \cdot 0{,}143}{100}$,

10% Luftüberschuß $L + 10\% = \dfrac{p \cdot 0{,}143}{100} \cdot 0{,}1$

und der Kohle 1.

---
[1] Wecke, F.: Zement. Dresden u. Leipzig 1930.

Mithin Verbrennungsgase =
$$\frac{p \cdot 0{,}143}{100} + \frac{p \cdot 0{,}143}{100} \cdot 0{,}1 + 1 = \frac{1{,}1\, p \cdot 0{,}143}{100} + 1.$$

Bei k kg Kohlenverbauch für 1 kg Klinker entstehen somit folgende Mengen Verbrennungsgase:
$$k \cdot \left(\frac{1{,}1\, p \cdot 0{,}143}{100} + 1\right) \text{ kg}.$$

B. Der Wärmebedarf des eigentlichen Brennprozesses setzt sich zusammen aus:

1. der zum Erwärmen des trockenen Rohmehls von 0^0 auf 900^0 C erforderlichen Wärmemenge,
2. der zum Austreiben der Kohlensäure aus dem Rohmehl notwendigen Wärme,
3. der zum Erhitzen des CO_2-freien Rohmaterials von 900^0 auf 1350^0 C erforderlichen Wärme.

Diese Wärmemengen auf 1 kg Klinker berechnet ergeben folgende Werte:

Zu B 1:

1 kg Klinker entspricht nach A 1: $\dfrac{1}{1-0{,}4394 \cdot a}$ kg Rohmehl; die spezifische Wärme des Rohmehls ist 0,21.

Infolgedessen ist der Wärmebedarf für B 1:
$$\frac{1}{1-0{,}4394 \cdot a} \cdot 0{,}21 \cdot 900 = \frac{189}{1-0{,}4394 \cdot a} \text{ Kcal}.$$

Zu B 2:

Nach Richards sind zum Austreiben von 1 kg CO_2 aus Kalziumkarbonat 1026 Kcal notwendig. Nach A 1 entspricht 1 kg Klinker $\dfrac{0{,}4394 \cdot a}{1-0{,}4394 \cdot a}$ kg CO_2; somit ergibt sich hierbei als Wärmebedarf:
$$\frac{0{,}4394 \cdot a}{1-0{,}4394 \cdot a} \cdot 1026 = \frac{1026 \cdot 0{,}4394 \cdot a}{1-0{,}4394 \cdot a} \text{ Kcal}.$$

Zu B 3:

Der Wärmebedarf von 1 kg kalziniertem Rohmaterial für eine Erhitzung von 900^0 auf 1350^0 C, also um 450^0, beträgt:
$$1 \cdot 0{,}25 \cdot 450 = 113 \text{ Kcal}.$$

Der Gesamtwärmebedarf des eigentlichen Brennprozesses, der sich aus den Punkten B 1—3 zusammensetzt, ist demnach:
$$\frac{189}{1-0{,}4394 \cdot a} + \frac{1026 \cdot 0{,}4394 \cdot a}{1-0{,}4394 \cdot a} + 113 = \frac{189 + 1026 \cdot 0{,}4394 \cdot a}{1-0{,}4394 \cdot a} + 113 \text{ Kcal}.$$

C. Der Wärmeinhalt der Abgase:

Die Abgase setzen sich folgendermaßen zusammen:

1. aus der Kohlensäure des Rohmaterials,

2. aus den Verbrennungsgasen,
3. aus dem Wasserdampf, der vom Rohmaterial herrührt.

Auf 1 kg Klinker berechnet ergibt sich also:

Zu C 1:
Der Wärmeverlust durch abgehende Kohlensäure beträgt:
$$\frac{0{,}4394 \cdot a}{1-0{,}4394 \cdot a} \cdot Mc_{pk} \cdot t \text{ Kcal.}$$

Zu C 2:
Der Wärmeverlust in den Verbrennungsgasen (s. A 3—A 5) beträgt:
$$k\left(\frac{1{,}1\,p \cdot 0{,}143}{100} + 1\right) \cdot Mc_{pk} \cdot t \text{ Kcal.}$$

Zu C 3:
Der Wärmeverlust durch abgehenden Wasserdampf (s. A 2) beträgt:
$$\frac{b}{(1-0{,}4394 \cdot a) \cdot (1-b)} \cdot (640 + Mc_{pw} \cdot t) \text{ Kcal.}$$

D. Wärmeeinnahmen:
1. aus der Kohle . . . . $k \cdot p$ Kcal,
2. aus dem Klinker, wenn dieser von der in den Ofen einströmenden Verbrennungsluft von 1350° C auf 100° abgekühlt wird
$$1 \cdot 0{,}25 \cdot 1250 \text{ Kcal,}$$
3. aus der aus dem Rohmaterial entweichenden Kohlensäure, wenn die Temperatur der Abgase unter 900° C liegt
$$\frac{0{,}4394 \cdot a}{1-0{,}4394 \cdot a} \cdot Mc_{pk} \cdot (900-t) \text{ Kcal.}$$

Die Punkte B und C sind Wärmeausgaben, denen die Wärmeeinnahmen von D gegenüberstehen. An einem praktischen, gleichfalls von Wecke angeführten Beispiel wollen wir nun einmal sehen, wie diese Formeln anzuwenden sind.

    1 kg Rohmehl (trocken) enthalte . . . . $a = 0{,}76$ kg $CaCO_3$
    1 kg Rohmaterial enthalte . . . . $b = 0{,}4$ kg Wasser
    1 kg Kohle liefere . . . . $p = 7000$ cal
    Die Abgastemperatur des Ofens sei . . . . . $t = 300°$ C
    Der Kohlenverbrauch pro 1 kg Klinker sei . . $k = 0{,}3$ kg.

Diese Zahlen sind jetzt unter B, C und D einzusetzen.

B. Der Wärmebedarf des eigentlichen Brennprozesses beträgt:
$$\frac{189 + 1026 \cdot 0{,}4394 \cdot 0{,}76}{1-0{,}4394 \cdot 0{,}76} + 113 = 900 \text{ Kcal.}$$

C. Der Wärmeinhalt der Abgase beträgt:
$$C\,1 = \frac{0{,}4394 \cdot 0{,}76}{1-0{,}4394 \cdot 0{,}76} \cdot 0{,}225 \cdot 300 = 30 \text{ Kcal.}$$
$$C\,2 = 0{,}3\left(\frac{1{,}1 \cdot 7000 \cdot 0{,}143}{100} + 1\right) \cdot 0{,}225 \cdot 300 = 243 \text{ Kcal.}$$
$$C\,3 = \frac{0{,}4}{(1-0{,}4394 \cdot 0{,}76) \cdot (1-0{,}4)} \cdot (640 + 0{,}468 \cdot 300) = 780 \text{ Kcal.}$$

D. Die Wärmeeinnahmen betragen:
D 1 = 0,3 · 7000 = 2100 Kcal.
D 2 = 1 · 0,25 · 1250 = 312 Kcal.
$$D\,3 = \frac{0,4394 \cdot 0,76}{1-0,4394 \cdot 0,76} \cdot 0,225 \cdot 600 = 66 \text{ Kcal.}$$

Die Wärmeausgaben sind also:
B = 900 Kcal
C 1 = 30 Kcal
C 2 = 243 Kcal
C 3 = 780 Kcal

Dies ergibt insgesamt . . . . 1953 Kcal.
Ihnen stehen an Wärmeeinnahmen gegenüber:
D 1 = 2100 Kcal
D 2 = 312 Kcal
D 3 =   66 Kcal

Mithin insgesamt . . . . 2478 Kcal
Die Differenz zwischen den Wärmeeinnahmen und Wärmeausgaben . . . . 2478—1953 =   525 Kcal
stellt den Strahlungsverlust des Ofens und der Kühltrommel dar.

Diese praktische Wärmebilanz einer Zementfabrik zeigt, daß für den eigentlichen Brennprozeß (B) nur 900 Kcal pro 1 kg Klinker notwendig sind, daß mithin alle Wärmeausgaben, die über diesen Wert von 900 Kcal hinausgehen, Verluste sind. An Hand dieser Aufstellung können wir auch erkennen, wo Wärmeverluste eingespart werden können. Erstaunlich hoch ist hiernach der Strahlungsverlust der Öfen, der durch bessere Isolierungsmaßnahmen weiter herabgesetzt werden müßte. Eine Herabsetzung der Wärmeverluste kann ferner dadurch erreicht werden, daß man die Abgastemperatur herabsetzt (C 1—C 3), daß man den Wassergehalt des Rohmaterials verringert (C 3), daß man die Klinkerwärme noch weiter ausnutzt (D 2) usw. Es wird sich sehr empfehlen, diese Wärmeaufstellung möglichst gründlich noch einmal durchzulesen, da man hierbei einen guten Einblick in die wärmetechnischen Verhältnisse des Zementbrennens gewinnt. Über die Unterschiede zwischen dem Schachtofen- und Drehofenklinker soll weiter unten berichtet werden. Zunächst seien noch die dem Zementbrand folgenden Etappen der Zementfabrikation besprochen.

12. Die Lagerung und Mahlung des Klinkers. Auf das Brennen folgt in der Zementfabrikation die Lagerung und Mahlung des Klinkers. Der gebrannte Klinker wird zunächst in große Klinkersilos gefördert. Diese Klinkersilos, in denen der Zement eine Zeit lang (etwa 2—4 Wochen) lagert, dienen dazu, den Zementmühlenbetrieb von den Betriebstörungen des Ofenbetriebes unabhängig zu machen. Die Klinkerlager bestehen aus großen überdachten Hallen, aus denen der Klinker automatisch zu den Mühlen gefördert wird. Die Lagerung des Klinkers hat aber noch einen anderen wichtigen Vorteil. Bei jedem Brennprozeß, namentlich bei den älteren Brennverfahren entsteht neben dem gutgesinterten Klinker eine mehr oder weniger große Menge Leichtbrand, der einen Teil des Kalks in freier oder nur unvollständig gebundener Form enthält. Durch diesen Kalk kann leicht ein Treiben des Zements hervorgerufen werden; der Leichtbrand muß daher erst einmal durch Lagern „beruhigt" werden. Die „Beruhigung" des Klinkers beruht darauf, daß der Leichtbrand beim Lagern unter der Einwirkung von Luftfeuchtigkeit und Kohlensäure langsam zu Kalziumkarbonat zerfällt, und der freie Kalk auf diese Weise unschädlich gemacht wird. Man hat ferner beobachtet, daß durch die Lagerung des Klinkers die Abbindezeit des Zements günstig beeinflußt wird; das Abbinden des Zements wird verlangsamt. Diese Erscheinung ist darauf zurückzuführen, daß jeder gut gebrannte Klinker geringe Mengen von zu stark gebranntem Material enthält, von Klinkerteilchen, die, wenn auch nur für kurze Zeit, überhitzt wurden. Bei einer Überhitzung des Klinkers zerfällt das beim Brennen gebildete Trikalziumaluminat unter Bildung von Monokalziumaluminat. Portlandzemente, die geringe Mengen von Monokalziumaluminat enthalten, zeigen ein außerordentlich schnelles Abbinden (s. S. 217f.); sie sind, wie der Ausdruck lautet, Schnellbinder. Solche Schnellbinder kann man auch künstlich erzeugen, indem man Portlandzement mit ganz geringen Mengen von Tonerdezement, der in der Hauptsache aus Monokalziumaluminat besteht, vermischt. Beim Lagern eines gut und scharf gebrannten Portlandzementklinkers wird nun das Monokalziumaluminat unter der Einwirkung der Luftfeuchtigkeit und Kohlensäure gleichfalls zersetzt. Deshalb empfiehlt sich das Lagern des Klinkers eigentlich immer, wenn auch der Klinker in einer modernen Zementfabrik natürlich durchaus so beschaffen sein kann, daß man ihn gleich nach dem Brennen den Mühlen zuführen könnte.

Die Mahlung des Klinkers zerfällt ebenso wie die des Rohmaterials in die Vorzerkleinerung, Schrotung und Feinmahlung und die Mühlen, die hierfür verwendet werden, sind im wesentlichen die gleichen. Wenn man nun den Klinker ohne jeden Zusatz vermahlt, dann hat der daraus hergestellte Zement meist sehr kurze Abbindezeiten. Um die Abbindezeiten in bestimmten Grenzen zu halten, wird dem Portlandzementklinker fast immer ein Zusatz von 2—3% Gips beim Feinmahlen zugesetzt. Hierdurch wird nicht nur das Abbinden des Zements verlangsamt, sondern auch sein Erhärtungsvermögen erhöht. Bei diesem Zusatz von Gips entsteht Kalziumaluminiumsulfat von der Zusammensetzung $3\,CaO \cdot Al_2O_3 \cdot 3\,CaSO_4 \cdot 32{,}6\,H_2O$. Die festigkeitserhöhende Wirkung des Gipses hat ein Optimum. Zusätze von 2—5% Gips erhöhen die Festigkeit des Zements, größere Zusätze bewirken Festigkeitserniedrigungen. Das Optimum des Gipszusatzes ist bei den verschiedenen Portlandzementen natürlich verschieden. — In manchen Fällen wird

Die Lagerung und Mahlung des Klinkers.

statt des Rohgipses Anhydrid zugesetzt. Die abbindeverzögernde Wirkung des Anhydrids ist erheblich geringer als die des Gipses, was wahrscheinlich darauf beruht, daß der Anhydrid eine erheblich geringere Löslichkeit besitzt als der Gips [1].

Zur Regelung der Abbindezeit wird ferner häufig Kalziumchlorid in ganz geringen Mengen dem Portlandzement zugesetzt. Dieses Verfahren findet besonders bei den hoch- und höchstwertigen Portlandzementen Anwendung. Der Zusatz von Kalziumchlorid, der mit großer Vorsicht geschehen muß, da das Kalziumchlorid hygroskopisch ist, bewirkt nicht nur eine Steigerung der Festigkeit, sondern auch eine Beschleunigung der Anfangserhärtung.

Diese Zusätze werden mit Hilfe von automatischen Dosierungsvorrichtungen zusammen mit dem Klinker in die Feinmühlen eingebracht. Die Mahlfeinheit des gemahlenen Zements hat im Laufe der Fabrikationsentwicklung eine immer größere Steigerung erfahren. In der ersten Zeit der Portlandzementfabrikation betrug der Rückstand auf dem 900-Maschensieb bis zu 30%. Man erkannte aber bald, daß die Festigkeit des Zements gesteigert werden kann, wenn man die Mahlfeinheit des Zements erhöht. Die Verbesserung der Mahlvorrichtungen hat dann mit dazu beigetragen, diese Entwicklung zu fördern, und heute ist es so, daß die Portlandzemente im allgemeinen nur noch 2—3% Rückstand auf dem 900-Maschensieb und 10—15% auf dem 4900-Maschensieb hinterlassen. Bei den hochwertigen und höchstwertigen Portlandzementen beträgt der Rückstand auf dem 4900-Maschensieb zum Teil sogar nur noch 3—5%. Inzwischen ist hier jedoch ein gewisser Rückschlag eingetreten. Es ist zwar richtig, daß bei immer größerer Feinmahlung eines Zements seine reaktionsfähige Oberfläche ansteigt, und daß mit dieser Vergrößerung der reaktionsfähigen, hydraulisch aktiven Oberfläche auch die Festigkeiten bis zu einem gewissen Grade ansteigen. Aber eine allzu große Feinmahlung führt zu einer Reihe von Übelständen, die die Vorteile einer zu starken Feinmahlung doch in Frage stellen. Je feiner nämlich ein Zement gemahlen ist, eine um so größere Oberfläche bietet er auch dem Angriff der Luftfeuchtigkeit und der Kohlensäure dar, und so konnte beobachtet werden, daß sich sehr fein gemahlene Zemente weit schlechter lagern als gröbere Zemente. Aber nicht nur während der Lagerung (also vor dem eigentlichen Verbrauch) sind die sehr fein gemahlenen Zemente weniger widerstandsfähig, sondern auch im erhärteten Zustande im Mörtel und Beton. Die sehr fein gemahlenen Zemente, vor allem die hochwertigen und höchstwertigen Portlandzemente, besitzen eine sehr viel geringere Widerstandsfähigkeit gegen den korrodierenden Einfluß von aggressiven Wässern als gröber gemahlene

---

[1] Über den Einfluß von verschiedenen Modifikationen des Kalziumsulfats auf die mechanischen Eigenschaften des Portlandzements siehe: Budnikoff, P u. W. M. Leschoeff: Zement Bd. 17, 1928 S. 1526.

Zemente. Wir werden in dem Abschnitt über die Korrosion der Zemente hierauf noch näher eingehen.

Darüber hinaus wurde gefunden, daß eine allzu weit getriebene Feinmahlung sogar die Festigkeiten eines Zements beeinträchtigt. Die Untersuchungen von Hauenschild über den Einfluß der Mahlfeinheit auf die Festigkeit führten zu dem Ergebnis, daß optimale Festigkeiten nicht bei den allerfeinsten, sondern bei den etwas gröberen Mahlfraktionen erzielt werden. Untersuchungen von Kühl ergaben, daß sehr fein gemahlene Zemente besonders empfindlich gegen größere Anmachwassermengen sind. Es ist eine bekannte Erscheinung, daß die Festigkeit eines Mörtels oder Betons mit steigender Anmachwassermenge sinkt, so daß also ein erdfeucht verarbeiteter Mörtel meist größere Festigkeiten erreicht als ein plastisch oder gar naß verarbeiteter Mörtel. Diese Abhängigkeit der Festigkeit vom Wasserzusatz, die in dem sog. „Wasserzementfaktorengesetz" zum Ausdruck kommt, zeigt die einer Arbeit des Verfassers entnommene Tabelle 39[1].

Tabelle 39. Die Abhängigkeit der Druckfestigkeit vom Wasserzusatz bei je zwei hochwertigen und gewöhnlichen Portlandzementen (nach Dorsch).

Wasserzusatz %	Druckfestigkeit von 1:3 Normenmörteln nach 28 Tagen kombinierter Lagerung			
	Gewöhnlicher Portlandzement		Hochwertiger Portlandzement	
6	298	275	540	531
7	300	277	558	540
8	295	280	570	535
9	260	268	533	515
10	228	245	478	487
11	196	223	423	462

Bei graphischer Darstellung dieser Zahlenwerte (Abszisse: Wasserzusatz in Prozent, Ordinate: Druck- bzw. Zugfestigkeit) erhält man von links nach rechts abfallende Kurven. Die Neigung dieser Kurven, die die Empfindlichkeit eines Zements gegen den Wasserzusatz anzeigt, ist bei allen Zementen verschieden. Sie ist aber generell bei den hochwertigen und höchstwertigen Zementen größer als bei den gewöhnlichen Zementen. Da die meisten Betonbauten mit nassem, gußfähigem Beton (Gußbeton) oder mit plastischem Beton (Stampfbeton) hergestellt werden, so verdient die Tatsache, daß bei nasser oder plastischer Verarbeitung nur die weniger fein gemahlenen Zemente die optimalen Festigkeiten liefern, ganz besondere bautechnische Beachtung.

Kühl[2] hat die Abhängigkeit der Festigkeit eines Zementmörtels von der Mahlfeinheit und dem Wasserzusatz in sehr instruktiver Weise untersucht und dargestellt. Der Grad der Mahlfeinheit wurde von

---

[1] Dorsch, K. E.: Zement 1932 Nr. 5 S. 61.
[2] Kühl, H.: Zementchemie in Theorie und Praxis, S. 83. Berlin 1929.

Kühl durch die Mahldauer zum Ausdruck gebracht. Die Ergebnisse dieser Untersuchungen wurden in „Wertzahlen" dargestellt, wobei die Wertzahlen die Summen sämtlicher Druckfestigkeiten und der mit zehn multiplizierten Zugfestigkeiten eines Zements sind. Wir geben diese Relativwerte im Auszug in Tabelle 40 wieder.

Tabelle 40. **Die Abhängigkeit der Mörtelfestigkeit von der Mahlfeinheit bei verschieden verarbeiteten Mörteln in Wertzahlen** (nach Kühl).

Mahldauer in Std.	$2^1/_3$	$3^1/_3$	5	7	10	14
Verarbeitung:						
erdfeucht . . .	2038	2156	2258	**2311**	2209	1987
plastisch. . . .	1279	1372	**1563**	1302	1136	1105
naß	1142	**1303**	1282	1115	974	846

Die Tabelle zeigt drei waagerechte Zahlenreihen, von denen die oberste für die Prüfung mit erdfeuchtem Mörtel, die mittlere für plastischen und die unterste für naß verarbeiteten Mörtel gilt.

Es ergibt sich bei den erdfeuchten Mörteln schon nach einer Mahldauer von 7 Stunden ein Festigkeitsmaximum (Wertzahl 2311); bei weiterer Mahlung sinkt die Festigkeit des Zements wieder. Nach 14stündigem Mahlen ist die Festigkeit sogar noch kleiner als nach $2^1/_3$stündigem Mahlen. Bei dem plastisch verarbeiteten Mörtel zeigt sich eine Verschiebung des Festigkeitsoptimums zu noch kürzerer Mahldauer hin. Hier ist das Festigkeitsoptimum schon nach 5stündiger Mahldauer erreicht. Bei dem naß verarbeiteten Mörtel rückt das Festigkeitsoptimum nochmals um eine Stelle nach links. Hier ist schon nach einer Mahldauer von $3^1/_3$ Stunden das Optimum erreicht. Alles weitere Mahlen des Zements führt nur zu Festigkeitsverminderungen. Hieraus ergibt sich die praktische Folgerung, daß bei naß und plastisch verarbeiteten Zementen optimale Festigkeiten nur dann erreicht werden, wenn sie etwas weniger fein gemahlen sind. Da aber, wie bereits gesagt, die meisten Betonbauten aus gußfähigem oder plastischem Beton hergestellt werden, so ergibt sich ferner, daß eine allzufeine Mahlung des Zements im Interesse der Festigkeit gar nicht erwünscht ist und daß die Feinmahlung ihre praktischen Grenzen hat.

Doch nun zurück zu der Fabrikation des Zements! Nach dem Mahlen wird der Zement mit Hilfe von Becherwerken oder Schnecken in große Zementspeicher gefördert. Aus den Zementsilos wird der Zement automatisch abgezogen und durch Packmaschinen verpackt. Für Übersee wird der Zement in Fässern, sonst ausschließlich in Papiersäcken geliefert. Die verbreitetste Packmaschine ist die von Bates, die den nur an einer Ecke geöffneten und mit einem Ventil versehenen Papiersack automatisch bis zu einem Gewicht von 50 kg füllt. Beim Abziehen des Papiersacks vom Füllstutzen der Packmaschine schließt sich das Ventil des Sacks.

Solche Packmaschinen leisten bis zu 900 Stück in einer Stunde. Die Normenzemente müssen nach den Normenvorschriften aller Länder als solche deutlich gekennzeichnet sein und auf den Papiersäcken die Bezeichnung der Zementart (also z. B. Portlandzement, Hochofenzement, hochwertiger Portlandzement usw.), das Zeichen der Herstellerfirma und eine Kennzeichnung des Gewichts tragen.

Es sind nun noch einige Worte über die Entstaubung der Zementbetriebe zu sagen. Bei jeder Art der Trockenmahlung — Rohstoffzerkleinerung und Klinkermahlung — entstehen in den Zementfabriken große Mengen von feinem Staub, dessen Beseitigung mit Rücksicht auf die Gesundheit der Arbeiter unbedingt erforderlich ist. Jede Trockenmühle muß infolgedessen an eine Entstaubungsanlage angeschlossen werden. Es sind heute eigentlich nur zwei Entstaubungsarten üblich. Bei dem älteren Verfahren der Staubfiltration wird die staubhaltige Luft durch Ventilatoren von den Mühlen abgezogen und der Staub durch Filtervorrichtungen zurückgehalten. Dieses Verfahren wird heute noch am meisten angewendet. Neuerdings geht man aber immer mehr zur elektrischen Entstaubung über (nach dem Verfahren von Cottrell), die im Lurgiverfahren und Oskiverfahren manche Verbesserungen erfahren und in allen modernen Zementfabriken Eingang gefunden hat.

XI. Die technischen Eigenschaften des Portlandzements.

Der gewöhnliche handelsübliche Portlandzement ist ein graugrünes Pulver, dessen chemische Zusammensetzung innerhalb folgender Grenzen liegt:

Glühverlust	0,5— 5%	Fe_2O_3	2,0—6%
SiO_2	17,0—25%	MgO	1,0—5%
CaO	60,0—66%	SO_3	0,5—5%
Al_2O_3	4,0— 9%		

1. Das Abbinden. Wenn man Zementpulver mit Wasser zu einem viskosen Brei anmacht, so erstarrt dieser nach einigen Stunden. Den Zustand vom Beginn des Festwerdens bis zum völligen Erstarren des Breis bezeichnet man als Abbinden, den Zustand nach dem Erstarren als Erhärtung. Während das Abbinden nach wenigen Stunden beendet ist, dauert die Erhärtung eines Zements viele Jahre. Das Abbinden eines Zements muß innerhalb ganz bestimmter Zeitgrenzen erfolgen. Da das Erhärtungsvermögen eines Zements außerordentlich stark beeinträchtigt wird, wenn der Zement während des Abbindens irgendwie gestört oder erschüttert wird, so muß die gesamte Verarbeitung des Zements zu Beton oder Mörtel vor dem Beginn des Abbindens abgeschlossen sein. Zu der Verarbeitung eines Zements rechnet man das Vermischen des Zements mit Sand oder Kies und das Anmachen der

Das Abbinden.

Betonmischung mit Wasser in der Betonmischmaschine, den Transport der Betonmischung an den Bauort, das Einstampfen bzw. Gießen des Betons in die Schalungen, das eventuelle Einlegen von Eisen und das Hinaufgeben der nächsten Betonschicht. Alle diese Handlungen müssen bis zum Abbindebeginn vollzogen sein. Die deutschen Normen bezeichnen einen Zement als normal bindend, wenn er erst nach einer Stunde anfängt abzubinden. Einen solchen Zement nennt man auch Langsambinder. Schnellbinder liegen vor, wenn das Abbinden schon 10 Minuten nach dem Anmachen mit Wasser einsetzt. Das Abbinden ist bei den Portlandzementen meist nach 5—7 Stunden beendet. Die Abbindezeiten (Differenz zwischen Abbindebeginn und Abbindeende) sind bei den Zementen außerordentlich verschieden. Bei manchen Zementen beobachtet man einen sehr frühen Abbindebeginn, aber ein sehr spätes Abbindeende; andere Zemente wiederum binden sehr spät ab, um dann plötzlich sehr rasch zu erstarren. Diese Zemente sind für den Verbraucher wegen des größeren Verarbeitungsspielraums (s. oben) sehr vorteilhaft. Die Abbindezeiten hängen von der chemischen Zusammensetzung und von der physikalischen Beschaffenheit der Zemente ab.

Die Abbindezeit bzw. die Viskosität des Zementbreis wird allgemein mit dem Nadelapparat von Vicat durch die Eintauchtiefe einer Nadel von bestimmtem Gewicht gemessen. Man muß jedoch wissen, daß die Kennzeichnung des „Abbindebeginns" nach diesem auch in den Normenbestimmungen vorgesehenen Verfahren jeder wissenschaftlichen Grundlage entbehrt und nur auf einer empirischen Vereinbarung beruht. Nach den Normen gilt als Abbindebeginn derjenige Zeitpunkt, bei dem die Vicatnadel nicht mehr ganz durch den Zementbrei hindurchdringt. In Wirklichkeit setzt natürlich das Abbinden des Zements sofort nach dem Anmachen des Zements mit Wasser ein.

Alle kieselsäurereichen Zemente sind Langsambinder. Dies zeigen nicht nur die kieselsäurereichen Portlandzemente, sondern in besonderem Maße die im Vergleich zu den Portlandzementen noch kieselsäurereicheren Eisenportlandzemente und Hochofenzemente. Die Erhärtung dieser Zemente geht sehr langsam vor sich, aber sie erreichen in späteren Zeiten recht hohe Festigkeiten. Wenn man bei diesen Zementen hohe Anfangsfestigkeiten erzielen will, dann muß man sie schon außerordentlich fein mahlen. Im Gegensatz zu den kieselsäurereichen Langsambindern sind die tonerdereichen Zemente typische Raschbinder. Wenn die tonerdereichen Zemente gleichzeitig noch einen hohen Kalkgehalt aufweisen, dann besitzen sie auch eine hohe Anfangsfestigkeit. Später steigen die Festigkeiten bei diesen Zementen nicht so stark an wie bei den kieselsäurereichen Zementen. Die hohe Abbindegeschwindigkeit und das schnelle Erhärtungsvermögen der tonerdereichen Zemente ist auf die lebhafte Reaktion der Kalziumaluminate mit Wasser zurückzuführen. Als extremes Beispiel für die tonerdereichen Zemente seien hier die Tonerdezemente genannt, die schon nach ganz kurzer Zeit sehr hohe Festigkeiten erreichen und deren Abbindeprozeß meist nach 3—5 Stunden beendet ist. Das schnelle Abbinden der tonerdereichen Zemente kann durch eine Erhöhung des Eisenoxydgehalts verlangsamt werden. Portlandzemente, bei denen die Tonerde zum großen Teil durch Eisenoxyd ersetzt ist, wie z. B. Erzzement, sind daher Langsambinder. Der Erzzement, der von Michaelis in der Absicht eingeführt wurde, die Widerstandsfähigkeit des Portlandzements gegen chemische Angriffe zu erhöhen, ist ein Portlandzement, bei dem die Gehalte an Tonerde und Eisenoxyd gewissermaßen vertauscht sind, der also 1—3% Tonerde und 4—8% Eisenoxyd enthält. Er zeichnet sich durch langsames Abbinden aus und besitzt im übrigen, abgesehen von seinem Verhalten gegenüber chemischen Angriffen, die gleichen Eigenschaften wie der Portlandzement.

2. **Die Raumbeständigkeit.** Ein weiterer wichtiger zementtechnischer „Güte"begriff ist der der Raumbeständigkeit. Die Normenprüfung der Raumbeständigkeit beruht ebenso wie die Prüfung der Abbindezeit auf keiner wissenschaftlichen, sondern auf einer rein praktischen Grundlage. Daher ist es auch unbedenklich, wenn diese Prüfungen von Zeit zu Zeit unter dem Gesichtspunkt der Zweckmäßigkeit geändert werden. Der Begriff der Raumbeständigkeit ist noch keineswegs einwandfrei definiert. Nach den Normenvorschriften bezeichnet man einen Zement als raumbeständig, wenn ein unter Wasser gelagerter und nach bestimmten Vorschriften hergestellter Zementkuchen nach einer Lagerung von 28 Tagen keinerlei Risse aufweist, scharfkantig und eben ist. Dies ist die sog. Kaltwasserprobe nach Michaelis. Man kann diese etwas zeitraubende Methode dadurch beschleunigen, daß man den Zementkuchen einen Tag nach der Herstellung nach dem Verfahren von Le Chatelier in Wasser kocht oder nach dem Verfahren von Tetmajer in einem Trockenschrank bei 110° darrt, oder die Heintzelsche Kugelprobe durchführt. Aber diese beschleunigten Prüfungen haben den Nachteil, daß sie sich von den Verhältnissen, denen der Zement im Beton und im Mörtel in praxi ausgesetzt ist, sehr stark entfernen. Wenn ein Zement diese beschleunigten und sehr scharfen Raumbeständigkeitsprüfungen nicht besteht, so ist damit noch nicht der schlüssige Beweis erbracht, daß der Zement nicht doch noch die 28-Tage-Kaltwasserprobe besteht. Einen im Sinne der Normen nicht raumbeständigen Zement bezeichnet man als Treiber, und je nach dem Ursprung des Treibens unterscheidet man Kalktreiber, Magnesiatreiber und Gipstreiber.

Gibt es nun einen deutlich erkennbaren Unterschied zwischen einem Treiber und einem raumbeständigen Zement? Im Sinne der Normen: Ja. Nach den Normen ist ein Zement als Treiber zu bezeichnen, wenn bei der Kaltwasserprüfung der Zementkuchen Risse aufweist, wenn er verbogen oder gar völlig zerfallen ist. Die Treibrisse haben

Die Raumbeständigkeit.

verschiedenes Aussehen. Meist sind es radial vom Mittelpunkt nach den Kanten zu verlaufende Risse; häufig überdecken sie netzartig den ganzen Kuchen (Netzrisse). Im Sinne einer wissenschaftlichen Betrachtung gibt es jedoch keinen deutlichen Unterschied zwischen dem sog. „Treiber" und dem sog. „raumbeständigen Zement". Im Sinne einer solchen Betrachtungsweise müssen wir vielmehr sagen: Es gibt keinen raumbeständigen Zement. Der sog. raumbeständige Zement ist ein Ideal, das nie erreicht werden kann. Zwischen diesem Idealfall des raumbeständigen Zements und dem Treiber gibt es alle möglichen Grade der Raumbeständigkeit.

Wie ist das nun zu verstehen? Wir müssen uns den abgebundenen und erhärteten Zement als eine Gelmasse vorstellen, die entsprechend ihrem Wassergehalt einen bestimmten Dampfdruck besitzt. Diese Gelmasse steht mit dem Dampfdruck der Atmosphäre im Gleichgewicht. Dabei nimmt sie jeweils Wasser auf oder gibt Wasser ab, und damit Hand in Hand dehnt sie sich aus (quillt) oder schrumpft zusammen (schwindet). Bei Trockenheit tritt ein Schwinden, bei Regen und Feuchtigkeit ein Quellen des Betons oder Mörtels ein. Dieses „Atmen" des Zements, dieses Sichausdehnen und Schwinden des Zements auf Grund atmosphärischer Veränderungen ist ein Vorgang, der normalerweise nur wenig in die Erscheinung tritt. Die Frage ist nur die, wie man die Gefahren vermeidet, die sich bei stärkerem Quellen und Schwinden einstellen können. Durch das Schwinden können in größeren zusammenhängenden Bauwerken sehr beträchtliche Rißbildungen verursacht werden, die die Sicherheit des Bauwerks gefährden.

Welche Mittel stehen nun dem Bautechniker zur Verfügung, um das Auftreten von Schwindrissen zu verhindern oder einzuschränken? Es wurde oben gesagt, daß das Schwinden und Quellen des Zements mit dem Vorhandensein der wasseraufnehmenden und wasserabgebenden Gelmasse des Zements zusammenhängt. Diese Gelmasse oder, was ja gleichbedeutend ist, die Menge des Zements sollte daher im Beton soweit verringert werden, daß noch keine wesentliche Beeinträchtigung der Betonfestigkeit eintritt. Hieraus ergibt sich die Folgerung, daß bei Betonbauten, die wechselnden atmosphärischen Einflüssen ausgesetzt sind, wie z. B. bei Betonstraßen, ein magerer, zementarmer Beton verwendet werden sollte. Durch geeignete Kornzusammensetzung des Sandes und Kieses ist ferner dafür zu sorgen, daß der Beton möglichst dicht ist. — Wir haben gesehen, daß Zemente mit sehr großer Mahlfeinheit, wie die hochwertigen und höchstwertigen Portlandzemente, eine besonders hohe reaktionsfähige Oberfläche besitzen; beim Abbinden und Erhärten dieser Zemente entstehen besonders große Mengen von hydraulisch wirksamen Gelmassen. Man beobachtet daher, daß sehr fein gemahlene Zemente namentlich in der ersten Zeit des Erhärtens eine größere Neigung zum Schwinden besitzen als gröber gemahlene

Zemente. Ein besonders starkes Schwinden und Quellen in der ersten Zeit der Erhärtung zeigen auch die tonerdereichen Zemente, vor allem die Tonerdezemente, was man bei großen zusammenhängenden Baumassen (Talsperren, Betonstraßen) genauestens berücksichtigen muß. Bei diesen Zementen spielt allerdings noch ein anderer Faktor eine Rolle, nämlich die starke Wärmeentwicklung der Tonerdezemente beim Abbinden, die bei großen Betonmassen zu Temperaturen über 100° C und damit zum Verdampfen des Anmachwassers führen kann.

Die Spannungen, die beim Schwinden innerhalb einer zusammenhängenden Betonfläche auftreten, sind um so größer, je größer die Fläche ist. Diesem Umstand hat man dadurch Rechnung getragen, daß man zur Vermeidung von Schwindrissen größere Betonflächen, wie z. B. Betonstraßen aufteilte, und Quer- und Längsfugen einsetzte. Bei ausgedehnten Baukomplexen, wie Talsperren, wo ungeheure Zementmassen zusammenhängen, ist eine stets Kontrolle der Schwindmaße des hergestellten Betons in besonderen Prüfungslaboratorien unerläßlich. Neuerdings werden die Spannungen im Bauwerk selbst mit Hilfe von sog. Telemetern gemessen, die in das Bauwerk mit einbetoniert werden. Die Telemeter sind kleine elektrische Widerstände, deren Widerstand sich bei den geringsten Spannungsänderungen verändert. Wenn man ein solches Telemeter vorher mit bekannten Drucken eicht, so kann man die absolute Größe der Spannungen im Beton ohne weiteres messen. — Nicht nur die Zemente im Beton und Mörtel, sondern auch alle Naturgesteine zeigen die Erscheinung des Quellens und Schwindens; die Verwitterung des Naturgesteins ist zum Teil darauf zurückzuführen.

Wie groß sind nun die Schwind- und Schwellmaße bei einem gewöhnlichen Beton? Hierüber soll die folgende Tabelle 41 Auskunft geben, die einer Arbeit von Probst[1] über die hochwertigen Portlandzemente entnommen ist. Probst untersuchte die Schwind- und Schwellmaße von in einer Mischung von 1:5 (Zement: Kies-Sand) hergestellten Betonbalken bei gleichbleibender Temperatur und Luftfeuchtigkeit. Bei den Messungen wurde hochwertiger („N") und gewöhnlicher („P") Portlandzement verwendet. Die Zahlenwerte der Tabelle 41 sind in $^1/_{1000}$ mm pro laufenden Meter angegeben.

Diese Tabelle zeigt, daß hochwertige Portlandzemente in der ersten Zeit rascher schwinden als gewöhnliche Portlandzemente, daß sich aber in späteren Zeiten die Schwindmaße einander nähern und ausgleichen. Die Tatsache, daß hochwertige Portlandzemente in der ersten Zeit rascher schwinden als gewöhnliche Portlandzemente, muß in der Praxis berücksichtigt werden. Beton aus hochwertigem Portlandzement muß daher in der ersten Zeit ganz besonders gut feucht gehalten und vor dem Austrocknen geschützt werden, um das Auftreten von Rissen zu vermeiden.

---

[1] Probst, E.: Bauing. 1926 Nr. 17/18.

Von diesem Schwinden und Quellen und den dadurch verursachten geringfügigen, äußerlich kaum in Erscheinung tretenden Raumveränderungen sieht man jedoch ab, wenn man davon spricht, daß ein Zement nach den Normenvorschriften raumbeständig sei. Führt das Schwinden und Quellen dazu, daß der erhärtete Zement schon nach 28tägiger Wasserlagerung Risse aufweist und zerfällt, dann spricht man vereinbarungsgemäß vom „Treiben" des Zements. Worauf eigentlich genau genommen das Treiben des Zements beruht, darüber herrscht bis heute noch Unklarheit. Man weiß jedoch, wann bei einem Zement die Gefahr des Treibens droht, nämlich bei zu hohem Kalkgehalt, bei zu hohem Magnesiagehalt und schließlich bei zu hohem Gipsgehalt. Der Kalkgehalt eines Zements kann zu hoch sein, wenn z. B. die Rohstoffmischung falsch angesetzt wurde, oder wenn der Zement mit reduzierender Flamme gebrannt wurde. Im letzten Fall bildet sich aus dem Eisenoxyd Eisenoxydul; dieses bindet keinen Kalk, so daß dann im Zement ein Überschuß von Kalk vorhanden ist. Ein Überschuß von nicht gebundenem, freiem Kalk ist auch dann im Zement vorhanden, wenn er zu schwach gebrannt wurde. In all diesen Fällen kann das sog. Kalktreiben eintreten.

Wenn der Gehalt eines Portlandzements an Magnesia eine bestimmte Grenze überschreitet, so tritt das Magnesiatreiben ein, das sich im übrigen genau so wie das Kalktreiben in der Bildung von Rissen und dem Zerfall des Zements äußert. Eine generelle obere Grenze für den Magnesiagehalt eines Zements, bis zu der das Magnesiatreiben noch nicht einsetzt, gibt es nicht. Sie ist bei jedem Zement verschieden, ebenso wie ja auch die Kalkgrenze bei den Portlandzementen verschieden ist und von der Gesamtzusammensetzung des Zements abhängt. Frühere Untersuchungen über diese Frage haben ergeben, daß noch bei 8% Magnesia im Portlandzement kein Magnesiatreiben einsetzt. Um aber vor unangenehmen Überraschungen gesichert zu sein, hat man in den

Tabelle 41. Schwind- und Schwellmaße von 1:5 Beton (nach Probst).

Nach Tagen	Luftgelagerte Körper Schwindmaße		Wassergelagerte Körper Schwellmaße	
	„N"	„P"	„N"	„P"
1	0	—	0	—
2	—	—	−19	—
3	−57	+15	—	—
4	−65	−29	−24	+43
5	−79	—	−13	+41
6	−94	−59	−9	+44
7	−108	−54	−8	+34
8	—	−64	—	—
9	−133	—	—	—
10	−140	—	—	—
14	−158	−98	+18	+57
28	−194	−144	+56	+94
90	−210	−206	+77	+103
180	−204	−190	+58	+105
300	−220	−222	+81	+92

Normenbestimmungen die obere erlaubte Grenze für den Magnesiagehalt eines Zements auf 5% festgesetzt.

Das Gipstreiben kommt zustande, wenn der Gipsgehalt im Zement eine bestimmte Grenze überschreitet. Es wurde bereits gesagt, daß dem Zement beim Klinkermahlen zur Regelung der Abbindezeit einige Prozent Gips hinzugesetzt werden. Beim Abbinden und Erhärten reagiert der Gips mit dem Zement unter Bildung eines sehr wasserhaltigen Doppelsalzes, das zuerst von Candlot und Michaelis beobachtet wurde, von der Zusammensetzung $3\,CaO \cdot Al_2O_3 \cdot 3\,CaSO_4 \cdot 32{,}6\,H_2O$. Diese Verbindung kristallisiert in sehr voluminösen Nadeln. Wenn diese Kristalle in großer Zahl auftreten, wie dies ja bei einem Gipsüberschuß der Fall ist, dann bewirken sie eine Sprengung des Zementgefüges, die man als Gipstreiben bezeichnet. Ob die Sprengung des erhärteten Zements durch diese Kalziumaluminiumsulfatkristalle herbeigeführt wird oder durch einfache Gipskristalle, die aus den übersättigten Gipslösungen auskristallisieren, ist noch nicht geklärt. Alles in allem tritt diese Art des Gipstreibens beim Erhärten des Zements nur in sehr seltenen Fällen auf, denn man hat sich vor dem Gipstreiben dadurch zu schützen gewußt, daß man in den Normenbestimmungen die Höchstgrenze für den Sulfatgehalt im Zement auf 2,5% SO_3 festsetzte. — Weit wichtiger ist jene Art des Gipstreibens, die dann auftritt, wenn gipshaltige oder überhaupt sulfathaltige Salzlösungen, wie z. B. das Meerwasser, auf den erhärteten Beton einwirken. In dieser Form ist das Gipstreiben des Betons eine außerordentlich verbreitete Erscheinung (man denke dabei nur an die Meerwasserbauten). Durch „Sulfatangriffe" werden alljährlich ungeheure Werte vernichtet, ohne daß wir bis heute imstande wären, wirklich entscheidende und dauernde Maßnahmen gegen diese Art der Zementkorrosion zu treffen. Wir werden hierauf weiter unten noch genauer eingehen.

Eine gültige Theorie über die Ursache des Kalktreibens gibt es noch nicht. Wenn man Kalk mit Wasser ablöscht, so beobachtet man rein äußerlich eine Zunahme des Volumens, eine gewaltige Aufblähung der Kalkmasse, und der Gedanke lag nahe, das Treiben des Zements auf die Ablöschung von freiem, überschüssigem Kalk im Zement zurückzuführen. Diese Ablöschung des freien Kalks im Zement sollte dann ganz ähnlich wie die Kalklöschung unter Volumenvergrößerung vor sich gehen und diese Volumenvergrößerung sollte dann die Sprengung des Zementgefüges, das Treiben des Zements bewirken. Dies war die frühere Anschauung über das Kalktreiben, die so lange plausibel war, bis Kühl[1] im Jahre 1910 durch einen einfachen Versuch zeigen konnte, daß das Kalktreiben erstaunlicherweise nicht unter Volumenzunahme, sondern unter Volumenabnahme (Schwinden) des Zements vor sich geht. Damit

---

[1] Kühl, H.: Tonind. Ztg. 1909 Nr. 54 u. 68; 1912 Nr. 56.

ist die Aussicht auf eine einfache Erklärung des Treibvorgangs geschwunden. Da nach den Kühlschen Versuchen das Treiben und das Schwinden identische Erscheinungen sind, so liegt die Vermutung nahe, daß die Kräfte, die beim Treiben des Zements sich äußern, kapillarchemischer Natur sind. Wir wissen, daß die Kräfte, die in Kapillaren wirksam werden können, ganz ungeheuer groß sind und genügen würden, um Beton auseinanderzusprengen. Es wäre zu berechnen, ob die Saugkräfte, die sich im Innern des Zements mit der Tendenz entwickeln, den überschüssigen Kalk des kalktreibenden Zements zu hydratisieren, groß genug sind, um erhärteten Zement von bestimmter Festigkeit zu zersprengen. Versuche in dieser Richtung liegen noch nicht vor.

3. Die Festigkeit. Die wichtigste Eigenschaft eines Zements ist seine Fähigkeit zu erhärten, und diese Eigenschaft ist es auch, nach der die Zemente im wesentlichen beurteilt werden. Die Festigkeiten werden an Normenmörteln geprüft, die in Deutschland im Verhältnis von einem Teil Zement zu drei Teilen Normensand gemischt und mit 8% Wasser angemacht werden. Der so hergestellte Mörtel ist von „erdfeuchter" Konsistenz. Da aber diese Konsistenz und ebenso die Verwendung des Normensandes keineswegs den Verhältnissen der bautechnischen Praxis entspricht, so sind neuerdings Bestrebungen im Gange, statt erdfeuchter Mörtel lieber plastische Mörtel zu prüfen und statt des Normensandes einen Sand von verschiedenen, genau abgestuften Korngrößen, ungefähr in der Zusammensetzung eines natürlichen Flußsandes zu verwenden. — Seit Beginn der Zementfabrikation hat man vor allem danach getrachtet, die Druckfestigkeiten des Zements zu erhöhen. Dieses Bestreben hat im hohen Maße Erfolg gehabt, und die Normenbestimmungen haben dieser Tatsache durch mehrmalige Heraufsetzung der Druckfestigkeitswerte Rechnung getragen. Die Tabelle 42 bringt eine Zusammenstellung der Druck- und Zugfestigkeitswerte von insgesamt 93 untersuchten Drehofen- und Schachtofenportlandzementen, die Keith[1] in den Jahren 1922 bis 1929 prüfte.

Tabelle 42. Festigkeitsdurchschnittswerte in den Jahren 1922—1929 (nach Keith).

Normenmörtel 1:3	7 Tage		28 Tage Wasser		28 Tage kombiniert	
	Zug	Druck	Zug	Druck	Zug	Druck
Drehofenzemente	27,5	344	31,4	447	41,9	506
Schachtofenzemente. . .	23,4	268	28,5	347	40,8	422

Aus der Tabelle 42 geht hervor, daß die Druck- und Zugfestigkeiten der Drehofenzemente durchweg etwas höher liegen als die der Schacht-

---
[1] Keith, J.: Rotier- und Schachtofenportlandzemente. Teplitz 1931.

ofenzemente. Dies Ergebnis sagt in dieser Form natürlich nur etwas über das Güteverhältnis der handelsüblichen Schacht- und Drehofenzemente aus, und es ist die Frage, ob nicht bei gleicher Mahlfeinheit der Schacht- und Drehofenzemente die Festigkeiten nahezu die gleichen wären. Es zeigt sich nämlich, daß die Mahlfeinheiten der in Tabelle 42 zusammengestellten 93 Handelsportlandzemente nach den Untersuchungen von Keith recht verschieden sind. Danach ist der Mittelwert des Rückstandes auf dem 4900-Maschensieb bei den Schachtofenzementen höher als bei den Drehofenzementen, der Rückstand auf dem 900-Maschensieb aber bei den Drehofenzementen höher als bei den Schachtofenzementen. Die Drehofenzemente scheinen durchweg etwas feiner gemahlen zu sein als die Schachtofenzemente.

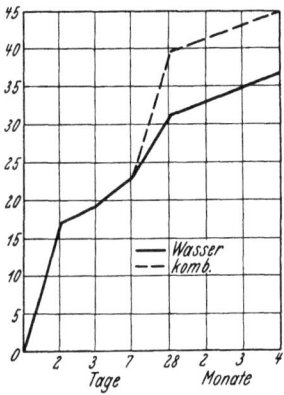

Abb. 38. Zugfestigkeit von Portlandzement nach 2, 3, 7, 28 Tagen bis zu 4 Monaten bei Wasserlagerung (—) und kombinierter Lagerung (———) (nach Dorsch).

Die Lagerung der Versuchskörper bei der Festigkeitsprüfung beeinflußt das Prüfungsergebnis in sehr hohem Maße. Sie hat im Laufe der Zeit mancherlei Änderungen erfahren. Zur Zeit werden die Normenkörper nach der Herstellung einen Tag in einem Kasten mit feuchter Luft und dann 27 Tage in Wasser gelagert. Es ist dies die sog. 28 Tage-Wasserlagerung. Man hat gefunden, daß nach dieser Zeit die Festigkeiten des Mörtels nur noch sehr langsam weiter ansteigen. Um den Verhältnissen der Praxis etwas mehr Rechnung zu tragen und um die Lufterhärtung des Zements zu prüfen, hat man die 28tägige kombinierte Lagerung eingeführt: einen Tag Lagerung in feuchter Luft, 6 Tage in Wasser und 21 Tage in Luft. Dabei beobachtet man, daß die Zemente bei der kombinierten Lagerung wesentlich höhere Festigkeiten erreichen als bei der Wasserlagerung (s. auch Tabelle 42). Die Differenz beträgt durchschnittlich ungefähr 20—25%. Abb. 38 zeigt diesen Unterschied zwischen der Wasser- und Lufterhärtung des Zements in graphischer Darstellung. Auch bei der kombinierten 28-Tage-Lagerung steigen die Festigkeiten nach dieser Zeit nur noch sehr langsam an.

Wird der längere Zeit in Luft gelagerte Zementmörtel wieder in Wasser gelegt, dann geht die Festigkeit des Zementmörtels zunächst sehr stark zurück und sie erholt sich nur ganz allmählich wieder. Diese Erscheinung wurde erstmalig von Gensbaur festgestellt und führte zu einer von Gensbaur vorgeschlagenen Art der Wechsellagerung, der sog. Kladnolagerung, deren experimentelle und wissenschaftliche Grundlagen aber noch nicht gesichert sind. Läßt man einen Zement abwechselnd in Luft und Wasser erhärten, so treten sehr starke Schwankungen im Festigkeits-

Die Festigkeit. 177

verlauf des Zements auf, und die Festigkeitskurve des Zements verläuft nicht wie in Abb. 38, sondern zickzackförmig. Diese Festigkeitsschwankungen werden verursacht durch Spannungskräfte, die beim Austrocknen und Anfeuchten im Innern des Zements auftreten. Welcher Art diese Kräfte sind und wie ihr Auftreten verhindert werden kann, ist noch unbekannt. Die Beantwortung dieser Fragen ist jedoch für die Praxis von ungeheurer Bedeutung. Es sei in diesem Zusammenhang nur an den periodischen Einfluß des Wassers auf Hafendämme und Meeresbauten bei Ebbe und Flut und an die wechselnde Austrocknung und Anfeuchtung von Betonbauten durch Sonne und Regen erinnert. Hierbei können sehr große Festigkeitsminderungen eintreten, die schließlich zur Zermürbung und zum völligen Zerfall des Bauwerks führen können.

Von gleicher Wichtigkeit für die Praxis ist die Frage des Einflusses von heißem Wasser auf die Festigkeit von Beton. Hier sei an die Beanspruchungen erinnert, denen Mörtel und Beton in industriellen Anlagen (Warmwasserbehälter, Kamine) durch Wasser von wechselnder Temperatur und durch heiße Dämpfe ausgesetzt sind. Die neueren Untersuchungen von Graf[1] über das Verhalten von Normenzug- und Druckkörpern in Wasser von wechselnder Temperatur (20° C und 90° C) und in Dampf von 50° C zeigten folgende Ergebnisse:

1. Die verschiedenen Zemente verhalten sich gegenüber heißem Wasser und Dampf verschieden. Die Eignung eines Zements für einen bestimmten praktischen Zweck muß daher immer erst durch Vorversuche festgestellt werden. Der von Graf untersuchte Tonerdezementmörtel zeigte nach 7 Tagen Lagerung in Wasser von 20° C eine Druckfestigkeit von 706 kg/qcm (Zugfestigkeit 40,0 kg/qcm); bei Lagerung in Wasser von 90° C betrug die Druckfestigkeit jedoch nur 193 kg/qcm (Zugfestigkeit 11,1 kg/qcm)!

2. Ein magerer Zementmörtel verhält sich in heißem Wasser besser als ein fetter. Die Festigkeit der 1 : 3 Mörtelkörper sank bei der Lagerung im Wasser von 90° C, während die der 1 : 6 Mörtelkörper anstieg.

3. Zementkörper, die dauernd unter Wasser von beliebiger, gleicher Temperatur lagern, haben größere Druck- und Zugfestigkeiten als solche, die nach vorhergehender Wasserlagerung einige Zeit trocken und dann wieder in Wasser lagern (Kladnoeffekt s. oben).

4. Die Behandlung von Zementmörtel oder Beton mit Dampf von 50° C ergibt höhere Zugfestigkeiten als die Behandlung mit Wasser von 50° C.

5. Eine rasche Erwärmung und rasche Abkühlung von Mörtel und Beton führt zu starken Rißbildungen. Eine allmähliche, stufenweise Änderung der Temperatur wirkt sich auf die Festigkeit von Mörtel und Beton günstiger aus, als eine plötzliche starke Änderung.

---
[1] Graf, O.: Ber. dtsch. Aussch. Eisenbeton 1930 Heft 62.

Das Streben nach einer weiteren Erhöhung der Zementfestigkeiten hat einen nur einseitigen Erfolg gehabt. Die Druckfestigkeit der Zemente ist zwar größer geworden, aber die Zugfestigkeit ist ihr nur wenig gefolgt. Während früher die Zugfestigkeiten sich zu den Druckfestigkeiten ungefähr wie 1 : 5 oder 1 : 6 verhielten, ist heute dies Verhältnis erheblich ungünstiger und beträgt bei den meisten Zementen 1 : 12 bis 1 : 15 (bei manchen „hochwertigen" Zementen sogar 1 : 20).

Welche praktischen Folgerungen ergeben sich nun aus dieser geringen Zementzugfestigkeit? Die mangelhafte Zugfestigkeit führt dazu, daß der Beton überall dort, wo größere Zugspannungen in Betonbauten auftreten (wie z. B. bei Brücken, Decken, Trägern usw.), mit mehr oder weniger starken Eisen bewehrt werden muß, um diese Spannungen aufzunehmen; daß ferner unnötig große Zementmengen im Beton verwendet werden müssen, um die Betonzugfestigkeiten zu erhöhen, während die zur Aufnahme der Druckbelastungen notwendigen Druckfestigkeiten schon von einem viel zementärmeren Beton geliefert werden würden. Aus diesem Mißverhältnis zwischen der Druck- und Zugfestigkeit ergibt sich eine unnötige Verteuerung der Betonbauweise. Es wäre daher von ungeheurer technischer Bedeutung, wenn man die Zugfestigkeiten der Zemente in günstigem Sinne beeinflussen könnte, wobei schon eine Erhöhung der Zugfestigkeit um 50% als riesiger Erfolg zu verbuchen wäre. Dazu gehörte, daß man den Zugfestigkeiten in Zukunft mehr Beachtung schenkte als bisher und daß man den Verhältnissen der Praxis bei den Normenuntersuchungen mehr Rechnung trüge und neben den Druck- und Zugfestigkeiten die Biegungsfestigkeiten berücksichtigte. Die Prüfung der Biegungsfestigkeit hat gegenüber der Prüfung der Zugfestigkeit nicht nur den Vorteil, daß bei ihr viel geringere Streuungen in den Resultaten auftreten, sondern vor allem auch den, daß sie in höherem Maße den praktischen Verhältnissen entspricht. Tabelle 43 bringt eine Gegenüberstellung der Biegungszugfestigkeiten und der Druckfestigkeiten eines 1 : 5 nach Raumteilen gemischten Betons.

Tabelle 43. Biegezug- und Druckfestigkeit eines 1 : 5-Betons (nach Probst).

Nach Tagen	Biegezugfestigkeit	Druckfestigkeit	Biegezugfestigkeit	Druckfestigkeit
	eines hochwertigen Portlandzements		eines gewöhnlichen Portlandzements	
2	11,1	67,9	11,6	35,5
3	21,4	93,3	14,5	58,2
7	33,6	185,3	30,0	110,4
14	37,2	223,3	34,5	168,8
28	38,9	256,6	36,4	219,0
90	60,0	323,0	38,0	237,0
300	63,5	429,0	54,2	317,0

Um den Verhältnissen der Praxis noch mehr zu genügen, hat man Beton bis zum Bruch dauernd wiederholt belastet. Durch diese Versuchsanordnung werden Verhältnisse realisiert, wie wir sie z. B. an einer Brücke mit lebhaftem Verkehr antreffen. Die Elastizitätsmoduln des Betons bei Druck sind nicht sehr hohe. Sie ändern sich naturgemäß mit der Erhärtungszeit, wie die folgende Tabelle 44 zeigt.

Tabelle 44. Elastizitätszahlen von 1:5-Beton (nach Probst).

Zementart	Nach Tagen	Spannungen von σ_{bd}	Elastizitätsmoduln bei Druck E_{bd}
Hochwertiger Portlandzement	3	19,0— 30,0	168000—190000
	28	29,2—118,7	271000—284000
	300	48,6—169,5	321000—375000
Gewöhnlicher Portlandzement	3	22,0— 49,8	153000—195500
	28	23,7—120,0	159000—271000
	300	48,2—168,0	294000—348000

Die Tabelle 44 läßt erkennen, daß die hochwertigen Portlandzemente den gewöhnlichen Portlandzementen elastisch überlegen sind (im vorliegenden Fall um ungefähr 10%).

XII. Die hochwertigen Portlandzemente.

Da man bis heute noch die Güte eines Zements nach seinem Erhärtungsvermögen beurteilt, und nicht danach, ob der Zement die in jedem Falle besonderen Anforderungen erfüllt, so teilt man die Zemente je nach den Festigkeiten, die sie erreichen, ein in gewöhnliche, hochwertige und höchstwertige Zemente. Die Erfindung des hochwertigen Portlandzements ist auf die Anregungen von Spindel[1] zurückzuführen, der 1915 darauf hinwies, daß sich die Festigkeiten der Portlandzemente durch geeignete Fabrikationsmethoden noch ganz wesentlich steigern lassen. Die Fabrikation des hochwertigen und höchstwertigen Portlandzements unterscheidet sich von der des gewöhnlichen Portlandzements durch eine sorgfältigere und genauere Einstellung der Rohmischung. Sämtliche Hydraulefaktoren, wie Kalk, Tonerde, Kieselsäure und Eisenoxyd, werden in ihren Moduln genauestens aufeinander abgestimmt. Ferner wird für einen etwas schärferen Brand, eine bessere Sinterung und eine raschere Abkühlung des Klinkers Sorge getragen. Die Sinterung wird durch Zusatz von Flußmitteln zur Rohmischung, wie z. B. 0,25 bis 0,5% Flußspat, oder durch geringe Erhöhung des Eisenoxydgehalts in der Rohmischung gefördert. Dazu kommt als einer der Hauptfaktoren,

---
[1] Spindel, M.: Öst. Wschr. öffentl. Baudienst 1915 Nr. 41, 1916 Nr. 22, 23; Zement 1916 S. 273.

daß die Mahlfeinheit der hochwertigen Portlandzemente wesentlich größer ist als die der gewöhnlichen Portlandzemente. Als Beispiel für die Steigerung der Mahlfeinheit bei den hochwertigen Portlandzementen seien die Siebanalysen von drei Fabrikaten einer Zementfabrik angegeben, aus denen das Verhältnis der Mahlfeinheiten von gewöhnlichem, hochwertigem und höchstwertigem Portlandzement ersichtlich ist (Tabelle 45).

Tabelle 45. Siebanalysen von gewöhnlichem, hochwertigem und höchstwertigem Portlandzement.

Rückstand auf dem	Gewöhnlicher Portlandzement %	Hochwertiger Portlandzement %	Höchstwertiger Portlandzement %
900-Maschensieb . . .	0,3	0,1	0,1
4900-Maschensieb . . .	9,1	4,7	2,2
10000-Maschensieb . . .	20,0	12,7	9,1

Keith[1] fand bei der Untersuchung von 26 hochwertigen Portlandzementen, 15 Drehofen- und 11 Schachtofenzementen, in den Jahren 1926—1929 die nebenstehenden Feinheitswerte für den hochwertigen Portlandzement (Tabelle 46).

Tabelle 46. Mahlfeinheit von hochwertigen Schachtofen- und Drehofenzementen (nach Keith).

Rückstand auf dem	Mittelwerte %	
	Drehofenzement	Schachtofenzement
900-Maschensieb . .	0,22	0,16
4900-Maschensieb . .	4,88	8,18

Auch hier zeigt sich wieder, daß die Schachtofenklinker weniger fein gemahlen sind.

Charakteristisch für die hochwertigen und höchstwertigen Portlandzemente ist vor allem ihre sehr hohe Anfangsfestigkeit, die schon nach 3 Tagen so hoch ist wie die 28-Tage-Festigkeit der gewöhnlichen Zemente. Erreicht wird diese hohe Anfangsfestigkeit durch die infolge der größeren Oberfläche dieser Zemente erhöhte Reaktionsgeschwindigkeit der Zementpartikeln und ferner durch gewisse Mahlzusätze zum Zement, von denen nur das Chlorkalzium genannt sei. Wegen dieser Eigenschaft der hohen Anfangsfestigkeit werden die hochwertigen Portlandzemente auch ,,frühhochfeste" Portlandzemente genannt[2], und zwar meines Erachtens mit größerem Recht. Die Bezeichnung ,,hochwertig" bezieht sich ja nur auf die Festigkeit und sogar

---
[1] Keith, J.: a. a. O.
[2] Andere Bezeichnungen sind noch Standardzement, Spezialzement, Superzement.

Die hochwertigen Portlandzemente.

in der Hauptsache nur auf die Druckfestigkeit und ist insofern irreführend. Wie wir noch sehen werden, verhalten sich gerade die hochwertigen Portlandzemente gegen den Einfluß aggressiver Wässer besonders ungünstig, weit mehr als die gewöhnlichen Portlandzemente.

Als Beispiel für die Steigerung der Festigkeit bei den hochwertigen und höchstwertigen Portlandzementen seien die Druck- und Zugfestigkeiten von drei Fabrikaten einer Zementfabrik in der Tabelle 47 wiedergegeben. Diese Tabelle zeigt gleichzeitig das Verhältnis der Zug- zu den Druckfestigkeiten, das bei den hoch- und höchstwertigen Portlandzementen immer ungünstiger wird. Die Zugfestigkeiten des höchstwertigen Portlandzements betragen nur 46,7 kg/qcm nach 28 Tagen gegenüber 42,3 kg/qcm beim gewöhnlichen Portlandzement.

Tabelle 47. Zug- und Druckfestigkeit von gewöhnlichem, hochwertigem und höchstwertigem Portlandzement in Mischung 1:3-Normensand.

Lagerung	Gewöhnlicher Portlandzement		Hochwertiger Portlandzement		Höchstwertiger Portlandzement	
	Zug	Druck	Zug	Druck	Zug	Druck
1 Tag	16,5	113	26,0	205	30,1	449
3 Tage	26,1	233	27,5	358	29,7	560
7 Tage	30,8	310	29,0	434	35,2	601
28 Tage Wasserlagerung	32,4	406	31,2	515	37,6	674
28 Tage kombinierte Lagerung	42,3	499	45,9	587	46,7	718
Verhältnis von Zug- zu Druckfestigkeit	1:11		1:12		1:15	

Diese Werte für den hochwertigen Portlandzement stimmen recht gut mit den von Keith gefundenen Mittelwerten für hochwertigen Portlandzement überein (vgl. Tabelle 48).

Tabelle 48. Zug- und Druckfestigkeiten von hochwertigen Schachtofen- und Drehofenzementen (nach Keith).

	2 Tage		3 Tage		7 Tage		28 Tage		28 Tage kombiniert	
	Zug	Druck	Zug	Druck	Zug	Druck	Zug	Druck	Zug	Druck
Drehofenzement	27,6	279	29,5	349	32,8	466	35,2	552	46,6	610
Schachtofenzement	21,5	253	24,6	305	27,0	365	30,6	454	46,0	528

Die hoch- und höchstwertigen Portlandzemente wird man zweckmäßig überall dort verwenden, wo es auf eine schnelle Förderung der

Bauarbeit ankommt. Da der Beton bei Verwendung von frühhochfesten Zementen schon sehr viel früher entschalt werden kann, so ergibt sich, abgesehen vom Zeitgewinn, eine recht erhebliche Ersparnis an Schalungen.

Die handelsüblichen gewöhnlichen und hochwertigen Portlandzemente erreichen im allgemeinen sehr viel höhere Festigkeiten, als die Normenbestimmungen ihnen vorschreiben. Nach den Normenvorschlägen vom Jahre 1930 sollen die gewöhnlichen und hochwertigen Portlandzemente die in der folgenden Tabelle zusammengestellten Druck- und Zugfestigkeiten besitzen (Tabelle 49).

Tabelle 49. Normenfestigkeiten von gewöhnlichem und hochwertigem Portlandzement vom Jahre 1930.

	Zugfestigkeit			Druckfestigkeit			
	3 Tage kg/qcm	7 Tage kg/qcm	28 Tage komb. kg/qcm	3 Tage kg/qcm	7 Tage kg/qcm	28 Tage kg/qcm	28 Tage komb. kg/qcm
Gewöhnlicher Portlandzement . . .	—	18	30	—	180	275	350
Hochwertiger Portlandzement . . .	25	—	40	250	—	—	500

Es wäre überaus wünschenswert, wenn in den Normenbestimmungen die Güte eines Zements durch das Verhältnis der Zugfestigkeit zur Druckfestigkeit besonders gekennzeichnet würde. Dieser Festigkeitsmodul, wie ich die Beziehung der Zugfestigkeit zur Druckfestigkeit nennen möchte (bezogen auf eine kombinierte Lagerung von 28 Tagen), sollte nach Möglichkeit größer als 0,1 sein, also:

$$\frac{\text{Zugfestigkeit}}{\text{Druckfestigkeit}} > 0,1.$$

Das Streben der Zementindustrie sollte in Zukunft hierauf gerichtet sein.

Über die genannten Unterschiede der Mahlfeinheit und Festigkeit hinaus bestehen zwischen den hochwertigen und gewöhnlichen Portlandzementen keine prinzipiellen Unterschiede. Beide Zementarten haben im wesentlichen die gleiche chemische Zusammensetzung und zeigen die gleichen chemischen Reaktionen. So lösen sie sich z. B. beide fast vollständig in Salzsäure auf. Wenn ein größerer Teil des Portlandzements durch 10%ige Salzsäure nicht gelöst wird, so ist dies ein Zeichen dafür, daß der Zement entweder schlecht gebrannt wurde, oder irgendwelche unlöslichen Beimischungen wie Sand, Asche, Gichtstaub oder Puzzolanerde enthält. — Alle Portlandzemente haben einen geringen

Glühverlust von einigen wenigen Prozenten. Dies rührt daher, daß jeder Zement beim Lagern langsam Kohlensäure und Feuchtigkeit aus der Luft aufnimmt. Der Glühverlust steigt mit zunehmendem Alter des Zements an. Wenn der Glühverlust eines Zements sehr hoch ist (über 5%), dann liegen meist Fabrikationsfehler vor. Wo diese zum Teil zu suchen sind, zeigt folgendes Beispiel, das mir vor ungefähr einem Jahr begegnete. Bei einem Portlandzement, den eine ausländische Zementfabrik herstellte, traten folgende Mängel auf: Glühverlust von mehr als 5%, schlechte Lagerfähigkeit des Zements (Neigung zu Klumpenbildung), ungünstige Abbinde- und Raumbeständigkeitsergebnisse, schlechte Festigkeiten. Bei einer Kontrollbesichtigung der Fabrik konnte ich dann feststellen, daß der Klinker infolge Überfüllung des beschränkten Klinkerlagers einfach ins Freie befördert und dort in großen Halden aufgeschüttet worden war, von wo ihn die Arbeiter in strömendem Regen in die Zementmühlen schafften. Dieses völlig ungeschützte Klinkerlager, auf das es wochenlang ziemlich ununterbrochen geregnet hatte, sah weiß aus, so daß ich zunächst glaubte, vor einem Rohmateriallager (Kalkstein) zu stehen. Solche Fälle kommen glücklicherweise nur selten vor.

Zum Schluß sei noch kurz auf die analytische Unterscheidung zwischen Schachtofenzement und Drehofenzement eingegangen. Beide Portlandzemente sind graugrüne Pulver und lassen sich mit dem bloßen Auge nicht voneinander unterscheiden. Ebensowenig läßt das Mikroskop einen Unterschied zwischen diesen beiden Pulvern erkennen. Meist ist aber eine Unterscheidung dieser beiden verschieden gebrannten Zemente dadurch möglich, daß man 1—2 g Zement mit 20—30 ccm Wasser in einem kleinen Becherglas aufschlämmt. Ist der untersuchte Portlandzement ein Schachtofenzement, so schwimmt häufig etwas schwarzes Kohlepulver auf dem Wasser. Diese Kohle ist bei der unvollständigen Verbrennung der Staubkohle unverbrannt im Klinker zurückgeblieben. Solche Kohlerückstände sind bei den Drehofenzementen nicht zu beobachten. Übergießt man ferner einige Gramm Schachtofenzement in einem kleinen Becherglas mit Salzsäure, so tritt meist ein Geruch von Schwefelwasserstoff und übelriechenden Kohlenwasserstoffen auf, die wiederum von der unverbrannten Kohle herrühren. Beim Drehofenzement fehlt diese Erscheinung, weil er keine unverbrannte Kohle enthält.

Damit sind wir am Ende der Besprechung der gesinterten Bindemittel. Im folgenden Abschnitt wollen wir uns ganz kurz mit den nichtgesinterten Bindemitteln, den Wasserkalken, Zementkalken und Romankalken beschäftigen.

XIII. Die ungesinterten hydraulischen Bindemittel.

Seit den Untersuchungen von Cobb[1] und neuerdings von Dyckerhoff und Nacken[2] wissen wir, daß Kalkstein und Tonsubstanz schon im festen Zustand weit unterhalb der Sinterungstemperatur miteinander zu reagieren vermögen. Oberhalb 800° C setzt ganz allmählich die Reaktion der beiden genannten Komponenten ein, um sich dann oberhalb 1000° C wesentlich zu beschleunigen. Wir können uns diesen Vorgang so vorstellen, daß bei Temperatursteigerung die Gitterbausteine der Kristallite in gesteigerte thermische Schwingung geraten, bis die Schwingungen oberhalb 800° so groß werden, daß einzelne Moleküle aus dem Kristallgitterverband herausspringen und sich in benachbarten Molekülgittern einordnen. Bei weiterer Temperatursteigerung werden die Schwingungen der Kristallgitterbausteine immer größer und führen zu immer stärkerer Umgruppierung und Unordnung in den Gittern, bis schließlich bei der Sinterung das völlige Chaos beginnt, das sich vollends in der Schmelze auswirkt. In der Schmelze gibt es kein geordnetes Gitter mehr, das irgendwelchen Symmetriegesetzen genügt.

Die nicht gesinterten hydraulischen Bindemittel sind nun solche Stoffe, bei denen ein erster Ansatz zu einer Veränderung der ursprünglichen Gitterstrukturen des Rohmaterials erfolgt ist. Früher glaubte man, daß die nicht gesinterten hydraulischen Bindemittel nichts weiter seien als ein Gemenge von gebranntem Kalk und entwässertem Ton. Diese Ansicht muß heute dahin richtig gestellt werden, daß die Romankalke und Wasserkalke zum großen Teil aus thermischen Reaktionsprodukten des Kalks mit der Kieselsäure und der Tonerde bestehen.

Für die Herstellung der nicht gesinterten silikatischen Bindemittel werden im Grunde genommen dieselben Rohmaterialien verwendet wie für die Fabrikation der Portlandzemente. Die Zusammensetzung der nicht gesinterten Bindemittel ist außerordentlich schwankend, aber immerhin können wir eine gewisse Einteilung der verschiedenen nicht gesinterten Bindemittel in der Weise vornehmen, daß wir den Kalkgehalt der verschiedenen für ihre Herstellung verwendeten Kalk- und Tonmergel ins Auge fassen. Rohstoffmischungen mit 76—78% $CaCO_3$ werden zur Herstellung von gesintertem Portlandzement verwendet, während solche mit mehr als 78% $CaCO_3$ der Fabrikation von Wasserkalken und Zementkalken und solche mit weniger als 76% $CaCO_3$ der Fabrikation von Romankalken dienen. Da die nicht gesinterten Bindemittel bei Temperaturen zwischen 900 und 1200° C gebrannt werden,

---

[1] Cobb, J. W.: J. Soc. chem. Ind. Bd. 29 (1910) S. 69, 250, 335, 399, 608, 799.
[2] Dyckerhoff, W.: Diss. Frankfurt a. M. 1925; Zement 1924 S. 681; 1925 S. 3, 21, 60, 102, 120, 140, 174, 200.

so enthalten sie noch größere Mengen von nicht dissoziiertem Kalk, was in dem Glühverlust dieser Zemente zum Ausdruck kommt. Die nachstehende Tabelle 50 enthält die Durchschnittsanalysenwerte von Wasserkalken und Romankalken.

Aus der Tabelle 50 ist ersichtlich, daß bei den Romankalken, die ja sehr viel Tonsubstanz enthalten, der Gehalt an Unlöslichem nur 4—7% beträgt. Dies beweist, daß schon bei den Brenntemperaturen des Romanzements ein großer Teil der Tonsubstanz „aufgeschlossen", löslich gemacht wurde, daß also eine Reaktion zwischen dem Kalk und der Tonsubstanz stattgefunden haben muß.

Die Wasserkalke sind ihrer chemischen Zusammensetzung nach

Tabelle 50. Analysenwerte von Wasserkalken und Romankalken.

	Wasserkalk %	Romankalk %
Glühverlust . .	8—18	3— 9
Unlösliches . .	—	4— 7
SiO_2	8—22	21—28
CaO	58—65	40—50
Al_2O_3	2— 7	4—10
Fe_2O_3	1— 3	2— 4
MgO	1— 3	1— 3
SO_3	0,5— 1,5	1— 2

eigentlich die unmittelbare Fortsetzung der Weißkalke. Sie werden bei ungefähr 900—1000° C in automatischen Schachtöfen gebrannt und kommen als hydraulischer Stückkalk in den Handel. Sie enthalten neben den beim Brennen entstandenen Kalziumsilikaten und -aluminaten noch große Mengen von freiem Kalk. Mit Wasser versetzt löschen sie unter starker Wärmeentwicklung ab. Man erhält dann einen Mörtel, der auf zweierlei Art erhärtet; einmal dadurch, daß der Kalk mit der Kohlensäure der Luft unter Bildung von Kalziumkarbonat reagiert, und dann dadurch, daß die Kalziumsilikate und -aluminate (es handelt sich in der Hauptsache um Mono- und Dikalziumsilikat und Pentakalziumtrialuminat) ganz allmählich mit dem Anmachwasser reagieren und so eine allmähliche selbständige Erhärtung des Mörtels herbeiführen. Wie diese hydraulische Erhärtung im einzelnen vor sich geht, werden wir weiter unten bei der Besprechung der Abbinde- und Erhärtungsvorgänge sehen. — Ein anderes Fabrikationsverfahren, bei dem der gebrannte Mergel schon in der Fabrik vor dem Vermahlen abgelöscht wird, führt zu den sog. Zementkalken. Beim Ablöschen zerfällt die gebrannte Masse und es bildet sich Kalkhydrat und bei dolomitischen Mergeln, die große Mengen von Magnesia enthalten, Magnesiumhydroxyd. Das Dikalziumsilikat reagiert so langsam mit Wasser, daß es durch das Ablöschwasser nicht verändert wird. Man beobachtet daher, daß die Zementkalke trotz des vorhergegangenen Ablöschens in der Fabrik hydraulisch erhärten, wenn man sie später am Bauplatz mit Wasser anmacht.

Die Romankalke, die man früher auch als Romanzemente bezeichnete, entstehen aus Kalkmergeln und Dolomitmergeln, die weniger als 76% Karbonate ($CaCO_3$ und $MgCO_3$) enthalten. Sie werden ebenso wie die Wasser- und Zementkalke in automatischen Schachtöfen unterhalb der Sinterung bei Temperaturen zwischen 1100° und 1200° C gebrannt. Die Romankalke enthalten, wie die Tabelle 50 zeigt, erheblich geringere Mengen Kalk als die Portlandzemente. Es ist anzunehmen, daß dieser Kalk (bzw. bei den dolomitischen Romankalken die Magnesia) sich bei der Brenntemperatur von 1100—1200° zum größten Teil mit der Tonsubstanz umgesetzt hat und somit in gebundener Form vorliegt. Die Romankalke enthalten nur noch geringe Mengen von freiem Kalk; infolgedessen löschen die Romankalke mit Wasser nicht ab.

Die Romankalke, die in fein gemahlenem Zustande in den Handel kommen, unterscheiden sich von den Portlandzementen unter anderem dadurch, daß sie mit Wasser sehr schnell, schon nach 10—15 Minuten abbinden; binden sie erst nach 15 Minuten ab, so nennt man sie Langsambinder. Dies schnelle Reagieren des Romankalks ist darauf zurückzuführen, daß der Kalk in den Romankalken doch in sehr lockerer Form gebunden sein muß, so daß das Abbinden des Romankalks eine Art Mittelding zwischen dem Abbinden des Portlandzements und dem Ablöschen der hydraulischen Kalke darstellt. Auch hinsichtlich des Erhärtungsvermögens stehen die Romankalke zwischen den hydraulischen Kalken und den Portlandzementen. Die Festigkeiten, die die hydraulischen Kalke und die Romankalke erreichen, sind außerordentlich schwankend und ebenso verschiedenartig wie die chemische Zusammensetzung dieser Kalke. Da bei der Fabrikation dieser Produkte keine nachträglichen Korrekturen in der Zusammensetzung der Rohstoffmischung vorgenommen werden, haben die Wasser-, Zement- und Romankalke eigentlich jeweils die Zusammensetzung des Kalkmergels und Tonmergels des Fabrikationsortes. Infolgedessen sind auch die Eigenschaften dieser ungesinterten Bindemittel so mannigfaltig, daß Generelles über sie kaum gesagt werden kann. Ihre Farbe schwankt zwischen hellem Ocker und Graubraun.

Nach den Normenvorschriften, die ja ein ungefähres Bild von dem Stand der Technik und von den Eigenschaften der Bindemittel geben, sollen die Wasserkalke, Zementkalke und Romankalke die in Tabelle 51 angeführten Mindestfestigkeiten aufweisen. Dazu ist zu bemerken, daß die Wasser- und Zementkalke bei der 28- und 56-Tage-Lagerung die ersten 7 Tage in Luft und dann in Wasser oder Luft lagern müssen, während die Romankalke zunächst einen Tag in feuchter Luft und dann in Wasser lagern.

Die Fabrikation dieser ungesinterten Bindemittel, unter denen die Romankalke die größte Rolle spielen, hat in neuerer Zeit sehr an Bedeutung verloren. Sie war nur so lange möglich, als man keine

Tabelle 51. **Normenfestigkeiten von Wasserkalk, Zementkalk, Romankalk und Portlandzement in Mischung 1:3 mit Normensand**[1].

	28 Tage		Verhältnis von Zug zu Druck	56 Tage	
	Zug kg/qcm	Druck kg/qcm		Zug kg/qcm	Druck kg/qcm
Wasserkalk	4	15	1 : 4	6	25
Zementkalk	4	20	1 : 5	6	30
Romankalk	12	60	1 : 5	—	—
Portlandzement	30[1]	350[1]	1 : 12	—	—
Hochwertiger Portlandzement	40[1]	500[1]	1 : 13	—	—

technischen Mittel zur Erzeugung der für die Sinterung notwendigen Temperaturen besaß, und man alle jene modernen Aufbereitungs- und Mahlmaschinen noch nicht zur Verfügung hatte. Seit der Erfindung des Portlandzements, der die ungesinterten hydraulischen Bindemittel verdrängt hat, werden die Roman- und Dolomitkalke eigentlich nur noch in Ländern mit wenig entwickelter Technik hergestellt, oder wenn auf Grund besonderer örtlicher Bedingungen die Fabrikation dieser hydraulischen Kalke rentabel ist (Heizung mit minderwertigen Kohlen oder Abfallölen, die auf andere Weise nicht verwendet werden können; Verwertung und Beseitigung von Dolomitmergeln, die als lästiger Ballast und Abraumstoff in manchen Industrien auftreten und sonst auf kostspielige Weise fortgeschafft werden müßten). Wir kommen nun zu der Betrachtung der verschiedenen aus Puzzolanen hergestellten Zemente, zu denen vor allem die Hochofen-, Eisenportland- und Traßzemente gehören.

XIV. Die silikatischen Mischzemente.

Nach unserer allgemeinen Einteilung der hydraulischen Bindemittel in Tabelle 6 sind die silikatischen Mischzemente Mischungen von Kalk oder Zement mit sog. „latent hydraulischen" Zuschlägen. Diese latent hydraulischen Zuschläge können natürlichen oder künstlichen Ursprungs sein. In der Technik werden im allgemeinen von den natürlichen latent hydraulischen Stoffen nur Traß oder Puzzolanerde, von den künstlichen nur Industrieabfallprodukte wie die Hochofenschlacke verwendet.

1. Die Hochofenschlacke—Hochofenzemente und Eisenportlandzemente. Zunächst müssen wir die Frage beantworten: Was sind überhaupt Hochofenschlacken? Die Hochofenschlacken sind Schmelzprodukte, die bei der Verhüttung des Eisens im Hochofen (Schachtofen) entstehen. Sie bilden sich beim Hochofenprozeß aus den Kieselsäure- und Tonerdebestandteilen der Eisenerze, aus den Aschebestandteilen der Kohle und

---

[1] = Kombinierte Lagerung.

aus den schmelzfördernden Zuschlagstoffen. Die Schlacken sammeln sich, da sie spezifisch sehr viel leichter sind als das Eisen, über dem geschmolzenen Eisen an, und werden von dort periodisch abgelassen. Man hat gefunden, daß von allen Schlacken, die bei der Eisenverhüttung entstehen und je nach der Art des Eisens verschieden zusammengesetzt sind, die Gießereieisenschlacke ganz besonders hohe latent hydraulische Eigenschaften besitzt. Sie zeichnet sich vor allem dadurch aus, daß sie gegenüber den anderen Schlacken einen besonders hohen Kalkgehalt besitzt.

Da bei der Herstellung eines gleichmäßigen Eisens auch die Zusammensetzung der Schlacke möglichst gleichmäßig sein muß, so zeigen auch die Analysenwerte der Schlacken eines Hochofenwerks keine sehr großen Schwankungen. Auch hier hat sich gegen früher ein großer Wandel vollzogen. Durch moderne Misch- und Mahlmaschinen, durch die Einführung automatischer Öfen und durch eine gut ausgebildete Analysentechnik (z. B. Beschleunigung der Betriebsanalysen durch Verwendung elektrischer Methoden) ist eine so sorgfältige Betriebskontrolle möglich geworden, daß größere Schwankungen in der Zusammensetzung der Hochofenschlacken selbst in sehr großen Zeiträumen nicht mehr eintreten. Die chemische Zusammensetzung der Hochofenschlacken hält sich meist innerhalb der in Tabelle 52 gezeigten Grenzen.

Tabelle 52. Durchschnittsanalysenwerte von Hochofenschlacken.

SiO_2	29—36%	FeO	1— 2%
CaO	45—52%	MgO	1,5— 5%
Al_2O_3	9—16%	S	1,5— 3%

Die basische Hochofenschlacke ist also, wie wir aus der Tabelle 52 ersehen, in der Hauptsache aus den drei Stoffen Kalk, Tonerde und Kieselsäure aufgebaut und besitzt eine enge Verwandtschaft mit dem Portlandzement. Sie ist kalkärmer und kieselsäure- und tonerdereicher als der Portlandzement. Das Dreistoffgebiet der Hochofenschlacken liegt daher im Dreistoffdiagramm $CaO-Al_2O_3-SiO_2$ (Abb. 1) etwas mehr auf der Seite der Kieselsäure oberhalb des Portlandzementgebiets.

Die Erkenntnis, daß die Hochofenschlacke gewisse hydraulische Eigenschaften besitzt, ist schon recht alt. Schon vor 150 Jahren stellte Loriot[1] fest, daß man einen gut erhärtenden Mörtel erhält, wenn man zu ungelöschtem Kalk Hochofenschlacke zusetzt. Aber erst 80 Jahre später, im Jahre 1862, wurde von Langen[2] der erste technische Versuch zur Herstellung eines Bindemittels aus Kalk und granulierter Hochofenschlacke gemacht. Diese sog. Schlackenzemente hatten aber nur geringe Festigkeiten und konnten sich gegen die Konkurrenz des Portlandzements, der damals seinen Siegeszug durch die Welt antrat, nicht behaupten.

---
[1] Loriot, A. J.: Mémoires sur une découverte dans l'art de bâtir. Paris 1784.
[2] Passow, H.: Die Hochofenschlacke in der Zementindustrie. Würzburg 1908.

Die Hochofenschlacke — Hochofenzemente und Eisenportlandzemente.

Da war es eigentlich Prüssing, der erkannte, daß man bessere Zemente erhält, wenn man an Stelle von Kalk Portlandzement mit granulierter Hochofenschlacke vermengt. Die so hergestellten Mischzemente, die ungefähr bis zu 30% Hochofenschlacke und mindestens 70% Portlandzement enthielten und in ihrer Zusammensetzung den heutigen Eisenportlandzementen entsprachen, erreichten nahezu die gleichen Festigkeiten wie die Portlandzemente. Da man also mit einem Zusatz von 30% eines billigen Industrieabfallproduktes den Portlandzement erheblich verbilligen konnte, ohne daß die Festigkeiten dabei erheblich zurückgingen, begannen zahlreiche Portlandzementfabriken ihren Portlandzementen Hochofenschlacke zuzusetzen. Dies sind die Anfänge der Eisenportland- und Hochofenzementindustrie. Man fand dann auch bald, daß es ja viel praktischer ist, den Portlandzement nicht aus natürlich vorkommenden Rohstoffen, sondern direkt aus der Hochofenschlacke herzustellen, indem man nach dem Steinschen Verfahren die kalkarme Hochofenschlacke mit einer genau berechneten Menge von Kalkstein vermahlt und mischt und dann diese Mischung entweder im Drehofen oder im Schachtofen brennt. Unter diesem Gesichtspunkt erschien es auch als zweckmäßiger, die Fabrikation des Hochofenzements und Eisenportlandzements direkt an den Ort der Eisenverhüttung zu verlegen, und so finden wir heute die Hochofen- und Eisenportlandzementindustrie mit der Industrie der Eisenverhüttung vereinigt. Daher werden die Hochofenzemente auch Hüttenzemente genannt.

Der Portlandzement wird also statt aus natürlichem Kalkmergel direkt aus der Hochofenschlacke hergestellt. Da aber die Hochofenschlacke gewöhnlich nur einen Kalkgehalt von 45% hat, Portlandzement jedoch einen solchen von etwa 64%, so muß der Kalkgehalt der Schlacke erhöht werden. Zu diesem Zwecke wird Hochofenschlacke mit einer berechneten Menge von hochprozentigem Kalkstein in Verbundmühlen staubfein vermahlen. Dabei erhält man ein Rohmehl, das in seiner Zusammensetzung genau dem Trockenmehl der Portlandzementindustrie entspricht. Dieses Rohmehl wird dann im Schachtofen oder im Drehofen in bekannter Weise gebrannt; der entstandene Klinker unterscheidet sich durch nichts von den gewöhnlichen Portlandzementklinkern. Den so hergestellten Klinker kann man nun entweder zu Portlandzement oder zu Hochofen- und Eisenportlandzement weiter verarbeiten. Bei der Herstellung von Portlandzement wird der Klinker unter Zusatz von einigen Prozent Gips vermahlen. Bei der Herstellung von Hochofen- und Eisenportlandzement hingegen wird der Klinker mit 30 bzw. 70% granulierter Hochofenschlacke vermahlen. Mischt man 30% Schlacke mit 70% Klinker, so erhält man Eisenportlandzement; Mischungen von 70% Schlacke mit 30% Klinker führen zum Hochofenzement. Während es bei der Herstellung des Portlandzements gleichgültig ist, in welchem

Formzustand sich die Schlacke befindet (kristallin oder glasig amorph), ist es bei der Mischung der Schlacke mit Zement notwendig, daß die basische Hochofenschlacke glasig amorph ist. Nur in glasig-amorpher Form entwickelt die Schlacke in Verbindung mit Portlandzement hydraulische Eigenschaften. Damit kommen wir nun zu der Frage nach der Konstitution der Hochofenschlacke.

Die Konstitution der Hochofenschlacke. Um es vorweg zu sagen: Die Konstitution der Hochofenschlacken ist bis heute noch unbekannt. Diese erstaunliche Tatsache hat mehrfache Gründe, die alle darauf hinauslaufen, daß das Forschungsobjekt außerordentlich kompliziert ist. Die mineralogisch-petrographische Forschung begegnet bei den Schlacken, und zwar gerade bei den hydraulisch wirksamen Schlacken, noch viel größeren Schwierigkeiten als beim Portlandzementklinker.

Wenn geschmolzene Hochofenschlacken, die also eine Temperatur von 1600—1700° C haben, langsam abgekühlt werden, dann scheiden sie aus dem Schmelzfluß solange Kristalle aus, bis sie schließlich völlig kristallin in großen Stücken erstarren. Man erhält auf diese Weise die sog. Stückschlacke, die keinerlei hydraulische Eigenschaften besitzt.

Diese entglasten Schlacken wurden von Vogt[1], Benzian[2] und neuerdings von Hofmann-Degen[3] untersucht. Entsprechend der Verschiebung des Hochofenschlackengebiets im Dreistoffdiagramm (s. Abb. 1) zur Kieselsäureecke hin treten in den Hochofenschlacken durchweg die **kieselsäurereicheren** Kalziumsilikate auf. Nach den petrographisch-mineralogischen Untersuchungen der genannten Forscher beobachtet man im Dünnschliff in entglasten, langsam abgekühlten Schlacken eine ganze Reihe von Schlackenmineralien, und zwar folgende binären Silikate: Dikalziumsilikat und die ihm verwandten Glieder der orthosilikatischen Olivinreihe (wie $2\,MgO \cdot SiO_2$, $FeO \cdot SiO_2$); ferner Monokalziumsilikat in Form von Wollastonit und Pseudowollastonit, Monomagnesiumsilikat in Form des rhombischen Pyroxens und Augit; dann die ternären und polynären Verbindungen Melilith, $Na_2(Ca, Mg)_{11} \cdot (Al, Fe)_4 \cdot (SiO_4)_9$, Gehlenit, $3\,CaO \cdot Al_2O_3 \cdot 2\,SiO_2$, und Åkermanit (wobei bemerkt sei, daß die chemische Zusammensetzung des Meliliths, Gehlenits und Åkermanits noch wenig bekannt ist). Daneben treten in den entglasten Hochofenschlacken noch kieselsäurefreie Mineralien, wie z. B. der Spinell, $MgO \cdot Al_2O_3$, auf. Wie weit diese Beobachtungen zutreffen, läßt sich zur Zeit noch nicht sagen.

Zur Aufklärung der Kristallisationsvorgänge in den Hochofenschlacken und der Konstitution des bei der Kristallisation der basischen Hochofenschlacken immer wieder auftretenden Meliliths haben die wichtigen

---

[1] Vogt, J. H. L.: Die Silikatschmelzlösungen I und II, Christiania 1903.
[2] Benzian, R.: Mitt. chem. techn. Vers. stat. Blankenese 1905 Heft 2.
[3] Hofmann-Degen, K.: Sitzgsber. Heidelberg. Akad. Wiss., Math.-physik. Kl. 1919 Nr. 14.

Arbeiten von Ferguson und Buddington[1] über das System Gehlenit-Åkermanit sehr wesentlich beigetragen. Danach lassen sich Gehlenit und Åkermanit lückenlos miteinander vermischen; dabei ist zu beachten, daß Mischkristalle, die aus 55% Åkermanit und 45% Gehlenit bestehen, optisch isotrop sind. Hofmann-Degen untersuchte vor allem die Zonarstrukturen von zahlreichen Melilithmischkristallen aus Hochofenschlacken, ferner die Veränderungen der optischen Eigenschaften (Doppelbrechung) der Schlackenmelilithe in Abhängigkeit von der chemischen Zusammensetzung. Vogt versuchte die Kristallisationsfolge der verschiedenen Schlackenmineralien festzustellen und eine Art Zustandsdiagramm über das Schmelzverhalten der Kristallarten von technischen Schlacken aufzustellen. Doch sind diese Dinge noch nicht so weit gesichert, als daß sie hier mitgeteilt werden sollen. Vogt konnte ferner beobachten, daß nur die kalkreichsten, basischsten Hochofenschlacken Melilithe auskristallisieren.

Die Kenntnis dieser Mineralien in den langsam abgekühlten Schlacken ist aber für die Zementchemie von nur bedingtem Wert, denn gerade diese langsam abgekühlten entglasten Hochofenschlacken besitzen keine latent hydraulischen Eigenschaften. Nur die sehr schnell abgekühlte Hochofenschlacke zeigt jene latent hydraulische Erhärtung. Wenn man geschmolzene Hochofenschlacken sehr rasch abkühlt (abschreckt), dann erstarren sie glasig amorph und es entstehen keinerlei Kristalle. Dieser Umstand ist es, der die Untersuchung der abgeschreckten Hochofenschlacke so außerordentlich erschwert. Wir können in der abgeschreckten Hochofenschlacke keine Kristallindividuen erkennen und wir wissen daher auch nicht, ob die Verbindungen, die in der kristallisierten Hochofenschlacke auftreten, auch in der abgeschreckten glasigen Hochofenschlacke vorkommen.

Nehmen wir einmal an, daß in der glasigen Hochofenschlacke ungefähr dieselben Verbindungen vorkommen wie in der kristallisierten Schlacke, nämlich Dikalziumsilikat, Monokalziumsilikat, Monomagnesiumsilikat, Magnesiumaluminat, Gehlenit und Melilith, dann ist die Tatsache, daß nur die abgekühlte glasige Schlacke hydraulisch wirksam ist, nicht auf chemische, sondern einzig und allein auf physikalische Ursachen zurückzuführen. Es wurde bereits weiter oben gesagt, daß unterkühlte Silikate gegenüber den langsam abgekühlten Silikaten ein höheres Energieniveau besitzen, und daß gerade sehr viele hydraulische Bindemittel sich durch einen solchen metastabilen Spannungszustand auszeichnen. Bei der Besprechung der Portlandzemente wurde schon erwähnt, daß es besser ist, den sinternden Klinker sehr schnell abzukühlen, wobei auch hier eine Art Unterkühlung eintritt, die dem Portlandzement eine größere Reaktionsfähigkeit verleiht.

---

[1] Ferguson, J. B. u. A. F. Buddington: Amer. J. Sci. (4) Bd. 50 (1920) S. 131.

Worauf beruht nun eigentlich die hydraulische Erhärtung der abgeschreckten Hochofenschlacken? Wenn wir die glasige Hochofenschlacke mit Wasser anmachen, dann verhält sie sich vollkommen indifferent, genau so wie Sandpulver. Das darf uns nach dem oben Gesagten nicht weiter wundernehmen. Wir haben ja gesehen, daß Verbindungen wie das Monokalziumsilikat, Dikalziumsilikat und die ternären Verbindungen Gehlenit und Melilith außerordentlich träge mit Wasser reagieren und meist überhaupt nicht erhärten. Geben wir jedoch zu der glasigen Hochofenschlacke reaktionsfähige „Erregersubstanzen" wie Alkalien oder Sulfate, so wird die Schlacke hydraulisch, sie beginnt zu erhärten. Als alkalische Erregersubstanz wirkt jeder Stoff, der im Wasser OH-Ionen abspaltet, also z. B. Natronlauge, Kalilauge, Ammoniak und Kalziumhydroxyd. Im allgemeinen verwendet man als alkalischen Erreger das Kalziumhydroxyd. Die sog. Schlackenzemente sind Bindemittel, die aus glasiger Hochofenschlacke und Kalkhydrat bestehen. Da aber auch die Portlandzemente beim Abbinden und Erhärten Kalziumhydroxyd abspalten, so verwendet man allgemein Portlandzement als Erregersubstanz. Hierbei hat man noch den Vorteil, daß der Portlandzement selber noch hydraulisch erhärtet und große Eigenfestigkeit besitzt. Die Erhärtung der Hochofenschlacke wird also erst durch die Einwirkung einer alkalischen oder sulfatischen Erregersubstanz ermöglicht. Welche Vorgänge sich hierbei abspielen, ist bis heute noch nicht untersucht. Dorsch[1] hat die elektrische Leitfähigkeit von mit Wasser angemachten Hochofenschlacken und Hochofenzementen gemessen und dabei gefunden, daß Hochofenschlacken allein im Gegensatz zu den abbindenden Hochofenzementen und Portlandzementen keine periodischen Unstetigkeiten im Abbindeverlauf zeigen; das deutet darauf hin, daß bei ihnen keine kolloidchemischen Gelatinierungsprozesse eintreten. Erst durch den Zusatz von Portlandzement zur Hochofenschlacke werden beim Anmachen mit Wasser kolloidchemische Gelatinierungsprozesse ermöglicht, die denen beim Portlandzement ganz ähnlich sind. Auch unter dem Mikroskop zeigen Pulverpräparate von mit Wasser angemachten Hochofenzementen die gleichen Kristallneubildungen wie erhärtende Portlandzemente. Das beim Abbinden des Portlandzements frei gewordene Kalkhydrat greift die im labilen Zustande befindlichen Kalziumsilikate der glasigen Hochofenschlacke an und bildet mit ihnen kolloide, gelatinöse Kalziumhydrosilikate. Auf der Entstehung solcher kolloider Neubildungen beruht die hydraulische Erhärtung der Hochofenzemente.

Damit ist allerdings immer noch nicht erklärt, weswegen die abgeschreckte glasige Hochofenschlacke unter dem Einfluß eines alkalischen Erregers hydraulisch zu erhärten vermag, während die langsam abgekühlte, kristallisierte Hochofenschlacke hydraulisch absolut indifferent ist. Und damit kommen wir nun zu der Frage nach dem Wesen jenes

---

[1] Dorsch, K. E.: Erhärtung und Korrosion der Zemente, 1932 S. 50f.

Die Hochofenschlacke — Hochofenzemente und Eisenportlandzemente. 193

Spannungszustandes, jenes höheren Energieniveaus, in dem sich die abgeschreckten Hochofenschlacken befinden. Man begnügt sich heute im allgemeinen mit der Erklärung, daß die glasigen Hochofenschlacken sich in einem Zustande von höherer Energie befänden und daß diese Energie frei würde, wenn die Schlacken auskristallisierten. Tatsächlich beobachtet man ja beim Auskristallisieren der glasigen Schlacken, daß Energie, die sog. Kristallisationswärme, frei wird. Diese in den glasigen Schlacken enthaltene Energie sei es nun, die bei Zusatz eines alkalischen Katalysators frei würde und so die hydraulische Erhärtung der Hochofenschlacke bedinge. Bei genauerer Betrachtung ist dies jedoch eine Scheinerklärung, die den fraglichen Tatbestand nur in etwas anderer Form wiederholt. Man weiß bis heute noch nicht, worauf genau genommen die größere Reaktionsfähigkeit der abgeschreckten, glasigen Hochofenschlacken beruht. In welcher Richtung aber die Lösung dieses Problems gesucht werden kann, sei im folgenden kurz entwickelt.

Wenn wir ein Glas, das also optisch isotrop ist und keinerlei Kristallbildungen zeigt, langsam erwärmen, so tritt oberhalb einer bestimmten Temperatur eine Entglasung ein. Das Glas wird trübe, zeigt optische Anisotropie (Doppelbrechung); unter dem Mikroskop können wir kleine Kristallindividuen erkennen, die allmählich immer größer und größer werden, bis schließlich das Glas vollkommen undurchsichtig wird. Dasselbe ist auch bei der abgeschreckten, glasigen Hochofenschlacke der Fall. Wenn wir sie langsam erwärmen, so beginnt sie oberhalb einer bestimmten Temperatur zu entglasen. Das Auftreten von Kristallen ergibt sich auf Grund von optischen Beobachtungen. Wenn man aber unter dem Mikroskop einen Gegenstand wahrnehmen will, dann muß der zu beobachtende Gegenstand eine bestimmte Mindestgröße haben; er muß größer als eine halbe Lichtwellenlänge sein.

Ist der zu beobachtende Gegenstand, also z. B. ein Kristall im Glas oder in der Hochofenschlacke, kleiner als eine halbe Lichtwellenlänge, dann kann man ihn optisch nicht wahrnehmen, und man sagt dann, das Glas oder die Hochofenschlacke sei kristallfrei. Nun haben aber neuere röntgenographische Untersuchungen an Gläsern ergeben, daß man auch bei Gläsern Röntgendiagramme erhält, die deutlich zeigen, daß auch Gläser kristallisiert sind. Diese Kristalle sind bloß von amikroskopischer Größe, so daß wir sie mit keinem optischen Hilfsmittel, auch nicht mehr mit dem Ultramikroskop wahrnehmen können. Diese Feststellungen werfen unsere ganzen bisherigen Vorstellungen von den Kristallen über den Haufen. Bisher glaubte man von Kristallen nur dann sprechen zu können, wenn sich Atome und Moleküle zu einem so großen Raumgitterverband zusammengefunden haben, daß dieses Raumgitter optisch wahrgenommen werden kann. Doch diese Festsetzung ist natürlich ganz willkürlich, und es wäre viel richtiger, auch dann schon von einem Kristall zu sprechen, wenn sich bloß zwei oder drei Elementarzellen

(s. oben) zu einem kleinen Kriställchen zusammengefunden haben. Unter diesem Gesichtspunkt sind eigentlich die meisten Stoffe, die wir heute als amorph bezeichnen, also z. B. auch die Gläser und die glasigen Hochofenschlacken, gar nicht amorph, sondern „amikroskopisch kristallin". Damit ergibt sich ein ganz kontinuierlicher Übergang von den „amorphen" Stoffen, zu denen man auch die Flüssigkeiten und Gase rechnet, zu den „kristallinen" Stoffen. Der einzige Unterschied zwischen den Kristallen der „amorphen" glasigen Hochofenschlacke und den Kristallen der langsam abgekühlten, kristallisierten Hochofenschlacke besteht darin, daß die Kristalle bei beiden Stoffen eine ungeheuer verschiedene Größe haben; er beruht auf dem verschiedenen Dispersitäts- oder Verteilungsgrad der Kristalle. Bei steigender Dispersität eines Stoffes wächst nun auch seine Oberfläche ins Ungeheure. Die Kristalle der glasigen Hochofenschlacke besitzen mithin eine unvergleichlich größere Oberfläche als die Kristalle der entglasten Hochofenschlacken.

Nun haben aber alle Stoffe in der Natur die Tendenz, ihre Oberfläche nach Möglichkeit zu verkleinern, sich zu einer möglichst kleinen Oberfläche zusammenzuziehen. Da ein kristalliner Stoff mit optisch wahrnehmbaren Kristallen eine viel kleinere Oberfläche hat als ein scheinbar amorpher Stoff mit amikroskopischem Kristallen, so ist der grobkristalline Zustand gegenüber dem „amikroskopisch kristallinen", glasigen Zustand viel stabiler. Das universelle Streben der Stoffe nach einer kleineren Oberfläche kommt in der Tatsache zum Ausdruck, daß die meisten Stoffe auf der Erde in grobkristalliner Form vorliegen. Der künstlich erzeugte Zustand der unterkühlten Schmelze, des Glases und der abgeschreckten Hochofenschlacke, ist ein metastabiler Zustand. Die abgeschreckte Hochofenschlacke strebt danach, ihre „Kristall"oberfläche zu verkleinern, und ein relativ kleiner Anstoß genügt, um dieses Streben zum Ziel zu führen. Nur muß dieser Anstoß in richtiger Weise erfolgen. Wir haben gesehen, daß der Zusatz von Wasser zur Hochofenschlacke allein noch nicht genügt, um sie reaktionsfähig zu machen. Aber schon der Zusatz eines schwachen alkalischen Erregers genügt, um die glasige Schlacke aus ihrem unnatürlichen Zustande zu befreien. Sie reagiert mit dem Kalkhydrat des Portlandzements unter Bildung von Kalziumhydrosilikaten mit kleinerer Oberfläche. Der ungeheure Dispersitätsgrad unterkühlter Silikate und Aluminate und die Tendenz zur Oberflächenkontraktion dürften die wichtigsten Ursachen für die hydraulische Erhärtung der Bindemittel sein.

Die Erkenntnis, daß nur die glasigen Schlacken und nicht die kristallinen basischen Hochofenschlacken latent hydraulische Eigenschaften besitzen, verdanken wir den grundlegenden Untersuchungen von Passow[1]. Diese Untersuchungen zeigen, daß nicht nur physika-

---

[1] Passow, H.: Die Hochofenschlacke in der Zementindustrie. Würzburg 1908. Z. angew. Chem. Bd. 23 1910 S. 1521 u. Bd. 21 1908 S. 1113.

lische Bedingungen, sondern auch chemische Bedingungen erfüllt sein müssen, wenn eine Hochofenschlacke hydraulisch wirksam sein soll. Nur in ganz bestimmter Weise zusammengesetzte Hochofenschlacken eignen sich für die Herstellung von hydraulischen Bindemitteln. Dies kommt auch in den Normenvorschriften der Hüttenzemente zum Ausdruck. Um zu verhüten, daß die Portlandzemente durch minderwertige Hochofenschlacken nur „gestreckt" werden, hat man in den Normen angeordnet, daß nur „hochbasische" Schlacken für die Herstellung der Hüttenzemente verwendet werden dürfen. Und zwar sollen die Schlacken so zusammengesetzt sein, daß die Summe aus den Prozentzahlen an Kalk, Magnesia und einem Drittel der Tonerde dividiert durch die Summe aus den Prozentzahlen an Kieselsäure und zwei Dritteln der Tonerde größer als eins ist:

$$\frac{CaO + MgO + \frac{1}{3} Al_2O_3}{SiO_2 + \frac{2}{3} Al_2O_3} > 1.$$

Aus dieser Formel ergibt sich, daß je kalkreicher eine Schlacke ist, desto größer ihr Erhärtungsvermögen unter dem Einfluß einer Erregersubstanz ist. Diese sehr kalkreichen, hochbasischen Schlacken haben eine besonders starke Neigung, bei langsamer Abkühlung zu entglasen. Je geringer der Kalkgehalt einer Hochofenschlacke ist, um so geringer ist ihre Neigung zum Entglasen. Die Formel zeigt ferner, daß die Magnesia in den Hochofenschlacken dem Kalk gleichzusetzen ist. Die Magnesia spielt in den Hochofenschlacken eine ganz andere Rolle als bei den Portlandzementen, und eine Hochofenschlacke, die relativ wenig Kalk enthält, ist auch dann noch als „hochbasisch" und hydraulisch wertvoll zu bezeichnen, wenn sie statt des Kalks eine entsprechende Menge an Magnesia enthält. Ferner ist es wünschenswert, wenn die Hochofenschlacke einen großen Gehalt an Tonerde aufweist. Auch kalkärmere Hochofenschlacken können noch gute hydraulische Eigenschaften besitzen, wenn sie möglichst viel Tonerde enthalten.

Je mehr Kieselsäure hingegen eine Schlacke besitzt, um so wertloser wird sie. Mit ansteigendem Kieselsäuregehalt wird zwar die Neigung der Schlacke zum Entglasen geringer, aber die Reaktionsträgheit der Schlacke nimmt zu und wird schließlich so groß, daß man solche Schlacken praktisch nicht mehr verwenden kann.

Wie die Analyse der Hochofenschlacken zeigt, ist der Gehalt der Hochofenschlacken an Eisenverbindungen außerordentlich niedrig, was ja auch der Sinn der ganzen Eisenverhüttung sein soll. Infolge dieses geringen Gehalts an Eisenverbindungen ist die Farbe der Hochofenschlacken meist weißlichgrau; die Hochofen- und Eisenportlandzemente zeigen daher ein sehr viel helleres Aussehen als die Portlandzemente, das je nach der prozentualen Mischung von Hochofenschlacke und

Portlandzement zwischen grauweiß und graugrün wechselt. Die Eisenverbindungen liegen in den Schlacken stets in Oxydulform vor und nicht wie bei den Portlandzementen in Form eines Gemisches aus Eisenoxyd und Eisenoxyduloxyd. Manchmal enthalten die Hochofenschlacken geringe Mengen von Manganoxydul, das von der Verhüttung manganhaltiger Eisenerze herrührt. Dieser Mangangehalt ist, wenn er nur bis zu 4% beträgt, ungefährlich. In größeren Mengen jedoch soll das Manganoxydul in den Schlacken ungünstig wirken, weil diese dadurch reaktionsträge gemacht werden. Bis zu welchem Grade dies allerdings zutrifft, müßte erst noch durch eingehende Versuche festgestellt werden.

Zum Unterschied von den Portlandzementen enthalten die Hochofenschlacken stets mehr oder weniger große Mengen von Kalziumsulfid, das durch die Sulfide der Eisenerze oder durch die Brennkohle in der Schlacke entsteht. Dies Kalziumsulfid wandelt sich beim Lagern und beim Erhärten der Hüttenzemente allmählich in Kalziumsulfat um. Früher glaubte man, daß ein größerer Gehalt der Hochofenschlacken an Kalziumsulfid und somit an Kalziumsulfat sehr schädlich sei, weil dann die Gefahr bestünde, daß solche gipsreichen Hüttenzemente treiben könnten. Es hat sich aber im Laufe der Zeit gezeigt, daß diese Gefahr des Gipstreibens bei den Hüttenzementen nicht besteht. Man hat vielmehr beobachtet, daß das Erhärtungsvermögen der Hochofenschlacken durch einen hohen Gehalt an Gips sehr günstig beeinflußt wird. Bei tonerdereichen Schlacken wirkt das Kalziumsulfat geradezu als Erregersubstanz und kann in diesem Falle die gewöhnliche alkalische Anregung der Schlacken durch Kalkhydrat sogar ersetzen. Diese Art der Anregung nennt man sulfatisch. Trotzdem soll der Hochofenzement nach den Normen nicht mehr als 3% Gips enthalten.

Die Anwesenheit des Kalziumsulfids in den Hochofen- und Eisenportlandzementen wird für den analytischen Nachweis dieser Zementarten gegenüber den Portlandzementen verwendet. Übergießt man eine Probe Hochofenzement oder Eisenportlandzement mit verdünnter Salzsäure, so entwickelt sich in großen Mengen Schwefelwasserstoff, den wir sofort an seinem üblen Geruch erkennen können. Mikroskopisch läßt sich der Nachweis von Hochofenschlacke im Zement dadurch führen, daß man eine kleine Zementprobe auf einem Objektträger unter dem Mikroskop bei guter Vergrößerung beobachtet. Die Hochofenschlackenteilchen unterscheiden sich von denen des Portlandzements dadurch, daß sie glasig durchsichtig sind und scharfe Bruchkanten besitzen (s. Abb. 39). Gibt man zu solch einem Pulverpräparat einen Tropfen Bleinitratlösung, so färben sich die Schlackenteilchen infolge der Entwicklung von Schwefelwasserstoff unter dem Mikroskop nach kurzer Zeit dunkelbraun bis schwarz.

Nun müssen wir noch einige Worte über die technischen Verfahren zur Abschreckung der Hochofenschlacke sagen. Die Abkühlung der

Die Hochofenschlacke — Hochofenzemente und Eisenportlandzemente. 197

geschmolzenen Hochofenschlacken kann auf zwei Wegen geschehen, indem man entweder die Schlacken in Wasser einlaufen läßt, oder die Schlacken in einem Dampf- oder Luftstrahl zerstäubt. Je nachdem erhält man die luft- oder wassergranulierte Hochofenschlacke. Die Luftgranulation wurde von Passow in die Zementindustrie eingeführt; es sollte dabei eine Hochofenschlacke entstehen, die ohne jeden Zusatz von selbst hydraulisch erhärtet. Bei der Luftgranulation entstehen

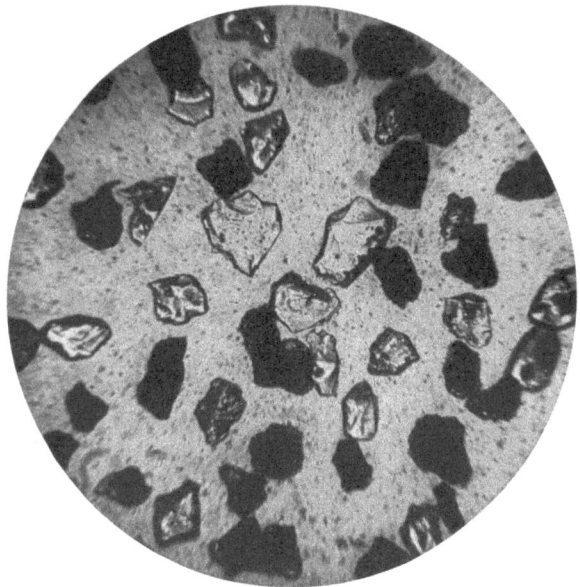

Abb. 39. Pulverpräparat von Hochofenschlacke (nach Grün).

infolge der mäßigen Kühlwirkung der Luft und des Wasserdampfes auch größere Mengen von kristallisierter Schlacke. Diese kristallinisch erstarrte Schlacke sollte als alkalischer Erreger wirken und das latent hydraulische Erhärtungsvermögen der glasigen Schlacke anregen. Es zeigte sich aber, daß die kristallinisch erstarrte Schlacke mit der Kohlensäure der Luft reagiert, sich mit einer Schicht von Kalziumkarbonat überzieht und damit ihre Fähigkeit, weitere Mengen von Kalk abzuspalten, verliert. Die Zemente aus luftgranulierter Schlacke allein (also ohne Zusatz eines ausgiebigen Kalkerregers wie Portlandzement) sind daher nicht lagerbeständig, und das ursprüngliche Ziel, die luftgranulierte Hochofenschlacke direkt als Zement zu verwenden, ist bis heute noch nicht erreicht worden.

Die Luftgranulation wird entweder so durchgeführt, daß man die Schlackenschmelze auf rotierende Teller oder Rippenwalzen auffließen läßt und so mechanisch zerreißt, oder daß man einen frei herabfallenden

Schlackenstrahl mit Hilfe von Preßluft oder gespanntem Dampf zerstäubt. In beiden Fällen entsteht ein feinkörniges Granulat, das dann den Mühlen zugeführt wird.

Da die luftgranulierte Schlacke wegen der unvollkommenen Kühlung stets größere Mengen von kristallinisch erstarrter Schlacke enthält, wird heute in den Hüttenzementfabriken meist die Wassergranulation angewendet. Bei der Wassergranulation läßt man die flüssige Hochofenschlacke in eine Rinne mit schnell fließendem Wasser hineinlaufen. Dabei kühlt die Schlacke sehr schnell ab und zerfällt zu einem grießförmigen, teilweise schaumigen Sand, der den Namen Hüttensand oder Schlackensand trägt. Dieser Hüttensand wird vom Wasser zu einer Absitzgrube hingeführt, von der das Wasser absickert. Der feuchte Hüttensand, der noch 30—50% Wasser enthält, wird dann vorsichtig in Trockentrommeln getrocknet, wobei man darauf achten muß, daß die Temperatur nicht sehr über dunkle Rotglut hinausgeht, weil sonst die Schlacke anfängt, zu entglasen. Die getrocknete Schlacke wird dann den Mühlen zugeführt, wo sie gemeinsam mit dem Portlandzementklinker vermahlen wird. Die wassergranulierte Schlacke hat gegenüber der luftgranulierten noch den Vorteil, daß sie leichter mahlbar ist.

Es ist oft versucht worden, Hochofenschlacken durch geeignete Leitung des Abkühlungsprozesses in eine solche Form zu bringen, daß sie für sich allein, ohne Zusatz, einen gut erhärtenden Zement liefern. Dieses Ziel könnte man z. B. dadurch erreichen, daß man der Schlacke während der Granulation irgendwelche Alkalien, alkalische Erregersubstanzen, beimengt. Dieser Weg wurde von Colloseus[1] beschritten. Nach dem Colloseus-Verfahren läßt man auf die glühende Schlackenschmelze wäßrige Salzlösungen von Alkalien und Erdalkalien einwirken. Das Wasser verdampft, und die Salze befinden sich in feiner Verteilung in der trocknen Schlacke. Nach den Angaben von Colloseus soll die Schlacke durch die Einwirkung der Salze durchgreifend verändert werden. — Ein weiterer Versuch zur Erhöhung der latent hydraulischen Eigenschaften der Hochofenschlacken ist das Mathesius-Verfahren[2], bei dem die bereits granulierte Schlacke noch einmal mit gespanntem Wasserdampf behandelt wird. Die Verfahren von Colloseus und von Mathesius haben in einzelnen Fällen zu einem Erfolge geführt. Worauf dieser Erfolg allerdings beruht, weiß man nicht. Es ist anzunehmen, daß in manchen Fällen, bei denen infolge unvollkommener Abschreckung größere Mengen von kristallisierter Schlacke entstehen, durch geeignete Behandlung der Schlacke Fehler wieder ausgeglichen werden können. **Der wichtigste Faktor bei der Herstellung von hochhydraulischen Schlacken ist der, daß die Abschreckung der Schlacke**

---

[1] Colloseus, H.: D.R.P. 185534 (1904); 187370, 189144 (1905); 225289 (1906); 234505 (1907).

[2] Mathesius, W.: D.R.P. 164536 (1902).

Die Hochofenschlacke — Hochofenzemente und Eisenportlandzemente. 199

so schnell wie möglich erfolgt. Dies ist der Kernpunkt der ganzen Hüttenzementfabrikation. Welches Granulationsverfahren man dann im übrigen anwendet, um diese schnelle Abschreckung der Schlacke zu erreichen, das ist von sekundärer Bedeutung.

Die hydraulischen Eigenschaften der aus den hochbasischen Hochofenschlacken hergestellten Eisenportlandzemente und Hochofenzemente sind nahezu die gleichen wie die der Portlandzemente, und dementsprechend sind auch die Normenbestimmungen für die Hochofenzemente und Portlandzemente gleich. Die Hochofenzemente binden infolge ihres größeren Kieselsäuregehalts im allgemeinen etwas träger ab als die Portlandzemente. Die Durchschnittsfestigkeiten von mehreren Hundert untersuchten Hochofenzementen in den Jahren 1915—1927 zeigt die Tabelle 53.

Tabelle 53. 28-Tage-Festigkeiten von Hochofenzementen in den Jahren 1915—1927 (kombinierte Lagerung; Normensand 1:3).

1915		1917		1919		1921		1923		1925		1927	
Zug	Druck	Zug	Druck	Zug	Druck	Zug	Druck	Zug	Druck	Zug	Druck	Zug	Druck
33	290	30	310	31	315	31	310	30	325	33	370	38	435

Das Verhältnis zwischen der Zug- und Druckfestigkeit ist auch hier das gleiche wie bei den Portlandzementen. Es betrug im Jahre 1915 $1:8,7 = 0,115$ und im Jahre 1927 $1:11,7 = 0,087$. Ebenso zeigt sich die Abhängigkeit vom Wasserzementfaktorengesetz: ,,Sinkende Festigkeit bei steigendem Wasserzusatz'' bei den Hüttenzementen in gleicher Weise wie bei den Portlandzementen. Auch bei den Hüttenzementen werden Fabrikate mit besonders hohen Festigkeiten, die frühhochfesten oder hochwertigen Eisenportlandzemente und Hochofenzemente, hergestellt. Ihre Fabrikation unterscheidet sich von der der gewöhnlichen Hochofen- und Eisenportlandzemente dadurch, daß die Rohmaterialien, Kalkstein und Schlacke, besonders sorgfältig ausgewählt werden, daß der Klinker scharf gebrannt wird, und daß das Gemisch aus Klinker und glasiger Hochofenschlacke besonders fein gemahlen wird. Die Mörteldruckfestigkeiten dieser hochwertigen Hüttenzemente betragen durchschnittlich nach 3 Tagen 250 kg/qcm, nach 7 Tagen 400 kg/qcm, nach 28 Tagen Wasserlagerung 500 kg/qcm und nach 28 Tagen kombinierter Lagerung rund 600 kg/qcm (Normenvorschrift 500 kg/qcm). Auch hier zeigt sich wieder, daß das Verhältnis der Zug- zur Druckfestigkeit durch die Erhöhung der Mahlfeinheit ungünstiger geworden ist. Es beträgt durchschnittlich 1:14.

Während sich die Eisenportlandzemente und Hochofenzemente in den meisten ihrer mörteltechnischen Eigenschaften, wie z. B. in der

Festigkeit, der Abbindezeit, dem Quellen und Schwinden, der Wasserempfindlichkeit usw., nur wenig von den Portlandzementen unterscheiden, ist das Verhalten dieser Zemente gegen den Einfluß aggressiver Salzlösungen wesentlich von dem der Portlandzemente verschieden. Wie wir noch weiter unten sehen werden, ist die Hauptursache für die Korrosion des Portlandzements der beim Abbinden und Erhärten dieses Zements frei werdende Kalk. Nun enthalten zwar die Hüttenzemente auch eine mehr oder weniger große Menge Portlandzement, der beim Abbinden und Erhärten Kalk abspaltet. Doch dieser frei werdende Kalk wird von der Hochofenschlacke unter Bildung von Kalziumhydrosilikaten wieder gebunden, um so mehr, je größer der Überschuß der Hochofenschlacke ist. Und so beobachtet man denn, daß die Widerstandsfähigkeit der Hüttenzemente gegen die Einwirkung von aggressiven Salzlösungen erheblich größer ist als die der Portlandzemente. In dem Abschnitt über die Korrosion der Zemente werden wir uns hiermit noch eingehender beschäftigen.

Neuerdings verwendet man die beim Hochofenprozeß entstehenden Schlacken auch als Zuschlagsmaterial oder als Schottermaterial in der bautechnischen Praxis. Dabei hat man festgestellt, daß die Schlacken manchmal in eigenartiger Weise zerfallen, oder wie man auch sagt, zerrieseln. Man unterscheidet bei den Hochofenschlacken zwei Arten des Zerfalls, nämlich den „Kalkzerfall" und den „Eisenzerfall". Der Kalkzerfall der Hochofenschlacken wird genau so wie das Zerrieseln des Portlandzementklinkers durch eine metastabile Form des Dikalziumsilikats verursacht. Das in den Schlacken befindliche β-Dikalziumsilikat wandelt sich bei niedriger Temperatur unter Volumenveränderung in die stabile Form des γ-Dikalziumsilikats um. — Der Eisenzerfall der Hochofenschlacke ist nach den Untersuchungen von Guttmann und Gille[1] dahin zu deuten, daß sich unter bestimmten, noch nicht ganz geklärten Betriebsverhältnissen der Sulfidschwefel der Schlacke an das Eisen bindet. Diese in der Schlacke fein verteilten Eisensulfide hydratisieren sich unter Volumenzunahme und bewirken schließlich eine Sprengung der Schlackenblöcke. Die Schlacke zerfällt in Graupeln und groben Sand. Für das Zustandekommen des Eisenzerfalls ist es also notwendig, daß der Schwefel in der Hauptsache an das Eisen, bzw. an Eisen und Mangan, gebunden ist. Der Eisenzerfall kann technisch dadurch verhindert werden, daß man die Schlacken entweder über 1000°C erhitzt, oder daß man den flüssigen Schlacken Sand zusetzt.

Eisenzerfallsschlacken entstehen beim Rohgang, im Mischer und beim Abstich. Die Rohgangschlacke ist daher von der Verwendung als Betonschotter oder Zuschlagmaterial auszuschließen. Die Mischerschlacke kommt, da sie wieder verhüttet wird, für die Schotterherstellung nicht

---

[1] Guttmann, A. u. F. Gille: Stahl und Eisen Bd. 51 1931 S. 432.

in Frage. Bei der sog. Abstichschlacke ist eine fortlaufende Werkprüfung notwendig. Die Untersuchungen von Guttmann und Gille zeigen, daß Hochofenschlacken für die Zwecke des Beton- und Straßenbaus als Zuschlag- und Schottermaterial nur mit größter Vorsicht verwendet werden sollen.

2. Die Puzzolanerden. Wir haben gesehen, daß die Hochofenschlacke unter dem Einfluß eines alkalischen Erregers hydraulisch erhärtet. Neben diesem künstlichen Produkt zeigt aber noch eine ganze Reihe von natürlich vorkommenden Stoffen die Eigenschaft, mit Kalk oder Portlandzement als alkalischem Erreger hydraulisch zu erhärten. Diese Stoffe, die nach der vulkanischen Puzzolanerde den gemeinsamen Namen „Puzzolane" tragen, müssen chemisch so aufgebaut sein, daß die in ihnen enthaltene Kieselsäure in irgendeiner Form reaktionsfähig ist, damit sich der Kalk unter Bildung von Kalziumhydrosilikaten oder von zeolithartigen Verbindungen anlagern kann. Es gibt zwei Formzustände der Kieselsäure und ihrer Verbindungen, in denen sie bei gewöhnlicher Temperatur in höherem Maße reaktionsfähig ist, und zwar hydratisierte Kieselsäure und glasige Kieselsäure, wie z. B. bei der glasigen Hochofenschlacke. An und für sich ist natürlich jede Art Kieselsäure, auch Quarz, reaktionsfähig und imstande, Kalk zu binden, aber es fragt sich, bei welcher Temperatur. Alle Puzzolanen enthalten also reaktionsfähige Kieselsäure, die Kalk zu binden vermag, und zwar in hydratisierter und in glasiger Form. Diese reaktionsfähige Kieselsäure in den Puzzolanen bezeichnet man als „lösliche" Kieselsäure zum Unterschiede gegen die nicht lösliche. Diese Bezeichnungsweise ist jedoch falsch und so unglücklich gewählt, daß sie so schnell wie möglich wieder verschwinden sollte. Unter der „löslichen" Kieselsäure einer Puzzolane versteht man nämlich denjenigen Teil der Gesamtkieselsäure, der beim Versetzen mit verdünnter Salzsäure kolloidal in Lösung geht. Diese in Salzsäure lösliche Kieselsäure hat aber nicht das Geringste mit der beim Versetzen einer Puzzolane mit Kalk in Betracht kommenden alkalilöslichen Kieselsäure zu tun. Aber selbst der Begriff „alkalilösliche" Kieselsäure würde, wenn er eingeführt würde, das Wesentliche der Puzzolanerhärtung nicht treffen, denn der Kalk kann natürlich sehr wohl von den Puzzolanen gebunden werden, ohne daß deswegen die Kieselsäure alkalilöslich zu sein braucht.

Zu den natürlichen Puzzolanen gehören die Kieselgur, die Puzzolanerde und Santorinerde, Bimsstein und Traß. Zu den künstlichen Puzzolanen rechnet man außer der Hochofenschlacke vor allem den bei der Alaunfabrikation anfallenden Si-Stoff, die Ölschieferasche, Gichtstaub und Ziegelmehl, die in ihrer chemischen Zusammensetzung eine gewisse Verwandtschaft mit den natürlichen Puzzolanen, vor allem mit Traß und Puzzolanerde besitzen. Traß, Puzzolanerde und Santorinerde haben die in Tabelle 54 angeführte chemische Zusammensetzung.

Tabelle 54. Chemische Zusammensetzung einiger natürlicher Puzzolanen.

	Traß (Schoch) %	Puzzolanerde (Schoch) %	Santorinerde (Michaelis) %
Hydratwasser . . .	3—12	3—12	4,19
SiO_2	49—59	52—60	66,12
CaO	1— 8	2—10	2,84
Al_2O_3	10—19	9—21	15,01
Fe_2O_3	4—12	5—12	4,44
MgO	1— 7	1— 2	1,06
Alkalien	3—10	3—16	7,61
SO_3	—	—	—

Diese Stoffe sind dadurch gekennzeichnet, daß sie einen sehr hohen Kieselsäuregehalt (50—65%), einen recht hohen Gehalt an Tonerde (10—20%) und an Alkalien (3—15%) und gar kein SO_3 aufweisen.

Die einfachste Zusammensetzung von allen natürlichen Puzzolanen hat die Kieselgur, die in der Hauptsache aus hydratisierter Kieselsäure besteht. Ihre Verwendung als latent hydraulisches Bindemittel kommt aber nur in einem gewissen Umfang in Frage, da die beschränkten Kieselgurvorräte der Erde für die Zwecke der Wärmeisolation, der Dynamitherstellung usw. dringender benötigt werden. Weit komplizierter sind die übrigen Puzzolane zusammengesetzt, von denen die seit dem Altertum bekannte Puzzolanerde und der Traß die wichtigste Rolle spielen.

3. Der Traß. Der Traß ist in Deutschland seit nahezu 2000 Jahren bekannt. Viele der alten Römerbauten am Rhein wurden mit Hilfe von Traß als Mörtelzuschlag errichtet. Von den Römern erhielt der Traß auch seinen Namen. Sie nannten jenen vulkanischen Tuffstein, der in der Hauptsache im Vulkangebiet der Eifel (Rheinland) vorkommt, ,,terras", woraus sich schließlich das Wort Traß entwickelte. Der Tuffstein wird im Tagebau in den Tuffsteingruben abgetragen, getrocknet und fein gemahlen. Man mahlt den Traß (und ebenso die übrigen Puzzolanen) entweder zusammen mit Kalk oder zusammen mit Portlandzement. Im ersten Falle kommen wir zu den sog. Traßkalken oder ,,hydraulischen Kalken besonderer Fertigung", deren Festigkeiten nicht viel höher sind als die der Wasserkalke und Zementkalke (s. oben). Im anderen Falle entstehen die Traßportlandzemente und die Puzzolanzemente.

Welche Anschauungen können wir uns nun auf Grund der bis heute vorliegenden mineralogisch-petrographischen Untersuchungen über die Konstitution des Trasses bilden? Mit der Frage der Konstitution des Trasses hat sich eine ganze Reihe von Forschern beschäftigt, von denen hier nur Ahrens[1], Bach[2], Hambloch[3], Völzing[4] und Hart[5] genannt seien. Danach ist der Traß eine steinartig verfestigte, vulkanische Asche, die seit Jahrtausenden in kohlensäurehaltigem Grundwasser liegt. Dies Grundwasser hat die ursprünglichen Bestandteile des Trasses zum großen Teil hydratisiert und zersetzt. Dabei sind zahlreiche Neubildungen entstanden, wie z. B. hydratisierte Kalziumsilikate, die zu der heutigen steinartigen Verfestigung des Tuffsteins geführt haben. Unter dem Mikroskop zeigt ein Traßdünnschliff eine ganze Anzahl von Mineralien, die in einer nicht polarisierenden Grundmasse eingeschlossen sind. Diese Mineralien sind Kristalltrümmer von den verschiedenartigsten Gesteinen. Der größte Teil des Trasses besteht aus Alkali-Tonerdesilikaten von zeolithartigem Charakter. (Die Zeolithe sind wasserhaltige Alkali-Tonerdesilikate, die die Fähigkeit haben, das Alkali gegen eine andere Base, z. B. gegen Kalk auszutauschen.) Neben diesen Alkali-Tonerdesilikaten enthält der Traß noch Bestandteile von Bimskies, Augit, Biotit, Titanit und Hornblende und ferner Gesteinstrümmer von devonischem Urgestein wie Schiefer und Grauwacke. Bei dieser Fülle der Bestandteile erscheint die Lösung der Frage nach den hydraulisch wirksamen Bestandteilen des Trasses als besonders schwierig. Zur Beantwortung dieser Frage hat Hart neuerdings sehr wichtige Versuche am Brohltaler und Nettetaler Traß durchgeführt. Tabelle 55 zeigt die chemische Analyse des von Hart untersuchten Nettetaler Trasses.

Tabelle 55. Chemische Analyse des Nettetaler Trasses.

Trockenverlust bei 98° 2,41%
Glühverlust 9,92%
Chemisch gebundenes Wasser . . 7,70%
Kohlensäure . . . . 0,0 %

	In Salzsäure löslich	In Salzsäure unlöslich
SiO_2	31,17%	24,34%
CaO	1,35%	1,00%
Al_2O_3	12,31%	5,70%
Fe_2O_3	3,73%	0,30%
MgO	1,15%	0,62%
Alkalien	5,37%	1,91%
	55,08%	33,87%

Hart hat nun den Traß mittels einer Schwebemethode in Fraktionen von verschiedenem spezifischem Gewicht getrennt und diese Fraktionen

---
[1] Ahrens, W.: Beiträge zur Kenntnis der Phonolithe und Trachyte im Laacher Seegebiet. Sonderdruck aus „Chemie der Erde"; Geol. Skizze d. Vulk.-Geb. d. Laacher Sees. Jb. Preuß. Geol. Landesanst. f. 1930.
[2] Bach, H.: Tonind.-Ztg. Bd. 48 1924 Nr. 68 S. 739.
[3] Hambloch, A.: Der rheinische Traß, 1912.
[4] Völzing: Der Traß des Brohltales. Sonderdruck aus dem Jahresbericht der Preußischen Geologischen Landesanstalt für 1907.
[5] Hart, H.: Tonind.-Ztg. Bd. 55 1931 Nr. 5/6; Vulk. Baustoffe 1928 Nr.5, 1930 Nr. 12.

chemisch untersucht. Die Fraktionen waren auf den Traß nach folgenden Gewichtsprozenten verteilt:

Fraktion 1: spezifisches Gewicht kleiner als 2,30 = 20,90%
„ 2: „ „ zwischen 2,30 und 2,39 = 39,90%
„ 3: „ „ zwischen 2,39 und 2,48 = 14,80%
„ 4: „ „ zwischen 2,48 und 2,64 = 13,80%
„ 5: „ „ größer als 2,64 = 7,64%
Verlust, Rest = 3,20%
100,00%

Die Fraktionen 1—5 wurden nun von Hart chemisch untersucht. Das Ergebnis zeigt die Tabelle 56.

Tabelle 56. Chemische Analyse von verschiedenen Traßfraktionen (nach Hart).

	Fraktion 1 20,90%	Fraktion 2 39,90%	Fraktion 3 14,80	Fraktion 4 13,80%	Fraktion 5 7,40%
Farbe	hellbraun	hellbraun	hellbraun	braun	dunkelbraun
In HCl und Na_2CO_3 unlöslich	15,30	26,06	39,19	64,74	70,74
Glühverlust bei 98°.	3,34	2,00	2,30	0,96	0,35
Chemisch gebundenes Wasser	9,76	8,68	6,10	2,88	2,48
SiO_2	40,68	34,92	26,60	14,15	8,92
CaO	1,66	1,40	2,25	1,42	2,00
Al_2O_3	17,74	15,14	12,71	8,32	5,11
Fe_2O_3	2,73	3,22	4,23	4,08	8,32
MgO	0,60	0,65	1,20	1,27	2,25
Alkalien	8,18	7,84	4,76	1,56	0,00

Diese Analysen lassen erkennen, daß mit steigendem spezifischem Gewicht die salzsäure- und alkaliunlöslichen Bestandteile zunehmen (von 15,30 auf 70,74), daß der Tonerdegehalt abnimmt (von 17,74 auf 5,11) und daß ferner der Alkaligehalt abnimmt (von 8,18 auf 0). Rechnet man einmal die Analysenwerte auf 100% um, so ergibt sich, daß die Traßfraktionen 1—3 hinsichtlich der Kieselsäure, Tonerde und der Alkalien die gleiche chemische Zusammensetzung haben wie der Leuzit (s. Tabelle 57).

Tabelle 57. Chemische Zusammensetzung der spezifisch leichten Traßteile und des Leuzits.

	Traß %	Leuzit %
SiO_2	53	55,0
Al_2O_3	23	23,5
Alkalien	10	21,5
Chemisch gebundenes H_2O	12	—

Dies Ergebnis legt die Vermutung nahe, daß der Traß in der Hauptsache aus einem hydratisierten leuzitartigen Alkali-Tonerdesilikat besteht, bei dem die Alkalien zum Teil durch äquivalente Mengen von Wasser ersetzt sind.

Die Analysen der Tabelle 56 zeigen ferner, daß die Menge des chemischen gebundenen Wassers bei steigendem spezifischem Gewicht der Traßfraktionen abnimmt (von 9,76 auf 2,48). Legt man das chemisch gebundene Wasser als Wertmesser für die hydraulischen Eigenschaften des Trasses zugrunde, so ergibt sich, daß der Traß ungefähr 80% (Fraktion 1—3) hydraulisch wertvolle und 20% minderwertige Bestandteile enthält. Die Untersuchungen zeigen weiterhin, daß alle Bestandteile des Trasses, sogar die spezifisch schwersten, schieferartigen Bestandteile mehr oder weniger weitgehend hydratisiert sind. Der Wassergehalt ist daher keineswegs allein maßgebend für die latent hydraulischen Eigenschaften des Trasses.

Tannhäuser[1] nimmt dementgegen an, daß die Träger der latent hydraulischen Eigenschaften des Trasses die Sodalithmineralien Sodalith, Nosean und Hauyn seien. Diese Annahme ist nach Hart unwahrscheinlich, da die im Traß gefundenen Chlor- und SO_3-Mengen viel zu gering sind (sie sind nur in Spuren vorhanden), um die Anwesenheit größerer Mengen von Sodalithmineralien glaubhaft zu machen.

Wenn man Traß mit Wasser versetzt, so bleibt er vollkommen indifferent. Er bedarf zum Erhärten ebenso wie die Hochofenschlacke eines alkalischen Erregers wie Kalk oder Portlandzement. Es erhebt sich nunmehr die Frage, in welcher Weise der Kalk mit den Alkali-Tonerdesilikaten reagiert. Tannhäuser glaubt, daß eine Art Basenaustausch zwischen den Alkalien und dem Kalk stattfindet:

Alkali-Tonerdesilikat + Kalk → Kalk-Tonerdesilikat + Alkali.

Wenn diese Reaktion tatsächlich stattfindet, dann müßte im erhärteten Traßkalk oder Traßportlandzement freies Alkali nachgewiesen werden können. Nach den Untersuchungen von Hart ist dies nicht der Fall. Hart nimmt daher an, daß eine chemische Bindung des Kalks zu einem Körper von zeolithartigem Charakter stattfindet. Dabei tritt aber der Kalk nicht an die Stelle von Alkalien, sondern neben die Alkalien. Die bei dieser Reaktion entstehenden Verbindungen sollen dem Phillipsit ähnlich sein. Der Phillipsit ist nach Hart ein durch den Eintritt von Kalkwasser umgebildeter Leuzit; er enthält Kalk, Tonerde, Kieselsäure und Alkali. Die Zeolithe haben die Eigenschaft, beim Erhitzen das chemisch oder adsorptiv gebundene Wasser stufenweise abzuscheiden. Auch der erhärtete Traßkalk zeigt diese Erscheinung der stufenweisen Absonderung des Wassers bei steigender Temperatur. Hart schließt hieraus auf den Zeolithcharakter der Traßkalkneubildungen. Die Reaktionen zwischen dem Traß und dem Kalk gehen ziemlich schnell vonstatten. Bei einer Traßkalkmischung von 75 Teilen Traß und 25 Teilen Kalkhydratpulver ist der gesamte Kalk schon nach kurzer

---

[1] Tannhäuser: Bautechnische Gesteinsuntersuchungen, 1911.

Zeit chemisch so fest gebunden, daß er durch destilliertes Wasser nicht herausgelöst werden kann. In welcher Weise die Bindung des Kalks in dem Kalk-Alkali-Tonerdesilikat vor sich geht, ist noch unbekannt. Hart nimmt an, daß die Silikate im Traß eine Anzahl von Nebenvalenzen haben, die durch den Kalk abgesättigt werden. Diese Dinge sind jedoch noch alle sehr hypothetisch und bedürfen noch zahlreicher Untersuchungen. Die verschiedenen Traßfraktionen müßten röntgenographisch untersucht und ausgewertet werden. Auf röntgenographischem Wege könnte auch einwandfrei festgestellt werden, ob beim Erhärten des Traßkalks neue chemische Verbindungen auftreten oder ob der Kalk nur adsorptiv gebunden wird.

Bevor wir wieder auf den Traß zurückkommen, wollen wir noch kurz die anderen Puzzolanen besprechen. Ganz ähnlich wie der Traß verhalten sich die Puzzolan- und Santorinerde. Auch sie sind vulkanischen Ursprungs, sind feinverteilte Gemische der verschiedensten Mineraltrümmer, und die Bindung des Kalks dürfte in gleicher Weise vor sich gehen wie beim Traß. Die Puzzolan- und Santorinerde, die in der Hauptsache in Italien verwendet werden, werden je nach ihrer sehr wechselnden Reaktionsfähigkeit mit Kalk gemischt. Im allgemeinen vermischt man 70—80 Teile Puzzolanerde mit 20 Teilen Kalk. Diese künstlichen „hydraulischen Kalke besonderer Fertigung" haben eine sehr helle, beinahe weiße Farbe. Ihr Erhärtungsvermögen ist sehr verschieden. 1:3-Normenmörtel müssen jedoch nach den Kalknormen bei Wasserlagerung folgende Mindestfestigkeit erreichen:

Zugfestigkeit		Druckfestigkeit	
28 Tage	56 Tage	28 Tage	56 Tage
5 kg	8 kg	30 kg	40 kg

Zu beachten ist bei diesen geringen Festigkeiten, die weit unter den Festigkeiten der Wasserkalke und Zementkalke liegen, daß bei den Puzzolankalken ja nur der gebrannte Kalk mit den Puzzolanen gemischt wurde. Die Puzzolankalke binden sehr langsam ab, meist erst nach 24 Stunden. Ihre Verwendung in Deutschland ist beschränkt.

Die künstlichen Puzzolane, Si-Stoff, Gichtstaub, Ölschieferasche, Ziegelmehl, zeigen teilweise recht erhebliche Unterschiede.

Der Si-Stoff, der bei der Fabrikation des Alauns in großen Massen anfällt, besitzt hinsichtlich seines Kalkbindungsvermögens eine gewisse Ähnlichkeit mit der Kieselgur. Er enthält wahrscheinlich größere Mengen von freier hydratisierter Kieselsäure, die mit Kalk unter Bildung von Kalziumhydrosilikaten reagiert. Er hat ungefähr folgende chemische Zusammensetzung (Tabelle 58):

Tabelle 58. Chemische Zusammensetzung von Si-Stoff.

SiO_2	75%
Al_2O_3	15%
H_2O	8—10%

Im Gegensatz hierzu dürfte die hydraulische Wirkung des Gichtstaubes nicht auf die Anwesenheit von hydratisierter Kieselsäure, sondern (wie bei der Hochofenschlacke) auf den glasigen Zustand der Gichtstaubsilikate zurückzuführen sein. Doch fehlen hier ebenso wie beim Si-Stoff noch eingehendere Untersuchungen. Auch die Wirkung des Ziegelmehls ist noch völlig unklar. Die hydraulischen Eigenschaften des Ziegelmehls sind außerordentlich gering. Sie wurden jedoch von alten Kulturvölkern in weitem Umfang bei ihren Bauten ausgenutzt. Zu diesem Zweck wurden gebrannte Ziegel zu Mehl zerstampft, und das Ziegelmehl wurde zu Kalkmörteln zugesetzt. Wie gering das Erhärtungsvermögen von Ziegelmehl gegenüber Traß ist, zeigen Arbeiten des Verfassers, bei denen die Festigkeiten von Traß- und Ziegelmehlmörtelmischungen untersucht wurden (s. Tabelle 59).

Tabelle 59. Festigkeiten von Ziegelmehl- und Traßmörteln.

Mischungsverhältnis		Druckfestigkeit in kg/qcm nach		
		1 Monat	3 Monaten	6 Monaten
1 Teil Traß. . . .	1,4 Teile Kalk + 1,5 Teile Normensand	35	72	97
1 Teil Ziegelmehl .		6	15	19

Auch die chemische Zusammensetzung und hydraulische Wirkung der Ölschieferasche ist bis heute noch nicht bekannt. Die Ölschieferasche entsteht bei der Destillation von ölhaltigen Posidonienschiefern. Man erhält dabei ein rotbraunes Destillationsprodukt, das zusammen mit Portlandzementklinker gemahlen wird. Eine derartige Mischung von Ölschieferasche und Portlandzement kam eine Zeitlang unter dem Namen ,,Portlandjurament" in den Handel. Dieser Mischzement zeichnete sich durch eine besonders hohe Widerstandsfähigkeit gegen die Einwirkung aggressiver Salzlösungen aus.

4. Die Traßzemente. Wir sahen bereits weiter oben, daß beim Erhärten der Portlandzemente beträchtliche Mengen von freiem Kalkhydrat entstehen, und daß dies die Hauptursache für die geringe Widerstandsfähigkeit der Portlandzemente gegen korrodierende Einflüsse ist. Die Puzzolane haben die Fähigkeit, dieses freie Kalkhydrat des erhärteten Portlandzements zu binden. Die oben dargestellten Versuche von Hart zeigen, daß die Bindung des Kalks durch die Puzzolane schon nach kurzer Zeit sehr innig ist. Diese Eigenschaft der Puzzolane hat man mit Erfolg dazu benutzt, um die Widerstandsfähigkeit der Portlandzemente gegen chemische Angriffe zu erhöhen. Bei Betonbauten, die aggressiven Einflüssen ausgesetzt sind, werden heute mit steigender Vorliebe Mischungen von Traß und Portlandzement verwendet. Darüberhinaus hat der Traß die Eigenschaft, Mörtel und Beton in sehr erheblichem Maß zu verdichten. Diese porenverstopfende Wirkung beruht auf der außerordentlich hohen Plastizität des Trasses und hängt mit der Oberflächengestaltung der zum Teil schieferartigen Mineralbestandteile des Trasses zusammen.

Die Zumischung des Trasses zum Portlandzement erfolgt entweder an der Baustelle, oder aber in der Weise, daß Traß und Portlandzementklinker in der Fabrik innig miteinander vermahlen werden. Die so hergestellten Traßportlandzemente bestehen gewöhnlich aus Mischungen von 10—40 Teilen Traß mit 60—90 Teilen Portlandzement.

In der Literatur begegnet man im allgemeinen zwei entgegengesetzten Anschauungen über die Verwendungsmöglichkeiten des Trasses; die eine will den Traß nur als Zuschlagstoff, die andere als Zementersatz gelten lassen. Beide Anschauungen sind experimentell belegt. So wurde z. B. 1913 in der Tonindustrie-Zeitung[1] von Versuchen berichtet, nach denen sich ein Beton aus 0,75 Teilen Portlandzement, 0,25 Teilen Traß und je 2 Teilen Sand und Kies einem ebensolchen Beton aus reinem Zement als gleichwertig erwiesen haben. Einige Jahre später vertrat Foerster[2] auf Grund von Untersuchungen der Traßindustrie den Standpunkt, daß ein Drittel des Zements durch Traß ersetzt werden könne. Der gleichen Ansicht ist auch Bach[3], wenn er sagt, daß fast alle Portlandzemente durch den Zusatz von Traß verbessert werden könnten, namentlich dann, wenn Traß und Zement innig miteinander vermischt werden.

Demgegenüber behauptet nun Sachse[4], daß der Traß erst dann als Bindemittel wirkt, wenn ihm eine genügende Menge von freiem Kalk zur Verfügung steht. Ist nur eine geringe Kalkmenge vorhanden, so reagiert auch nur eine für diesen Kalk in Betracht kommende Traßmenge. Alles übrige sei vom erhärtungschemischen Standpunkt aus hydraulisch wertlos. Der gleichen Ansicht ist auch Burchartz[5]. Die Untersuchungen von Graf[6] über den Einfluß von Traß- und Steinmehlen auf die Eigenschaften von Beton führten zu dem Ergebnis, daß ein Ersatz von Portlandzement durch Traß die Festigkeiten vermindert. Schließlich ist noch die experimentelle Arbeit von Richarz[7] über den Traßportlandzement zu erwähnen. Richarz zeigt, daß ein Ersatz von Zement durch Traß die Druckfestigkeit beträchtlich vermindert, daß jedoch die Zugfestigkeit durch den Traß nicht ungünstig beeinflußt wird.

Die Zahl derjenigen Arbeiten, aus denen hervorgeht, daß eine Verwendung von Traß als Zementersatz nicht empfehlenswert ist, überwiegt. Es ist interessant festzustellen, daß diese Arbeiten alle neueren Ursprungs sind. Dies legt die Vermutung nahe, daß die Portlandzemente

---

[1] Tonind.-Ztg. Bd. 37 1913 S. 1856.
[2] Foerster, M.: Arm. Beton 1917 S. 270; Zement 1917 S. 270.
[3] Bach, H.: Tonind.-Ztg. Bd. 48 1924 S. 820.
[4] Sachse, H.: Tonind.-Ztg. Bd. 44 1920 92 S. 831.
[5] Burchartz, H.: Mitt. dtsch. Mat.-Prüf.-Amt Berlin 1920 S. 240.
[6] Graf, O.: Zement 1928 S. 432 f.   [7] Richarz, H.: Zement 1930 S. 120 f.

Die Traßzemente.

sich im Laufe der Zeit durch die allgemeine Einführung des Drehofens geändert haben. Wenn vor 15 Jahren noch die Behauptung zutreffend gewesen sein mag, daß „fast alle Portlandzemente durch Traß verbessert werden können", so trifft dies bei den heute hergestellten Drehofenklinkern nicht mehr voll zu.

In welcher Weise die Festigkeiten von Portlandzementen dadurch beeinflußt werden, daß man einen Teil des Zements durch Traß „ersetzt" oder aber zum Zementmörtel Traß „zusetzt", das zeigen auch Versuche des Verfassers. Danach wurden 10 : 90-, 20 : 80-, 30 : 70- und 60 : 40- Mischungen von Portlandzement[1] und Traß[2] in besonderen Mischmaschinen hergestellt und aus diesen Traßportlandzementen Normenmörtelkörper hergestellt. Ferner wurden zu 1 : 3-Portlandzement-Normensandmischungen noch 0,1, 0,2, 0,3 und 0,4 Teile Traß zugesetzt. Die Ergebnisse sind in den folgenden 4 Tabellen in übersichtlicher Weise zusammengestellt. Die Tabellen 60 und 61 zeigen die Druck- und Zugfestigkeiten bei Zementersatz durch Traß, die Tabellen 62 und 63 die Mörtelfestigkeiten bei Traßzusatz.

Tabelle 60. Druck- und Zugfestigkeiten von Traßportlandzementen (Zementersatz durch Traß).

Mischung			28 Tage komb. Lagerung		6 Monate komb. Lagerung		12 Monate komb. Lagerung	
Gewöhnl. Portlandzement	Traß	Normsand	Zug	Druck	Zug	Druck	Zug	Druck
1 :	0 :	3	38,0	478	35,5	535	37,6	533
0,9 :	0,1 :	3	41,2	438	34,4	518	38,9	546
0,8 :	0,2 :	3	42,4	426	34,1	467	34,7	465
0,7 :	0,3 :	3	38,8	377	32,7	447	32,3	480
0,6 :	0,4 :	3	35,2	336	33,5	384	33,1	437

Tabelle 61. Druck- und Zugfestigkeiten der Tabelle 60 in Prozentteilen (Zementersatz durch Traß).

Mischung			28 Tage komb. Lagerung		6 Monate komb. Lagerung		12 Monate komb. Lagerung	
Gewöhnl. Portlandzement	Traß	Normsand	Zug	Druck	Zug	Druck	Zug	Druck
1 :	0 :	3	100	100	100	100	100	100
0,9 :	0,1 :	3	108	91	97	96	103	98
0,8 :	0,2 :	3	111	89	96	87	92	84
0,7 :	0,3 :	3	102	79	91	83	85	86
0,6 :	0,4 :	3	92	70	92	68	88	79

[1] Gewöhnlicher und hochwertiger Portlandzement. [2] Rheinischer Traß.

Diese Werte zeigen, daß die Festigkeiten von Traßportlandzementen, bei denen 10% des Portlandzements durch Traß ersetzt sind, nicht wesentlich unter denen des unvermischten Portlandzements liegen. Bei weiterem Ersatz des Portlandzements durch Traß treten stärkere Festigkeitsrückgänge ein. Aber selbst bei einem Ersatz von 30% des Portlandzements durch Traß liegen die Druck- und Zugfestigkeiten dieses Traßportlandzements noch erheblich über den Normenvorschriften für Portlandzement. Bei einem Ersatz von 10% Portlandzement durch Traß sind die Zugfestigkeiten gegenüber dem unvermischten Portlandzement sogar noch etwas angestiegen. Überhaupt sinken die Zugfestigkeiten erheblich weniger als die Druckfestigkeiten. Diese Ergebnisse bestätigen die Beobachtungen von Richarz.

Im Gegensatz hierzu zeigen die Mörtel mit Traßzusatz erhebliche Festigkeitssteigerungen. Aus den beiden Tabellen 62 und 63 geht hervor, daß die Druck- und Zugfestigkeiten derjenigen Mörtelmischungen, denen Traß zugesetzt wurde, wesentlich höher sind als die Festigkeiten des Portlandzementmörtels ohne Traßzusatz. Besonders günstig wirkte sich in diesem Falle ein Zusatz von 30% Traß zur Portlandzementnormenmischung aus.

Tabelle 62. Druck- und Zugfestigkeiten von Portlandzementmörteln mit Traßzusatz.

Mischung			28 Tage komb. Lagerung		6 Monate komb. Lagerung		12 Monate komb. Lagerung	
Gewöhnl. Portlandzement	Traß	Normsand	Zug	Druck	Zug	Druck	Zug	Druck
1 :	0 :	3	38,0	478	35,5	535	37,6	553
1 :	0,1 :	3	43,6	490	39,7	615	35,1	667
1 :	0,2 :	3	41,0	595	40,8	641	40,3	684
1 :	0,3 :	3	50,1	619	44,6	667	45,4	701
1 :	0,4 :	3	50,9	591	47,3	684	42,4	731

Tabelle 63. Druck- und Zugfestigkeiten der Tabelle 62 in Prozentteilen.

Mischung			28 Tage komb. Lagerung		6 Monate komb. Lagerung		12 Monate komb. Lagerung	
Gewöhnl. Portlandzement	Traß	Normsand	Zug	Druck	Zug	Druck	Zug	Druck
1 :	0 :	3	100	100	100	100	100	100
1 :	0,1 :	3	114	102	111	115	93	120
1 :	0,2 :	3	107	124	114	119	107	123
1 :	0,3 :	3	131	129	125	124	120	126
1 :	0,4 :	3	134	123	133	127	112	132

Die Herabminderung der Druckfestigkeiten bei Ersatz von Zement durch Traß ist ohne weiteres erklärlich. Durch die Fortnahme des hydraulisch wirksamsten Bestandteils im Mörtel, nämlich des Zements, tritt eine ,,Verdünnung" des Mörtels und damit eine Festigkeitsverminderung ein. Es ist auch schon seit langem bekannt, daß mit einer Herabminderung der Druckfestigkeit nicht gleichzeitig auch eine Verschlechterung der Zugfestigkeit aufzutreten braucht. Die gleiche Erscheinung kann man z. B. bei Zusatz von verschiedenen wasserlöslichen Salzen (z. B. NaCl, $CaCl_2$, Na_2CO_3 usw.) zu Zementmörteln beobachten. Hier tritt sogar häufig neben einer Herabminderung der Druckfestigkeit eine geringe Steigerung der Zugfestigkeit ein. Worauf allerdings diese Erscheinung beruht, weiß man noch nicht.

Die praktische Schlußfolgerung aus diesen Versuchen über die Einwirkung von Traß auf die Zementfestigkeit ist die, daß Traß nach Möglichkeit als Zusatz zum Zement und nicht als Ersatz von Zement benutzt werden soll. Es wäre noch die Frage zu untersuchen, wie sich vergleichsweise Hochofenschlacke und Traß gegenüber dem gleichen Portlandzement verhalten. Solche Versuche sind leider noch nicht veröffentlicht worden. Aus der Tatsache, daß Hochofenzemente, die bis zu 70% Hochofenschlacke enthalten, gleiche Normenfestigkeiten besitzen wie Portlandzemente, ist noch nicht zu erkennen, in welchem Maß die Festigkeit des im Hochofenzement enthaltenen Portlandzements durch den Zusatz von Hochofenschlacke gelitten hat. Es lassen sich auch Traßportlandzemente mit 50—60% Traß herstellen, die die Normenfestigkeiten von Portlandzementen besitzen, wenn man einen gut gebrannten Portlandzement mit hohen Festigkeiten verwendet. Zur Untersuchung dieser Frage hat der Verfasser vor kurzem mit der Durchführung sehr umfangreicher Versuche begonnen.

Eine gewisse Verwandtschaft mit den Traßzementen zeigen die Mischungen von Portlandzement mit gebranntem Granitmehl oder mit Asche aus Kohlenstaubfeuerungen. Die Solidititzemente, die aus Portlandzement mit ungefähr 10% Granitmehl, und vor allem die Cineritzemente, die aus Portlandzement mit 10—30% Kohlenstaubasche hergestellt werden, sind Spezialzemente, die ebenso wie der Portlandjurament infolge ihres niedrigen Kalk- und hohen Kieselsäuregehalts erhöhte Widerstandsfähigkeit gegen die Einwirkung von aggressiven Salzlösungen besitzen.

Damit sind wir am Ende unserer Besprechung der silikatischen Bindemittel und kommen nun zu den neuesten hydraulischen Bindemitteln, den Tonerdezementen, die wesentlich anders als die bisher besprochenen Zemente aufgebaut sind.

XV. Die Tonerdezemente.

Die Entwicklung der Mörteltechnik steht in engem Zusammenhang mit der Entwicklung der Brenntechnik. Wir hatten gesehen, daß die ältesten Bindemittel wie Weißkalk, Kalke besonderer Fertigung (mit hydraulischen Zuschlägen wie Ziegelmehl und Traß), Wasserkalke, Zementkalke, Romankalke, nur schwach gebrannte Produkte darstellen.

Vor 150 Jahren begann die Herstellung gesinterter Bindemittel. die Erfindung des Portlandzements ist im wesentlichen auf die Tatsache zurückzuführen, daß es damals gelang, die für die Sinterung des Portlandzementklinkers notwendigen Temperaturen in wirtschaftlicher Weise zu erzeugen. 100 Jahre später setzte dann die Herstellung geschmolzener silikatischer Bindemittel mit der Verwendung der glasigen Hochofenschlacke als latent hydraulischem Zuschlag ein. Das jüngste Glied in dieser Entwicklungsreihe der Bindemittel ist der Tonerdezement. Er ist ein Zement, der meist auf dem Schmelzwege und nur in besonderen Fällen auf dem Wege der Sinterung gewonnen wird.

Die Tonerdezemente unterscheiden sich von den bisher aufgezählten Zementen recht erheblich. Sie sind zwar auch wie alle anderen Zemente aus Kalk, Tonerde, Kieselsäure und Eisenoxyd zusammengesetzt, aber während die hydraulischen Kalke, Portlandzemente und Hüttenzemente auf silikatischer Grundlage aufgebaut sind, bestehen die Tonerdezemente in der Hauptsache aus Kalziumaluminaten. Mit der technischen Einführung des Tonerdezements wurden infolgedessen ganz andere Rohstoffe erforderlich. Da diese Rohstoffe — es handelt sich hierbei vor allem um den tonerdereichen Bauxit — in besonders hohem Maße in Frankreich vorkommen, so ist es nicht weiter verwunderlich, daß die industrielle Herstellung des Tonerdezements in Frankreich begann. Im Jahre 1908 tauchte in Frankreich ein im Schmelzfluß bei Temperaturen von 1500—1800° C aus Bauxit und Kalkstein hergestellter Schmelzzement auf, der von dem Ingenieur Bied im Auftrage der Société anonyme des Chaux et Ciment de Lafarges et du Teil hergestellt wurde. Dieser „Ciment fondu" wurde sehr bald in zahlreichen neugegründeten Fabriken in Südfrankreich hergestellt. Er zeichnete sich schon damals durch ein außerordentlich schnelles und hohes Erhärtungsvermögen und durch seine Widerstandsfähigkeit gegen aggressive Salzlösungen aus. Die Fabrikation des Tonerdezements wurde in Deutschland erst nach dem Kriege (1924) aufgenommen. Es handelte sich um den in Zschornewitz auf elektrischem Wege hergestellten Alca-Schmelzzement. Da in Deutschland jedoch keine größeren Tonerdelager vorkommen, so muß der Bauxit aus dem Auslande auf langen Transportwegen herangeschafft werden. Die Folge hiervon ist, daß der dadurch hervorgerufene hohe Preis die Verwendung und Herstellung des Tonerdezements in Deutschland fast unmöglich macht. Der Preis des Fertigfabrikats Zement muß so niedrig gehalten werden, daß die Rohstoffe keine großen Transportkosten vertragen. Man hat versucht, den teuren und seltenen Bauxit in Deutschland durch andere Rohstoffe zu ersetzen. So wurde z. B. nach dem Verfahren von Löscher[1] Hochofenschlacke für die Herstellung von Tonerdezementen herangezogen; doch die benötigten Mengen Bauxit und Kalk sind so hoch, daß dies Verfahren mehr auf eine Verwertung der Hochofenschlacke als auf einen wirklichen Bauxitersatz hinausläuft. Nach einem Verfahren der I. G.-Farbenindustrie, das in Piesteritz ausgeführt wird, gewinnt man Tonerdezement als Nebenprodukt bei der Gewinnung von Phosphor und Phosphorsäure, wenn man möglichst kieselsäurearme Phosphate mit kieselsäurearmem Bauxit und Kohle im elektrischen Ofen erhitzt. Dabei entweicht der Phosphor, und im Ofen bleiben Ferrophosphor und, gewissermaßen als Schlacke, geschmolzener Tonerdezement zurück. Der so hergestellte Tonerdezement enthält noch geringe Mengen von Karbiden und Phosphiden, die durch geeignete nachträgliche Oxydation (oxydierendes Glühen zusammen mit Oxydationsmitteln) beseitigt werden. Der Preis des Tonerdezements konnte jedoch durch diese Maßnahmen nicht wesentlich gesenkt werden. Er ist in Deutschland auch heute noch 2—3mal so hoch wie der von Portlandzement, und infolgedessen ist der Tonerdezement in Deutschland noch nicht heimisch geworden. Ein weiterer Grund für diese Tatsache ist der, daß die Vorteile, die der Tonerdezement vor allen anderen Zementen aufweist, nämlich die schnelle Erhärtung und hohe Anfangsfestigkeit, infolge der gewaltigen Anstrengungen der Portlandzementindustrie inzwischen auch von den hochwertigen und höchstwertigen Portlandzementen erreicht worden sind.

Zu der Entdeckung des Tonerdezements führte vor allem die Beobachtung, daß die Kalziumaluminate ein sehr gutes Erhärtungsvermögen besitzen. Diese Beobachtung machte schon Winkler[2] im Jahre 1856. Winkler versuchte, die Kieselsäure der Portlandzemente durch Tonerde zu ersetzen. Die Schmelzprodukte, die er erhielt, banden zwar ganz leidlich ab, aber sie zerfielen meist und waren außerordentlich wenig widerstandsfähig gegen atmosphärische Einflüsse. Heldt[3], der 9 Jahre später die Winklerschen Versuche nachprüfte, hielt die Anwendung der für die Schmelzung der Kalziumaluminate notwendigen hohen Temperaturen für technisch undurchführbar und bestritt, daß geschmolzene Kalziumaluminate erhärten könnten. Er brannte daher Kalk- und Tonerdegemische nur bis zur Sinterung und stellte fest, daß diese Produkte, die also nur zum Teil Kalziumaluminate waren, nicht abbanden. Es ist dies ein Beispiel dafür, wie ein einmal gefaßtes Vorurteil — in diesem Falle die Ansicht, daß die für die Schmelzung von Kalziumaluminaten

---

[1] Löscher, H.: D.R.P. 429553 (1922).
[2] Winkler, A.: J. prakt. Chem. 1856 Nr. 67 S. 444.
[3] Heldt: J. prakt. Chem. 1865 Nr. 94 S. 144.

erforderlichen Temperaturen technisch nicht durchführbar seien — die wissenschaftliche Erkenntnisarbeit gefährdet und die Ergebnisse trübt.

Glücklicherweise machte Frémy[1] gleichzeitig die Entdeckung, daß die von ihm im Schmelzfluß hergestellten Kalziumaluminate $CaO \cdot Al_2O_3$, $2\,CaO \cdot Al_2O_3$ und $3\,CaO \cdot Al_2O_3$ mit Wasser angemacht unter Bildung von Hydraten ausgezeichnet erhärteten. Er vermischte diese Aluminate mit Sand und beobachtete, daß die Mörtel „wie die besten Steine" erhärteten. Frémy erkannte auch schon die hohe Widerstandsfähigkeit der Aluminatzemente gegen Seewasser. Etwas später konnten Michaelis[2] und Le Chatelier[3] die Beobachtungen von Winkler und Frémy bestätigen. Sie erkannten, daß Kalziumaluminatschmelzen, deren Kalkgehalt über eine bestimmte Grenze hinausging, nach dem Anmachen mit Wasser entweder unter starken Treibererscheinungen zerfielen oder nach kurzer Zeit mürbe wurden.

Der erste jedoch, der das Erhärtungsvermögen der Kalziumaluminate mit genauen Festigkeitsprüfungen quantitativ untersuchte, war Schott[4] im Jahre 1906. Schott fand, daß besonders die kalkarmen Kalziumaluminate erstaunlich hohe Festigkeiten erreichen.

1910 untersuchte der Amerikaner Spackman[5] Mischungen von Aluminaten mit Naturzement und Puzzolanen und fand, daß die Festigkeit von Zementen durch Zusatz von Aluminaten erhöht wird. Diese Beobachtungen konnten von Killig[6] nicht bestätigt werden. Abgesehen davon, daß von Spackman die Zusammensetzung der Aluminate nicht angegeben wurde, stellte Killig im Gegenteil fest, daß die silikatischen Bindemittel, die mit verschiedenen Aluminaten vermischt wurden, alle günstigen Eigenschaften verloren und in ihren Festigkeiten erheblich zurückgingen. Killig untersuchte erstmalig auch Aluminatschmelzen, die besonders viel Tonerde enthielten, Mischungen von 2 und 3 Teilen Al_2O_3 mit einem Teil CaO. Die Schmelze $2\,Al_2O_3 + 1\,CaO$ zeigte nach 7 Tagen eine Druckfestigkeit von 512 kg/qcm. Die von ihm hergestellte Verbindung $3\,CaO \cdot 5\,Al_2O_3$ hatte nach 28 Tagen kombinierter Lagerung eine Druckfestigkeit von 610 kg/qcm.

Um das Jahr 1910 setzt die industrielle Herstellung des Tonerdezements ein, und die nun folgenden wissenschaftlichen Arbeiten über die Kalziumaluminate beschäftigen sich nicht mehr ausschließlich mit der Frage, ob es möglich sei, Kalziumaluminate herzustellen, und ob und unter welchen Bedingungen sie erhärten; von nun an steht die Frage nach der Konstitution des Tonerdezements im Vordergrund des Interesses.

---

[1] Frémy: C. R. Bd. 60 (1865) S. 993.
[2] Michaelis, W.: Hydraulischer Mörtel. Leipzig 1869.
[3] Le Chatelier, H.: Ann. Mines. Bd. 2 (1887) S. 345.
[4] Schott, O.: Diss. Heidelberg 1906.
[5] Spackman, S.: Proc. f. Test. Mat. 1910 S. 10; D.R.P. 234367 (1908).
[6] Killig: Prot. Ver. dtsch. Portl.-Zementfabr. 1913 S. 408.

Die Tonerdezemente.

Zunächst mußte das Gebiet der Tonerdezemente innerhalb des Dreistoffsystems $CaO-Al_2O_3-SiO_2$ festgelegt werden. Das Existenzgebiet der Kalziumaluminate im Dreistoffsystem Kalk—Tonerde—Kieselsäure wurde von Shepherd, Rankin und Wright (s. oben) eingehend untersucht. Danach unterscheiden wir vier Kalziumaluminate: Monokalziumaluminat, Pentakalziumtrialuminat, Trikalziumpentaaluminat und Trikalziumaluminat.

Die Zusammensetzung der Tonerdezemente liegt nun innerhalb folgender Grenzen (s. Tabelle 64):

Tabelle 64. Analysengrenzwerte der Tonerdezemente.

Nach:	CaO	Al_2O_3	SiO_2	Fe_2O_3
Endell	35—45	45—60	5—15	—
Berl und Löblein	28—47	45—70	0—12	—
Bied	40—45	30—45	10—12	10—20
Biehl	35—45	35—55	5—15	5—15
Mittelwerte	40	40	10	10

Wenn wir diese Grenzwerte in das Dreistoffdiagramm $CaO-Al_2O_3-SiO_2$ einsetzen, dann erhalten wir ein Gebiet für den Tonerdezement, das an die Dreiecksseite $CaO-Al_2O_3$ (s. Abb. 1) angrenzt. Endell[1] untersuchte 1919 dieses Gebiet des Tonerdezements. Er stellte eine ganze Reihe von Tonerdezementen verschiedener Zusammensetzung innerhalb des Gebiets $3 CaO \cdot 5 Al_2O_3$ und $5 CaO \cdot 3 Al_2O_3$ her und grenzte das Gebiet der Tonerdezemente zunächst einmal ab. Das Tonerdezementgebiet beschränkt sich auf einen schmalen Streifen, der ungefähr von der Verbindung $3 CaO \cdot 5 Al_2O_3$ ausgeht und zu dem Gebiet des Portlandzements hinstrebt. Endell prüfte normengemäß die Festigkeiten seiner bei Temperaturen von 1500—1600° C geschmolzenen Produkte und erzielte teilweise Druckfestigkeiten bis zu 900 kg/qcm nach 28 Tagen kombinierter Lagerung. Bei der mikroskopischen Untersuchung von Klinkerdünnschliffen fand Endell, daß die Tonerdezemente aus verschiedenen Klinkermineralien bestehen, und daß der Hauptträger der hydraulischen Erhärtung des Tonerdezements das Monokalziumaluminat mit geringen isomorphen Beimengungen von Silikaten ist. Schon von anderen Forschern wurde immer wieder gefunden, daß das Monokalziumaluminat beim Erhärten sehr hohe Festigkeiten erreicht. Nach Endell soll der Tonerdezement neben dem Monokalziumaluminat noch Dikalziumsilikat und die Verbindung $3 CaO \cdot 5 Al_2O_3$ enthalten.

Dyckerhoff[2] nimmt an, daß in den Tonerdezementen eine instabile Modifikation des Pentakalziumtrialuminats in größeren Mengen

---
[1] Endell: Prot. Ver. dtsch. Portl.-Zementfabr. 1919 S. 30.
[2] Dyckerhoff, W.: Zement 1924 S. 386 f., 1925 S. 3 ff.

vorkomme. Er beobachtete nämlich an einer Schmelze von der Zusammensetzung 50% CaO, 40% Al_2O_3 und 10% SiO_2 zahllose sphärolithische Kristalle. Dieselben Kristalle stellte er auch bei einer abgeschreckten Schmelze des Pentakalziumtrialuminats nach dem Entglasen fest.

Agde und Klemm[1] sind der Ansicht, daß einer der wesentlichsten Bestandteile des Tonerdezements der Melilith sei, also dasselbe Mineral, dem wir schon bei der entglasten Hochofenschlacke begegnet sind. Da aber die entglaste melilithhaltige Hochofenschlacke überhaupt keine hydraulischen Eigenschaften besitzt, so dürfte diese Annahme wohl ein Irrtum sein.

Grün[2] fand in einem belgischen Ciment fondu in der Hauptsache Kristalle von Monokalziumaluminat. Ebenso hat Biehl[3] in Schliffen von deutschem Alca-Tonerdezement überwiegend Monokalziumaluminat neben geringen Mengen von $5\,CaO \cdot 3\,Al_2O_3$ beobachtet. Auch Carstens[4] stellte bei der mineralogischen Prüfung von Tonerdezementklinkern als Hauptmineral Monokalziumaluminat neben Gehlenit und $3\,CaO \cdot 5\,Al_2O_3$ fest. Diese Beobachtungen sind zwar im einzelnen voneinander verschieden, doch können wir aus ihnen bis heute den Schluß ziehen, daß der hydraulisch wichtigste Bestandteil des Tonerdezements das Monokalziumaluminat ist, und daß neben ihm in den Tonerdezementen noch die Aluminate $5\,CaO \cdot 3\,Al_2O_3$ und $3\,CaO \cdot 5\,Al_2O_3$ sowie das Silikat $2\,CaO \cdot SiO_2$ vorkommen. Die Mengenverhältnisse dieser Verbindungen zueinander schwanken entsprechend der chemischen Zusammensetzung der Tonerdezemente. Wir haben ja aus Tabelle 64 gesehen, daß die Schwankungen in den Mengenanteilen beim Tonerdezement in erheblich weiteren Grenzen liegen können als bei den Portlandzementen. So kann z. B. nach Berl und Löblein der Kalkgehalt beim Tonerdezement um 19%, beim Portlandzement hingegen nur um etwa 6% schwanken. In ebensoweiten Grenzen kann auch der Gehalt an Tonerde und Eisenoxyd schwanken.

Neuerdings hat Koyanagi[5] einen französischen Tonerdezement mit 47% Kalk, 44% Tonerde und 9% Eisenoxyd petrographisch untersucht. Zum Vergleich mit diesem Zement stellte er Schmelzen von gleicher Zusammensetzung mit reinen Ausgangsmaterialien her. Dabei kam er zu dem Ergebnis, daß einer der Hauptbestandteile des Tonerdezements in Form von Sphärolithen kristallisiert. Diese Sphärolithkristalle sind am meisten in Schmelzen von der Zusammensetzung $3\,CaO \cdot 2\,Al_2O_3$ zu beobachten. Koyanagi nimmt an, daß außer den schon von Rankin gefundenen vier Kalziumaluminaten noch eine andere Verbindung

---

[1] Agde, G. u. R. Klemm: Z. angew. Chem. **39**, 1926 S. 175.
[2] Grün, R.: Zement 1924 Nr. 4 S. 27.   [3] Biehl, K.: Zement 1927 Nr. 7 S. 139.
[4] Carstens, C. W.: Zement 1926 S. 335.
[5] Koyanagi, K.: Zement 1931 Nr. 4 S. 72.

$3 \text{CaO} \cdot 2 \text{Al}_2\text{O}_3$ existieren müsse, die bei 1300^0 C schmilzt. Da aber keine weiteren Mitteilungen über die hydraulischen Eigenschaften dieser hypothetischen Verbindung vorliegen, wollen wir ihre Existenz im Tonerdezement noch dahingestellt sein lassen.

Nach den bisherigen Untersuchungen unterscheiden sich die Portlandzemente und Tonerdezemente in der Art ihrer Silikate und Aluminate in nebenstehender Weise voneinander.

	Silikate	Aluminate
Portlandzement	$3 \text{CaO} \cdot \text{SiO}_2$ $2 \text{CaO} \cdot \text{SiO}_2$	$3 \text{CaO} \cdot \text{Al}_2\text{O}_3$ $5 \text{CaO} \cdot 3 \text{Al}_2\text{O}_3$
Tonerdezement	$2 \text{CaO} \cdot \text{SiO}_2$	$\text{CaO} \cdot \text{Al}_2\text{O}_3$ $5 \text{CaO} \cdot 3 \text{Al}_2\text{O}_3$ oder $2 \text{CaO} \cdot \text{Al}_2\text{O}_3 \cdot \text{SiO}_2$

Es erhebt sich nunmehr die Frage, ob es einen kontinuierlichen Übergang gibt zwischen den Portlandzementen und den Tonerdezementen. Diese Frage haben Kühl und Hurt[1] zu beantworten versucht. Kühl und Hurt suchten eine Beziehung zwischen dem Portlandzement und dem Tonerdezement zu finden und es gelang ihnen in der Tat, eine Linie zwischen dem Dreistoffgebiet des Portlandzements und des Tonerdezements ausfindig zu machen, auf der jeweils die besterhärtenden Zemente liegen. Einen stetigen Übergang vom Portlandzement zum Tonerdezement gibt es jedoch nicht. Die Brennprodukte, die zwischen dem Gebiet des Portlandzements und dem des Tonerdezements liegen, sind nämlich Schnellbinder, die hydraulisch ziemlich wertlos sind. Diese Beobachtungen von Kühl und Hurt wurden auch von Agde und Klemm und Berl und Löblein[2] bestätigt. Es handelt sich hierbei um dieselbe Erscheinung, die man auch beobachtet, wenn man Portlandzement mit Tonerdezement vermischt. Auch in diesem Falle entstehen Schnellbinder, die nur geringe Festigkeiten erreichen und meist nach kurzer Zeit zerfallen. Es ist oft versucht worden, den teuren Tonerdezement mit dem viel billigeren Portlandzement zu vermischen, wobei man hoffte, daß diese Gemische die gleiche Widerstandsfähigkeit gegen aggressive Salzlösungen besitzen würden wie der reine Tonerdezement. Doch alle Hoffnungen in dieser Richtung wurden zunichte, da die Mischung beider Zementarten ein Produkt ergibt, das sofort abbindet und beim Erhärten keinerlei Festigkeit erreicht.

Der Einfluß von Portlandzement auf Tonerdezement ist von Kühl und Ideta[3], von Koyanagi[4] und von Dorsch[5] untersucht worden.

---

[1] Kühl, H. u. Hurt: Rev. Matér. Constr. 1924 S. 253.
[2] Berl, E. u. Fr. Löblein: Zement 1926 Nr. 36 S. 642, Nr. 37 S. 673, Nr. 38 S. 696, Nr. 39 S. 715, Nr. 40 S. 741, Nr. 41 S. 759.
[3] Kühl, H. u. S. Ideta: Zement 1930 Nr. 34 S. 792.
[4] Koyanagi, K.: J. Soc. chem. Ind. Japan Bd. 33 (1930) S. 277; Zement 1930 Nr. 37 S. 866.
[5] Dorsch, K. E.: Erhärtung und Korrosion der Zemente, 1932 S. 12f.

Nach Dorsch beruht die Erscheinung des Schnellbindens der Portlandzement/Tonerdezementmischungen darauf, daß beide Zementarten einen völlig voneinander verschiedenen Abbinde- und Erhärtungsverlauf haben. Während die Erhärtung der Portlandzemente in der Hauptsache auf der Bildung von Kalziumhydrosilikaten beruht, geht die Erhärtung der Tonerdezemente unter Bildung eines kalkreichen Kalziumaluminats und von Aluminiumhydroxyd vor sich. Beim Portlandzement beobachtet man den chemischen Abbau eines sehr kalkreichen Kalziumsilikats zu einem kalkärmeren Kalziumhydrosilikat (s. Reaktionsschemen 1—3) und beim Tonerdezement den Aufbau eines kalkarmen Kalziumaluminats zu einem kalkreichen Kalziumhydroaluminat (s. Reaktionsschemen 4—6).

Portlandzement:

1. $3\,CaO \cdot SiO_2 \to 2\,CaO \cdot SiO_2 + CaO$
2. $2\,CaO \cdot SiO_2 \to CaO \cdot SiO_2 + CaO$
3. $3\,CaO \cdot Al_2O_3 \to 4\,CaO \cdot Al_2O_3$ oder $3\,CaO \cdot Al_2O_3 \cdot$ aqu.

} ohne Berücksichtigung des Hydratwassers

Tonerdezement:

4. $2\,CaO \cdot SiO_2 \to CaO \cdot SiO_2 + CaO$
5. $2\,(CaO \cdot Al_2O_3) \to 2\,CaO \cdot Al_2O_3 + Al(OH)_3$
6. $CaO \cdot Al_2O_3 + CaO \to 2\,CaO \cdot Al_2O_3$

} ohne Berücksichtigung des Hydratwassers

Die Beziehungen 1—3 gelten für den Portlandzement, 4—6 für den Tonerdezement. Nach 1 zerfällt das Trikalziumsilikat des Portlandzements unter der Einwirkung des Wassers in hydratisierte Formen von Dikalziumsilikat und Kalk. Das Dikalziumsilikat zerfällt weiter in Monokalziumsilikat und Kalk. Das hydratisierte Monokalziumsilikat, $CaO \cdot SiO_2 \cdot 2,5\,H_2O$, ist das vorläufige Endprodukt des hydratischen Silikatabbaus. Das gebildete Kalziumhydroxyd reagiert nach Lafuma[1] mit dem Trikalziumaluminat unter Bildung von hydratisiertem Tetrakalziumaluminat. Möglicherweise findet auch nur eine Hydratisierung des Trikalziumaluminats zu einem Trikalziumhydroaluminat statt.

Beim Tonerdezement zerfällt nach Gleichung 4 das Dikalziumsilikat in Monokalziumsilikat und Kalk; diese Reaktion geht langsam vor sich. Nach Gleichung 5 reagieren unter der Einwirkung von Wasser zwei Moleküle Monokalziumaluminat unter Bildung von hydratisiertem Dikalziumaluminat, $2\,CaO \cdot Al_2O_3 \cdot 8\,H_2O$. Auch diese Reaktion geht allmählich vor sich. Das Monokalziumaluminat reagiert aber noch in anderer Weise, nämlich mit dem nach Gleichung 4 aus dem Dikalziumsilikat abgeschiedenen Kalkhydrat. Diese Reaktion, die die Gleichung 6 wiedergibt, vollzieht sich mit großer Geschwindigkeit.

Die Reaktionen der Silikate und Aluminate in den beiden Zementarten sind nun normalerweise so aufeinander abgestimmt, daß die

---

[1] Lafuma, H.: Thèses prés. à la Fac. de Scienc. de l'Univers. de Paris. 1925.

Die Tonerdezemente. 219

Erhärtungs- und Hydratationserscheinungen innerhalb der normalen Abbindezeiten geschehen. Normalerweise reagiert das Monokalziumaluminat im Tonerdezement so, daß sich zwei Moleküle $CaO \cdot Al_2O_3$ zusammen mit Wasser allmählich in Dikalziumaluminat und Tonerdehydrat umwandeln. Daneben findet eine beschleunigte Reaktion des Monokalziumaluminats mit dem Kalk statt, der bei der Hydratation des Dikalziumsilikats entsteht. Doch da die Hydratation des Dikalziumsilikats sehr langsam vor sich geht, so sind die Kalkmengen, die eine beschleunigte Umwandlung des Monokalziumaluminats in Dikalziumaluminat herbeiführen, so gering, daß die Abbindezeiten des Tonerdezements in den bekannten normalen Grenzen bleiben.

Setzen wir nun zum Tonerdezement geringe Mengen von Kalk oder, was dasselbe ist, Portlandzement hinzu (beim Abbinden des Portlandzements bildet sich freies Kalkhydrat s. Gleichung 1 und 2), so verläuft die Abbindereaktion des Tonerdezements nach Gleichung 6, d. h. es bildet sich momentan aus dem Monokalziumaluminat Dikalziumaluminat. Diese Reaktion verläuft deswegen so schnell, weil Monokalziumaluminat und Kalk in wäßriger Lösung nicht zusammen existieren können. Die Kalkphase muß verschwinden. Ebensowenig ist das Trikalziumsilikat neben Monokalziumaluminat in wäßriger Lösung existenzfähig, so daß auch hier wieder eine Phase verschwinden muß.

Normalerweise reagiert das Trikalziumsilikat im Portlandzement mit dem Anmachwasser unter Bildung von Dikalziumsilikat und Kalk, Diese Reaktion bestimmt in der Hauptsache das gesamte Verhalten des Portlandzements während des Abbindens. Daneben geht eine langsamere Reaktion vor sich: die Umwandlung des Dikalziumsilikats in Monokalziumsilikat und Kalk. Der entstandene Kalk reagiert mit dem Trikalziumaluminat des Portlandzements unter Bildung von hydratisiertem Tetrakalziumaluminat.

Setzen wir nun zum Portlandzement geringe Mengen von Monokalziumaluminat oder, was dasselbe ist, Tonerdezement hinzu, so tritt ein sofortiges Abbinden des Portlandzements ein. Das hinzugefügte Monokalziumaluminat kann nur neben Dikalziumsilikat, nicht aber neben Trikalziumsilikat existieren. Die Folge hiervon ist, daß bei Zusatz von Monokalziumaluminat zum Portlandzement eine sofortige lebhafte Hydrolyse des Trikalziumsilikats unter Bildung Dikalziumsilikat und Kalziumhydroxyd einsetzt. Das gebildete Kalkhydrat vernichtet das anwesende Monokalziumaluminat, indem es mit dem Monokalziumaluminat sofort unter Bildung von Dikalziumaluminat reagiert. Damit wird dem Trikalziumaluminat des Portlandzements die Möglichkeit genommen, mit dem Kalk unter Bildung von Tetrakalziumaluminat zu reagieren. Kurzum, das normale Abbinden des Portlandzements wird durch den Zusatz des Tonerdezements vollkommen gestört und verläuft mit großer Geschwindigkeit. In welcher Weise die Abbindezeiten von

Portlandzement und Tonerdezement sich gegenseitig beeinflussen, zeigt die Abb. 40.

Diese Erklärung des schnellen Abbindens von Portlandzement/Tonerdezementmischungen wirft auch ein Licht auf die bisher unerklärliche Tatsache, daß Portlandzemente, die gleich nach dem Brande verarbeitet werden, Schnellbinder sind.

Worauf beruht nun das schnelle Abbinden des Jungbrandes? Dieser Vorgang ist auf die Anwesenheit von geringen Mengen Monokalziumaluminat im Klinker zurückzuführen. Nach den Rankinschen Untersuchungen ist das Trikalziumaluminat, das sich normalerweise im Portlandzementklinker bildet, bei höherer Temperatur nicht beständig. Bei 1455° C dissoziiert das Trikalziumaluminat und spaltet sich in weniger basische Aluminate, unter anderem in Pentakalziumtrialuminat, dessen Schmelzpunkt bei 1455° C liegt. Bei noch höherer Temperatur dissoziiert auch das Pentakalziumtrialuminat, und zwar in Kalk und in Monokalziumaluminat, das noch oberhalb 1600° C beständig ist. Das

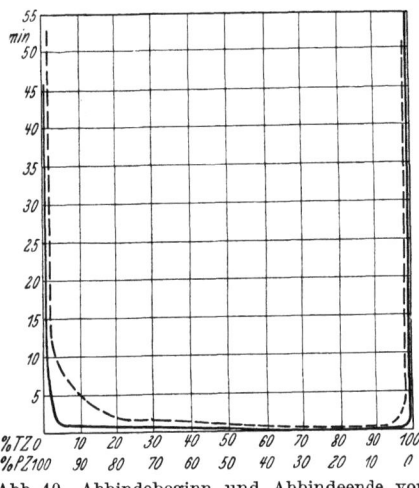

Abb. 40. Abbindebeginn und Abbindeende von Portlandzement/Tonerdezementmischungen (nach Dorsch).

schnelle Abbinden der nicht gelagerten Portlandzemente ist also darauf zurückzuführen, daß der Klinker, wenn auch nur vorübergehend, überhitzt wurde. Diese Überhitzung des Klinkers braucht nur ganz kurze Zeit stattgefunden zu haben, da, wie die Abb. 40 zeigt, nur Spuren von Monokalziumaluminat notwendig sind, um ein sofortiges Abbinden des Portlandzements herbeizuführen. Prinzipiell bilden sich bei jedem Zementbrand geringe Mengen von Monokalziumaluminat, so daß jeder Portlandzement unmittelbar nach dem Brennen sehr schnell abbindet. Durch längeres Lagern des Zements wird dann das Monokalziumaluminat in Kalziumkarbonat und Tonerde oder in Pentakalziumtrialuminat übergeführt, und so der Zement „beruhigt".

Dorsch hat auf Grund dieser Feststellungen ein mikroskopisches Verfahren zur Erkennung von Jungbrand und von Portlandzement-Tonerdezementmischungen ausgearbeitet. Wenn man geringe Mengen von solchen schnell abbindenden Gemischen auf einem Objektträger mit Wasser versetzt, so beobachtet man unter dem Mikroskop schon nach wenigen Minuten das Auftreten von Kristallnadeln. Ein ähnliches mikroskopisches Verfahren wendet auch Michelsen[1] an zur Erkennung der hydraulischen Eigenschaften granulierter Hochofenschlacken. Michelsen veranlaßt die Hochofenschlacken durch Zusatz einer sulfatischen Erregerflüssigkeit (2%ige Aluminiumsulfatlösung) zur Bildung von mikroskopisch sichtbaren Kristallen und mißt dann die Wachstumsgeschwindigkeit dieser Kristalle.

1. Fabrikation der Tonerdezemente. Das Hauptrohmaterial für die Herstellung von Tonerdezement ist der Bauxit. Da dieser Rohstoff ziemlich selten vorkommt und relativ teuer ist, hat man versucht, die erforderliche Menge Tonerde aus anderen tonerdereichen Rohstoffen, so vor allem aus tonerdereichen Tonen zu gewinnen. Doch diese Versuche haben bis jetzt noch zu keinem Erfolg geführt. Die Verwendung von Bauxit wird sich wahrscheinlich nie umgehen lassen.

Der Bauxit wird zunächst zusammen mit Kalkmergel in geeigneten Gewichtsverhältnissen gemahlen und dann wird das Kalk-Bauxitgemisch gebrannt. Die Tonerdezementrohmischung verhält sich nun beim Brennen vollkommen anders als die Portlandzementrohmischung. Der Portlandzement besitzt zwischen der Sinterungstemperatur und Schmelztemperatur ein sehr breites Erweichungsintervall; die Liquiduskurve und die Soliduskurve des Portlandzement-Schmelzdiagramms verlaufen in weitem Abstand voneinander.

Anders liegen die Verhältnisse beim Schmelzdiagramm des Tonerdezements. Hier verlaufen die Liquidus- und Soliduskurve in engem Abstand voneinander. Die Tonerdezementrohmischungen besitzen daher ein sehr kleines Erweichungsintervall und gehen infolgedessen meist sehr unvermittelt vom Sinterungszustand in den Schmelzzustand über.

Dies ist auch der Grund, weshalb die Tonerdezemente im allgemeinen auf dem Schmelzwege hergestellt werden. Die Tonerdezemente werden nach der Art ihrer Herstellung auch „Schmelzzemente", „Ciment fondu", „Elektrozemente" oder „Elektroschmelzzemente" (Ciment électrique, Ciment électrofondu) genannt. — Neuerdings ist es der Allgemeinen Ungarischen Kohlenbergbau A. G. gelungen, auch einen gesinterten Tonerdezement durch Brennen von Bauxit und Kalkstein im Ringofen zu erzeugen. Dieser gesinterte Tonerdezement kommt unter dem Markennamen „Citadur" in den Handel. Er unterscheidet sich von den geschmolzenen Tonerdezementen nur unwesentlich. Seit der Herstellung von gesintertem Tonerdezement ist die Bezeichnung Schmelzzement oder Tonerdeschmelzzement nicht mehr ganz zutreffend und daher hat sich heute allgemein die Bezeichnung Tonerdezement eingebürgert.

Zum Brennen der Tonerdezementrohmischungen werden verschiedene Ofensysteme verwendet, aber bei keinem dieser Systeme hat man bis heute wirklich befriedigende Resultate erzielen können. Je nach der

---
[1] Michelsen, S.: Zement 1931 Nr. 25 S. 588.

Art des Ofensystems ist die Aufbereitung des Rohmehls etwas verschieden. Das älteste Ofensystem ist der Wassermantelofen, ein Schachtofen, der von außen her mit einem Wassermantel gekühlt wird. Das Rohmaterial wird in Briketts geformt und schichtweise mit Kohle von der Gicht her in den Ofen eingegeben. Die Schmelzung erfolgt bei Temperaturen zwischen 1500 und 1600° C. Die Eisenoxyde des Bauxits werden zum Teil zu metallischem Eisen reduziert. Es bilden sich daher im unteren Teil des Ofens zwei Schmelzschichten übereinander, zu unterst das spezifisch schwerere Eisen und darüber der geschmolzene Tonerdezement. Die Tonerdezementschmelze wird von Zeit zu Zeit durch eine Abflußöffnung abgelassen und in gußeiserne, dickwandige Kokillen eingefüllt. Nach dem Erstarren wird der Tonerdezement aus den Kokillen entfernt; die einzelnen festen Zementblöcke werden in Brechern zerkleinert und in Mühlen gemahlen.

Das Schmelzen des Tonerdezements in den Schachtöfen bereitet außerordentliche Schwierigkeiten. Der geschmolzene Tonerdezement ist bei 1500—1600° C nicht dünnflüssig, sondern sehr zähflüssig, von nahezu teigartiger Konsistenz. Die Folge davon ist, daß die Verbrennungsgase nicht durch das Schmelzgut hindurchdringen können, und daß der Schachtofen dauernd verstopft ist. Man muß daher die gasundurchlässige Schicht immer wieder von der Gicht her mittels langer Stangen durchstoßen. Ferner hat der schmelzende Tonerdezement die unangenehme Eigenschaft, am Mantel des Ofens anzubacken und das Mauerwerk, das aus feuerfestem Material besteht, in kurzer Zeit aufzulösen. Um diese dauernde Zerstörung der Ofenwandung und die dadurch immer wieder notwendig werdenden Reparaturen des Ofens zu umgehen, hat man schließlich das Mauerwerk unmittelbar an der Schmelzzone ganz fortgelassen und an dieser Stelle des Ofens einen wassergekühlten Eisenmantel eingesetzt. Aber dadurch wurden natürlich die Wärmeverluste des Ofens wieder gewaltig erhöht. Der Aufwand an Brennmaterial beträgt bei diesem Verfahren ungefähr 50% der Zementausbeute. Die Tagesleistung eines Wassermantelofens stellt sich auf etwa 50 t. Man hat auch versucht, Tonerdezemente im Drehrohrofen zu brennen. Doch schon bei den ersten Versuchen machte man die traurige Erfahrung, daß die Verwendung des Drehrohofens bei den Tonerdezementen sehr große Schwierigkeiten bereitet. Selbst beim Portlandzement läßt es sich ja nicht immer vermeiden, daß in der Entsäuerungs- und Sinterzone zeitweise Ansätze am Ofenmantel entstehen, die das Wandern des Brenngutes durch den Ofen behindern und schließlich den Ofen verstopfen; aber beim Tonerdezement tritt die Ringbildung in der Schmelzzone dauernd ein. Da diese Ansätze sehr häufig mechanisch entfernt werden müssen, ist ein kontinuierlicher Betrieb auf diese Weise überhaupt nicht möglich. Ein guter Gedanke war es daher, die Entsäuerung und Schmelzung des Rohgutes zu trennen, in einem Drehofen das Rohgut vorzuwärmen und in einem anliegenden erweiterten Schmelzraum das Brenngut zu schmelzen. Man hat auch versucht, die Rohmaterialien getrennt in zwei Drehöfen vorzuerhitzen und dann gemeinsam in einem Herdofen niederzuschmelzen. Doch diese Versuche sind noch zu jungen Datums, als daß hierüber genügende Erfahrungen vorliegen, die der Mitteilung wert wären.

Der am meisten verbreitete Ofen für die Herstellung von Tonerdezement ist der Elektroofen. Sein Betrieb ist außerordentlich teuer und nur an Orten mit billigen Wasserkräften oder Braunkohlenvorkommen wirtschaftlich tragbar. Für die Herstellung von 1 kg Tonerdezement im elektrischen Ofen benötigt man 0,7—0,9 kW. Dazu kommt noch die Abnutzung der Elektrodenkohle, die bei 1 t Tonerdezement 7—8 kg beträgt.

Die Rohmaterialien brauchen für den Brand im elektrischen Ofen nicht so sehr zerkleinert und so innig gemischt zu werden, wie dies bei der Portlandzementfabrikation der Fall ist, da die Rohmaterialien beim Schmelzen vollkommen ineinanderfließen und sich mischen. Die Rohmasse wird im oberen Teile des Ofens entsäuert und im unteren Teile, der sog. Schmelzwanne, geschmolzen. Die Beheizung geschieht mittels verstellbarer Kohleelektroden; sie stellen den einen Pol dar, der andere Pol ist die Schmelzwanne. Der Brennprozeß muß so geleitet werden, daß auf keinen Fall ein Lichtbogen entsteht, da dann Kalziumkarbid gebildet wird, das schon in geringen Mengen den Tonerdezement unbrauchbar macht. Das Kalziumkarbid wird vom Wasser sofort zersetzt. Dabei bildet sich Kalkhydrat, und wir wissen ja, daß schon geringe Mengen von Kalk einen Tonerdezement zum Schnellbinder machen. Neben dem geschmolzenen Tonerdezement entsteht im elektrischen Ofen metallisches Eisen, das ebenso wie die Tonerdezementschmelze von Zeit zu Zeit aus einer unteren Ausflußöffnung in eiserne Kokillen abgelassen wird. Die Tagesleistung eines modernen Elektroofens beträgt etwa 60 t. Für die Herstellung von 1 t Tonerdezement in einem modernen Elektroofen benötigt man durchschnittlich folgende Roh- und Betriebsstoffe:

0,7—0,8 t Bauxit (je nach der Zusammensetzung).

0,4—0,45 t gebrannten Kalk (je nach der Zusammensetzung).

700—800 kWh/t Strom (je nach der Beschaffenheit der Rohstoffe).

7—8 kg Elektrodenkohle.

Das Mahlen des Tonerdezementklinkers erfordert besonders starke Mühlen, weil der Tonerdezementklinker noch viel härter ist als der Portlandzementklinker. Im allgemeinen wird der Tonerdezement noch feiner als die hochwertigen Portlandzemente gemahlen. Sein Rückstand auf dem 4900-Maschensieb beträgt gewöhnlich nur 2—3%.

Wenn weiter oben gesagt wurde, daß die Zusammensetzung der Tonerdezemente in verhältnismäßig weiten Grenzen schwanken kann, so hält man sich in der Praxis doch in ziemlich engen Grenzen. Im allgemeinen liegt der Kalkgehalt zwischen 38 und 43%, der Tonerdegehalt zwischen 40 und 45%, der Eisengehalt zwischen 8 und 10% und der Kieselsäuregehalt zwischen 5 und 9%. Man bemüht sich neuerdings, den Kieselsäuregehalt möglichst herunterzusetzen, da das Erhärtungsvermögen der Tonerdezemente durch hohen Kieselsäuregehalt ungünstig beeinflußt wird. Im gleichen ungünstigen Sinne wirkt ein zu hoher Gehalt an Eisenverbindungen, namentlich wenn der Zement reduzierend gebrannt wird. Trotzdem ist man mehr und mehr dazu übergegangen, den Eisengehalt der Tonerdezemente möglichst hoch zu halten, weil ein solcher Zement bei niedrigeren Temperaturen schmilzt.

2. **Die Eigenschaften der Tonerdezemente.** Die Tonerdezemente besitzen je nach der Art des Brandes und der stark wechselnden Menge der Eisenverbindungen recht verschiedene Farben. Meist sind es grauschwarze oder braune Pulver von hoher Mahlfeinheit und hohem spezifischem Gewicht (3,15 bis 3,25). Die Tonerdezemente lösen sich ebenso

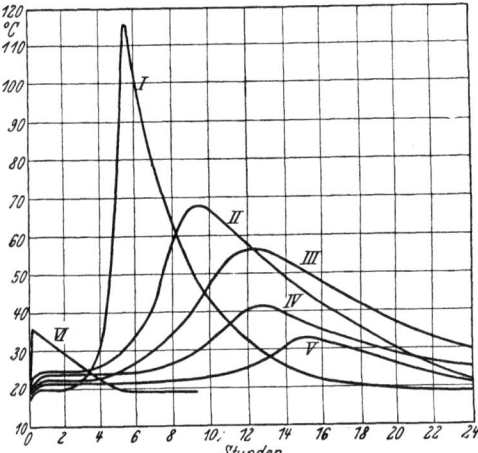

Abb. 41. Abbindetemperatur verschiedener Zemente in Abhängigkeit von der Zeit (nach Dorsch).
I Tonerdezement, *II* hochwertiger Portlandzement, *III* gewöhnlicher Portlandzement, *IV* Eisenportlandzement, *V* Hochofenzement, *VI* Gips.

wie die Portland- und Hochofenzemente fast vollständig in Salzsäure auf. Ebenso wird **erhärteter** Tonerdezement von allen Säuren angegriffen und aufgelöst.

Die Tonerdezemente sind ebenso wie die Portlandzemente Langsambinder, d. h. sie beginnen durchschnittlich 2—3 Stunden nach dem Anmachen mit Wasser abzubinden, und nach 5—6 Stunden ist das Abbinden beendet. Die Reaktion der Kalziumaluminate mit dem Anmachwasser geschieht unter starker Wärmetönung. Schon kurz nach dem Anmachen der Tonerdezemente mit Wasser entwickeln sich sehr erhebliche Wärmemengen. Die Temperaturen, die dabei im Mörtel und Beton auftreten können, betragen zeitweise 100° C und mehr, so daß das Anmachwasser verdampft. Der Verfasser[1] hat die Abbindetemperaturen verschiedener Zemente gemessen. Das Ergebnis dieser Untersuchungen zeigt die Abb. 41. Danach erreichte der untersuchte Tonerdezement eine Abbindetemperatur von 116° C.

---

[1] Dorsch, K. E.: Erhärtung und Korrosion der Zemente, 1932 S. 54f.

Diese Wärmeentwicklung kann bei Betonarbeiten im Winter von Vorteil sein, weil dann nicht die Gefahr besteht, daß der noch nicht erhärtete Beton infolge starker Kälte einfriert. Im Sommer hingegen ist die Entwicklung dieser Reaktionswärme der Tonerdezemente von Nachteil, weil dann der Tonerdezementbeton vorzeitig auszutrocknen droht. Hier muß ganz besonders darauf geachtet werden, daß der Beton in der ersten Zeit nach der Herstellung gut feucht gehalten wird. Das Feuchthalten des Betons geschieht in der Praxis in der Weise, daß man den Beton mit nassen Säcken bedeckt, die man dauernd feucht hält.

Es erhebt sich nun die Frage, wieweit diese hohen Erhärtungstemperaturen die Festigkeiten des Tonerdezements beeinträchtigen. Der Einfluß der Abbinde- und Erhärtungstemperatur auf das Erhärtungsvermögen von Tonerdezement wurde von Roscher Lund[1] innerhalb des Temperaturintervalls von 1—95° C eingehend untersucht. Nach diesen Versuchen ergab sich die beste Erhärtung, wenn die Temperatur des Tonerdezements innerhalb der ersten 24 Stunden 16° C betrug. Erhärtete der Tonerdezement bei nur 1° C, so verzögerte sich die Erhärtung, so daß die Druckfestigkeit nach 24 Stunden nur die Hälfte von der bei 16° C erzielten Festigkeit betrug. Wurde der Tonerdezement dann aber in Wasser von 16° C gelagert, so erreichte er nach 28 Tagen die gleichen Festigkeiten wie der bei 16° C gelagerte Tonerdezement. Die Festigkeit hatte sich also vollkommen erholt. Anders verlief die Erhärtung des Tonerdezements bei höherer Temperatur. Erhärtete der Tonerdezement innerhalb der ersten 24 Stunden bei Temperaturen von 39° C, so betrug die 24-Stunden-Festigkeit nur noch 73% der Festigkeit des bei 16° C erhärteten Zements, und die Nacherhärtung dieses Zements in Wasser bei 16° C war sehr erheblich geschädigt. Nach 28 Tagen Wasserlagerung (bei 16° C) erreichte der in den ersten 24 Stunden bei 39° C erhärtete Tonerdezement nur noch 64% der Druckfestigkeit des bei 16° C erhärteten Tonerdezements. Noch stärker war der Festigkeitsabfall des Tonerdezements, wenn er bei noch höheren Temperaturen (71° und 95° C) erhärtete. Der Festigkeitsverlust betrug hier dauernd etwa 60%. Die obigen Werte bezogen sich auf 1 : 3-Tonerdezementmörtel. Noch stärkere Unterschiede zeigen sich bei reinem Tonerdezement. Tabelle 65 gibt die von Roscher Lund beobachteten

Tabelle 65. **Abhängigkeit der Festigkeit des Tonerdezements von der Erhärtungstemperatur.**

Erhärtung innerhalb 24 Stunden bei °C	Nacherhärtet in Wasser 27 Tage bei °C	Druckfestigkeit nach 28 Tagen in kg/qcm
16	16	735
53	16	193
71,5	16	167
95	16	150

---

[1] Roscher Lund, A. F.: Zement 1928 Nr. 47 S. 1690, Nr. 48 S. 1725.

Festigkeitswerte wieder, die bei reinem Tonerdezement nach 28 Tagen Wasserlagerung erzielt wurden.

Diese Werte zeigen sehr deutlich, welche großen Gefahren in der Wärmeentwicklung des abbindenden und erhärtenden Tonerdezements liegen. Bei kleineren Betonbauwerken kann die Temperatur des Tonerdezementbetons relativ schnell auf die Außentemperatur herabsinken (um so mehr, je kälter es ist), bei größeren Betonbauten hingegen erfolgt dieser Ausgleich außerordentlich langsam, so daß diese unter Umständen noch nach Tagen Temperaturen von 30° C und mehr aufweisen. Besonders gefahrvoll ist dieser Einfluß der Temperatur auf die Erhärtung des Tonerdezements beim Betonieren an heißen Sommertagen, wenn die Lufttemperatur allein schon 30—40° C beträgt.

Die erhärteten Tonerdezemente zeigen im Gegensatz zu den Portlandzementen an ihrer Oberfläche eine sehr unangenehme Erscheinung, die unter dem Namen ,,Absanden" bekannt ist. Gerade die besten Tonerdezemente mit den höchsten Festigkeiten besitzen diese Eigenschaft des Absandens. Das Absanden äußert sich darin, daß sich die Oberflächenschichten erhärteter Tonerdezemente pulvrig abreiben lassen; sie haben keinerlei Festigkeit. Diese Erscheinung ist aus verschiedenen Gründen sehr unangenehm. Einmal macht sie den Tonerdezement für bestimmte technische Zwecke, z. B. für die Herstellung von Kunststeinen, völlig ungeeignet (Beschmutzung bei Berührung). Ferner wird durch das Absanden die Haftfestigkeit von auf Tonerdezementbeton aufgebrachtem Mörtel sehr beeinträchtigt. Worauf das Absanden des erhärteten Tonerdezements beruht, ist noch nicht ganz geklärt. Gonell[1] glaubt auf Grund seiner Versuche das Absanden auf eine Reaktion des Monokalziumaluminats mit der Kohlensäure der Luft zurückführen zu können. Die Kalziumaluminate, vor allem das Monokalziumaluminat, reagieren in wäßriger Phase außerordentlich leicht mit der Kohlensäure unter Bildung von Kalziumkarbonat. Gonell fand in den absandenden Oberflächen von Tonerdezementen stets größere Mengen von Kalziumkarbonat. Durch Lagerung der Tonerdezemente in kohlensäurearmer Luft konnte das Absanden des Tonerdezements vermieden werden. Ferner konnte Gonell feststellen, daß der Tonerdezement, wenn er einmal erhärtet ist, von der Kohlensäure der Luft nicht mehr geschädigt wird. Auch Kühl[2] ist der Ansicht, daß das Absanden der Tonerdezemente in der Hauptsache auf die Einwirkung von Kohlensäure zurückzuführen ist. Kühl beobachtete auch bei Hochofenzement, wenn auch in geringerem Maße, ein Absanden der Oberfläche. Das Absanden tritt mithin bei allen kalkarmen Zementen auf, und zwar um so mehr, je niedriger der Kalkgehalt eines Zements ist. Im Gegensatz hierzu ist Roscher Lund[3]

---
[1] Gonell, H. W.: Zement 1929 Nr. 32 S. 968; 1931 Nr. 8 S. 164.
[2] Kühl, H.: Zementprotokoll 1925 S. 282.
[3] Roscher Lund, A. F.: Zement 1929 Nr. 23 S. 718, Nr. 24 S. 748; 1931 Nr. 8 S. 164.

der Ansicht, daß das Absanden allein auf die Empfindlichkeit der Tonerdezemente gegen Austrocknung zurückzuführen ist. Wahrscheinlich ist es so, daß sowohl eine oberflächliche Austrocknung des Tonerdezements als auch der Einfluß der Luftkohlensäure das Absanden verursachen können.

Während die Abbindezeiten der Tonerdezemente sich nicht wesentlich von denen der Portlandzemente und Hüttenzemente unterscheiden, verlaufen die Erhärtungsprozesse nach Beendigung des Abbindens beim Tonerdezement mit sehr viel größerer Geschwindigkeit. Die Tonerdezemente erreichen nach 24 Stunden und manchmal sogar schon nach 12 Stunden Festigkeiten, wie sie von guten Portlandzementen meist erst nach 28tägiger Lagerung erreicht werden. Nach kurzer Zeit schon, meist nach 7 Tagen, hat sich das Erhärtungsvermögen der Tonerdezemente erschöpft. Die Festigkeiten steigen von da an nur noch wenig. Die Tabelle 66 enthält die Druck- und Zugfestigkeiten einer Reihe von Tonerdezementen in Mittelwerten.

Tabelle 66. Durchschnittliche Druck- und Zugfestigkeiten von Tonerdezementen.

Nach Tagen	1	2	3	7	28 Wasser	28 komb.
Druck	510	550	560	600	660	750
Zug	25	27	30	31	31	43
Verhältnis von Zug : Druck . .	1 : 20	1 : 22	1 : 18	1 : 19	1 : 21	1 : 17

Diese Zusammenstellung läßt erkennen, daß bei den Tonerdezementen nur die Druckfestigkeiten, nicht aber die Zugfestigkeiten hoch sind. Das Verhältnis von Zug- zu Druckfestigkeit, der Festigkeitsmodul, ist beim Tonerdezement besonders ungünstig und beträgt im obigen Beispiel bei 28tägiger Wasserlagerung 1 : 21! Die Zugfestigkeit der Tonerdezemente ist genau so hoch wie die der gewöhnlichen Portlandzemente oder Hochofenzemente.

Die Lagerungsfähigkeit der Tonerdezemente ist infolge der hohen Empfindlichkeit der Kalziumaluminate gegen die Kohlensäure und Feuchtigkeit der Luft keine besonders günstige. Der Tonerdezement wird bei ungeeigneter Lagerung sehr leicht knollig und büßt dann erheblich an Erhärtungsvermögen ein. Auch die chemische Widerstandsfähigkeit eines Tonerdezementbetons gegen aggressive Salzlösungen wird außerordentlich verschlechtert, wenn der Tonerdezement durch langes Lagern knollig geworden ist.

Der erhärtete Tonerdezement zeichnet sich vor allen anderen Zementen dadurch aus, daß er gegenüber dem Angriff von Salzlösungen, besonders von Sulfaten, eine sehr erhebliche Widerstandsfähigkeit besitzt. Dies rührt daher, daß der Tonerdezement beim Erhärten keinen freien Kalk abspaltet. Der bei der Hydrolyse des Dikalziumsilikats frei werdende Kalk wird sofort vom Monokalziumaluminat unter Bildung von Di- und Trikalziumaluminat gebunden. Diese Widerstandsfähigkeit gegen aggressive Lösungen macht den Tonerdezement bevorzugt zur Herstellung von Beton geeignet, der dem Angriff von Salzlösungen (wie Meerwasser, Industrieabwässer) ausgesetzt werden soll. Allerdings ist er nicht gegen alle Angriffe gefeit. Von Alkalilaugen und Säuren, auch von kohlensaurem Wasser wird er zerstört. Hierauf soll noch in dem Abschnitt über die Korrosion der Zemente eingegangen werden.

XVI. Die Erhärtung der Zemente.

Wenn man Zement mit Wasser zu einem Brei anmacht, so beobachtet man, daß der zunächst ganz plastische Brei nach einiger Zeit vollkommen erstarrt; Wasser und Zement bilden zusammen ein festes Reaktionsprodukt. Es erhebt sich nun die Frage, was bei diesem Erhärtungsprozeß vor sich geht. Zur Erklärung des Abbindens und Erhärtens der Zemente stehen sich in der Hauptsache zwei Theorien gegenüber, die sich beide auf ein umfangreiches Beobachtungsmaterial stützen: Die Kristallisationstheorie und die Kolloidtheorie.

Die mikroskopische Untersuchung von Zementpulverpräparaten wurde unter anderen von Ambronn[1], Keisermann[2], Blumenthal[3], Scheidler[4] und Pulfrich und Link[5] durchgeführt. Die genannten Forscher beobachteten übereinstimmend, daß der mit viel Wasser angemachte Zement eine ganze Anzahl von verschiedenen Kristallen bildet. Zunächst entstehen kleine Kristallnadeln von Kalziumhydrosilikaten, dann hexagonale Täfelchen von Trikalziumaluminat und Kalziumhydroxyd; schließlich treten gelartige Tröpfchen auf, und die Kristallnadeln zerfallen langsam wieder in Gel.

In der ersten Zeit der Erforschung der Abbindevorgänge beachtete man vor allem diese bei den mikroskopischen Pulverpräparaten auftretenden Kristallbildungen. Le Chatelier[6] stellte auf Grund dieser Kristallbildungen folgende plausible Theorie für die Erhärtung der Zemente auf: Beim Anmachen des Zements mit Wasser bildet sich zunächst eine übersättigte Lösung von verschiedenen Hydraten. Da aber die Löslichkeit der wasserfreien Zementteilchen größer ist als die der

---

[1] Ambronn, H.: Tonind.-Ztg. Bd. 33 1909 Nr. 28 S. 270.
[2] Keisermann, S.: Kolloidchem. Beih. 1910 Nr. 1 S. 423.
[3] Blumenthal, F.: Diss. Jena 1912; Zement 1914 Nr. 2 S. 20.
[4] Scheidler, H.: Diss. Jena 1915.
[5] Pulfrich, H. u. G. Link: Kolloid-Z. Bd. 34 (1924) S. 117.
[6] Chatelier, H. Le: C. R. Bd. 96 (1883) S. 1056; Chem. News Bd. 117 (1918) S. 85; Zement 1921 S. 528.

Hydrate, so kristallisieren die Hydrate in Form von langen feinen Nadeln aus. Schließlich besteht der ganze Zementbrei aus lauter Kristallnadeln, die sich ineinander verfilzen und verzahnen, und so zur Verfestigung und Erhärtung des Zements führen.

Während Le Chatelier und seine Anhänger glaubten, daß die Erhärtung der Zemente auf der Bildung von Kristallnadeln und deren Verfilzung untereinander beruhe, sind die Vertreter der Kolloidtheorie der Ansicht, daß die Erhärtung der Zemente auf kolloidchemische Prozesse zurückzuführen sei. Der erste, der gegen die Kristallisationstheorie Einwendungen erhob, war Michaelis[1]. Nach Michaelis bildet sich beim Anmachen des Zements zunächst eine übersättigte Lösung, aus der zwar auch die von Ambronn beobachteten Kristallnadeln auskristallisieren können; aber diese Kristallisation spielt für die eigentliche Erhärtung gar keine Rolle. Der Erhärtungsvorgang besteht vielmehr darin, daß die übersättigte Lösung einige Zeit nach dem Anmachen zu einem Hydrogel gerinnt. Dieses Hydrogel, das Kalkhydrosilikate und -aluminate in kolloider Form gelöst enthält, verkittet die einzelnen Zementkörner miteinander. Es trocknet allmählich aus und hat schließlich die Form einer opalartigen Gallerte.

Bevor wir hierauf näher eingehen, müssen wir zunächst noch einige kolloidchemische Begriffe klären.

Was versteht man unter einem Kolloid? Der Begriff Kolloid stammt von Graham[2], der ihn 1861 auf Grund seiner Untersuchungen über die Formzustände der Kieselsäure in die Chemie einführte. Graham fand, daß die Kieselsäure in einer Modifikation auftreten kann, in der sie weder mit dem grobkristallinen Zustand noch mit dem Zustand einer molekularen Lösung, z. B. einer gewöhnlichen Salzlösung, eine Ähnlichkeit hat. Diesen Zustand nannte er nach dem Wort colla = Leim Kolloid. Die Folgezeit hat gezeigt, daß eine ungeheure Anzahl von Stoffen kolloider Natur ist oder in den kolloiden Zustand übergeführt werden kann. Graham erkannte auch, daß die kolloiden Substanzen eine außerordentlich geringe Diffusionsgeschwindigkeit besitzen. Im Gegensatz zu den molekularen Lösungen (z. B. von NaCl) diffundieren die Kolloide durch eine halbdurchlässige Membran äußerst langsam und üben auf diese Membran nur einen sehr geringen osmotischen Druck aus. Man kam daher bald zu der Annahme, daß die Kolloide sehr große Molekülaggregationen sein müssen, so groß, daß sie durch die Poren einer semipermeablen Membran nur schwer hindurchdiffundieren können. Die Kolloide unterscheiden sich mithin von den molekularen Lösungen durch den erheblich größeren Durchmesser ihrer Teilchen.

---

[1] Michaelis, W.: Tonind.-Ztg. Bd. 30 1906 Nr. 70 S. 1138; Kolloid-Z. Bd. 5 (1909) S. 9.

[2] Graham, Th.: Ann. Chem. Liebig Bd. 121 (1862) S. 1; Philos. Trans. Roy. Soc., Lond. 1861.

Man bezeichnet nun ganz allgemein Systeme, bei denen sich die physikalisch-chemischen Eigenschaften von Punkt zu Punkt periodisch ändern, als „disperse Systeme" oder als „Dispersoide". Zu den dispersen Systemen gehören alle heterogenen Systeme: die grobdispersen Systeme, die groben Zerteilungen, auf der einen und die molekulardispersen Systeme, die molekularen Zerteilungen, auf der anderen Seite. Zwischen den grobdispersen Systemen, deren Teilchengröße wir noch mit einem gewöhnlichen Mikroskop erkennen können, und den molekulardispersen Systemen, die für das Auge völlig durchsichtig oder „optisch leer" sind, stehen nun die kolloiden Systeme. Die Teilchen der kolloiden Systeme können wir nicht mehr mit einem gewöhnlichen Mikroskop wahrnehmen. Es gibt jedoch eine Möglichkeit, die molekulardispersen Systeme von den kolloiden Systemen optisch zu unterscheiden. Wenn nämlich ein Lichtstrahl seitlich durch eine kolloide Lösung, ein Sol, fällt, so zeigt sich eine als Tyndall-Phänomen bekannte Trübung, die auf der Beugung des Lichts an den Kolloidteilchen beruht. Die kolloiden Lösungen sind also im Gegensatz zu den molekulardispersen Lösungen nicht optisch leer. Die Beugungsbilder der Kolloidteilchen lassen sich in dem Ultramikroskop von Siedentopf und Zsigmondy[1] erkennen, das auf der mikroskopischen Auflösung des Tyndall-Phänomens beruht. Das Auflösungsvermögen des Ultramikroskops ist so groß, daß noch Teilchen mit einem Durchmesser von 10^{-7} cm erkennbar sind, während die Schwelle des gewöhnlichen Mikroskops erheblich höher, ungefähr bei einem Teilchendurchmesser von 10^{-5} cm liegt. Danach sind die Kolloide disperse Systeme mit einer Teilchengröße zwischen 10^{-5} und 10^{-7} cm, wie dies in der folgenden Tabelle 67 dargestellt ist.

Tabelle 67. Disperse Systeme (nach Ostwald)[2].

Grobdisperse Systeme, zu denen die Suspensionen und Emulsionen gehören. Größe der Perioden mehr als 0,1 μ.	Kolloide Systeme, zu denen die Suspensoide und Emulsoide gehören. Größe der Perioden 0,1 μ—1 $\mu\mu$.	Molekulardisperse Systeme, zu denen die echten Lösungen gehören. Größe der Perioden weniger als 1 $\mu\mu$.

Zunehmender Dispersitätsgrad. $\longrightarrow$

Tabelle 67 zeigt, daß der Dispersitätsgrad eines Systems mit der Feinheit des Gefüges zunimmt. Je größer der Dispersitätsgrad eines Systems ist, um so kleiner sind die Teilchen des Systems und um so größer ist die relative Oberfläche der Teilchen. Wir sahen schon bei der Besprechung der frühhochfesten Zemente, in welchem Maße die

---

[1] Siedentopf, H. u. R. Zsigmondy: Ann. Physik. (4) Bd. 10 (1903) S. 1.
[2] Ostwald, Wo.: Die Welt der vernachlässigten Dimensionen, 7. Aufl. Leipzig 1927.

reaktive Oberfläche des Zements mit seiner Mahlfeinheit ansteigt. Die Zementpulver gehören zu den grobdispersen Systemen. Je mehr der Dispersitätsgrad eines solchen heterogenen Systems ansteigt, um so mehr sind die physikalisch-chemischen Eigenschaften des Systems von der relativen Oberfläche abhängig.

Die disperse Phase ist eingebettet in ein Medium von höherem Dispersitätsgrad, dem sog. Dispersionsmittel. Bei den abbindenden Zementen spielt das Anmachwasser die Rolle des Dispersionsmittels. Kieselsäure, Kalziumhydrosilikate und -aluminate und Tonerde lösen sich beim Abbinden der Zemente in kolloider Form in dem Dispersionsmittel Wasser und bilden dabei ein homogen-flüssiges Hydrosol, das mehr oder weniger stabil ist. — Ein solches Hydrosol unterscheidet sich von den gewöhnlichen kristalloiden Lösungen dadurch, daß es den Tyndall-Effekt zeigt. Im Ultramikroskop sieht man kleine leuchtende, in starker Brownscher Bewegung befindliche Teilchen.

Die kolloiden Teilchen eines Hydrosols besitzen gegenüber dem Dispersionsmittel eine elektrische Ladung, deren positiver oder negativer Charakter von der Dielektrizitätskonstante abhängt; und zwar ist immer derjenige Körper, der die größere Dielektrizitätskonstante besitzt, positiv geladen. Da das Wasser eine sehr hohe Dielektrizitätskonstante von 80 besitzt, so laden sich die meisten kolloiden Teilchen negativ und das Wasser positiv auf. Die Hydrosole der Kieselsäure sind negativ geladen, die Hydrosole des Tonerdehydrats positiv. Man kann den Charakter der Ladung eines Kolloids durch die Wanderungsrichtung der Kolloidteilchen im elektrischen Strom, durch die sog. Elektrophorese feststellen. Gibt man ein negativ geladenes Sol zu einem positiv geladenen Sol, so entladen sie sich gegenseitig und fällen sich unter Zusammenlagerung der Teilchen gegenseitig aus. Aber nicht nur entgegengesetzt geladene Sole, sondern auch entgegengesetzt geladene Ionen einer Elektrolytlösung, z. B. einer Säure oder eines Salzes, können die Kolloidteilchen eines Hydrosols ausfällen. Man unterscheidet allgemein zwischen solchen Solen, die äußerst leicht von entgegengesetzt geladenen Ionen oder Kolloidteilchen ausgefällt werden, die gegen koagulierende Einflüsse sehr empfindlich sind, und solchen Solen, die gegen Elektrolytzusätze erheblich beständiger sind und nicht so leicht koaguliert werden können. Diese nennt man lyophile, jene lyophobe Sole. Zu den lyophilen Solen gehört auch das Kieselsäuresol. Wenn man ein lyophiles Sol, also z. B. ein Kieselsäuresol, zu einem lyophoben Sol hinzusetzt, dann können die lyophoben Sole hierdurch beständiger gemacht werden. Das lyophile Sol umgibt die Kolloidteilchen des lyophoben Sols mit einer Schutzhülle und macht das lyophobe Sol gegen die Einwirkung von Elektrolyten weniger empfindlich. Solch ein lyophiles Sol nennt man in diesem Fall ein Schutzkolloid; es ist dies also ein Kolloid, das die allzu schnelle Koagulation eines lyophoben Kolloids verhindert.

Bei der Koagulation eines homogen-flüssigen Hydrosols (infolge Zusatz eines Elektrolyten oder bei längerem Stehenlassen) bildet sich mehr oder weniger schnell ein heterogenes Gebilde aus, das man als Gel bezeichnet. Das Sol erstarrt zu einer gallertartigen Masse, die in sich sehr ungleich ist und aus einem Gemenge von ganz verschieden viskosen Flüssigkeiten besteht. Der Formzustand eines Gels hängt von den verschiedensten Faktoren ab, von der Temperatur, der Art der Fällung (z. B. von der Geschwindigkeit), vom Wassergehalt und vom Alter. Wenn man ein Gel erhitzt, so verdampft das adsorptiv und chemisch gebundene Wasser stufenweise. Beim Eindampfen eines Kieselsäuregels verändern sich die optischen Eigenschaften sehr beträchtlich. Das Gel ist zunächst ganz klar, dann wird es trübe und schließlich vollkommen weiß. Gleichzeitig wird das Gel durch den Entzug des Wassers härter und härter.

Wenn ein Gel erhitzt wird, dann beobachtet man neben der Austrocknung des Gels das Auftreten von feinen Kriställchen. Auch bei gewöhnlicher Temperatur kristallisieren die Gele aus, aber dieser Vorgang geht außerordentlich langsam vor sich. So konnte Rinne[1] auf Grund von röntgenographischen Untersuchungen bei einem Kieselsäuregel die Existenz von äußerst feinen Kriställchen durch das Auftreten schwacher Röntgenlinien nachweisen. Dieser Vorgang des „Alterns" eines Gels beruht darauf, daß die kolloiden Teilchen danach streben, ihre Oberfläche zu verkleinern, ihren Dispersitätsgrad zu verringern und in den stabilen Kristallzustand überzugehen, der der kleinstmöglichen Oberfläche entspricht (s. oben die Ausführungen über das Entglasen der glasigen Hochofenschlacke S. 192 f.). — Nach dieser kleinen Abschweifung in das Gebiet der Kolloidchemie kehren wir nunmehr wieder zu dem Abbinde- und Erhärtungsproblem der Zemente zurück.

Der wichtigste Einwand, der gegen die Kristallisationstheorie der Erhärtung erhoben wird, ist der, daß man im erhärteten Zement keine Kristalle findet. Wenn man einen Dünnschliff von einem erhärteten Zement, der mit 26% Wasser angemacht wurde, herstellt und unter dem Mikroskop untersucht, so beobachtet man keinerlei Kristallnadeln und Kristallneubildungen. Nach den Untersuchungen von Pulfrich und Link[2], Kühl[3] und Dorsch[4] können die bekannten Kristallnadeln erst bei einem riesigen Überschuß von Wasser auftreten, wie dies bei den Pulverpräparaten der Fall ist. Ferner wurde von Gillson und Warren[5] gefunden, daß sich die Röntgendiagramme von frischem und erhärtetem Zement nicht voneinander unterscheiden.

---

[1] Rinne, F.: Das feinbauliche Wesen der Materie, 1922, 2./3. Aufl.
[2] Pulfrich, H. u. G. Link: Kolloid-Z. Bd. 34 (1924) S. 117.
[3] Kühl, H.: Zement 1924 S. 362; Tonind.-Ztg. Bd. 53 1929 Nr. 96 S. 1690.
[4] Dorsch, K. E.: Erhärtung und Korrosion der Zemente, 1932 S. 25.
[5] Gillson, J. L. u. E. C. Warren: J. Amer. ceram. Soc. Bd. 9 (1926) S. 786.

Die Kolloidtheorie der Erhärtung ist damit absolut gesichert. Nur dürfen wir nicht annehmen, daß die erhärteten Gele der abbindenden und erhärtenden Zemente dauernd in kolloidem Zustande bleiben. Vielmehr ist der **Kolloidzustand der erhärtenden Zemente nur ein vorübergehender Zustand**. Der kolloide Zustand spielt nur beim **Beginn** der Erhärtung eine entscheidende Rolle; nach einigen Jahren gehen die Zementgele infolge Alterung allmählich in den kristallinen Zustand über. Neuerdings wird auch von Biehl[1], Tippmann[2] und Gonell[3] die Ansicht vertreten, daß die Zementerhärtung in ihrer Gesamtheit ein **kolloid-kristalliner Vorgang** sei. Gonell untersuchte den Einfluß von wasserlöslichen Beimengungen auf das Abbinden und Erhärten von Portlandzementen und fand, daß das Gel der Portlandzementmasse bei zunehmendem Alter langsam in Kristalle übergeht.

Was geschieht nun im einzelnen beim Abbinden und Erhärten der Zemente? Die Zemente sind grobdisperse heterogene Systeme, die mit Wasser angemacht zähflüssige Suspensionen bilden. Das Dispersionsmittel reagiert nun **chemisch** mit den einzelnen Zementteilchen in verschiedener Weise. Beim Zusammentreffen von Wasser mit Portlandzement zerfällt das Trikalziumsilikat in ein kalkärmeres hydratisiertes Kalziumsilikat, zunächst in Dikalziumhydrosilikat und in Kalziumhydroxyd. Das Kalziumhydroxyd geht molekular in Lösung, während das Dikalziumhydrosilikat sich in kolloider Form löst und ein Sol bildet. Dies Sol ist lyophil und besitzt eine gewisse Beständigkeit gegen koagulative Einflüsse. Diese Beständigkeit mag daher rühren, daß das Sol gleichzeitig geringe Mengen von kolloider Kieselsäure enthält, die als Schutzkolloid wirken[4]. Gleichzeitig lösen sich neben diesem Dikalziumhydrosilikat auch die Kalziumaluminate des Portlandzements in kolloider Form in dem Dispersionsmittel Wasser auf. Die Kalziumhydroaluminatsole sind nun elektrisch entgegengesetzt geladen wie die relativ stabilen Kalziumhydrosilikatsole, und wenn die Kalziumhydroaluminate eine gewisse Konzentration im Lösungsmittel erreicht haben, findet eine plötzliche Koagulation beider Hydrosole statt. Dabei entsteht auf der einen Seite ein kalkreiches Aluminat und auf der andern Seite ein Kalziumhydrosilikatgel und gelatinöse Kieselsäure. Es bildet sich also um die Klinkerteilchen herum eine Gelschicht, die eine erste Verkittung der Zementteilchen herbeiführt. Mit Bildung dieser Gelschicht ist der weitere Zutritt des Wassers zum Klinker sehr erschwert, und die weiteren

---

[1] Biehl, K.: Zement Bd. 17 (1928) S. 12, 21, 24.
[2] Tippmann, F.: Zement Bd. 19 (1930) Nr. 52; Koll.-Ztschr. Bd. 55 (1931) S. 85.   [3] Gonell, H. W.: Z. angew. Chem. Bd. 42 (1929) S. 1087.
[4] Der Abbau des Trikalziumsilikat führt zum Teil noch weiter als zum Dikalziumsilikat. Das Dikalziumsilikat zerfällt in Monokalziumsilikat und Kalk, und das Monokalziumsilikat schließlich in Kieselsäure und Kalk, so daß Lösungen von Dikalziumsilikat alle möglichen Zerfallsprodukte, also auch Kieselsäure, gleichzeitig enthalten.

Reaktionen erfolgen wegen der geringen Diffusionsgeschwindigkeit der Gelmassen erheblich langsamer. Der noch nicht hydratisierte Klinkerkern saugt nun das für seine Hydratation benötigte Wasser aus der Gelmasse heraus. Dadurch aber, daß der Gelmasse, die in der ersten Zeit sehr wenig fest ist, Wasser entzogen wird, erhärtet sie allmählich und wird schließlich steinhart wie opalartiges Naturgestein. Die Austrocknung der Gelmasse kann durch zwei Faktoren verursacht werden: Erstens durch allmähliche Verdampfung des Anmachwassers in die Atmosphäre und zweitens dadurch, daß der noch nicht hydratisierte Zementkern das für seine Hydratation notwendige Wasser aus dem Gel heraussaugt. Michaelis nennt diesen Vorgang „innere Absaugung". Der Gelschicht wird das Wasser entzogen, und daher schrumpft sie zusammen und verfestigt sich. Dieser Prozeß schreitet sehr langsam bis zur völligen Hydratation der Zementteilchen vorwärts und dauert unter Umständen Jahrzehnte.

Bei den Hochofenzementen spielt sich das Abbinden und Erhärten ganz ähnlich ab wie bei den Portlandzementen. Auch hier bilden sich zunächst kolloide Kieselsäuresole und Tonerdesole, die sich dann bei genügender Konzentration ausflocken. Nur geschehen hier die Reaktionen infolge der Reaktionsträgheit der Hochofenschlacken erheblich langsamer. Dazu kommt, daß die Kieselsäuresole, die sich bei den Hüttenzementen in noch stärkerem Maß bilden als bei den Portlandzementen, sehr lyophil sind und erst bei höheren Konzentrationen der Tonerdesole ausgeflockt werden. Daher sind die Abbinde- und Erhärtungszeiten der Hüttenzemente im allgemeinen etwas längere als bei den Portlandzementen.

Bei den Tonerdezementen erfolgen die Abbinde- und Erhärtungsprozesse in umgekehrter Weise wie bei den obengenannten Portland- und Hüttenzementen. Hier bilden sich vor allem Tonerdesole von Monokalziumaluminat und amorpher Tonerde. Gleichzeitig entstehen Sole von Dikalziumhydrosilikat und Monokalziumhydrosilikat, und das bei der Hydrolyse des Dikalziumsilikats gebildete $Ca(OH)_2$ reagiert mit dem Monokalziumaluminat unter Bildung von Trikalziumhydroaluminat. Wenn die Konzentration der entgegengesetzt geladenen Kieselsäure- und Tonerdesole genügend groß ist, dann flocken sie sich schließlich aus und es entstehen Aluminiumhydroxydgele und Kieselsäuregele, die die Zementteilchen miteinander verkitten, austrocknen und erhärten.

Zusammenfassend können wir also über das Abbinden und die Erhärtung der Zemente sagen, daß hierbei nacheinanderfolgende Vorgänge geschehen: Solbildung — Koagulation und Gelbildung — Gelaustrocknung — Kristallisation. Die Koagulation wird entweder durch Elektrolyte oder durch eine genügend hohe Konzentration der Sole verursacht. Das bei der Hydrolyse der Kalziumsilikate entstehende Kalziumhydroxyd wird entweder in den gebildeten Gelen absorbiert, oder es kristallisiert bei genügend hoher Konzentration in Form von hexagonalen Tafeln aus. Zu ganz ähnlichen Betrachtungen kommen auch Avdalian und Gapon[1], die die Erhärtung des Zements kolloidchemisch untersuchten und die Geschwindigkeit der Erhärtung mathematisch erfaßten.

Da die Konzentration der $Ca^{··}$-Ionen bei den Erhärtungsvorgängen eine entscheidende Rolle spielt, haben Beckmann[2], Geßner[3] und Dorsch[4] die elektrische Leitfähigkeit abbindender Zemente gemessen. Sie fanden übereinstimmend, daß die Leitfähigkeit gleich nach dem Anmachen des Zements ansteigt. Dieser Anstieg ist auf die Hydrolyse des Trikalziumsilikats und die Bildung von $Ca(OH)_2$ zurückzuführen. Nach einiger Zeit — ungefähr 20—30 Minuten nach dem Anmachen — sinkt die Leitfähigkeit wieder. Die Konzentration des Zementbreis an $Ca(OH)_2$ wird wieder kleiner. Es tritt Koagulation und Gelbildung ein, und die gebildeten Gele absorbieren große Mengen von Kalkhydrat. Von nun an verlaufen die Leitfähigkeitsänderungen langsamer. Durch die Bildung der Gele wird die Diffusionsgeschwindigkeit des Zementwassergemischs so herab-

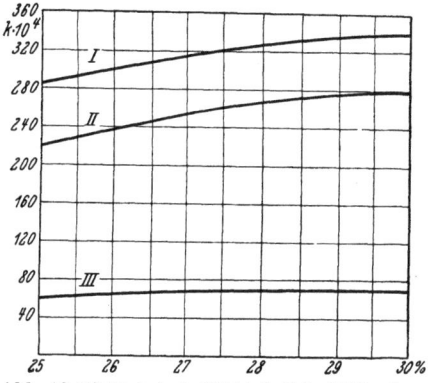

Abb. 42. Elektrische Leitfähigkeit in Abhängigkeit vom Wasserzusatz (nach Dorsch).
I hochwertiger Portlandzement, II Hochofenzement, III Tonerdezement.

gesetzt, daß die weiteren Reaktionen nur noch sehr langsam vor sich gehen. Dorsch untersuchte ferner die Leitfähigkeit verschiedener abbindender Zemente in Abhängigkeit vom Wasserzusatz. Das Ergebnis dieser Untersuchungen ist aus Abb. 42 ersichtlich.

Die graphische Darstellung der spezifischen Leitfähigkeit dreier Zemente, eines hochwertigen Portlandzements, eines Hochofenzements und eines Tonerdezements, in Abhängigkeit von der Anmachwassermenge zeigt, daß die Leitfähigkeit sämtlicher Zemente mit der Wassermenge ansteigt und daß darüber hinaus sehr erhebliche Unterschiede zwischen den verschiedenen Zementarten bestehen. Der mit Wasser angemachte Tonerdezement hat eine weit geringere Leitfähigkeit als der Hochofenzement und der Hochofenzement eine geringere als der Portlandzement. Dorsch setzt die elektrische Leitfähigkeit der abbindenden Zemente in Beziehung mit dem Verhalten dieser Zemente

---

[1] Avdalian, D. und E. Gapon: Journ. f. angew. Chem. (russ. Shurnal prikladnoi Chimii) Bd. 1 (1928) S. 316.   [2] Beckmann, H.: Zement 1927 S. 37.
[3] Geßner, H.: Kolloid-Z. 1928 Nr. 36; 1929 Nr. 37.
[4] Dorsch, K. E.: Erhärtung und Korrosion der Zemente, 1932 S. 38—53.

gegen aggressive Salzlösungen, und kommt dabei zu dem Schluß, daß die Zemente mit niedriger elektrischer Leitfähigkeit gegen den Angriff der Salzlösungen widerstandsfähiger sind als Zemente mit großer Leitfähigkeit, und ferner, daß je kleiner die Wassermenge ist, mit der ein Zement angemacht wird, um so größer seine Widerstandsfähigkeit gegen aggressive Salzlösungen ist.

Die Hydratation des Zements geht außerordentlich langsam vor sich, und nur ein Bruchteil der gesamten Zementmasse tritt mit dem Anmachwasser beim Abbinden und Erhärten in Reaktion. Selbst nach Jahrzehnten sind die Zementteilchen noch nicht völlig hydratisiert. Wenn man z. B. einen alten erhärteten Zement, der jahrelang im Wasser gelegen hat, trocknet und pulverisiert, dann bindet er ab und erhärtet von neuem. Nur die alleräußersten Schichten, die Oberflächenpartien der Zementteilchen haben mit dem Anmachwasser reagiert. Eine weitere Reaktion des Wassers wird durch die Gelschichten, die sich um die Zementteilchen herum gebildet haben, verhindert. Wenn auch das Wasser allmählich vom Klinkerkern her aus den Gelschichten abgesaugt wird, so hat auch diese „innere Absaugung" ihre Grenzen, denn die Gele halten einen großen Teil des Wassers adsorptiv fest. Anderegg und Hubbell[1] haben die Tiefe der Hydratation an Zementteilchen von einem durchschnittlichen Durchmesser von 15—30 μ mikroskopisch gemessen. Danach beträgt die durch die Hydratation erreichte Tiefe eines typischen Portlandzementklinkers nach 7 Tagen ungefähr 1,5 μ, nach 28 Tagen über 3,5 μ und nach 90 Tagen etwa 5 μ. Nach ungefähr 12 Monaten waren die Zementteilchen vollständig hydratisiert. Die Geschwindigkeit und der Grad der Hydratation ist in der ersten Zeit sehr groß und fällt dann ab. Dies ergibt sich ja ohne weiteres aus der abnehmenden Oberfläche des hydratisierten Zements und der immer dicker werdenden, die Oberfläche der Zementteilchen bedeckenden hydratisierten Gelschicht. Anderegg und Hubbell stellten ferner mikroskopisch fest, daß die Hydratation der Zemente durch niedrige Temperaturen verlangsamt und durch höhere Temperaturen beschleunigt wird, eine Erscheinung, die ja schon lange beim Abbinden der Zemente bekannt ist. Um den Einfluß der Temperatur auf die Abbindezeit der Zemente auszuschalten, ist ja nach den Normen vorgeschrieben, daß die Abbindezeit der Zemente bei einer Temperatur von 18° C gemessen werden muß; diese Forderung ist im Sommer zeitweise recht schwer zu erfüllen. Anderegg und Hubbell beobachteten ferner, daß die Anwesenheit von Kalziumsulfat im Portlandzement die Hydratationsgeschwindigkeit innerhalb der ersten 28 Tage zu verlangsamen scheint. Damit kommen wir nun zu der Frage nach dem Verhalten der Zemente gegen Elektrolytzusätze.

---

[1] Anderegg, F. O. u. D. S. Hubbell: Proc. Amer. Soc. Test. Mat. Philadelphia Bd. 29 (1929) Teil II. Concrete Bd. 37 (1930) S. 94.

Wir wissen ja bereits, daß die Stabilität kolloider Sole und Gele in hohem Maße von Elektrolyten beeinflußt wird. Bei genügender Konzentration eines Elektrolyten (in Wasser dissoziierende Salze, Säuren oder Alkalien) in einem Hydrosol tritt Koagulation der Kolloidteilchen ein. Auch die Abbinde- und Erhärtungsprozesse von Zementen werden durch Elektrolytzusätze naturgemäß sehr stark beeinflußt. Es wurde schon erwähnt, daß man den Portlandzementklinkern einige Prozent Gips zusetzt, um auf diese Weise die Abbindezeiten des Zements zu regeln. Ohne Zusatz von Gips sind die Zemente meist Raschbinder; durch Gipszusatz werden die Abbindezeiten verzögert, die Portlandzemente werden Langsambinder.

Worauf beruht nun diese Wirkung des Gipses? Wir hatten oben gesagt, daß das Abbinden und Erhärten des Portlandzements dadurch zustande kommt, daß ein Kalziumhydrosilikatsol durch ein Kalziumhydroaluminatsol unter Gelbildung koaguliert wird. Diese Koagulation setzt zeitlich schon ziemlich früh ein. Wäre im Portlandzement kein Kalziumhydroaluminatsol vorhanden, so würde die Koagulation des Kalziumhydrosilikatsols erst sehr viel später möglich sein. Setzt man nun zum Portlandzement etwas Gips hinzu, so tritt nicht das ein, was man vielleicht zunächst annehmen sollte, nämlich eine noch schnellere Koagulation der Hydrosole, sondern es findet eine chemische Umsetzung statt. Das Kalziumsulfat reagiert in wäßriger Lösung spontan mit den Kalziumhydroaluminaten unter Bildung von hydratisiertem Kalziumaluminiumsulfat, über dessen Zusammensetzung wir weiter oben sprachen. Das Kalziumaluminiumsulfat kristallisiert in langen feinen Nadeln aus, die die einzigen kristallinen Neubildungen im abgebundenen Zement sein dürften. Durch diese chemische Reaktion des Gipses mit den Kalziumhydroaluminaten des abbindenden Portlandzements wird erreicht, daß die Konzentration des Kalziumhydroaluminatsols sinkt und daß der größte Teil der Kalziumaluminate zunächst für die Bildung der Kalziumaluminiumsulfatkristalle verbraucht wird. So kommt es, daß die Konzentration der Kalziumhydroaluminatsole in der ersten Zeit nach dem Anmachen des Zements nicht genügend groß ist, um eine schnelle Koagulation, Gelbildung und damit schnelles Abbinden herbeizuführen. Die Abbindezeit wird verlangsamt. Allerdings muß der Zusatz des Kalziumsulfats in gewissen niedrigen Grenzen bleiben. Überschreitet der Gipszusatz eine gewisse Grenze, so wirkt er wie jeder Elektrolytzusatz. Das Kalziumsulfat flockt dann das Kalziumhydrosilikat aus und wirkt abbindebeschleunigend. Dazu kommt, daß bei zu hohem Gipszusatz die Gefahr besteht, daß der Portlandzement anfängt zu treiben.

Elektrolyte können nicht nur die Koagulation eines kolloiden Hydrosols herbeiführen und beschleunigen, sie können auch, namentlich in stärkerer Konzentration, koagulierte Kolloidteilchen wieder in den

Solzustand überführen. Man nennt diese Erscheinung Peptisation. Auf den abbindenden Zement angewandt heißt das, daß Elektrolyte den Abbinde- und Erhärtungsvorgang nicht nur beschleunigen, sondern auch verzögern können; es gibt sogar Stoffe, durch deren Zusatz das Abbinden und Erhärten des Zements überhaupt unmöglich gemacht wird. So genügen schon ganz geringe Mengen von Zucker, um das Abbinden des Zements sehr empfindlich zu stören und zu verhindern. Der Zucker wirkt peptisierend auf die Gelbildung des abbindenden Zements ein. Phosphorsaure und borsaure Salze verzögern das Abbinden und Erhärten der Zemente schon bei einem Zusatz von 1% im Anmachwasser.

Die meisten Salze wirken jedoch auf das Abbinden und Erhärten der Zemente beschleunigend ein. Sie führen eine schnelle Koagulation und Gelbildung der Zemente herbei. Durch diese vorzeitige Koagulation und Gelbildung wird jedoch verhindert, daß das Anmachwasser tiefer in die Klinkerteilchen eindringt, und es wird infolgedessen ein kleinerer Teil der gesamten Zementmasse hydraulisch verwertet. So beobachtet man denn auch, daß die infolge eines Elektrolytzusatzes schnell abbindenden Zemente zwar sehr schnell höhere Festigkeiten erlangen, daß aber diese frühen hohen Festigkeiten später nicht weiter ansteigen und zum Teil sehr erheblich hinter den Festigkeiten normal angemachter Zemente zurückbleiben. Von den abbindebeschleunigenden Salzen seien vor allem die Chloride der Alkalien, Erdalkalien und Schwermetalle und die Alkalikarbonate genannt. Von der abbindebeschleunigenden Wirkung der Alkali- und Erdalkalichloride wird in hohem Umfang bautechnisch Gebrauch gemacht.

Bekanntlich entstehen durch Frosteinwirkung auf Mörtel und Beton Schäden, solange jene noch nicht genügend fest sind, also während des Abbindens und in der ersten Zeit des Erhärtens. Um diese Schäden zu verhindern oder zu verringern, werden dem Anmachwasser von Mörtel und Beton lösliche Salze hinzugesetzt. Diese Salze haben folgende Aufgaben zu erfüllen:

1. den Gefrierpunkt des feuchten Mischguts herabzusetzen,
2. die Wärmeentwicklung während des Abbindens zu steigern und so das Gefrieren gewisse Zeit hintanzuhalten,
3. die Abbinde- und Erhärtungsvorgänge im Mörtel und Beton zu beschleunigen.

Diese Bedingungen erfüllen die in der Praxis hierfür verwendeten Salze $CaCl_2$ und $NaCl$. Weiterhin müssen aber an die Verwendung dieser Salze noch einige wichtige Bedingungen geknüpft werden. So soll der Zusatz des Salzes keine allzu schädlichen Wirkungen auf die wichtigste Mörtel- und Betoneigenschaft ausüben, nämlich auf die Festigkeit; es darf eine hohe Anfangsfestigkeit nicht auf Kosten der späteren Festigkeiten erreicht werden. Eine weitere beachtenswerte Frage ist die, ob das verwendete Salz hygroskopisch ist oder nicht. Stark hygroskopische Salze können unter Umständen ein Bauwerk dauernd feucht halten und eine Zerstörung der Eisenverstärkungen verursachen, womit aber nicht gesagt sein soll, daß die Verwendung solcher Salze gelegentlich nicht doch von Vorteil ist, um z. B. ein Austrocknen und Schwinden des Baumaterials zu verhindern. Ferner ist zu beachten, daß, wenn man größere Mengen von diesen Salzen verwendet, an der Oberfläche des Betons oder Mörtels Ausblühungen und Entfärbungen eintreten können.

Thomas[1] hat die Ergebnisse sämtlicher experimenteller Arbeiten über diesen Fragenkomplex zusammengestellt und ausgewertet. Es zeigt sich, daß diese Ergebnisse in zahlreichen Punkten sehr widerspruchsvoll sind. Doch lassen sich aus allen Arbeiten mit Sicherheit folgende allgemeingültige Sätze ableiten:

1. Wenn man Kalziumchlorid bzw. Natriumchlorid in geeigneten Mengen zum Anmachwasser von Portlandzement oder -beton zusetzt, so kann eine gewisse Schutzwirkung gegen beschränkte Frostgrade in der ersten Zeit des Abbindens und Erhärtens erreicht werden.

2. Die Verwendung von Kalziumchlorid ist mit einem gewissen Risiko verbunden. Man hat zwar in zahlreichen Fällen bei seiner Verwendung sogar noch nach 3 Jahren bei normaler Temperatur Festigkeitszunahmen gefunden. Am günstigsten scheinen dabei Zusätze von 2—4% $CaCl_2$ zu wirken. Aber auf der anderen Seite zeigen auch viele Versuche starke Festigkeitsrückgänge, besonders der Zugfestigkeit.

3. Beton, dem Natriumchlorid zugesetzt wurde, zeigt nach einiger Zeit sehr beträchtliche Festigkeitsrückgänge. Die hygroskopischen Eigenschaften des gewöhnlichen Rohsalzes können zwar dazu benutzt werden, um ein stärkeres Schwinden zu verhindern, aber der starke Festigkeitsabfall allein sollte schon genügen, um das Natriumchlorid vom bautechnischen Gebrauch auszuschließen.

4. Die Wirkung des $CaCl_2$ ist bei den verschiedenen Zementen, ja sogar bei den verschiedenen Bränden gleicher Fabrikation verschieden. Sie hängt ferner von dem Mischungsverhältnis Zement-Zuschlagmaterial, von der Konsistenz des Betonmischguts, von der Temperatur und von den Lagerungsbedingungen des Betons ab. Es ist daher bei dieser großen Zahl von unbestimmten Faktoren ungemein schwierig, allgemeine Regeln über die Verwendung dieser Salze aufzustellen. Um sich vor Fehlschlägen bei Verwendung dieser Salze zu schützen, sollten jeweils vor der Herstellung des Betons eingehende Vorversuche durchgeführt werden.

5. Bei metallverstärkten Betonbauwerken ist es nicht ratsam, diese Salze in irgendeiner Form zu verwenden. Wenn der Beton nicht sehr dicht ist, so kann eine Zerstörung der Metalle durch diese Salze eintreten.

---

[1] Thomas, W. N.: Build. Research. Spec. Report, Bd. 14. London 1929.

6. Bei Tonerdezementen sollte $CaCl_2$ und $NaCl$ nicht verwendet werden.

Der Verfasser hat an einer Reihe von Zementen den Einfluß von verschiedenen Chloriden auf das Abbinden untersucht. Für diese Versuche wurden 2-, 4-, 6-, 8- und 10%ige Lösungen von $CaCl_2$, $MgCl_2$, $NaCl$ und $FeCl_3$ als Anmachwasser verwendet. Die folgende Tabelle 68 zeigt die Verkürzung der Abbindezeiten mit zunehmender Salzkonzentration bei einem hochwertigen Portlandzement. Die Ergebnisse sind bei den gewöhnlichen Portlandzementen und Hochofenzementen ganz ähnlich.

Tabelle 68. **Abbindezeiten eines hochwertigen Portlandzements bei verschiedenen Chloridzusätzen zum Anmachwasser.**

Prozent Salz im Anmach- wasser	Abbindebeginn in Minuten				Abbindeende in Minuten				Bindezeit in Minuten			
	$CaCl_2$	$MgCl_2$	$NaCl$	$FeCl_3$	$CaCl_2$	$MgCl_2$	$NaCl$	$FeCl_3$	$CaCl_2$	$MgCl_2$	$NaCl$	$FeCl_3$
0	176	176	176	176	320	320	320	320	144	144	144	144
2	90	125	121	111	222	235	274	320	132	110	153	209
4	80	113	114	91	173	218	270	236	93	105	156	145
6	69	104	112	71	130	209	264	206	61	105	152	135
8	62	101	110	43	112	198	262	173	50	97	152	130
10	54	89	116	27	105	166	262	171	51	77	146	144

Ferner wurden vom Verfasser Versuche unternommen, um den Einfluß von verschiedenen Elektrolytzusätzen auf die Festigkeit der Zemente zu messen. Von diesen Untersuchungen seien nur die Ergebnisse der Kalziumchloridprüfung bei einem gewöhnlichen Portlandzement mitgeteilt. Es wurden 2-, 5- und 10%ige Lösungen von Kalziumchlorid hergestellt, die als Anmachwasser benutzt wurden. Der Wasserzusatz zu den 1:3-Normenmörteln betrug 8,37%. Zum Vergleich wurden auch Mörtelkörper mit destilliertem Wasser hergestellt. Die Ergebnisse dieser Untersuchungen zeigt die Tabelle 69.

Tabelle 69. **Druck- und Zugfestigkeit von Portlandzement-Normenmörteln bei verschiedenen Kalziumchloridzusätzen im Anmachwasser (in kg/qcm).**

Prozent $CaCl_2$ im Anmach- wasser	2 Tage		3 Tage		7 Tage		28 Tage Wasser		28 Tage kombiniert		2 Monate kombiniert	
	Zug	Druck	Zug	Druck	Zug	Druck	Zug	Druck	Zug	Druck	Zug	Druck
0	16,9	128	19,3	173	23,0	278	31,3	318	39,7	377	47,2	492
2	20,5	231	24,8	254	26,8	352	32,5	494	40,7	509	42,3	547
5	20,6	281	26,1	331	27,2	390	38,9	519	42,3	592	41,6	571
10	19,8	211	15,2	240	21,3	280	29,2	444	37,2	505	30,6	517

Diese Versuche zeigen, daß bei Zusatz von 2—10% $CaCl_2$ zum Anmachwasser beim Portlandzement in der ersten Zeit des Erhärtens recht erhebliche Festigkeitssteigerungen eintreten. Am günstigsten wirkte sich ein Zusatz von 5% $CaCl_2$ aus, durch den der Portlandzement bereits nach 3 Tagen eine Druckfestigkeit (331 kg/qcm) erreichte, die er ohne Zusatz erst nach 28 Tagen erhielt (318 kg/qcm in Wasser, 377 kg/qcm bei kombinierter Lagerung). Tabelle 69 läßt auch erkennen, daß der Portlandzement ohne Zusatz nach einiger Zeit die Festigkeiten des Portlandzements mit Kalziumchloridzusatz einholt. Besonders deutlich wird dies bei den Zugfestigkeiten, die durch den Kalziumchloridzusatz sehr in Mitleidenschaft gezogen werden. Bei einem Zusatz von 10% $CaCl_2$ ist die Zugfestigkeit auf 30,6 kg/qcm gegenüber 47,2 kg/qcm beim normalen Portlandzement gesunken.

Die kolloiden Sole und Gele der abbindenden und erhärtenden Zemente reagieren außerordentlich sensibel auf den Zusatz von Elektrolyten. Wie empfindlich abbindende Zemente sind, zeigen auch Versuche von Dorsch und Probst[1] über den Einfluß des Anmachwassers auf die Mörtelfestigkeit. Dorsch und Probst verwendeten bei der Herstellung von Portlandzement-Normenmörteln als Anmachwasser Leitungswasser und destilliertes Wasser und konnten zwischen den mit verschiedenem Wasser hergestellten Normenmörteln deutliche Festigkeitsunterschiede feststellen. Auf Grund ihrer Beobachtungen kommen sie zu der Forderung, das Anmachwasser für die Herstellung von Normenkörpern zu normieren, d. h. destilliertes Wasser bei der Normenprüfung zu verwenden.

Für besondere Zwecke — z. B. um einen Zement wasserdicht oder porös oder meerwasserbeständig zu machen — werden die Zemente mit bestimmten Zusätzen behandelt. Aber alle diese Zusätze sind mit großer Vorsicht zu verwenden, da durch sie, wie wir oben sahen, das Abbinden und Erhärten der Zemente meist recht erheblich gestört wird.

So wird z. B. wasserdichter Zement nach dem Verfahren von Grimm, Liebold und Wittich in der Weise hergestellt, daß man den Klinker im warmen Zustande mit wasserabweisenden Mitteln wie Japanwachs, Stearin oder Seife tränkt. Der sog. Antiquazement enthält tonige Erdwachse, Asphalt oder bituminöse Braunkohle. Andere Zemente enthalten Zusätze von mit Gerbsäurelösung getränktem Gips (nach dem Verfahren von Gaddard), wieder andere Wasserglas, Kalziumchlorid und bituminöse Stoffe (nach dem Verfahren von Giese). Eine weitere Möglichkeit, einen Beton wasserdicht zu machen, besteht darin, daß man den Zusatz nicht dem Zement, sondern dem Anmachwasser beigibt. Auch hier verwendet man eine große Reihe von Mitteln, von denen nur die Alkaliseifen (Sikaverfahren), bituminöse Stoffe und Wasserglas genannt seien. Bei all diesen Zusätzen, deren Wirkung im wesentlichen darauf beruht, daß die Mörtel- und Betonporen verstopft und das Eindringen von Wasser verhindert wird, sinkt die Festigkeit der Zemente mehr oder

---
[1] Probst, E. u. K. E. Dorsch: Zement 1930 Nr. 43 S. 1009.

weniger stark. Der Festigkeitsabfall ist bei den verschiedenen Zementen ganz verschieden, und daher läßt sich auch keine allgemeine Regel für die zu verwendenden Zusatzmengen aufstellen. Die einzige allgemein gültige Regel für die bautechnische Praxis ist die, bei Verwendung dieser Zusätze äußerst vorsichtig zu sein und stets durch Vorversuche die Eignung des betreffenden Mittels zur Wasserabdichtung und die Festigkeitsabnahme genau zu prüfen.

Die Herstellung von porösem Beton und Leichtbeton beruht darauf, daß dem Zement ein Treibmittel, wie Zinkstaub, Kalzium- oder Aluminiumpulver, zugesetzt wird; beim Versetzen mit Anmachwasser entwickelt das Treibmittel Wasserstoff und treibt so den Beton noch während des Abbindens auf. Auch bei diesen Zusätzen ist äußerste Vorsicht geboten, weil bei der Reaktion des Anmachwassers mit den metallischen Pulvern stark alkalische Neubildungen entstehen, die in völlig unkontrollierbarer Weise mit den Kalziumhydrosilikat- und -aluminatsolen reagieren und das Abbinden und Erhärten der Zemente sehr erheblich stören.

Salzzusätze werden auch häufig verwendet, um einen Zement gegen den Angriff von aggressiven Salzlösungen widerstandsfähiger zu machen. Diese Salze haben die Aufgabe, das beim Abbinden und Erhärten frei werdende Kalkhydrat unter Bildung von möglichst schwer löslichen Kalziumverbindungen wie z. B. Kalziumkarbonat, Kalziumphosphat, Kalziumarseniat, Kalziumborat, Kalziumoxalat zu binden. Man verwendet hierfür die Alkalisalze der Kohlensäure, Phosphor- und Arsensäure, Oxalsäure und Kieselfluorwasserstoffsäure. Aber auch bei Verwendung dieser Salze ist größte Vorsicht geboten, denn die Festigkeiten werden meist schon bei ganz geringen Zusätzen sehr ungünstig beeinflußt. Der Verfasser und ebenso Tremper[1] fanden neuerdings auf Grund von sehr eingehenden Untersuchungen, daß alle diese chemischen Zusätze zum Beton zwecks Erhöhung der Widerstandsfähigkeit gegen chemische Angriffe recht wenig nützen. Einige Zusätze, wie z. B. geringe Mengen von Na_2CO_3 im Anmachwasser, erhöhen zwar in ganz geringem Maße die Widerstandsfähigkeit der Portlandzemente, aber keines der untersuchten Mittel bewährt sich auf die Dauer. Damit kommen wir nun zu dem Korrosionsproblem der Zemente, das wir abschließend noch kurz besprechen wollen.

XVII. Die Korrosion der Zemente.

Das Problem der Korrosion der Zemente ist eines der wichtigsten der Zementchemie. Das Interesse, das man diesem Problem entgegenbringt, wächst von Jahr zu Jahr. Es sind vor allem wirtschaftliche

---

[1] Tremper, B.: J. Amer. Concr. Inst., Detroit, Bd. 3 (1931) Nr. 1.

Gründe, die dieses Interesse hervorgerufen haben. Alle Baumaterialien unterliegen einer unaufhörlichen langsamen Zerstörung, bei der das Wasser die Hauptrolle spielt. Um dies zu belegen, sei auf die zerstörenden Kräfte hingewiesen, denen die Betonbauten im Meerwasser (die Hafendämme, Molen und Leuchttürme), die Talsperren und Brücken im See- und Flußwasser, die Kanalbauten durch die Abwässer der Großstädte und Industrien ausgesetzt sind. Das Bestreben der heutigen Zementchemie geht dahin, diese Zerstörungen hintanzuhalten und Zemente zu finden, die den korrodierenden chemischen Angriffen Widerstand leisten können. Nun werden ja alle Stoffe, auch die Naturgesteine, unter dem Einfluß der wechselnden Witterung und durch Säuren, Alkalien und Salze mehr oder weniger schnell zerstört. Doch die Widerstandsfähigkeit von Beton und Mörtel ist im Vergleich zu den meisten Naturgesteinen außerordentlich klein. Das Ziel, das durch die Forschungsarbeiten in der Zementchemie angestrebt wird, ist das, die Dauerhaftigkeit und Widerstandsfähigkeit eines Mörtels und Betons der eines natürlich vorkommenden Gesteins, z. B. der eines Granits, annähernd ähnlich zu machen. Ein Zement sollte in unabsehbar langer Zeit nicht zerstört werden, wenn er periodisch mit Regen oder Grundwasser in Berührung kommt, oder wenn auf ihn verdünnte Säuren oder Salzlösungen, vor allem Sulfate, einwirken.

Man hat die geringe Widerstandsfähigkeit der Zemente gegen chemische Angriffe eigentlich erst im vorigen Jahrhundert zu beachten begonnen. Dies hängt damit zusammen, daß man erst im vorigen Jahrhundert mit der Verwendung von Beton zu Meerwasserbauten begann und erst hierbei die unerfreulichsten Erfahrungen mit dem Zement machte. Seit den Veröffentlichungen von Vicat[1], Candlot[2], Le Chatelier[3] und Michaelis[4], die die ersten grundlegenden Beobachtungen über den Einfluß aggressiver Lösungen auf Mörtel und Beton machten, sind auf diesem Gebiet unzählige Arbeiten erschienen. Der Verfasser[5] hat diese Arbeiten in einem Anhang seines Buches über die Erhärtung und Korrosion der Zemente zusammengestellt.

Der weitaus größte Teil dieser Arbeiten enthält Berichte über Zerstörungen an Bauwerken, Flüssigkeitsbehältern, Talsperren, Flußdämmen, Brücken und Molen; nur wenige Arbeiten sind Veröffentlichungen systematischer wissenschaftlicher Untersuchungen. Dazu kommt, daß sich die Ergebnisse dieser Arbeiten meist widersprechen. Dies zeigt am

---

[1] Vicat, L. J.: Rech. sur les causes chimiqu. d. l. déstruct. des composées hydrauliques par l'eau d. mer. 1851 u. a.

[2] Candlot, E.: Bull. Soc. Encour. Ind. nat. Bd. 89 (1886) S. 682 u. a.

[3] Le Chatelier, H.: Kongreß der Untersuchung der Baumaterialien. Paris 1900 u. a.

[4] Michaelis, W.: Tonind.-Ztg. Bd. 16 1892 Nr. 6 S. 105.

[5] Dorsch, K. E.: Erhärtung und Korrosion der Zemente, 1932 S. 110f.

deutlichsten eine frühere Literaturzusammenstellung von Gaßner[1]. Es liegt dies daran, daß bei der Prüfung und Beurteilung des Verhaltens von Zement, Mörtel und Beton gegenüber den verschiedenen aggressiven Stoffen, Salzlösungen, Säuren und Ölen, die genaue Festlegung und Innehaltung der Versuchsbedingungen von ausschlaggebender Bedeutung ist. Da diese einfache Tatsache jedoch in den meisten Fällen bisher nicht beachtet wurde, so stehen wir heute immer noch gewissermaßen am Anfang dieser Forschungsarbeit. Ohne genaue Versuchsbedingungen ist ein Vergleich von Untersuchungsergebnissen praktisch nicht möglich. Probst und Dorsch[2] haben in einer Reihe von systematischen Arbeiten nachgewiesen, daß bei der Untersuchung der Widerstandsfähigkeit von Zementen gegen aggressive Salzlösungen zahlreiche Faktoren beachtet werden müssen. Solche Faktoren sind z. B. die Art des Zements, die Art, Konzentration und Temperatur der aggressiven Lösung, die Mahlfeinheit des Zements, die Beschaffenheit und Abstufung des Zuschlagmaterials, die Dichte und Porosität des Betons usw. Aus der Unkenntnis und Vernachlässigung oder der nur teilweisen Beachtung dieser einfachen physikalisch-chemischen Faktoren, die die Widerstandsfähigkeit des Zements in ganz entscheidender Weise beeinflussen, erklären sich die in der gesamten Literatur über die Zementkorrosion immer wieder auftauchenden Widersprüche in den Versuchsresultaten. Auf Grund der Untersuchungen von Probst und Dorsch läßt sich heute bereits sagen, daß Arbeiten, die die genannten Faktoren außer acht lassen, kein wissenschaftlich verwertbares Forschungsmaterial darstellen.

Wie tritt nun die Korrosion des Zements, Mörtels und Betons äußerlich in Erscheinung, und welche Korrosionsursachen kennen wir?

Es gibt eine ganze Anzahl von Ursachen, die die Zerstörung eines Betons herbeiführen können. Einige von ihnen hatten wir schon kennengelernt. Wenn z. B. ein Beton unsachgemäß behandelt wird, in der ersten Zeit nicht genügend feucht gehalten oder in ungeeigneter Weise hinsichtlich der Zuschlagmaterialien und der Menge des Zements zusammengesetzt wird, oder wenn Frost auf den Beton in der ersten Zeit des Erhärtens einwirkt, dann treten häufig nach einiger Zeit Schwindrisse auf, die den Beton völlig auseinandersprengen und ungeheuren Schaden anrichten können. Durch geeignete Maßnahmen kann das Auftreten dieser Schwindrisse hintangehalten werden. Solche Maßnahmen sind z. B. gutes Feuchthalten des Betons in der ersten Zeit des Erhärtens, Schutz des Betons vor Austrocknung, das Vermeiden von zu starker Wärmeentwicklung des Zements beim Abbinden und Erhärten, Ver-

---

[1] Gaßner, O.: Tonind.-Ztg. Bd. 48 1924 Nr. 43 S. 467, Nr. 49 S. 528, Nr. 52 S. 569, Nr. 54 S. 591.
[2] Probst, E. u. K. E. Dorsch: Zement 1929 S. 292, 338 u. 1090. Neuere Untersuchungen über die Einwirkung chemisch aggressiver Lösungen auf Zement und Mörtel. Forsch.ber. d. Techn. Hochschule zu Karlsruhe i. B. 1931.

wendung von möglichst zementarmen Betonmischungen, gute Abstufung des Zuschlagmaterials, Herstellung möglichst kleiner Betonmassen unter Einsetzung von Dehnungsfugen, Schutz des Betons vor zu frühzeitiger Frosteinwirkung.

Eine Zerstörung des Betons kann ferner dann eintreten, wenn der verwendete Zement ein Kalk-, Magnesia- oder Gipstreiber ist. Auch in diesem Fall beobachten wir nach einiger Zeit das Auftreten von Rissen, die den Beton auseinandersprengen. Diese Art der Zerstörung kommt heute kaum mehr vor, da die Kontrolle des Zements in den Fabriken allgemein recht streng gehandhabt wird. Trotzdem empfiehlt es sich für den Verbraucher, die Raumbeständigkeit des gelieferten Zements selbst zu prüfen, namentlich bei größeren Betonbauten.

Von diesen Korrosionsursachen, die gewissermaßen in der Herstellung des Betons begründet sind, wollen wir im folgenden nicht sprechen, sondern von den von außen her einwirkenden chemischen Ursachen. Die chemischen Einwirkungen auf den Beton sind mannigfach und deshalb sind auch die Korrosionserscheinungen sehr verschiedenartig. Trotz dieser Verschiedenartigkeit lassen sich die Zerstörungserscheinungen immer auf zwei Typen zurückführen, nämlich auf ein **Absanden und Weichwerden** des Betons und auf eine **Sprengung** des Betons. Im einen Fall wird der Zement durch den aggressiven Stoff gelöst und aus dem Beton herausgewaschen. Die Korrosion beginnt damit, daß der Sand an der Oberfläche sich lockert und abbröckelt, daß die Zuschlagmaterialien Sand und Kies bloßgelegt werden und die Oberfläche des Betons rauh wird. Diese Art der Einwirkung wird in der Regel durch Säuren und Basen verursacht. Im andern Fall beobachtet man zunächst das Auftreten von feinen Treibrissen an der Oberfläche des Betons, die sich mehr oder weniger schnell erweitern und schließlich den Beton auseinandersprengen. Der aggressive Stoff ist hier meist eine Salzlösung, und zwar gewöhnlich ein Sulfat.

Der Reaktionsmechanismus bei der Zerstörung des erhärteten Zements oder Betons ist in allen Fällen recht einfach. Es sind im wesentlichen nur Elektrolyte, die mit den Zementen in doppelter Umsetzung reagieren: Säuren, Basen und Salze.

Säuren. Alle Zemente werden von Säuren zerstört. Die Kalziumsilikate und -aluminate werden aufgelöst, wobei das Säureion mit dem Kalk unter Bildung von mehr oder weniger löslichen Kalksalzen reagiert. Die Reaktionen erfolgen nach folgendem Schema:

$$CaO \cdot SiO_2 + 2\,HCl \rightarrow CaCl_2 + SiO_2 + H_2O$$
$$CaO \cdot SiO_2 + H_2SO_4 \rightarrow CaSO_4 + SiO_2 + H_2O\,.$$

Das erhärtete Kalziumsilikat und -aluminat des Zements zerfällt also in ein hydraulisch unwirksames wasserlösliches Kalksalz. Gleichzeitig scheiden sich Kieselsäure und Tonerde in gelatinöser Form aus.

Die Zersetzungsgeschwindigkeit hängt von der Konzentration und von dem Dissoziationsgrad der Säure ab.

Auch eine so schwache Säure wie die Kohlensäure macht hiervon keine Ausnahme. Diese Art der Zerstörung ist in der Natur außerordentlich verbreitet; sie tritt überall da auf, wo kohlensäurehaltige Wässer auf Mörtel und Beton treffen. Die Zerstörung der Zemente durch Kohlensäure geht nach Dorsch in folgenden Stufen vor sich:

1. Die Kohlensäure reagiert bei Atmosphärendruck mit dem Kalk des Zements unter Bildung von kohlensaurem Kalk nach der Gleichung:

$$Ca(OH)_2 + CO_2 \rightarrow CaCO_3 + H_2O.$$

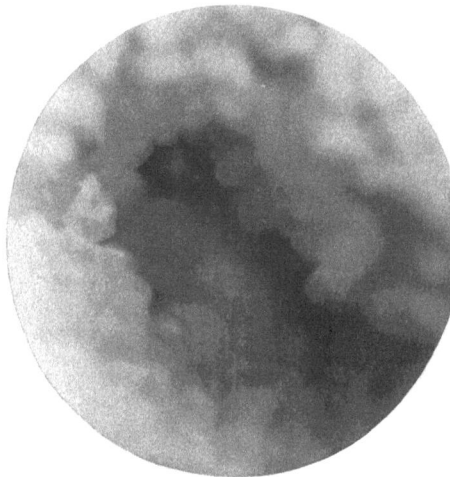

Abb. 43. Mikrophotographie einer Zementoberfläche mit Kalziumkarbonatausblühungen.

Dabei bildet sich auf der Oberfläche des Betons zunächst eine wasserunlösliche Schutzschicht von Kalziumkarbonat in Form einer weißen kristallinen Ausscheidung, die sich in Salzsäure unter Aufbrausen löst. Abb. 43 zeigt die Mikrophotographie einer solchen Zementoberfläche.

Meist sind diese Kalziumkarbonatausscheidungen auf der Oberfläche des Betons nicht rein weiß, sondern gelblich bis braun und rotbraun gefärbt. Das rührt daher, daß die natürlichen kohlensauren Wässer meist Eisenoxydhydrat enthalten, das sich gleichzeitig mit dem Kalziumkarbonat auf dem Beton ausscheidet.

2. Das nach 1. gebildete Kalziumkarbonat reagiert mit weiteren Mengen von Kohlensäure unter Bildung von Kalziumbikarbonat nach der Gleichung:

$$CaCO_3 + H_2O + CO_2 \rightarrow Ca(HCO_3)_2.$$

3. Das gebildete $Ca(HCO_3)_2$ geht entweder in Lösung und wird vom Wasser weggeführt — und damit wird ein weiterer direkter Angriff der Kohlensäure auf den Zement möglich —, oder es reagiert mit dem freien Kalk in tieferliegenden Schichten unter Bildung von kohlensaurem Kalk nach der Gleichung:

$$Ca(HCO_3)_2 + Ca(OH)_2 \rightarrow 2\,CaCO_3 + H_2O.$$

4. Das so entstandene Kalziumkarbonat wird durch weitere Kohlensäuremengen wieder in Kalziumbikarbonat umgewandelt und das gebildete Kalziumbikarbonat setzt sich erneut mit dem freien Kalk in noch tieferen Schichten des Zements um.

So tritt stufenweise eine immer weitere Zerstörung des Zements durch kohlensäurehaltiges Wasser ein. Die Kohlensäure findet im Zement stets Stufen mit hohem Kalkgehalt vor sich, und nach der Einwirkung hinterläßt sie Stufen mit niedrigerem Kalkgehalt. Schließlich ist der gesamte Kalk durch die Kohlensäure aus dem Zementgefüge herausgelöst.

Die Oberflächenschichten eines Portlandzements, der ein Jahr lang in kohlensaurem Wasser gelagert hatte, wurden von Dorsch analysiert. Die Zusammensetzung dieser 2 mm starken Oberflächenschicht betrug:

SiO_2 = 50,84% (20,24%)
CaO = 16,14% gegenüber (65,44%) des ursprünglichen
$\left.\begin{array}{l}Al_2O_3\\Fe_2O_3\end{array}\right\}$ = 23,26% (9,43%) Portlandzements.

Der Kalkgehalt des Zements sank demnach unter der Einwirkung der Kohlensäure von 65,44% auf 16,14%.

Ein Treiben findet bei dieser Art der Zerstörung nicht statt, sondern eine allmähliche Zermürbung, die am Ende zum völligen Zerfall des Zements führt.

Der Einfluß von kohlensaurem Wasser auf Mörtel und Beton ist schon häufig beschrieben worden (vgl. unter anderem die Literaturzusammenstellung des Verfassers in der a. a. O. genannten Arbeit). Bei näherer Einsichtnahme in diese Veröffentlichungen kommt man jedoch zu der Feststellung, daß umfassende experimentelle Untersuchungen über dies Gebiet bis heute noch fehlen. Im Gegensatz zu den Arbeiten früherer Forscher, die zum Teil die Kalklöslichkeit von Zementpulvern in kohlensauren Wässern untersuchten, steht eine neuere Arbeit von Tremper[1]. Dieser amerikanische Forscher berücksichtigte bei seinen sehr umfassenden Arbeiten Verhältnisse, wie sie wirklich in der Praxis vorkommen, so daß seine Versuchsergebnisse ohne weiteres der Praxis nutzbar gemacht werden können.

Für diese Versuche wurden 3000 Versuchskörper (Zylinder und Prismen) aus plastisch verarbeitetem Beton mit gut abgestuftem Zuschlagmaterial hergestellt. Diese Betonkörper wurden in große Behälter mit strömendem Wasser von verschiedenem, künstlich eingestelltem Kohlensäuregehalt, also von bestimmten p_H-Werten, eingelagert. Zum Vergleich wurde eine Reihe von Körpern in destilliertes Wasser und in Naturwässer (Bäche) von bekanntem Säuregehalt eingelagert.

Bevor aber über die Ergebnisse der Tremperschen Versuche berichtet wird, sei kurz auf eine Definition des Begriffes p_H eingegangen, dessen Verwendung zur Bezeichnung des Säuregehalts einer Flüssigkeit immer mehr auch in der bautechnischen Praxis Eingang findet. Das Symbol p_H wird benutzt, um die Wasserstoffionenkonzentration einer wäßrigen

---

[1] Tremper, B.: J. Amer. Concr. Inst., Detroit Bd. 3 (1931) Nr. 1.

Lösung auszudrücken; es ist somit ein gewöhnliches Maß für den Säuregrad einer Lösung. p_H ist nun nicht einfach proportional der Wasserstoffionenkonzentration, sondern ist der negative dekadische Logarithmus der Wasserstoffionenkonzentration. Ein Wert von $p_H = 7$ bezeichnet Neutralität und entspricht der Wasserstoffionenkonzentration von völlig reinem Wasser. Lösungen mit p_H-Werten größer als 7, also z. B. 8, 9, 10 usw. bis 13, sind alkalisch; solche mit p_H-Werten kleiner als 7 sauer. Die Wasserstoffionenkonzentration einer Lösung von $p_H = 6$ oder $p_H = 5$ ist 10 bzw. 100mal größer als die von $p_H = 7$. Je niedriger der p_H-Wert einer Flüssigkeit ist, um so saurer ist sie.

Um die Laboratoriumsversuche den Verhältnissen der Praxis anzupassen, untersuchte Tremper zunächst die Wasserstoffionenkonzentration von 50 verschiedenen Flüssen und Bächen. Dabei zeigte sich, daß nur 7 saures Wasser hatten, d. h. bei ihnen war der p_H-Wert kleiner als 7. 19 hatten einen p_H-Wert zwischen 7 und 7,3; alle übrigen hatten p_H-Werte von 7,4 und mehr. Die 7 sauren Wässer entstammten kleinen Bächen, die durch niedrig gelegenes Wiesenland flossen. Hieraus folgert Tremper, daß der Säuregehalt eines Naturwassers in der Hauptsache von pflanzlichen Stoffen (Humussäure) und nicht von der Kohlensäure der atmosphärischen Luft herrührt. Bei einem Wasserfall z. B., wo ja eine besonders innige Berührung des Wassers mit der Kohlensäure der Luft stattfindet, fand Tremper nur einen p_H-Wert von 7,4. Das Wasser war also alkalisch.

Die in bestimmten Zeitabständen geprüften Druckfestigkeiten der Versuchskörper wurden von Tremper daraufhin untersucht, bei welchen p_H-Werten sich Festigkeitsschädigungen einstellten. Dabei zeigte sich, daß bei allen p_H-Werten unter 7, also auch zwischen 6 und 7, Zerstörungen des Betons eintraten. Der Grad der Zerstörungen ist umgekehrt proportional den p_H Werten.

Alle untersuchten Portlandzemente verhielten sich bei den Temperschen Versuchen gegenüber dem kohlensauren Wasser gleich schlecht. Dabei war es ganz gleichgültig, ob der Beton vor der Einwirkung des aggressiven Wassers noch besonders behandelt worden war, ob er z. B. vorher getrocknet oder einer Wasserdampfbehandlung bei allen möglichen Temperaturen ausgesetzt wurde. Dieser Befund ist sehr beachtlich, denn es ist andererseits von Thorvaldson[1], Miller und Manson[2] und auch vom Verfasser festgestellt worden, daß die Widerstandsfähigkeit eines mit Wasserdampf behandelten Betons gegenüber sulfatsalzhaltigen Lösungen sehr beträchtlich ansteigt.

In der Praxis spielen die Angriffe durch Säuren eine sehr mannigfaltige Rolle. So wurden schon Betonzerstörungen infolge der Einwirkung von Essig, gährendem Wein und saurer Milch beobachtet. In chemischen

---

[1] Thorvaldson, T., D. Wolchow u. V. A. Vigfusson: Canad. J. Res. Sept. 1929 S. 273.   [2] Miller u. Manson: Publ. Roads Bd. 12 (1931) S. 64.

Fabriken, Brauereien, Gerbereien, in Elektrizitätswerken (Akkumulatorenräumen) usw., überall treten Zerstörungen des Betons durch Säuren ein, gegen die ein ununterbrochener, aber bis heute noch recht erfolgloser Kampf geführt wird.

Basen. Da die Zemente selbst sehr stark basischen Charakter haben, so ist ihre Widerstandsfähigkeit gegenüber alkalischen Stoffen wie Kalilauge, Natronlauge und Ammoniakwasser naturgemäß unvergleichlich viel größer als gegenüber Säuren. Wenn man aber annehmen würde, daß der Beton eine schier unbegrenzte Widerstandsfähigkeit gegenüber allen Alkalien besitzt, so ist dies falsch. Bekanntlich vermögen die Alkalihydroxyde mit den Kalziumaluminaten der Zemente unter Bildung von wasserlöslichen Alkalialuminaten zu reagieren. Diese Einwirkung ist um so geringer, je kleiner der Tonerdegehalt eines Zements ist. Infolgedessen kann man erwarten, daß Zemente um so weniger von Alkalilaugen angegriffen und in ihrer Festigkeit beeinflußt werden, je niedriger ihr Tonerdegehalt ist. Probst und Dorsch[1] haben den Einfluß von 10%iger Natronlauge und von 10%igem Ammoniakwasser auf die Festigkeit verschiedener 1:3-Zementmörtel untersucht. Sie konnten bei den Rheinsand- und Normensandmörtelkörpern von hochwertigem und gewöhnlichem Portlandzement, von Hochofenzement und Portlandjurament selbst nach einer Lagerung von nahezu zwei Jahren in 10%iger Natronlauge keine Festigkeitsrückgänge feststellen. Anders aber verhielten sich die Tonerdezementmörtelkörper in 10%iger Natronlauge. Sie zeigten zwar äußerlich keine Angriffe, aber ihre Festigkeiten waren sehr erheblich gesunken (s. Tabelle 70).

Tabelle 70. **Zugfestigkeit von 1:3-Tonerdezementmörteln in 10%iger Natronlauge und destilliertem Wasser.**

Lösung	Normensand		Rheinsand	
	500 Tage	700 Tage	500 Tage	700 Tage
Destilliertes Wasser . . .	36,8	42,8	57,8	58,9
10%ige Natronlauge . .	23,6	16,6	46,4	39,9

Damit dürfte die Annahme, daß die Alkalihydroxyde mit den Kalziumaluminaten der Zemente reagieren, richtig sein. Diese Reaktion geht bei den silikatischen Zementen nur langsam vor sich und spielt bei ihrem niedrigen Tonerdegehalt eine so untergeordnete Rolle, daß sie in einem Zeitraum von fast zwei Jahren praktisch noch nicht in Erscheinung tritt. Aber bei den in der Hauptsache aus Kalziumaluminaten bestehenden Tonerdezementen ist diese Reaktion von sehr großer Bedeutung. Vermutlich bilden sich im weiteren Verlauf der Reaktion unter Volumenänderung Zeolithe, d. h. wasserhaltige Alkali-Tonerdesilikate, die

---

[1] Probst, E. u. K. E. Dorsch: a. a. O.

schließlich eine Sprengung des Mörtels oder Betons herbeiführen. Jedenfalls zeigen diese Versuche eindeutig, daß der Tonerdezement gegenüber dem Angriff von Alkalilaugen von allen Zementen die geringste Widerstandsfähigkeit besitzt.

Die Untersuchungen mit 10%igem Ammoniakwasser ergaben, daß bei sämtlichen Zementen, auch beim Tonerdezement, keine Zerstörungen eintreten, und daß die Festigkeiten der Zemente durch die Lagerung im Ammoniakwasser in keiner Weise beeinträchtigt werden. Die für die Industrie wichtige Frage, ob Ammoniakwasser in Betonbehältern ohne Schädigung des Betons aufbewahrt werden darf, ist also zu bejahen.

Salze. Die wichtigste Ursache der Zerstörung von Mörtel und Beton ist der Angriff durch Salzlösungen. Die Salze unterscheiden sich von den Säuren dadurch, daß sie nicht mit den Kalziumsilikaten und -aluminaten des abgebundenen Zements, sondern zunächst und in erster Linie nur mit dem freien Kalkhydrat reagieren. Die Reaktion erfolgt in doppelter Umsetzung, z. B. nach folgenden Gleichungen:

$$Ca(OH)_2 + (NH_4)_2SO_4 \rightarrow CaSO_4 + 2\,NH_4OH$$
$$Ca(OH)_2 + Na_2SO_4 \rightarrow CaSO_4 + 2\,NaOH$$
$$Ca(OH)_2 + MgSO_4 \rightarrow CaSO_4 + Mg(OH)_2$$
$$Ca(OH)_2 + MgCl_2 \rightarrow CaCl_2 + Mg(OH)_2.$$

Wir sehen also, daß die Korrosion der Zemente durch Salzlösungen an das Vorhandensein von freiem Kalkhydrat geknüpft ist, das beim Abbinden und Erhärten der Zemente infolge Hydrolyse frei wurde. Das Kalziumhydroxyd reagiert mit den Ionen der Salzlösungen unter Bildung von mehr oder weniger löslichen Kalksalzen. Die Kalksalze kristallisieren im abgebundenen Zement in Form von sehr wasserreichen Kristallen aus, und diese können, wenn sie in genügender Menge vorhanden sind und die entsprechende Kraft besitzen, den Beton auseinandersprengen.

Da die Zerstörung der Zemente durch Salzlösungen im wesentlichen an die Anwesenheit von freiem Kalkhydrat gebunden ist, so ergibt sich als unmittelbare Folge, daß die verschiedenen Zemente durch Salzlösungen verschieden stark angegriffen werden (im Gegensatz zu dem Angriff durch Säuren). Die Messung der elektrischen Leitfähigkeit abbindender Zemente hatte ja ergeben (s. oben), daß die Leitfähigkeit in folgender Reihenfolge abnimmt: Hochwertiger Portlandzement → Gewöhnlicher Portlandzement → Hochofenzement → Tonerdezement.

Da die Leitfähigkeit eines erhärteten Zements von seinem Gehalt an freiem Kalk abhängt, so ergibt sich hieraus ganz generell, daß die **Widerstandsfähigkeit eines Zements gegen chemische Angriffe mit steigendem Gehalt an freiem Kalkhydrat abnimmt.** Diese Korrosionsregel hat natürlich wie jede Regel auch Ausnahmen, die dann eintreten, wenn ganz spezielle Reaktionen eines Salzes mit einem Zement stattfinden.

Die Portlandzemente haben somit eine geringere Widerstandsfähigkeit gegen Salzlösungen als die Eisenportlandzemente oder gar die Hochofenzemente, bei denen der größte Teil des freien Kalkhydrats durch die Hochofenschlacke in Form von Kalziumhydrosilikaten gebunden wurde. Die Tonerdezemente sind noch widerstandsfähiger gegen aggressive Salzlösungen als die Hüttenzemente, da die an und für sich schon sehr geringe Menge Kalkhydrat, die beim Tonerdezement infolge der Hydrolyse des Dikalziumsilikats entsteht, sofort in Form von Trikalzium- und Tetrakalziumaluminat gebunden wird. In der Tat konnten auch Probst und Dorsch bei ihren systematischen Untersuchungen an den verschiedenen Zementen immer wieder feststellen, daß die Widerstandsfähigkeit der Zemente gegen aggressive Lösungen in folgender Reihe zunimmt:

Portlandzemente → Hüttenzemente → Tonerdezemente.

Eine Ausnahme von der oben genannten Korrosionsregel finden wir z. B. bei den Natriumsulfatlösungen, weil hier Nebenreaktionen eintreten. Bei der Einwirkung von Natriumsulfat auf Zement entsteht neben dem Kalziumsulfat Natronlauge:

$$Ca(OH)_2 + Na_2SO_4 \rightarrow CaSO_4 + 2\,Na(OH).$$

Die Bildung dieser Lauge bewirkt, daß die Tonerdezemente in den Natriumsulfatlösungen eine erheblich geringere Widerstandsfähigkeit besitzen. Das bei der Einwirkung des Natriumsulfats gebildete Natriumhydroxyd greift nämlich die Kalziumaluminate der Zemente an, und bildet lösliches Natriumaluminat, z. B. nach folgenden Gleichungen:

$$3\,CaO \cdot Al_2O_3 + 6\,NaOH \rightarrow 3\,Na_2O \cdot Al_2O_3 + 3\,Ca(OH)_2$$
$$\text{bzw. } CaO \cdot Al_2O_3 + 6\,NaOH \rightarrow 3\,Na_2O \cdot Al_2O_3 + Ca(OH)_2 + 2\,H_2O.$$

Gleichzeitig bilden sich hierbei neue Mengen von freiem Kalkhydrat, die dem Angriff offenstehen. Diese Reaktionsgleichungen lassen erkennen, warum der Tonerdezement, der ja in der Hauptsache aus Kalziumaluminaten besteht, gegenüber den Natriumsulfatlösungen kein so günstiges Verhalten wie gegenüber den übrigen Sulfatsalzlösungen zeigt.

Der Erzzement hingegen, der sich in allen Salzlösungen ganz ähnlich wie der gewöhnliche Portlandzement verhält, ist in den Natriumsulfatlösungen widerstandsfähiger als Portlandzement. Der Gehalt an Al_2O_3 (und damit an Kalziumaluminaten) beträgt beim Portlandzement etwa 6—7%, beim Erzzement nur 1—2%.

Von allen betonschädlichen Salzen sind die Sulfate am gefährlichsten. Sie sind in der Natur außerordentlich stark verbreitet. Ein großer Teil der Salze im Meerwasser besteht aus Sulfaten. Im Wasser der Nordsee z. B. sind ungefähr 3—3,5% Salze gelöst. Davon sind 78% Natriumchlorid, 2% Kaliumchlorid, 9% Magnesiumchlorid, 6,5% Magnesiumsulfat und 4% Kalziumsulfat. Die drei letztgenannten Salze sind betonschädlich.

Man kann sich die Zerstörung durch die Sulfate so vorstellen, daß die Salzlösung in die Poren des Zements eindringt und mit dem freien Kalk, der sich in den erhärteten Kieselsäure- und Tonerdegelen befindet, unter Bildung von Kalziumsulfat reagiert. Das Kalziumsulfat kristallisiert innerhalb des Zementgefüges aus. Die gebildeten Kristalle haben die Tendenz zu wachsen und entwickeln dabei gegen ihre Umgebung ungeheure Druckkräfte, die schließlich den Beton auseinandersprengen. Ferner reagiert ein Teil des gebildeten Kalziumsulfats mit den Kalziumhydroaluminaten des abgebundenen Zements. Dabei entsteht das schon mehrfach erwähnte Kalziumaluminiumsulfat, das mit 32,5 Molekülen Wasser in Form von feinen Kristallnädelchen auskristallisiert, und gleichfalls eine Zersprengung des Betons bewirkt. Primär tritt jedoch eine Zerstörung des Betons dadurch ein, daß das freie Kalkhydrat in Kalziumsulfat umgewandelt wird. Man hat früher allgemein angenommen, daß die Hauptursache der Sulfatkorrosion in der Bildung des Kalziumaluminiumsulfats zu erblicken sei. Gegen diese Annahme spricht jedoch die Tatsache, daß die Tonerdezemente, bei denen infolge des hohen Gehalts an Kalziumaluminaten die günstigsten Bedingungen für das Entstehen des Kalziumaluminiumsulfats gegeben sind, von Sulfaten nur in ganz geringem Maße angegriffen werden. Da ferner der tonerdearme Erzzement durch Sulfatsalzlösungen fast genau so stark angegriffen wird, wie die sehr viel tonerdereicheren Portlandzemente (mit Ausnahme von Na_2SO_4), so ergibt sich der Schluß, daß die Ursache für die Sulfatzerstörung der Zemente hauptsächlich in der Bildung von Kalziumsulfat zu erblicken ist.

Die folgenden Abb. 44 und 45 sollen vor Augen führen, in welcher Weise die Zerstörungen an Zementkörpern in Erscheinung treten. Die in diesen Abbildungen gezeigten Versuchskörper bestanden aus reinen Zementen und lagerten 60 bzw. 90 Tage in 15%iger Ammonsulfatlösung.

Von den Sulfaten besitzt das Ammoniumsulfat die größte Aggressivität. Das Ammonium ist eine sehr schwache Base und wird deshalb von dem freien Kalk des Zements besonders leicht aus seinen Verbindungen vertrieben. Charakteristisch hierfür ist, daß Ammoniumsalzlösungen schon kurze Zeit nach der Einlagerung von Zement, Mörtel und Beton nach Ammoniak riechen. Der Kalk reagiert mit dem Säurerest unter Bildung von Kalksalzen. Diese Labilität der Ammonsalze gegenüber einer Base wie dem Kalkhydrat ist die Ursache für die hohe Aggressivität sämtlicher Ammonsalze. Diese Korrosionsart spielt bei den Kanalisationsanlagen zur Fortschaffung der fäkalhaltigen Abwässer der Großstädte eine sehr bedeutende Rolle.

Auch die Magnesium-, Natrium-, Aluminium- und Eisensulfatlösungen und in milderer Form sogar Kalziumsulfatlösungen sind den Zementen außerordentlich gefährlich.

Weniger aggressiv wirken Chloride. Aber auch hier, z. B. bei den Lösungen des Magnesiumchlorids (Meerwasser!), konnten schon sehr

Abb. 44. Zementwürfel aus gewöhnlichem Portlandzement (links), hochwertigem Portlandzement (Mitte) und Tonerdezement (rechts) nach 60tägiger Lagerung in 15%iger Ammonsulfatlösung.

starke Beschädigungen beobachtet werden. So fanden Probst und Dorsch bei Portlandzementmörteln nach 500- und 700tägiger Lagerung

Abb. 45. Zementwürfel aus Erzzement (links) und Hochofenzement (rechts) nach 90tägiger Lagerung in 15%iger Ammonsulfatlösung.

in 15%iger Magnesiumchloridlösung sehr starke Festigkeitsrückgänge (s. Tabelle 71).

Tabelle 71. Zugfestigkeit von 1:3-Portlandzementmörteln bei Lagerung in 15%iger Magnesiumchloridlösung und in destilliertem Wasser in kg/qcm.

Lösung	Hochwertiger Portlandzement		Gewöhnlicher Portlandzement	
	500 Tage	700 Tage	500 Tage	700 Tage
Destilliertes Wasser . . .	38,5	41,2	33,2	37,4
15%ige Magnesiumchloridlösung	20,9	22,6	22,3	22,8

Neben den Säuren, Basen und Salzen gibt es noch zahlreiche andere aggressive Stoffe, durch deren Einwirkung die erhärteten Zemente zerstört werden. Zu ihnen gehören z. B. alle fetten Öle. Die fetten Öle sind Verbindungen von Glyzerin mit Öl- und Fettsäuren, sog. Ester. Diese Ester können durch die Einwirkung einer Base, also z. B. von Kalziumhydroxyd oder von Natronlauge usw. „verseift" werden. Der Ester spaltet sich dabei in ein fettsaures Alkali- oder Erdalkalisalz (Seife) und in Glyzerin. Bei der Einwirkung von fetten Ölen auf Beton reagiert das Kalziumhydroxyd des Zements mit dem Öl. Das Öl wird verseift, und es bildet sich eine Kalkseife. Durch die Bildung der fett- und ölsauren Kalksalze wird der Beton zerstört; er wird allmählich aufgeweicht. Sämtliche tierischen und pflanzlichen Fette und Öle, also z. B. Leinöl, Sojaöl, Butter und Margarine, Milch und Trane, können Beton und Mörtel angreifen und zerstören. Besonders gefährlich sind die fetten Öle, wenn sie ranzig oder sauer geworden sind, weil sie dann mehr oder weniger große Mengen von freien Säuren enthalten.

Völlig anders verhalten sich die Mineralöle, die durch fraktionierte Destillation von Rohteer oder Naphtha gewonnen werden. Zu ihnen rechnet man die Leichtöle (Benzin, Benzol, Petroleum), Mittelöle und Schweröle, die meist als Brenn- und Treibstoff oder als Schmiermittel für Maschinen benutzt werden. Alle diese Mineralöle, die leider immer wieder mit den fetten Ölen verwechselt werden, sind chemisch vollkommen indifferente Substanzen, die auf den Beton in keiner Weise schädlich einwirken. Man sollte allerdings darauf achten, daß die Mineralöle nicht zu früh mit dem Beton in Berührung kommen, weil diese Öle möglicherweise in den Beton eindringen und dort das für eine gute Erhärtung notwendige Wasser aus dem Beton herausdrängen können. Wenn die Mineralöle freie Säuren oder fette Öle enthalten, dann sind sie selbstverständlich betonschädlich. Daher müssen die Mineralöle, bevor man sie auf den Beton einwirken läßt, auf die Anwesenheit von fetten Ölen oder freien Säuren geprüft werden. Als Säuren rechnen in diesem Falle auch die Phenole, die mit dem Kalkhydrat des Zements unter Bildung von Kalziumphenolaten reagieren.

Auch Zuckerlösungen vermögen die Zemente zu zerstören, indem sie das Kalkhydrat als Kalziumsacharat binden. Bei dieser Art der Zerstörung wird der Beton nicht auseinandergesprengt, sondern allmählich aufgeweicht. Der Beton zerfällt schließlich schlammförmig. Weit gefährlicher ist allerdings der peptisierende Einfluß des Zuckers auf das Abbinden und Erhärten der Zemente. Wenn sich geringe Mengen von Zucker im Anmachwasser befinden, dann bindet der Zement überhaupt nicht mehr ab.

Wir haben gesehen, daß die Korrosion der Zemente von der Art des Zements und von der Art der aggressiven Lösung abhängt. Es gibt aber noch eine ganze Reihe anderer Faktoren, die gleichfalls die Korrosion des Mörtels und Betons entscheidend beeinflussen.

Einer dieser Faktoren ist z. B. die Konzentration der aggressiven Lösung. Es ist klar, daß die Zerstörung des Betons um so schneller und gründlicher vonstatten geht, je stärker die Konzentration der aggressiven Lösung ist, die auf ihn einwirkt. Bei wissenschaftlichen Untersuchungen über die Zementkorrosion muß ferner die Menge der aggressiven Lösung, sowie die Oberfläche und die Menge der Versuchskörper beachtet werden.

Ein weiterer sehr wichtiger Faktor bei der Korrosion ist die Temperatur der aggressiven Lösung, die von ungeheurem Einfluß auf den gesamten Zerstörungsverlauf ist. Probst und Dorsch stellten bei ihren Untersuchungen fest, daß die Geschwindigkeit, mit der die Versuchskörper in den Salzlösungen zerstört wurden, im Sommer weit größer war als im Winter. Bei genauerer systematischer Nachprüfung dieses Temperatureffekts fanden sie schon innerhalb des kleinen Temperaturbereichs zwischen -5^0 und $+30^0$ C sehr erhebliche Unterschiede in der Korrosionsgeschwindigkeit[1]. Diese Untersuchungen zeigen, daß der Einfluß der Temperatur bei allen systematischen experimentellen Arbeiten auf dem Korrosionsgebiet sowie auch in der Praxis des Betonbaues berücksichtigt werden muß. Die Einwirkung des Meerwassers auf Mörtel und Beton dürfte in Ländern mit verschiedenem Klima ebenfalls verschieden sein; in solchen mit wärmerem Klima werden stärkere Angriffe zu erwarten sein als bei durchschnittlich kälterem Klima. Diese Erkenntnis muß in der Praxis dazu führen, daß in heißen Ländern bei Betonbauten, die aggressiven Lösungen (z. B. Meerwasser) ausgesetzt werden, besonders widerstandsfähige Zemente verwendet werden müssen; ferner sollte man bei solchen Bauten ganz besondere Vorsicht walten lassen, um Unfälle durch Zerstörungen am Mörtel und Beton zu verhüten.

Von entscheidendem Einfluß auf die Betonkorrosion ist ferner die Mahlfeinheit des Zements. Es ist ohne weiteres klar, daß mit einem Ansteigen der Mahlfeinheit gleichzeitig die Oberfläche des Zements und damit seine Reaktionsfähigkeit zunimmt. Ein hochfeiner Zement wird beim Abbinden und Erhärten durch das Anmachwasser sehr viel mehr aufgeschlossen und durchhydratisiert als ein gröberer. Bei einem feiner gemahlenen Portlandzement entsteht damit auch mehr gelförmige Kittsubstanz und gleichzeitig mehr freies Kalkhydrat. So beobachtet man denn auch, daß die hochwertigen Portlandzemente, die sich vor den gewöhnlichen Portlandzementen durch eine wesentlich höhere Mahlfeinheit auszeichnen, gegenüber dem Angriff sämtlicher aggressiver Lösungen besonders wenig widerstandsfähig sind. Während bei den Untersuchungen von Probst und Dorsch gewöhnlicher Portlandzement in 15%iger Ammonsulfatlösung erst nach 15 Tagen die ersten Treibrisse zeigte, traten beim hochwertigen Portlandzement schon nach 7 Tagen die ersten Zerstörungserscheinungen auf. Die entsprechenden Werte bei 15%iger Natriumsulfatlösung waren 97 Tage gegen 63 Tage und bei 15%iger Magnesiumsulfatlösung 210 Tage gegen 97 Tage. Stets wurde

---

[1] Dorsch, K. E.: Erhärtung und Korrosion der Zemente, 1932 S. 100.

bei den hochwertigen Portlandzementen ein wesentlich früherer Zerstörungsbeginn und schnellerer Zerstörungsverlauf gegenüber den gröber gemahlenen gewöhnlichen Portlandzementen festgestellt. Unter dem Gesichtspunkt der Zerstörbarkeit durch aggressive Lösungen sind also die hochwertigen Portlandzemente besonders minderwertig. Um die Widerstandsfähigkeit eines Zements gegen aggressive Lösungen zu erhöhen, müßte man wahrscheinlich so verfahren, daß man den Zement weniger fein mahlt und auf diese Weise seine reaktionsfähige Oberfläche möglichst klein macht. Es wäre auch zu untersuchen, ob nicht durch eine sorgfältige Abstufung der Korngrößen des Zements eine größere Dichtigkeit des Zementgefüges herbeigeführt werden könnte und damit das Eindringen aggressiver Lösungen erschwert werden würde.

Welche Rolle spielt nun das Zuschlagsmaterial bei der Korrosion des Mörtels und Betons, und wie muß das Zuschlagsmaterial zusammengesetzt sein, damit der Beton möglichst widerstandsfähig gegen chemische Angriffe ist? Wir wissen ja, daß auch natürliche Gesteine der Zerstörung und Verwitterung anheimfallen, und je widerstandsfähiger das Zuschlagsmaterial selber gegen korrodierende Einflüsse ist, um so besser ist es für die Herstellung von Beton geeignet. Darüber hinaus muß allerdings die Oberfläche des Zuschlagsmaterials, des Sandes und Kieses, so beschaffen sein, daß sich die einzelnen Teilchen in möglichst dichter Packung aneinanderlegen können. Daher ist ein natürliches Kiesmaterial für diesen Zweck stets geeigneter als gebrochenes Material.

Eine noch wichtigere Rolle spielt die Kornzusammensetzung oder, wie man auch sagt, die Abstufung des Zuschlagsmaterials. Diese Kornzusammensetzung steht in ganz engem Zusammenhang mit der Dichte und Porosität des Betons. Es ist klar, daß ein schlecht abgestuftes Zuschlagsmaterial, bei dem z. B. ein großer Teil der Sand- und Kiesteilchen gleiche Korngröße besitzt, einen ganz porösen undichten Beton liefern muß. Die Hauptbedingung für die Herstellung eines Betons mit hohem Dichtigkeitsgrad[1] ist die, daß das Zuschlagsmaterial gut abgestuft wird, d. h. daß die Komponenten Sand und Kies in ganz bestimmten Korngrößen zusammengesetzt werden. Wenn man zwei Betonkörper von verschiedener Porosität in Wasser eintaucht, so wird sich ohne Zweifel der mit der größeren Porosität schneller mit Flüssigkeit vollsaugen. Dies bedeutet, daß die aggressiven Lösungen bei einem porösen Beton, der weit mehr Makroporen aufweist als ein dichter Beton, sehr schnell in größere Tiefen einzudringen vermögen und den Betonkörper nicht nur von außen her, sondern auch tief im Innern zerstören können. Besonders deutlich wird dies bei der Gegenüberstellung von Mörtelkörpern aus Normensand und Rheinsand. Der Normensand ist ein Sand,

---

[1] Unter dem Dichtigkeitsgrad versteht man das Verhältnis von Raumgewicht zum spezifischen Gewicht: $d = \dfrac{r}{s}$.

bei dem alle Körner möglichst gleiche Größe haben; der aus ihm hergestellte Mörtel ist sehr wenig dicht und hat zahllose Makroporen, durch die die aggressiven Flüssigkeiten hindurchfluten können. Der Rheinsand hingegen ist ein gut abgestufter Flußsand mit ungefähr folgenden Korngrößen:

Korngröße in mm	Gewichtsprozent
0 —0,3	10%
0,3—0,8	20%
0,8—3	70%

Der Rheinsand liefert einen dichten Mörtel, der dem Eindringen von aggressiven Flüssigkeiten erheblichen Widerstand entgegensetzt.

Aus den Untersuchungen von Probst und Dorsch geht einwandfrei hervor, daß die Beständigkeit eines Mörtels oder Betons gegenüber aggressiven Salzlösungen mit der Verwendung eines sorgfältig abgestuften Zuschlagsmaterials gewaltig ansteigt. Dies konnte bei den Mörtelkörpern aus Normensand und Rheinsand in zahllosen Fällen immer wieder bestätigt werden. Die Wirkung des Rheinsandes gegenüber dem Normensand ist auf die größere Dichte des aus ihm hergestellten Mörtels zurückzuführen; sie ist also rein mechanisch, nicht chemisch. Als Beispiel für die starke Wirkung der Kornabstufung auf die Widerstandsfähigkeit eines Mörtels sei die folgende Tabelle 72 angeführt, in der der Zerstörungsbeginn von Normen- und Rheinsandkörpern verschiedener Zemente in 15%iger Ammonsulfatlösung zusammengestellt ist.

Tabelle 72.

	Zerstörungsbeginn in Ammonsulfatlösungen nach Tagen					
	Hochwertiger Portlandzement	Gewöhnlicher Portlandzement	Erzzement	Hochofenzement	Portlandjurament	Tonerdezement
Normensand	3	10	12	25	41	nach 700 Tagen noch unversehrt
Rheinsand .	6	30	25	41	45	

Die Porosität eines Mörtels oder Betons wird aber nicht nur durch die Kornabstufung des Zuschlagsmaterials, sondern auch durch die Menge des Anmachwassers entscheidend beeinflußt. Die Abhängigkeit der Mörtel- und Betonfestigkeit vom Wasserzementfaktor[1] ist seit langem bekannt. In diesem Zusammenhang sei nur an die Arbeiten von Abrams[2], Mc Millan und Johnson[3] erinnert. Sie zeigen, daß bei

[1] Der Wasserzementfaktor gibt das Verhältnis von Wassergewicht zu Zementgewicht an. Also: $\text{WZF} = \dfrac{\text{Wassergewicht}}{\text{Zementgewicht}}$.

[2] Abrams, D. A.: Design of concr. mixtures. Bulletin of the Struct. Mat. Res. Laborat., Lewis Instit. Chicago 1918.

[3] McMillan, F. R. u. Wm. R. Johnson: Portl. cement Assoc. Chicago 1928.

steigendem Wasserzementfaktor die Druck- und Zugfestigkeit von Mörtel und Beton sinkt. Dies Sinken der Festigkeit ist zum Teil darauf zurückzuführen, daß bei steigendem Wasserzusatz der Zement poröser wird. Es entstehen dabei äußerst feine „Mikroporen", die aus dem Zement, bildhaft gesprochen, ein „schwammartiges" Gebilde machen. Die Mikroporen, die durch übermäßige Wassermengen verursacht werden, unterscheiden sich größenordnungsmäßig von den „Makroporen", die bei zu gleichartigem, nicht abgestuftem Zuschlagmaterial im Mörtel und Beton entstehen. Diese Makroporen werden im allgemeinen gemeint, wenn man von einer wenig dichten, porösen Verarbeitung des Betons spricht. Das Wasserzementfaktorengesetz gewinnt besondere Bedeutung, wenn man die Verhältnisse bei der Korrosion des Mörtels und Betons ins Auge faßt. Ebenso wie die Festigkeit wird nämlich auch die Widerstandsfähigkeit eines Zements gegen chemische Angriffe von der Wassermenge, mit der der Zement verarbeitet wird, beeinflußt. Wir sahen bereits, daß bei Wassermengen, die größer sind, als zum Abbinden und Erhärten eines Zements nötig ist, Mikroporen im Zement auftreten. Durch diese Mikroporen wird die aggressive Flüssigkeit in den Zement kapillar hineingesogen und richtet dort zerstörende Wirkungen an. Doch verhalten sich die verschiedenen Zemente gegenüber dem Wasser völlig verschieden. Dies ist auf Unterschiede in der Mahlfeinheit, in der chemischen Zusammensetzung, in der Art des Brandes und des Rohmaterials zurückzuführen. Mithin kann ein bestimmter Wasserzusatz, der bei einem Zement optimale Dichte und womöglich maximale Festigkeiten bewirkt, bei einem anderen Zement geringere Festigkeiten und erhöhte Porosität hervorrufen. Dorsch[1] folgert in einer neueren Arbeit aus diesen Betrachtungen, daß bei Vergleichsuntersuchungen über die Korrosion von Zementen in aggressiven Lösungen auch der Wasserzusatz unbedingt mit berücksichtigt werden muß. Weiterhin empfiehlt es sich, die Korrosion von Zementen in aggressiven Lösungen nicht nur mit einem einzigen Wasserzusatz, sondern mit verschiedenen Wasserzementfaktoren zu prüfen. Dorsch untersuchte die Abhängigkeit der Korrosion bei einer Reihe von Zementen vom Wasserzementfaktor und konnte zeigen, daß die Widerstandsfähigkeit von Mörtel und Beton gegen chemische Angriffe bei steigendem Anmachwassergehalt sinkt. Die Abb. 46 gibt das Ergebnis dieser Untersuchungen an einem mit 7%, 8% und 9% Wasser angemachten Portlandzementmörtel nach 500tägiger Lagerung in 15%iger Natriumsulfatlösung wieder.

Für die Praxis ergibt sich hieraus die Folgerung, daß überall, wo chemische Angriffe zu erwarten sind, Beton möglichst in plastischem Zustand und nicht mit überflüssigen Wassermengen (in gießfähigem Zustand) verarbeitet werden sollte. Ferner sollten systematische Unter-

---

[1] Dorsch, K. E.: Zement 1932 Nr. 5 S. 61.

suchungen über die Widerstandsfähigkeit der Zemente in aggressiven Lösungen stets mit verschiedenen Anmachwassermengen durchgeführt werden. Auf diese Weise werden alle die Unstimmigkeiten vermieden, die immer wieder in der Literatur auftauchen, und die Möglichkeit wird vermindert, daß sich auf Grund einseitiger Untersuchungen irreführende Urteile über die Widerstandsfähigkeit von Zementen gegen aggressive Lösungen bilden können.

Ein weiterer Faktor, der die Korrosion der Zemente entscheidend beeinflußt, ist die Behandlung des Zements in der ersten Zeit des Erhärtens. Je nach der Höhe der Temperatur des Anmachwassers, des

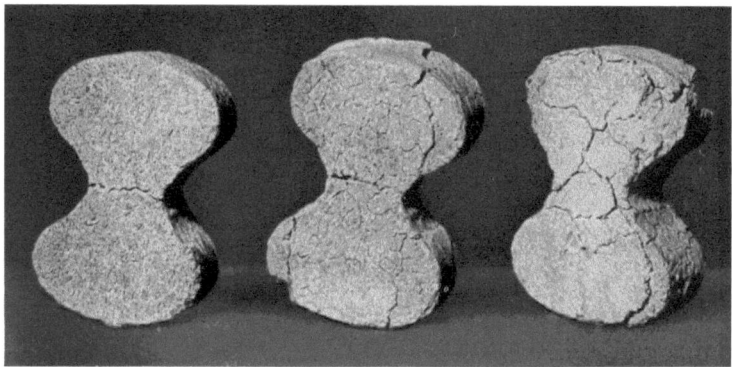

Abb. 46. Normenkörper aus gewöhnlichem Portlandzement mit 7% (links), 8% (Mitte) und 9% (rechts) Anmachwasser nach 500tägiger Lagerung in 15%iger Natriumsulfatlösung.

Zements und der atmosphärischen Luft erhält man verschieden hydratisierte Zemente. Bei hoher Temperatur wird der Abbinde- und Erhärtungsvorgang beschleunigt und die Anfangsfestigkeit des Zements erhöht, die späteren Festigkeiten jedoch werden beeinträchtigt. Bei niedriger Temperatur und hoher Luftfeuchtigkeit verlaufen die Abbinde- und Erhärtungsvorgänge langsamer, das Wasser dringt aber weiter zum Klinkerkern vor. Die Anfangsfestigkeiten eines solchen Zements sind zunächst nicht sehr hoch, die späteren Festigkeiten steigen jedoch beträchtlich an. Ein Zement vermag um so länger dem Angriff aggressiver Lösungen zu widerstehen, je größer seine Festigkeit ist. Es ist daher für die bautechnische Praxis von großer Wichtigkeit, daß ein Beton oder Mörtel erst dann der Einwirkung von aggressiven Lösungen ausgesetzt wird, wenn er eine genügende Festigkeit erreicht hat.

Welche Unterschiede sich in der Widerstandsfähigkeit eines Zements bei verschiedener Behandlung des Zements in der ersten Zeit des Erhärtens ergeben, beweist die Wasserdampfbehandlung der Zemente gegenüber der Wasserlagerung oder kombinierten Lagerung. Wenn man einen Mörtel oder Beton längere Zeit mit Wasserdampf von 100° C behandelt, dann steigt die Widerstandsfähigkeit des Betons gegen aggressive Lösungen ganz erheblich an (vgl. die Versuche von Miller und Manson[1]). Der Verfasser fand eine ganz besonders gute Wirkung bei Behandlung des Betons mit Wasserdampf von 130—140° C unter Druck in kohlensäurehaltiger Atmosphäre. Dabei überzieht sich der Beton mit einer dichten Schicht von Kalziumkarbonat, und bis tief in das Innere des Betons wird der freie Kalk in Form von Kalziumkarbonat gebunden. Die Abb. 47 zeigt Portlandzementnormenkörper nach 1jähriger Lagerung in 15%iger Natriumsulfatlösung. Die beiden Körper rechts

Abb. 47. Der Einfluß der Wasserdampfbehandlung (Körper rechts) auf die Korrosion von Portlandzementnormenkörpern.

wurden einen Tag nach der Herstellung 6 Stunden lang mit Wasserdampf von 130—140° C unter Druck in kohlensäurehaltiger Atmosphäre behandelt; die beiden linken Körper wurden nicht behandelt. Die Wirkung der Wasserdampfbehandlung ist so groß, daß man in Zukunft an eine technische Verwertung dieses Verfahrens zur Erhöhung der Widerstandsfähigkeit z. B. von Zementwaren wird denken müssen.

Damit kommen wir nunmehr zu der Frage nach der Korrosionsverhütung, die wir noch kurz streifen wollen. Man hat verschiedene Wege eingeschlagen, um die Zerstörung der Zemente durch aggressive Lösungen zu verhindern, aber keiner von allen diesen Wegen hat bis heute auch nur annähernd zum Ziele geführt. Da die Angriffe verschiedenartig sind, je nachdem ob wir es mit Säuren, Basen oder Salzen zu tun haben, so sind auch die Abwehrmaßnahmen, die im einzelnen Fall getroffen werden müssen, verschieden.

Bei den Angriffen durch Salzlösungen — in den allermeisten Fällen handelt es sich um Sulfate — wird man zur Herstellung des Mörtels oder Betons nach Möglichkeit solche Zemente verwenden, die beim Abbinden und Erhärten eine geringstmögliche Menge von freiem Kalkhydrat bilden, wie z. B. Tonerdezement, oder bei denen das gebildete

---

[1] Miller u. Manson: Publ. Roads Bd. 12 (1931) S. 64.

Kalkhydrat durch latent hydraulische Zuschläge oder Puzzolanen beim Abbinden und Erhärten gebunden wird, wie z. B. bei den Hüttenzementen und Traßzementen. Eine andere Möglichkeit, das beim Erhärten gebildete Kalkhydrat zu binden, besteht darin, daß man dem Beton bei der Bereitung am Bauplatz basische Hochofenschlacke oder Traß als Zuschlag zugibt. Durch die Zumischung von Traß wird gleichzeitig eine gewisse Dichtung des Betons herbeigeführt. Diese Verfahren haben immerhin dazu geführt, daß die Korrosion eines Betons oder Mörtels für eine gewisse Zeit hintangehalten werden kann. Die Abb. 48

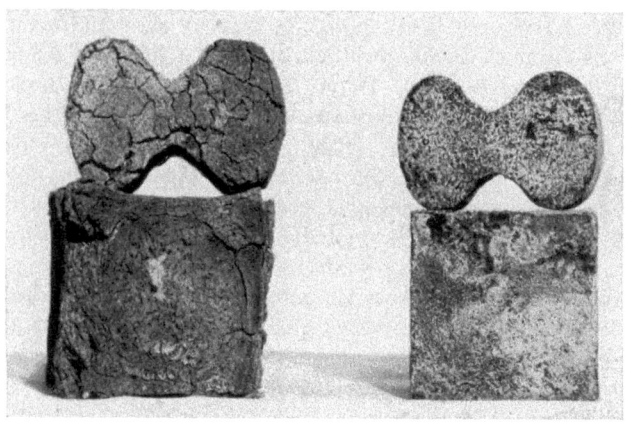

Abb. 48. Portlandzementnormenkörper mit (rechts) und ohne (links) Flugstaubzusatz nach einjähriger Lagerung in 15%iger Natriumsulfatlösung.

zeigt die recht zufriedenstellende Wirkung von Flugstaub[1], der hochwertigem Portlandzement zugesetzt wurde. Die Normenkörper links wurden mit hochwertigem Portlandzement, die Körper rechts aus einem Gemisch von 70% hochwertigem Portlandzement und 30% Flugasche hergestellt. Die Körper lagerten ein Jahr lang in 15%iger Natriumsulfatlösung.

Weit weniger zufriedenstellend waren bis heute alle die Versuche, die zum Ziele hatten, den freien Kalk des erhärteten Zements durch Chemikalien der verschiedensten Art zu binden. Diese Chemikalien werden im Anmachwasser gelöst und sollen den freien Kalk in unlösliche Kalksalze z. B. in Kalziumfluorid, Kalziumphosphat, Kalziumkarbonat usw. überführen. Man verwendet hierzu die verschiedensten wasserlöslichen Alkalisalze und kompliziertesten Gemische von verschiedenen Salzen mit dem Ergebnis, daß diese Salze überhaupt keine Wirkung zeigen, oder aber die Zerstörung der Zemente nur sehr wenig hinauszögern. Meist wird durch den Zusatz aller dieser Salze das Abbinden

---

[1] Hocherhitzte Asche aus der Kohlenstaubfeuerung.

der Zemente sehr stark beeinflußt und die Festigkeit beeinträchtigt. Dies ist auch das Ergebnis der neuesten Untersuchungen von Miller und Manson, die zahlreiche im Handel befindliche Produkte dieser Art einer eingehenden Prüfung unterzogen.

Alle obengenannten Verfahren nützen jedoch nichts, wenn es sich um den Angriff von Säuren handelt. Denn alle Säuren, und selbst schwache Säuren wie die Kohlensäure, zerstören die Zemente in kürzerer oder längerer Zeit. In diesem Falle muß der Beton durch eine Schutzhaut, durch einen Bitumen- oder Harzanstrich oder durch Plattenbelag (säurebeständige Steinzeugplatten) geschützt werden. Aber auch diese Maßnahmen haben bis heute noch zu keinem entscheidenden Erfolge geführt. Es ist noch nicht geglückt, das Entstehen von feinen Rissen in Anstrichen zu verhindern. Durch die Temperatur- und Luftfeuchtigkeitsschwankungen der Atmosphäre und durch mechanische Einflüsse (Wellenschlag) entstehen auf jeder Anstrichfläche nach einiger Zeit ganz feine Risse, durch die die aggressiven Flüssigkeiten ungehindert zum Beton vordringen können. Diese Art des Angriffs ist besonders gefährlich und heimtückisch, weil die Zerstörungen des Betons durch den Anstrich zunächst völlig verdeckt werden und erst dann sichtbar zutage treten, wenn der Anstrich infolge der Zerstörung des Betons abbröckelt. Für die Plattenbeläge gilt dasselbe wie für die Anstriche, solange es nicht verhindert werden kann, daß die aggressiven Flüssigkeiten durch die Fugen zwischen den einzelnen Platten zum Beton vordringen können.

Neben diesen korrosionsverhütenden Maßnahmen sollte der Beton, der der Einwirkung aggressiver Stoffe ausgesetzt werden soll, vor allem stets so dicht wie nur irgendmöglich verarbeitet werden, um das Eindringen aggressiver Lösungen in den Beton hinauszuzögern. Zu diesem Zweck muß das Zuschlagsmaterial besonders sorgfältig abgestuft werden. Dabei muß berücksichtigt werden, daß der Beton mit den größten Festigkeiten nicht immer auch der dichteste Beton ist. Dies haben gerade die neueren Untersuchungen von Abrams über den Feinheitsmodul gezeigt. Da die dichtestmögliche Abstufung des Zuschlagsmaterials jedoch mehr ein bautechnisches als ein chemisches Problem ist, so kann im Rahmen dieses Buches hierauf nicht näher eingegangen werden.

Ich habe mich bemüht zu zeigen, daß die Chemie der hydraulischen Bindemittel noch ein sehr junges und außerordentlich problematisches Forschungsgebiet ist, auf dem noch ungezählte Fragen der Lösung harren, und wenn es mir gleichzeitig gelungen sein sollte, das Interesse des Lesers für diese ungelösten Probleme zu wecken und ihn anzuregen, selber forschend auf dem Gebiete der Zementchemie mitzuarbeiten, so betrachte ich den Zweck dieses Buches als erfüllt.

Namenverzeichnis.

Abrams 257, 262.
Adams 49, 96.
Agde 216f.
Ahrens 203.
Albert 116.
Allen 30, 44, 97.
Ambronn 228f.
Anderegg 236.
Andersen 119f.
Arlt 9f.
Asaoka 118f.
Asch 28.
Ashton 116f., 123f.
Aspdin 8.
Avdalian 235.

Bach 203, 208.
Bäckström 95.
Bakhuis-Roozeboom 33f.
Barkla 73.
Bates 83, 167.
Beckmann 235.
van Bemmelen 18.
Benzian 190.
Berl 215f.
Berthelot 38.
Bertram 35, 39.
Bertrand 72.
Bied 212, 215.
Biehl 215f., 233.
Blank 120.
Bleibtreu 1, 8.
Blumenthal 228.
Böhm, G. 152.
Böhm, J. 87.
Boeke 62.
Bogue 31, 102, 116f., 123f., 131.
Bowen 108f., 119f.
Bragg 74f., 77f.
Brauß 160.
Bravais 75f.
Brill 105f.
Brodmann 39f.
Brown 39f.
Brownmiller 31, 102f., 105, 130f., 137.
Buddington 191.
Budnikoff 151, 165.
Burchartz 208.

Campbell 114.
Candlot 116, 174, 243.
Carlson 104.
Carstens 111, 216.
Chall 39, 41.
Chatelier, Le s. Le Chatelier.
Cobb 30, 132f., 184.
Colloseus 198.
Cottrell 168.
Cramer-Hecht 21.
Cussak 46.

Day 30, 44, 97.
Debye-Scherrer 49, 77, 79f., 85, 95, 105f., 109f., 113f., 124.
Deubel 107.
Dietzsch 96, 155.
Doelter 42, 49.
Dorsch 35f., 99, 112, 114, 166, 176, 192, 217f., 220, 224, 232, 235, 240f., 243f., 246f.
Drägert 94.
Dreyer 154.
Dulong-Petit 37.
Dyckerhoff 30, 101f., 123f., 129, 132f., 138, 184, 215f.

Eitel 35.
Emley 135.
Endell 30, 49, 215.
Eskola 107.
Ewald 77.

Fellner u. Ziegler 158.
Fenner 83.
Ferguson 45, 47, 83f., 98f., 103, 191.
Fischer 154.
Foerster 208.
v. Forell 156.
Frémy 214.
Fricke 87.
Friedrich 73, 77.
Fritz 21.

Gaddard 241.
Gapon 235.
Gaßner 244.
Gensbaur 176.
Geßner 235.

Gibbs 30, 33f.
Gibson 95.
Giese 241.
Gille 30, 126f., 145, 200f.
Gillson 232.
v. Glasenapp 30, 126.
Gonell 226, 233.
Grace 114f.
Graf 177, 208.
Graham 229.
Grahmann 49.
Greig 83, 98, 108f., 119f.
Grimm 58, 241.
Groebler 87.
Grün 9f., 145, 197, 216.
Guttmann 30, 126f., 200f.

Haber 87.
Hambloch 203.
Hansen 102, 123f., 131.
Harrington 113f.
Hart 203f.
Hartner 35.
Hauenschild 155, 166.
Heide 95.
Heidinger 71.
Heintzel 170.
Helbig 145.
Heldt 213.
Hertz 73.
Heß 37, 144.
Hilpert 46, 88, 118f.
Hoff van't 50f.
Hofmann-Degen 190f.
Hubbell 236.
Hull 77, 79.
Hurt 217.

Ideta 217.
Immke 36.

Janecke 105f., 123f., 128f.
Johnson, J. C. 8.
Johnson, Wm. R. 257.
Johnston 94.
Joly 42.
Jung 85, 111.

Kanolt 46, 90.
Keisermann 228.
Keith 175f., 180f.
Killig 214.
Klein 99, 116, 120.

Klemm 216f.
Klever 39f.
Knipping 73, 77.
Königsberger 48, 84.
Kohlmeyer 46, 88, 118f.
Kopp 36.
Kordes 39f.
Koßmann 21.
Koyanagi 116f., 216f.
Kratzert 36.
Kühl 9f., 31, 116, 129, 134f., 141f., 143f., 159, 166f., 174f., 217, 226, 232.
Kühl u. Knothe 9f., 159.
Kukolew 151.
Kunze 145.
Kyropoulos 85.

Lafuma 113, 218.
Langen 188.
v. Laue 73f., 77f., 109.
Le Chatelier 29, 38, 49, 126, 142, 170, 214, 228f., 243.
Lellep 158.
Lerch 116f., 142.
Leschoeff 151, 165.
Liebold 241.
Linde 85, 111.
Link 228, 232.
Löblein 215f.
Löscher 213.
Lorenz 135f.
Loriot 188.
Lund, Roscher 225f.

Manson 248, 260, 262.
Marguerre 158.
Mark 77, 109.
Mathesius 198.
McMillon 257.
Meier 146f.
Merwin 45, 83f., 94f., 98f., 103, 110, 118f.
Meur 202.
Meyer 28.
Michaelis 31, 139, 170, 174, 202, 214, 229, 234, 243.
Michelsen 221.
Miehr 36.
Miller 248, 260f.
Morey 45.
Mulert 38.

Nacken 30, 39f., 129, 134f., 138, 158f., 184.
Nagai 112f., 118f.

Naito 112.
Navias 85.
Nernst 34, 95.
Neumann 38, 41.
Neumann-Kopp 36f.
Newberry 142.
Newton 72.
Niclassen 87.
Nicol 68f.
v. Nieuwenburg 83f.

Oberhoffer 87.
Ostwald, Wo. 230.
Ostwald-Luther 70.

Parker 8.
Passow 101, 188, 194, 197.
Peaker 39f.
Peck 108.
Phillips 99, 116.
Phragmén 49.
Polysius 158.
Probst 172f., 177f., 241, 244, 249f.
Prüssing 189.
Pulfrich 228, 232.

Raatz 108.
Rankin 30, 44, 98, 103f., 108, 110f., 113, 120f., 215f., 220.
Ransome 156.
Regnault 35.
Richards 161.
Richarz 208, 210.
Rinne 48f., 85, 87, 95, 232.
Roozeboom 33f.
Rosbaud 109.
Roth 35, 39, 41.
Ruff 45.
van Ryn van Alkemade 62.

Sachse 208.
Scheidler 228.
Scherrer-Debye 49, 77, 79f., 85, 95, 105f., 109f., 113f., 124.
Schneider 155.
Schnoutka 115.
Schoch 21, 96, 145, 202.
Schott 99, 118, 142, 158, 214.
Schumacher 92.
Schwiete 35.
Shepherd 30, 44, 97f., 108, 110, 120, 215.

Siedentopf 230.
Smeaton 7.
Smyth 49, 96.
Snellius 65.
Sorel 91.
Sosman 84, 118f.
Spackman 214.
Spindel 144, 179.
Stein 189.
Steiner 152.
Steno 65.

Tammann 34, 46, 57f.
Tannhäuser 205.
Tetmajer 9f., 170.
Thénard 86.
Thomas 239.
Thorvaldson 39f., 114f., 248.
Tippmann 233.
Törnebohm 29, 126, 128, 131.
Travers 115.
Tremper 242, 247f.
Tschernobajeff 38.
Tyndall 230f.

Vater 95.
Vicat 7, 169, 243.
Vigfusson 114f., 248.
Völzing 203.
Vogt 190f.

Warren 232.
v. Wartenberg 85, 111.
Washburn 85.
Wecke 145, 160f.
Weigert 70.
Wells 112, 114.
Westgren 49.
Wever 87.
Weyer 31, 102f., 113f., 130.
White 30, 35, 44, 85, 97, 111, 135.
Wietzel 35, 45.
Williamson 94.
Winkler 213f.
Wittich 241.
Wolchow 248.
Wologdine 38.
Wright 30, 44, 97, 111, 215.
Wyckoff 95, 109.

Zsigmondy 230.
Zylstra 83f.

Sachverzeichnis.

Abbau der Zementrohmaterialien:
— Kalk 148.
— Ton 148.
Abbinden der Hüttenzemente 199f., 234.
— der Portlandzemente 228f.
— der Tonerdezemente 234.
— und chemische Zusammensetzung der Zemente 168f., 228f.
Abbindetemperatur verschiedener Zemente 224.
Abbindezeit, Einfluß von Gipszusatz auf die — 164f., 237.
— Einfluß von Elektrolyten auf die — 237f.
— der Erzzemente 170.
— der Hüttenzemente 169.
— der hydraulischen Kalke 186.
— der Langsambinder 169.
— der gewöhnlichen Portlandzemente 169.
— der Schnellbinder 169.
— der Tonerdezemente 227.
— das Umschlagen der — der Portlandzemente 25.
Abgaswärme, Verwertung der — 158, 163.
Abkühlung von Hochofenschlacken 138, 191f., 194, 196f.
— von Portlandzementklinkern 101f., 138, 179.
— von Silikatschmelzen 43f.
Abkühlungsgeschwindigkeit, Einfluß der — auf das Erhärtungsvermögen der Hochofenschlacken 196f.
— Einfluß der — auf das Erhärtungsvermögen der Portlandzemente 138f.
— bei Silikatschmelzen 43f.
Abkühlungskurve 44f.
Ablagern des Zements 163f.
Ablöschen des Kalks 92f.
— der hydraulischen Kalke 185.
Absanden der Hochofenzemente 226f.
— der Tonerdezemente 226f.
Absaugung, innere beim Erhärten 234.
Abschreckung der Hochofenschlacke 197f.
Abschreckungsmethode 43f.
Abstichschlacke 200f.
Achat 22.
Achsenbilder von Kristallen 71f.

Åkermanit 190f.
Alaunrückstände 206.
Alit, chemische Zusammensetzung des — 105, 126f.
Alkalien, Einfluß von — auf das Abbinden von Zementen 25, 238f.
— Einfluß von — auf die Korrosion von Zement 249f.
— im Traß 203f.
Alkalilösliche Kieselsäure 201.
Alkalische Erregung der Hochofenschlacke 189, 192, 194.
Alkaliseifen 241.
Aluminate 86, 110f.
Aluminiumhydroxyd 86f., 97.
Aluminiumoxyd 85f., 97.
Aluminiumpulver 242.
Aluminiumsilikate 108f.
Aluminiumsulfat, Zementkorrosion durch — 252.
Amethyst 21f.
Ammoniumsulfat, Einfluß von — auf die Widerstandsfähigkeit von Zementen 252f., 257.
Amorphe Stoffe 194.
Amphoteres Verhalten der Tonerde 86.
Analyse des Portlandzements 168.
Analytische Unterscheidung zwischen Schachtofen- u. Drehofenzement 183.
— Untersuchung der Kieselsäure im Zement 83.
Anatas 46.
Andalusit 41, 50, 108, 125.
Anhydrid 164.
Anisotrope Stoffe 67.
Anisotropie 67, 193.
Anmachwasser, Einfluß des — auf die Festigkeit 166f., 199, 257f.
— Einfluß des — auf die chemische Widerstandsfähigkeit des Betons 258f.
Anorthit 121f., 125.
Antiquazement 241.
Aragonit 16, 41, 50, 94f., 97.
Asbest 91.
Asche im Drehofenklinker 183.
— aus Juraölschiefer 8, 207.
— im Schachtofenklinker 183.
Asphalt 241.
Atmosphäre, Einfluß der — auf die Lagerung der Klinker 164.

Sachverzeichnis.

Aufbereitung der Zementrohstoffe:
— beim Dickschlammverfahren 151.
— beim Trockenverfahren 150f.
Aufschließung der Tone beim Erhitzen 109f., 133f.
Augit 85, 190, 203.
Ausblühungen an Zementen 239, 246.
Ausfuhr von Zementen 2.
Automatischer Schachtofen 155f., 159.

Backenbrecher 152.
Bariumsilikate 107f.
Barytzemente 107.
Bauxit, Vorkommen 18f.
— chemische Zusammensetzung 20, 87.
Belit 126f., 131.
Bergkristall 21f.
Betonschutz durch Anstriche 262.
— durch Puzzolanzusätze 207, 261.
— durch Wasserdampfbehandlung 115, 248, 259f.
— durch chemische Zusätze 241f., 261f.
Biegezugfestigkeit von Beton 178.
Bikalzium... s. Dikalzium.
Bildungswärme 37f.
Bimskies 203.
Binäre Systeme, Schmelzdiagramme — 50f.
— Systeme 97f.
Bindemittel, latent hydraulische — 187f., 201f.
— Systematik der — 9f.
Biotit 203.
Bisektrix 70.
Bituminöse Stoffe 241.
Braggsche Gleichung 75.
— Methode 77f.
Brauneisenerz 90, 97.
Brechungsexponent 66.
Brechwalzwerk 152f.
Brennen von Kalkstein 96, 135f.
— des Klinkers 132f., 154f.
— von Tonen 109, 136.
Brennöfen in der Zementindustrie 155f.
Brennprozeß, Chemie des — 132f.
— bei der Klinkerbildung 132f.
Brennstoffverbrauch bei Drehöfen 157, 159, 160f.
— bei elektrischen Öfen 223.
— bei Schachtöfen 156, 159, 160f.
— theoretischer — bei der Klinkerbildung 159.
Brenntemperaturen bei den hydraulischen Kalken 184f.
— bei den Portlandzementen 135f.
— bei den Tonerdezementen 222.
Brookit 46.
Brownmillerit 131f., 137.

Calcium s. Kalzium.
Caput mortuum 90.
Celit 126f., 131.
Chalcedon 22, 81, 83f.
Chlorkalzium als Frostschutzmittel 238f.
— als Mahlzusatz 180.
Chlormagnesium 17, 91, 94, 240, 250f., 253.
Cineritzement 6, 211.
Citadurzement 221.
Colloseus-Verfahren 198.
Comparatormühle 154.
Cottrell-Verfahren 168.
Cristobalit 45, 50, 83f., 97.
Cyanit 108.
Cylpebs 154.

Debye-Scherrer, Pulvermethode nach — 77, 79f.
Definition der hydraulischen Bindemittel 6f.
Dehnungsfugen im Beton 172, 245.
Deutsche Normen für Portlandzement 4, 169, 170, 175, 182.
Diagramme, Röntgen- nach Bragg 78f.
— nach Laue 77f.
— nach Debye-Scherrer 79f.
Diamant 48.
Diaspor 18f., 86, 97.
Diatomeenerde 21, 26, 202.
Dichroismus 71.
Dickschlammverfahren 151f.
Dietzscher Etagenofen 96, 155.
Dikalziumaluminat 113, 218f.
Dikalziumferrit 118f., 136f.
Dikalziumsilikat in der Hochofenschlacke 190, 200.
— Modifikationen des — 99f., 103f., 106f.
— im Portlandzement 101, 127, 129, 131f., 216f., 233f.
— im Tonerdezement 216f.
Disperse Systeme 230.
Dispersitätsgrad kolloider Systeme 230f.
Dissoziation der Kalziumaluminate 113, 220.
— des Kalziumcarbonats 95f.
— der Kalziumsilikate 104f.
Disthen 50, 108, 125.
Dolomit 16f., 187.
Dolomitkalke, Eigenschaft der — 186f.
Dolomitmergel 16f., 186f.
Doppelbrechung 64, 67f.
Doppelhartmühle 153.
Doppelspat 16, 68.
Doppelverbindung 17, 122.
Drehofen, Kohlenverbrauch im — 157, 159.
— Technik des — 156f.

Drehofenklinker, Festigkeit von — im Vergleich zu Schachtofenklinkern 175, 181.
— Mahlfeinheit des — im Vergleich zu Schachtofenklinkern 176, 180.
Dreistoffsystem, graphische Darstellung von — 58f.
— Kalk-Tonerde-Kieselsäure 120f.
Druckfestigkeit von hochwertigen Zementen 181f.
— von Hüttenzementen 199.
— von hydraulischen Kalken 187.
— von Kalziumaluminaten 112f., 115.
— von Portlandzementen 4, 166, 175, 182, 187.
— von Tonerdezementen 225, 227.
— von Traßzementen 207, 209f.
— Verhältnis von — zur Zugfestigkeit 4, 178, 182, 199.
Dünnschlammverfahren 149f., 152.
Dünnschliff von Hochofenschlacke 190f.
— von Portlandzementklinkern 126f.
— von Tonerdezement 215f.
Dynamidonstein 157.

Economiser 158.
Einachsige Kristalle 69.
Einfluß des Anmachwassers:
— auf die Festigkeit 166f., 199, 257f.
— auf die chemische Widerstandsfähigkeit des Betons 258f.
Einfuhr von Zementen 2.
Eisenglanz 88.
Eisenmodul 141, 143f.
Eisenoxyde, Einfluß der — auf die Farbe des Zements 137f., 195.
— Einfluß der — auf das Zerrieseln des Portlandzementklinkers 101.
— in der Hochofenschlacke 195f.
— im Portlandzementklinker 137f., 173.
Eisenoxydul in der Hochofenschlacke 196.
— in Portlandzementen 137, 173.
Eisenportlandzement 8, 189, 196, 199.
— Eigenschaften des — 199f.
— Herstellung des — 189f., 194f.
Eisenschlacke s. Hochofenschlacke.
Eisensulfat, Zementkorrosion durch — 252.
Eisenzerfall 200.
Eisenzerfallschlacke 200.
Elastizitätsachsen 70.
Elastizitätszahlen von Beton 179.
Elektrische Leitfähigkeit abbindender Zemente 235, 250.
Elektroofen 223.
Elektrophorese 231.
Elektrozemente 221.
Elementarzelle 75, 193.

Elfenbein, künstliches — 91.
Enantiotrope Umwandlung 48.
Enstatit 50, 120, 125.
Entglasen, Begriff des — 46.
— der Hochofenschlacke 190.
Entglaste Hochofenschlacke, chemische Zusammensetzung der — 190.
Entsäuerung der Zementrohmasse im Drehofen 158.
Entstaubung 168.
Epezit 127, 132.
Erdwachs 241.
Ergomühle 153.
Erstarren eines einheitlichen Stoffes 42f.
— eines Stoffgemisches 50f.
Erstarrungspunkt eines einheitlichen Stoffes 42.
— eines Stoffgemisches 50f.
Erzzement, Eigenschaften des — 170, 251f., 257.
— chemische Zusammensetzung des — 11f., 170, 251f.
Essig, Zementkorrosion durch — 248.
Etagenofen nach Dietsch 96, 155.
Eutektika im Dreistoffsystem:
— Kalk-Tonerde-Kieselsäure 121f.
Eutektika im Zweistoffsystem:
— Kalk-Eisenoxyd 118.
— Kalk-Kieselsäure 98f.
— Kalk-Tonerde 111f.
— Tonerde-Kieselsäure 108.
Eutektikum, Begriff des — 52f.

Farbe der Hochofenschlacke 195.
— der Hüttenzemente 195f.
— der hydraulischen Kalke besonderer Fertigung 206.
— der Portlandzemente 136, 168, 183.
— der Puzzolane 204, 206.
— der Tonerdezemente 224.
Feinheit s. Mahlfeinheit.
Feinmahlmaschinen 153f.
Feldspat 18f., 22, 24f., 85, 87.
Felit 126f., 131.
Ferrite, Kalzium- 118f., 136f.
Festigkeit, Abhängigkeit der — von der Mahlfeinheit 167.
— Abhängigkeit der — vom Wasserzusatz 166.
— Einfluß von Elektrolytzusatz auf die — 239f.
— der Hüttenzemente 199.
— der hydraulischen Kalke 187.
— der Kalkmörtel 97.
— der Portlandzemente 4, 166, 175f., 187.
— der hochwertigen Portlandzemente 181f., 187.
— der Tonerdezemente 225, 227.

Festigkeit der Traßzemente 207, 209f.
— Verhältnis der Zug- zur Druck- 4, 178, 182, 199.
Festigkeitsmodul 182.
Fettkalk 92.
Feuerstein 25.
Filtrierverfahren 152.
Flintstein 154.
Flugasche 211.
Flugstaub s. Kohlenstaubfeuerung.
Flußmittel zur besseren Sinterung von Portlandzementklinker 179.
Flußsäure 82.
Flußspat 179.
Forsterit 125.
Freiheit, Begriff der — in der Gibbschen Phasenlehre 34.
Frittung, Begriff der — 11.
Frosteinwirkung auf Beton 225, 238f., 245.
Fullermühle 153.
Futter für Drehöfen 157.
— Ofen- für die Herstellung von Tonerdezement 222.

Gasfeuerung bei Drehöfen 157.
Gehlenit 122, 125, 190f., 216.
Gel, Begriff des — 232.
Gerbsäure 241.
Geschwindigkeit der Abkühlung:
— Einfluß der — auf das Erhärtungsvermögen von Hochofenschlacken 196f.
— bei Hochofenschlacken 138, 191f., 194. 196f.,
— bei Portlandzementen 101f., 138, 179.
— bei Silikatschmelzen 43f.
Gichtstaub, das hydraulische Erhärtungsvermögen des — 207.
Gießereiroheisenschlacke 108.
Gips, Einfluß von — auf das Abbinden von Hochofenschlacken 196.
— Einfluß von — auf das Abbinden des Portlandklinkers 115, 164.
— Verhalten von — im Vergleich zu Anhydrid 164f.
Gipsblättchen und Doppelbrechung von Kristallen 72.
Gipstreiben der Hüttenzemente 196.
— bei der Korrosion durch Salzlösungen 94, 174, 250, 252.
— der Portlandzemente 170f., 174, 237.
Gismondin 125.
Gitter, Kristall- 58, 74f., 99, 101, 109, 114, 124, 184, 193.
Glas im Portlandzementklinker 101f., 127.

Glas, Beziehung des — zu den Bindemitteln innerhalb des Dreistoffsystems Kalk-Tonerde-Kieselsäure 13f., 23, 25f.
Glasige Hochofenschlacke:
— Dünnschliff von — 191.
— latent hydraulische Erhärtung von — 192f.
Glaskopf 88.
Gleichgewicht, Begriff des — 32.
Gleichgewichte in festen Phasen 32f.
— Schmelz- 41f., 50f., 58f.
— Umwandlungs- 47f.
Glühverlust bei Portlandzementen 182f.
— bei Traß 203f.
Goethit 90, 97.
Granit 243.
Granitmehl 211.
Granulation, Luft- der Hochofenschlacke 197f.
— Wasser- der Hochofenschlacke 198.
Granulation der Hochofenschlacke:
— nach Colloseus 198.
— nach Mathesius 198.
— nach Passow 197f.
Graphit 48.
Graukalk 16.
Grauwacke 203.
Grossular 122, 125.
Gußbeton 166, 258.
Gymnit 125.

Halbnaßverfahren 150f.
Hämatit 88, 90.
Hammerbrecher 152f.
Hammermühlen 153.
Hängen des Zementklinkers im Schachtofen 155.
Hauenschildofen 155f.
Hauptachse bei Kristallen 65.
Hauyn 205.
Hedenbergit 125.
Heizmikroskop nach Doelter 49.
Helipebs 154.
Hercynit 125.
Hertzsche Wellen 73.
Heßsche Zahl 144.
Heterogene Systeme 33, 230.
Heulandit 125.
Hexagonale Kristalle, optisches Verhalten — 66.
Hochofenschlacke, Abkühlungsgeschwindigkeit der — 196f.
— basische und saure — 188, 195.
— chemische Zusammensetzung der — 188f.
— chemische Zusammensetzung und hydraulisches Erhärtungsvermögen der — 194f.

Sachverzeichnis.

Hochofenschlacke, Dünnschliff von — 190f.
— Einführung der — in die Zementindustrie 188f.
— Eisenzerfall der — 200f.
— Energieinhalt der — 191f.
— Entglasen der — 191f., 198.
— Formzustand der — und hydraulisches Erhärtungsvermögen 138f., 191f.
— Granulationsverfahren bei der — 196f.
— hydraulisches Erhärtungsvermögen der — und Abkühlungsgeschwindigkeit 138f., 196f.
— hydraulisches Erhärtungsvermögen der — und chemische Zusammensetzung 194f.
— Kalkzerfall der — 200f.
— Konstitution der — 190f.
— Kristalline — 190f.
— als Schottermaterial 200f.
— Stellung der — im Dreistoffsystem Kalk-Tonerde-Kieselsäure 13f.
— Zemente aus — 187f.
— Zerrieseln der — 101, 200f.
Hochofenzement, Absanden des — 226.
— chemische Widerstandsfähigkeit der — gegen aggressive Lösungen 200, 250f., 253, 257, 261.
— hydraulische Eigenschaften des — 199f.
— Stellung der — im Dreistoffsystem Kalk-Tonerde-Kieselsäure 13f.
Homogene Systeme 33.
Homöomere Kristallarten 48.
Hornblende 85, 203.
Humboldtmühle 153.
Humussäure 248.
Humusstoffe 248.
Hüttensand 198.
Hüttenzemente, Begriff der — 189.
Hyalith 22.
Hydrargillit 18f., 86f., 97.
Hydratation von Dikalziumsilikat 102, 185, 192, 218f., 233f.
— von Kalziumoxyd 92f., 228, 233.
— von Monokalziumaluminat 112f., 218f., 234.
— von Monokalziumsilikat 99, 185, 192, 218f., 234.
— von Portlandzement 228f.
— von Tonerdezement 218f.
— von Trikalziumaluminat 114f., 218f., 228, 234.
— von Trikalziumsilikat 107, 218f., 233.
Hydrate der Kieselsäure 81f., 201, 206.
— der Tonerde 18f., 86.
Hydraulefaktoren:
— Eisenmodul 141.

Hydraulefaktoren:
— hydraulischer Modul 139.
— Kalksättigungsgrad 142f.
— Silikatmodul 141.
Hydraulische Bindemittel:
— Definition der — 6f.
— Geschichtliches über die Entwicklung der — 6f., 188, 202, 212.
— geschmolzene — 11f., 212f.
— gesinterte — 11f., 126f.
— latent — 11f., 187f.
— ungesinterte — 11f., 184f.
Hydraulische Bindemittel, Systematik der —: 6f.
— nach Arlt 9f.
— nach Grün 9f.
— nach Kühl 9f.
— nach Tetmajer 9f.
Hydraulische Erhärtung:
— Begriff der — 7, 9.
— Chemie der — bei den Portlandzementen 228f.
— Chemie der — bei den Tonerdezementen 234.
— der Kalziumaluminate 112f., 185, 233f.
— der Kalziumsilikate 99f., 102, 107, 185, 233f.
Hydraulische Kalke:
— chemische Zusammensetzung der — 184f.
— Eigenschaften der — 186f.
— Rohstoffe für die Herstellung der — 184.
— Systematik der — 7, 11.
Hydraulische Kalke besonderer Fertigung:
— Eigenschaften der — 201f.
— Systematik — 8, 11.
Hydraulischer Modul:
— Begriff des — 139.
— und Kalksättigungsgrad 143f.
— im Portlandzement 139, 143, 145f.
— und Rohstoffberechnung 145f.
Hydraulische Zuschläge, Begriff der — 7.
Hydrosole des Kalkes 93, 231, 233f.
— der Kieselsäure 82.
— der Tonerde 231, 233f.
Hypersthen 125.

Inkongruente Schmelze, Begriff der — 53.
Interferenz des Lichts 71f.
— der Röntgenstrahlen 73.
Interferenzfarben 71f.
Isolation, Wärme- bei Drehöfen 157, 163.
Isomorphe Mischkristalle:
— im Alit 128f.
— im Dolomit 17.

Isomorphie, Begriff der — 17.
Isotrope Stoffe 67, 193.

Jäneckeit 123f., 128f.
Japanwachs 241.
Jungbrand 220.
Juraölschieferasche s. auch Portlandjurament 6, 8, 11f., 201, 207, 257.

Kalk, der — als Grundstoff in der keramischen Industrie, der Mörtel- und Glasindustrie 22f.
— Bindung des — an Tonerde, Kieselsäure und Eisenoxyd beim Erhitzen des Rohmaterials 132f.
— Brennen des — 92, 96.
— Eigenschaften des — 92f.
— freier — im Portlandzement 129, 131, 173f., 200, 250f.
— Hydratationswärme des — 92.
— Löschen des — 92.
— Schmelzpunkt des — 92.
Kalkaluminate s. Kalziumaluminate.
Kalkgehalt und Entglasung der Hochofenschlacke 195.
— der Hochofenschlacke 14, 188, 195.
— der hydraulischen Kalke 184f.
— der Portlandzemente 13f., 168, 173f.
— der Puzzolanen 201f.
— des Tonerdezements 14, 215.
— des Trasses 14, 203f.
— und hydraulisches Erhärtungsvermögen der Hochofenschlacke 194f.
Kalkhydrat, Abspaltung des — bei der Erhärtung der Portlandzemente 200, 228f., 250f.
— freies — und Korrosion der Zemente durch aggressive Salzlösungen 228f., 250f.
Kalkmergel 15f., 20, 148.
Kalkmilch 93.
Kalksättigungsgrad 143f.
Kalksilikate s. Kalziumsilikate.
Kalkspalt 16, 94f., 97.
Kalkstein, Brennen des — 95f.
— Brennen von Tonerde und — 132f.
— mergeliger — 15f., 148.
Kalktreiben bei Portlandzementen 170, 173f.
Kalkzerfall der Hochofenschlacke 200.
Kalzinierzone 158.
Kalzit 50, 94f., 97.
Kalziumaluminate 110f., 122, 131f., 213f., 233.
Kalziumaluminiumsulfat 115f., 164, 174, 237, 252.
Kalziumarseniat 242.
Kalziumbikarbonat 94f., 246.

Kalziumborat 242.
Kalziumchlorid 92, 165, 180, 238f., 245, 250.
Kalziumferrite 118f., 132, 137f.
Kalziumfluorid 92, 261.
Kalziumhydroxyd 92f., 107, 185, 192, 233, 235, 246, 250f., 254f., 260f.
Kalziumkarbonat 16f., 39, 41, 50, 68, 92f., 97, 132f., 160f., 164, 184, 186, 226, 242, 246, 260f.
Kalziumnitrat 92.
Kalziumoxalat 92, 242.
Kalziumoxyd 33, 36, 38f., 46, 92, 113, 118, 124, 127, 133f., 139f., 142f., 168, 173f., 185f., 188f., 200f., 202f., 214f., 218f., 228, 233, 260.
Kalziumphenolat 254.
Kalziumphosphat 15, 92, 242, 261.
Kalziumsacharat 254.
Kalziumsilikate 97f., 122, 132, 217.
Kalziumsulfat 15, 23, 92, 94, 115f., 164f., 173f., 196, 236f., 241, 245, 250f.
Kalziumsulfid 196.
— in der Hochofenschlacke 196.
Kaolin 15, 18f., 22, 85.
Kaolinit 125.
Katalysatoren = Erregersubstanzen 192f.
Kies als Betonzuschlagsmaterial 256.
Kieselfluorwasserstoffsäure, Alkalien der — 242.
Kieselgur, latent hydraulische Eigenschaften der — 201f.
— als Puzzolane 201f.
— Vorkommen der — 21f.
— als Zuschlag zur Portlandzementrohmischung 26.
Kieselsäure, alkalilösliche — im Traß 201.
— Vorkommen der amorphen — 21f., 81f.
— Bestimmung der löslichen — im Traß 201, 203f.
— die — als Grundstoff in der keramischen Industrie, der Mörtel- und Glasindustrie 25f.
— kolloide — 82f.
— Modifikationen der — 83f., 97.
— in den Puzzolanen 201.
— reaktionsfähige — in der Hochofenschlacke 194f., 201.
— Schmelzpunkt der — 83f.
— Umwandlungsverhalten der — 83f.
— Vorkommen und Eigenschaften der — 21f., 81f.
Kieselsäuregehalt und hydraulisches Erhärtungsvermögen der Hochofenschlacke 195.
— und hydraulisches Erhärtungsvermögen der Portlandzemente 168f.

Sachverzeichnis. 271

Kieselsäuregehalt der Hochofenschlacke 14, 188, 195.
— der Portlandzemente 14, 168f.
— der Puzzolane 201f., 204f.
— der Tonerdezemente 14, 215, 224.
Kieselsäurehydrate 81f., 201, 206.
Kieselsinter 21f.
Kieseltuffe 21f.
Kladnolagerung 176f.
Klinker, Abkühlung des — und Festigkeit 101f., 138f., 179.
— Entstehung des — beim Brennen 132f., 154f., 158f.
— Gipszusatz zum — 164f.
— Konstitution des Portlandzement- 126f.
— Lagerung des — 163f.
— Leichtbrand 136, 164.
— Mahlung des — 165f.
— Mischung von Portlandzement- mit Tonerdezement 217f.
— Petrographie des Portlandzement- 126f.
— überbrannter — 155, 220.
Klinkerabwärme, Ausnutzung der — nach Marguerre und Schott 158.
Klinkerbildung, Vorgänge bei der — 132f.
— theoretische Wärmebilanz bei der — 159f.
— Wärmetönung bei der — 134, 156, 159f.
Klinkermineralien, Beschreibung der —:
— nach Törnebohm 126, 128.
— nach v. Glasenapp 126.
— nach Guttmann und Gille 126f.
Klinoenstatit 50, 120.
Knolligwerden des Portlandzements 183.
— des Tonerdezements 227.
Kohlensäure, Wirkung der — beim Lagern des Portlandzementklinkers 164.
— Wirkung der — auf erhärtenden Tonerdezement und Absanden 226f.
— Wirkung von -haltigen Wässern auf Mörtel und Beton 95, 246f.
Kohlensaurer Kalk 15f., 92f., 96f., 133, 135f., 164, 184f., 226, 246.
Kohlenstaubasche 211.
Kohlenstaubfeuerung 153, 157, 261.
Kohlenverbrauch bei Drehöfen 157, 159.
— beim Lepolofen 159.
— bei Schachtöfen 156, 159.
— theoretischer — bei der Klinkerbildung 159f.
Kollergang 152.
Kolloid, Begriff des — 229.
Kolloide Systeme 230.
Kolloidtheorie der Erhärtung 31, 229, 233f.

Kollyrit 125.
Kombinierte Lagerung 176.
Kongruente Schmelze, Begriff der — 53.
Konstitution der Hochofenschlacke 190f.
— der hydraulischen Kalke 184, 186.
— der Portlandzemente 126f.
— der Puzzolane 201f., 206f.
— der Tonerdezemente 215f.
— des Trasses 203f.
Konstitutionsformeln des Portlandzements 28f., 141f.
Kork 91.
Kornerupin 125.
Korngröße des Zements und Festigkeit 165f., 180.
— des Zuschlagsmaterials und Dichte des Betons 256, 262.
Korrektur und Berechnung von Zementrohmischungen 145f.
Korrigierende Zuschläge für Zementrohmischungen 24, 26, 148f.
Korrosion, Einfluß der Zementart auf die — des Betons 250f.
— Einfluß der Mahlfeinheit auf die — 255f.
— Einfluß der Dichte des Zuschlagsmaterials auf die — des Betons 256f.
— und Temperatur der aggressiven Lösungen 255.
— und chemische Zusammensetzung der Zemente 250f.
— der Zemente durch Alkalien 249f.
— der Zemente durch Salze 250f.
— der Zemente durch Säuren 245f.
Korrosionsschutz 260f.
Korrosionsverhütung, Maßnahmen zur 260f.
Korund 19, 85f., 97.
Kreide 17, 23, 150.
Kreiselbrecher 152.
Kristallisationsgeschwindigkeit der Silikatschmelzen 40, 46.
Kristallgitter 58, 74f., 99, 101, 109, 114, 124, 184, 193.
Kristallisationstheorie der Erhärtung 31, 228f., 232.
Kristalloptik 64f.
Kugelmühlen 153f.
Kugelrollmühle 153.
Künstliche Puzzolanen, Begriff der — 7f.
Kunstmarmor 91.
Kupfferit 50.

Lagerung, Kladno 176f.
— Kombinierte — 176.
— des Portlandzementklinkers 163f., 220.
— Wasser- 176.
— der erhärteten Zemente 176.

Langsambinder, Definition des — 169.
Latenthydraulische Bindemittel, Begriff der — 11f., 187, 191.
v. Laue, Röntgenmethode nach — 77f.
Laumontit 125.
Lawsonit 125.
Lehm 9.
Leichtbeton 242.
Leichtbrand 136, 164.
Leitfähigkeit, elektrische — verschiedener abbindender Zemente 235, 250.
Lepolofen 158f.
Leuzit 204f.
Limonit 90.
Lithographiestein 91.
Löschemühle 153.
Löschen des Kalks 92f.
Löscherverfahren 213.
Löschprozeß bei den hydraulischen Kalken 185.
Lösungswärme 38f.
Luftgranulation der Hochofenschlacke 197f.
Lurgiverfahren 168.
Lyophile Sole 231.
Lyophobe Sole 231.

Magerkalk 92.
Magnesia in den Dolomitkalken 16f., 140, 186f.
— in der Hochofenschlacke 140, 195.
— und hydraulischer Modul 140.
— im Portlandzement 23, 120, 140.
— System — Kieselsäure 119f.
Magnesiagehalt der Hochofenschlacke 188, 195.
— in den Portlandzementen 23, 120, 140.
Magnesiakalke s. Dolomitkalke.
Magnesiatreiben bei der Hochofenschlacke 140, 195.
— bei den Portlandzementen 23, 120, 173f.
Magnesiazement 17, 91.
Magnesit 17, 90, 97.
Magnesitsteine 90.
Magnesiumaluminat 190.
Magnesiumchlorid 17, 91, 94, 240, 250f., 253.
Magnesiumhydroxyd 91, 94, 250.
Magnesiumoxyd 17, 90f.
Magnesiumsulfat, korridierende Wirkung von -lösungen 94, 250f.
Magneteisenstein 88.
Magnetit 88, 97.
Mahlapparate der Zementindustrie 152f.
Mahlfeinheit der Drehofenkohle 157.
— der Drehofenzemente 176.
— und Festigkeit der Zemente 166f.

Mahlfeinheit und Korrosion der Zemente 255f.
— der gewöhnlichen Portlandzemente 165.
— der hochwertigen Portlandzemente 180.
— der Portlandzementrohmischungen 150.
— der Schachtofenzemente 176.
— der Tonerdezemente 223.
Makroporen im Beton 256f.
Manganoxyd im Portlandzement 140f.
Manganoxydul in der Hochofenschlacke 196.
Manstädtmühle 153.
Margarit 125.
Marguerre-Verfahren 158.
Marmor 16, 23, 41.
Maulbrecher 152.
Meerschaum 125.
Meionit 125.
Meldometer 42.
Melilith in der Hochofenschlacke 190f.
— im Tonerdezement 216.
Mergel, Begriff des — 20f.
— chemische Zusammensetzung der — für die Portlandzementfabrikation 20, 22, 24.
— Kalk- 16, 20.
— Systematik der — 16, 20.
— Ton- 20.
Mergelige Kalksteine 16.
— Tone 16.
Metahydroxyde des Aluminiums 86.
— des Eisens 89f.
Metakaolin 40.
Metakieselsäure 82f.
Mikroporen im Beton 258.
Mikroskopie der Abbinde- und Erhärtungsvorgänge 228, 232.
— der Hochofenschlacke 190.
— des Portlandzementklinkers 126f.
— Ultra — nach Siedentopf-Zsigmondy 230.
Milch, Zementkorrosion durch saure — 248.
Mischerschlacke 200.
Mischkristalle 57f.
— im Portlandzementklinker 128f.
Mischsilo 150f.
Mischzemente 187f.
Molitor-Verbundmühle 154.
Monokalziumaluminat, Eigenschaften des — 111f.
— im Portlandzement 164, 220, 251.
— im Tonerdezement 112f., 215f., 234, 251.
Monokalziumsilikat, Eigenschaften des — 99f., 125.
— in der Hochofenschlacke 190.

Monokalziumsilikat — im Portlandzement 233f.
Monokline Kristalle, optisches Verhalten — 66.
Monomagnesiumsilikat 190.
Monotrope Umwandlung 48.
Monticellit 125.
Mullit 108f., 122.

Nadeleisenerz 90.
Naßverfahren 149f.
Natriumchlorid als Frostschutzmittel 238f.
Natriumkarbonat als Zusatz zur Portlandzementrohmischung 251.
Natriumsilikat 151.
Natriumsulfat, korrodierende Wirkung von -lösung auf Zement 250f., 258f.
Natronlauge als alkalische Erregersubstanz 192.
— korrodierende Wirkung von — auf Tonerdezement 249f., 251.
— als Zusatz zur Portlandzementrohmischung 151.
Naturportlandzement 10f., 149.
Naturzement, Eigenschaften und Herstellung von — 10f., 149.
Nernstsches Wärmetheorem 34, 95.
Nicolsches Prisma, Optik des — 68.
Normenbestimmungen, deutsche — für gewöhnlichen und hochwertigen Portlandzement 4, 169, 174, 176, 182.
Nosean 205.

Öle, fette — und Korrosion 253f.
— Mineral- und Korrosion 254.
Ölfeuerung bei der Zementfabrikation 157.
Ofenfutter beim Drehofen 157.
— beim Elektroofen 222.
Ofensysteme zum Brennen von Zement 155f.
Olivin 125, 190.
Opal 21f., 81, 234.
Optisch negativ, Begriff — 69f, 72.
— positiv, Begriff — 69f., 72.
Optische Achse 69.
Orionmühle 153.
Orthokieselsäure 82.
Orthoklas 51.
Oskiverfahren 168.

Palit 125.
Pendelmühle 153.
Pentakalziumtrialuminat 110f., 113, 127, 132, 215f.
Peptisation 238, 254.

Periklas 46, 90, 97.
Petrographie der Hochofenschlacke 190f.
— des Portlandzements 126f.
— des Tonerdezements 215f.
— des Trasses 202f.
Phase, Begriff der — 33.
Phasengleichgewichte 32f., 50f.
Phasenregel 33f.
Phenol, Zementkorrosion durch — 254.
Phillipsit 205.
Phosphorsäure 15, 82, 242.
Phosphorsaure Salze, Wirkung — auf das Abbinden 238.
Plastizität des Tons 24, 109f.
Pleochroismus 71.
Polarisation des Lichts 67f.
Polierrot 90.
Polymorphismus 47.
Pompejanischrot 90.
Poröser Beton 242.
Porosität von Mörtel und Beton, Einfluß der — auf die chemische Widerstandsfähigkeit 256f.
Portlandjurament 6, 8, 11f., 201, 207, 257.
Portlandzement, Abbinden des — 168f., 233f.
— Analyse des — 13f., 168.
— chemische Widerstandsfähigkeit der — 242f.
— chemische Zusammensetzung der — 13f., 168.
— Eigenschaften des — 168f., 242f.
— Eigenschaften der hochwertigen — 180f., 250f., 255f., 257.
— Erfindung des — 8.
— Erhärtung des — 233f.
— Glühverlust im — 168, 182f.
— Grenzwerte der chemischen Zusammensetzung der — 13f.
— die hochwertigen — 179f.
— Konstitution des — 126f.
— Lagerung der — 163f., 220.
— Mikroskopie des — 126.
— natürliche — 10f., 149.
— raschbindende — 169, 220, 237.
— Rohstoffe für die Herstellung der — 11f.
— technische Eigenschaften der — 168f.
— Tonerdezemente und — 164, 217f.
— Treiben des — 170f., 237.
— überbrannter — 155, 164, 220.
— Umschlagen des — 25.
— Verhalten von Tonerdezementmischungen 164, 217f.
— Wirkung der Kohlensäure auf — 164, 246f.
Portlandzementherstellung 145f.

Portlandzementklinker, Lagerung des — 163f., 220.
— Petrographie des — 126f.
Portlandzementrohmischung, Ansatz einer — 145f.
— Aufbereitung der — 149f.
— Berechnung der — 145f.
— Mahlfeinheit der — 150, 152.
Porzellan, Beziehung des — zu den hydraulischen Bindemitteln, den keramischen Produkten und dem Glas 13f., 23f., 26.
Prehnit 125.
Pseudowollastonit 41, 50, 99, 125, 190.
Pulverpräparate, Bestimmung der Hydraulizität von Hochofenschlakken mittels — 221.
— Bestimmung von Jungbrand mittels — 220.
— Untersuchungen über das Abbinden von Portlandzement an — 228, 232.
Puzzolanen, Einteilung der — 7, 12, 187.
— Hydratwassergehalt der — und das hydraulische Erhärtungsvermögen 205.
— Konstitution der — 7, 201.
— künstliche — 187f., 206f.
— natürliche — 202f., 207f.
Puzzolanerde, Vorkommen und Konstitution der — 201, 206.
Puzzolanzemente, Erregersubstanzen für — 7.
— Geschichtliches über — 7, 202.
— Herstellung der — 206f., 208.
— Widerstandsfähigkeit der — gegen chemische Angriffe 207, 261.
Pyrit 88.
Pyroxen, rhombischer 190.

Quarz als korrigierender Zuschlag zur Zementrohmischung 21f., 25f.
— Modifikationen des — 45, 48f., 81f., 97.
— natürliches Vorkommen des — 21f.
Quellung und Schwinden von erhärtetem Zement 171f.

Raschbindende Zemente 169, 220, 237.
Raumbeständigkeit und Treiben 170f.
Raumgitter 74f., 99, 101, 109, 114, 124, 184, 193.
Recordmühle 154.
Reduzierender Brand 137.
Reguläre Kristalle, optisches Verhalten — 66f.
Regulierung der Abbindezeit von Portlandzement 164f., 174, 237f.
Reststrahlen, Wellenlänge der — 73.

Rhombische Kristalle, optisches Verhalten — 66.
Ringbildung im Drehofen 222.
Ringofen für Tonerdezementherstellung 221.
Ringwalzenmühle 153.
Rohgangschlacke 200.
Rohmaterial, Ansatz des — 145f.
— Aufbereitung des — für die Portlandzementherstellung 148f.
— Einstellung des — 145f.
— für die Portlandzementherstellung 15f.
— für die Tonerdezementherstellung 15, 18, 25f., 212, 221.
Rohmaterialien für die Herstellung:
— von Glas 15, 23, 25f.
— von Hochofenschlacke 187f., 195, 200f.
— von hydraulischen Kalken 16f., 184, 187.
— von keramischen Produkten wie Steingut, Steinzeug 14f., 20, 23f., 26.
— von Portlandzement 15f., 18, 20f.
— von Porzellan 15, 23f., 26.
— von Tonerdezement 15, 18, 25f., 212, 221.
Romanzemente, chemische Zusammensetzung und Eigenschaft der — 184f.
— Geschichtliches über die — 8.
— Rohmaterialien für — 17, 184, 187.
— Systematik der — 11f.
Röntgenspektroskopie 73f.
Röntgenstrahlen, Wellenlänge der — 73.
Rot erster Ordnung 72.
Roteisenerz 88, 90, 97.
Roulettemühle 153.
Rubin 19, 85f.
Rundbrecher 152.
Rutil 46.

Salze, Korrosion durch — 250f.
Salzlösungen, korrodierende — 250f.
Salzsäurelöslichkeit von Portlandzement 83, 110, 224, 245.
— von Tonerdezement 224.
— von Traß 201, 203f.
Sand 14f., 21, 25f., 245, 256f.
Sandstein 21.
Santorinerde, chemische Zusammensetzung und Vorkommen 7, 201f., 206.
Saphir 19, 85f.
Schachtofen, automatischer 155f., 222.
— Hängen des — 155.
— Kohlenverbrauch des — 156, 159.
— Technik des -betriebes 155f., 222.
Schachtofenklinker, Festigkeit von — im Vergleich zu Drehofenklinker 175, 181.

Sachverzeichnis.

Schachtofenklinker, Mahlfeinheit des — im Vergleich zu Drehofenklinker 176, 180.
— überbrannter — 155, 220.
Schamotte, feuerfeste — 13f., 24, 157, 222.
Schichtenbildung im Mergel 21.
Schiefer 203.
Schlacke s. Hochofenschlacke.
Schlackensand 198.
Schmelze, Abkühlung von Silikat- 43f.
— Gleichgewichte in — 41f.
— unterkühlte — 43, 46, 101f., 134.
Schmelzpunkt, Begriff des — und seine graphische Darstellung in Zwei- und Mehrstoffsystemen 41f., 50f., 58f.
— Bestimmung des — bei den Silikaten 42f.
— einiger Zementgrundstoffe 45f.
Schmelzpunktsemiedrigung, Gesetz der — 50.
Schmelzung, Begriff der — 11.
Schmirgel 19, 85.
Schneiderofen 155f.
Schnellbinder 164, 169f., 186, 220, 237.
Schrotmühlen 153.
Schutzkolloid 231, 233.
Schwachbrand s. Leichtbrand.
Schwarzkalk 17.
Schwefelkalzium in Hochofenschlacken 196.
Schwefelsaure Salze s. Sulfate.
Schwefelverbindungen in Hochofenschlacken 196.
— im Portlandzement 23, 115f., 164f., 170, 173f., 183, 237, 250f.
Schwinden und Quellen des Betons 170f.
Sedimentgestein 21.
Seife 241.
Separation, Mühlen mit und ohne — 153.
Siebanalysen von Portlandzement 176, 180.
Sika 241.
Silexfütterung 154.
Silikastein 24, 26.
Silikatmodul 141, 143, 145f.
Silikatschmelze, Abkühlung von — 43f.
— Unterkühlung von — 46.
Sillimanit 40f., 50, 108f., 125.
Sinterung, Begriff der — 11.
Sinterungstemperatur von Portlandzement 134f.
Sinterzone beim Drehofen 157f.
— erweiterte — beim Drehofen 158.
Si-stoff, chemische Zusammensetzung und Verwendung 6, 201, 206.
Sodalithmineralien 205.
Solidititzement 211.
Solomühle 154.
Soloofen 158.

Sorelmagnesia 17, 91.
Sorelzement 17, 91.
Spezifisches Gewicht:
— von Dreistoffverbindungen 125.
— von Einstoffsystemen 97.
— von Tonerdezement 224.
— von Traß 204.
— von Zweistoffverbindungen 125.
Spezifische Wärme:
— von Kalziumoxyd 36.
— von Monokalziumaluminat 36.
— von Portlandzementklinker 36.
— von Ton 36.
— von Tonerde 36.
— von Trikalziumsilikat 36.
Sphärolithe 112, 117.
Spindelsche Zahl 144.
Spinell 190.
Standardzemente 180.
Staubbeseitigung in Zementfabriken 168.
Stearin 241.
Steingut 14f., 23f., 26.
Steinzeug 14f., 26.
Strahlungsverluste bei Drehöfen 157f., 161f.
Strontiumsilikate 107.
Stückschlacke 190.
Sulfate im Portlandzement 23, 115f., 164f., 170, 173f., 237.
— Zementkorrosion durch — 117, 170, 174, 250f.
Sulfatische Erregung der Hochofenschlacke 192, 196.
Sulfide in der Hochofenschlacke 196.
System, Dreistoff- Kalk-Tonerde-Kieselsäure 120f.
— Zweistoff- 97f.

Telemeter 172.
Temperatur abbindender Zemente 224.
— und Erhärtung des Tonerdezements 224f.
Ternäres System Kalk-Tonerde-Kieselsäure 120f.
Ternäre Verbindungen 58f., 120f.
— Zustandsdiagramme 58f.
Tetragonale Kristalle, optisches Verhalten — 66f.
Tetrakalziumaluminat 218, 251.
Thermische Dissoziation 53.
Thermochemie des Brennprozesses 132f., 159f.
Titanbrecher 153.
Titanit 203.
Ton, Brennen von — 36, 110, 132f.
— chemische Zusammensetzung der — 20, 108f.
— Einteilung der — 14f., 16, 20.
— Entstehung der — 18f., 20.

Sachverzeichnis.

Ton, mergelige — 16, 20f.
— spezifische Wärme von — 36.
— Systematik der — 14f., 16, 20.
— Vorkommen der — 18f.
Tonerde, die — als Grundstoff in der keramischen Industrie, der Mörtel- und Glasindustrie 18f., 24f.
— die — in der Hochofenschlacke 188, 195.
— die — im Portlandzement 24f.
— die — im Tonerdezement 25f.
Tonerdegehalt, Einfluß des — auf das Abbinden der Portlandzemente 169f.
— in der Hochofenschlacke 14, 195.
— in Portlandzementen 14, 168.
— in Tonerdezementen 14, 215f., 224.
Tonerdesilikate s. Aluminiumsilikate.
Tonerdezement, Abbindetemperatur der — 224f.
— Abbindezeit der — 170, 224.
— Absanden der — 226.
— Erhärtung der — 170, 177.
— Fabrikation — 221f.
— Festigkeit der — 227.
— Geschichtliches über die — 9, 212f.
— Korrosion des — 227f., 245f.
— Lagerfähigkeit der — 227.
— Portlandzementmischungen 164, 217f.
— Rohmaterialien für die Herstellung der — 15, 18, 26, 221.
— Systematik der — 9, 10f.
— Zusammensetzung der — 13f., 113, 215.
Tonmergel 16, 20f., 22, 24.
Tonsubstanz, Aufschließung der — 133f.
— Verhalten der — beim Erhitzen 109f.
Translationsgruppen nach Bravais 75f.
Traß, chemische Zusammensetzung und Vorkommen des — 7, 202f.
— Ersatz des Zements durch — 208f.
— Zusatz von — zum Zement 208f.
Traßportlandzement 11f., 207f.
Treiben, Eisenzerfall der Hochofenschlacken durch — 200.
— Gips- der Portlandzemente 174, 237.
— der Hochofenschlacken 195f.
— Kalk- der Portlandzemente 170, 173f.
— Magnesia- der Portlandzemente 23, 120, 173f.
— der Portlandzemente 170, 173f.
Treibmittel 242.
Trikalziumaluminat 113f., 123f., 127, 129f., 142, 217f., 228, 251.
Trikalziumpentaaluminat 110f., 122, 214f.
Trikalziumsilikat 81, 99, 102f., 122, 124, 127f., 131f., 136, 142, 217f., 233, 235.

Trikalziumsilikat, spezifische Wärme von — 35f.
Trichroismus 71.
Tridymit 21f., 26, 45, 48f., 81, 83f., 97.
Trikline Kristalle, optisches Verhalten — 66f.
Trockentrommel 150, 198.
Trockenverfahren 149f., 152.
Tuffstein 202f.
Turmalin 85.
Tyndall-Phänomen 230.

Überbrannter Portlandzement 155, 220.
Überschreitungserscheinungen bei Silikatschmelzen 45f.
Ultramikroskop nach Siedentopf-Zsigmondy 230.
Ultrarotstrahlen, Wellenlänge der — 73.
Umschlagen des Portlandzements 25.
Umwandlung, enantiotrope — 48.
— monotrope — 48.
Umwandlungsgleichgewicht, Begriff des — 47.
Umwandlungspunkt bei polymorphen Stoffen 47.
Unaxofen 158.
Ungesinterte hydraulische Bindemittel 11f., 184f.
Unidanmühle 154.
Unlöslicher Rückstand beim Portlandzement 182.
— Rückstand beim Traß 203f.
Unterkühlung, die — bei den Silikaten 46.
Unterscheidung von Drehofen- und Schachtofenportlandzement 183.
— von Jungbrand und abgelagertem Zement 220.
— von Portlandzement und Hochofenzement 196.

Vaterit 95.
Verbundmühle 154.
Verpackung von Zementen 167f.
Verwitterung, atmosphärische — natürlicher Gesteine und des Betons 172, 256.
Viskosität abbindender Zemente 169.
— von Tonerdezementschmelzen 222.

Wärmebedarf, praktischer — bei der Klinkerbildung 159, 162.
Wärmebilanz des Zementbrennens 159.
Wärmetönung bei Silikatprozessen 37, 40, 44, 48f.
Wärmeverluste bei Drehöfen 157, 161f.
— beim Portlandzementbrennen 161f.

Wärmeverluste bei Schachtöfen 222.
— beim Tonerdezementbrennen 222f.
Wasser beim Dickschlammverfahren 151f.
— beim Dünnschlammverfahren 150.
— beim Filtrierverfahren 152.
— beim Halbnaßverfahren 150f.
— heißes, Verhalten von Zement gegen — 177.
— beim Naßverfahren 150.
— beim Trockenverfahren 150, 152.
Wasserdampfbehandlung von Mörtel und Beton und chemische Widerstandsfähigkeit 115, 248, 259f.
Wassergehalt des Hüttensandes 198.
Wasserglas 241.
Wassergranulation 197f.
Wasserkalke 12, 183f., 202.
Wasserzementfaktor und Festigkeit 166, 199, 257f.
Wasserzusatz und Mörtelfestigkeit 166f.
— und chemische Widerstandsfähigkeit 258f.
Wein, Zementkorrosion durch gärenden — 248.
Weißer Portlandzement 12.
Weißkalk 7f., 12, 16, 92f., 96f., 185.
Wellenlängen des gesamten Spektrums 73.
Widerstandsfähigkeit, chemische:
— der Erzzemente 170, 251f., 257.
Widerstandsfähigkeit, Erhöhung der — durch Anstrich des Betons 262.
— Erhöhung der — durch Kornabstufung des Zuschlagmaterials 256, 262.
— Erhöhung der chemischen — durch Puzzolanzusätze 207, 211, 261.
— Erhöhung der — durch Wasserdampfbehandlung 115, 248, 259f.
— Erhöhung der — durch chemische Zusätze 241f., 261f.
— der gewöhnlichen Portlandzemente 182, 245, 249f.
— der hochwertigen Portlandzemente 182, 245, 249f.
— der Hochofenzemente 200, 245, 249f.

Widerstandsfähigkeit der Tonerdezemente 214, 227f., 245, 249f.
— der Traßportlandzemente 207, 211, 245.
Windsichtung 153.
Wollastonit 39f., 50, 99, 125, 190.
— in Hochofenschlacken 190.

Xylolith 91.

Zähflüssigkeit s. Viskosität.
Zahl, Heßsche — 144.
— Spindelsche — 144.
Zement, Begriff — 9, 17.
— Systematik der — 9f.
Zeolithe 203, 205, 249.
Zerrieseln des Dikalziumsilikats 100f.
— der Hochofenschlacke 200.
— der Portlandzemente 136.
Ziegelmehl, Erhärtungsvermögen von — 207.
— Geschichtliches über das — 7, 207.
Zinkstaub 242.
Zucker, Einfluß von — auf das Abbinden 238, 254.
— Zementkorrosion durch — 254.
Zuckermelasse als Zusatz zur Portlandzementmischung 151.
Zugfestigkeit, Verhältnis der — zur Druckfestigkeit 4, 178, 182, 199.
Zuschläge, hydraulische — 7.
— korrigierende — zur Portlandzementrohmischung 21, 24, 26, 149f.
Zustandsdiagramme, thermische — binärer Systeme 50f.
— thermische — ternärer Systeme 58f.
Zweiachsige Kristalle, optisches Verhalten — 69.
Zweistoffsystem, graphische Darstellung von — 50f.
— Kalk-Eisenoxyd 118f.
— Kalk-Kieselsäure 97f.
— Kalk-Tonerde 110f.
— Magnesia-Kieselsäure 119f.
— Tonerde-Kieselsäure 108f.

Verlag von Julius Springer / Berlin

Erhärtung und Korrosion der Zemente. Neue physikalisch-chemische Untersuchungen über das Abbinde-, Erhärtungs- und Korrosionsproblem. Von Privatdozent Dr. **Karl E. Dorsch**, Karlsruhe i. B. Mit 76 Textabbildungen. IV, 120 Seiten. 1932. RM 13.50

Die in diesem Buch veröffentlichten Arbeiten über das Abbinden, die Erhärtung und Korrosion der Zemente wurden experimentell durchgeführt und stellen einen wertvollen Beitrag zur Erforschung der Chemie der Zemente dar.

*__Der Zement.__ Herstellung, Eigenschaften und Verwendung. Von Dr. **Richard Grün**, Direktor am Forschungsinstitut der Hüttenzementindustrie in Düsseldorf. Mit 90 Textabbildungen und 35 Tabellen. IX, 173 Seiten. 1927.
Gebunden RM 15.—

*__Der Aufbau des Mörtels und des Betons.__ Untersuchungen über die zweckmäßige Zusammensetzung der Mörtel und des Betons. Hilfsmittel zur Vorausbestimmung der Festigkeitseigenschaften des Betons auf der Baustelle. Versuchsergebnisse und Erfahrungen aus der Materialprüfungsanstalt an der Technischen Hochschule Stuttgart. Von **Otto Graf**. Dritte, neubearbeitete Auflage. Mit 160 Textabbildungen. VIII, 151 Seiten. 1930.
RM 16.—; gebunden RM 17.50

*__Wasserdurchlässigkeit von Beton__ in Abhängigkeit von seinem Aufbau und vom Druckgefälle. Von Dr.-Ing. **Gustav Merkle**. (Mitteilungen des Instituts für Beton und Eisenbeton an der Technischen Hochschule in Karlsruhe i. B., Leitung: E. Probst.) Mit 33 Textabbildungen. IV, 66 Seiten. 1927. RM 5.10

*__Über das elastische Verhalten von Beton__ mit besonderer Berücksichtigung der Querdehnung. Von Professor **Hirohiko Yoshida**, Fukui, Japan. (Mitteilungen des Instituts für Beton und Eisenbeton an der Technischen Hochschule in Karlsruhe i. B., Leitung: E. Probst.) Mit 59 Textabbildungen. VI, 114 Seiten. 1930. RM 11.—

*__Untersuchungen über den Einfluß häufig wiederholter Druckbeanspruchungen auf Druckelastizität und Druckfestigkeit von Beton.__ Von Dr.-Ing. **Alfred Mehmel**. Mit 30 Textabbildungen. IV, 74 Seiten. 1926. RM 6.60

*__Das Wesen des Gußbetons.__ Eine Studie mit Hilfe von Laboratoriumsversuchen. Von Dr.-Ing. **G. Bethke**. Mit 33 Textabbildungen. 58 Seiten. 1924. RM 3.30

*__Ist Gußbeton wirtschaftlich?__ Untersuchungen über die Wirtschaftlichkeit von Gußbeton gegenüber Stampfbeton. Von Dr.-Ing. **L. Baumeister**, Stuttgart. Mit 43 Abbildungen und 14 Tabellen. IV, 101 Seiten. 1927. RM 7.50

---

* *Auf alle vor dem 1. Juli 1931 erschienenen Bücher wird ein Notnachlaß von 10 % gewährt.*

Verlag von Julius Springer / Berlin und Wien

***Vorlesungen über Eisenbeton.** Von Dr.-Ing. **E. Probst,** ord. Professor an der Technischen Hochschule in Karlsruhe. In zwei Bänden.

I. Band: Allgemeine Grundlagen. — Theorie und Versuchsforschung. — Grundlagen für die statische Berechnung. — Statisch unbestimmte Träger im Lichte der Versuche. Zweite, umgearbeitete Auflage. Mit 70 Textabbildungen. XI, 620 Seiten. 1923. Gebunden RM 24.—

II. Band: Grundlagen für die Berechnung und das Entwerfen von Eisenbetonbauten. — Anwendung der Theorie auf Beispiele im Hochbau, Brückenbau und Wasserbau. — Allgemeines über Vorbereitung und Verarbeitung von Eisenbeton. — Richtlinien für Kostenermittlungen. — Eisenbeton und Formgebung. Zweite, umgearbeitete Auflage. Mit 61 Textabbildungen. IX, 539 Seiten. 1929. Gebunden RM 31.50

***Beton.** Anregungen zur Verbesserung des Materials. Ein Ergänzungsheft zu „Vorlesungen über Eisenbeton", I. Band, zweite Auflage. Von Dr.-Ing. E. Probst, ord. Professor an der Technischen Hochschule in Karlsruhe. Mit 7 Textabbildungen. IV, 54 Seiten. 1927. RM 3.—

***Berechnung des Eisenbetons gegen Verdrehung (Torsion) und Abscheren.** Von Dr.-Ing. **Ernst Rausch,** Privatdozent an der Technischen Hochschule Berlin. Mit 59 Abbildungen im Text. II, 51 Seiten. 1929. Unveränderter Neudruck 1930. RM 5.—

Das Buch gibt zunächst eine allgemeine Berechnungsmethode für Eisenbetonstäbe mit beliebigem Querschnitt, die reinen Torsionsmomenten ausgesetzt sind. Das Verfahren wird dann auf den praktisch wichtigeren Fall der durch Querkräfte hervorgerufenen Torsion übertragen. Auch auf die Berechnung des Eisenbetons gegen Abscheren geht der Verfasser ein. Das Buch bietet nicht nur Gelegenheit zur Vertiefung theoretischer Kenntnisse, sondern stellt auch ein wertvolles Hilfsmittel für die Praxis dar.

***Die Grundzüge des Eisenbetonbaues.** Von Geh. Hofrat Professor Dr.-Ing. e. h. **M. Foerster,** Dresden. Dritte, verbesserte und vermehrte Auflage. Mit 183 Textabbildungen. XII, 570 Seiten. 1926.

Gebunden RM 25.50

Praktisches Konstruieren von Eisenbetonhochbauten. Von Baumeister **Rudolf Bayerl,** Wien. Unter Mitwirkung von Ingenieur Adolf Brzesky. Mit 67 Textabbildungen. VIII, 144 Seiten. 1930. RM 7.—

***Handbuch des Materialprüfungswesens für Maschinen- und Bauingenieure.** Von Professor Dipl.-Ing. **Otto Wawrziniok,** Dresden. Zweite, vermehrte und vollständig umgearbeitete Auflage. Mit 641 Textabbildungen. XX, 700 Seiten. 1923. Gebunden RM 26.—

---

* *Auf alle vor dem 1. Juli 1931 erschienenen Bücher des Verlages Julius Springer-Berlin wird ein Notnachlaß von 10% gewährt.*

Verlag von Julius Springer / Berlin

*Die Dauerprüfung der Werkstoffe hinsichtlich ihrer Schwingungsfestigkeit und Dämpfungsfähigkeit. Von Professor Dr.-Ing. **O. Föppl**, Vorstand des Wöhler-Institutes, Technische Hochschule Braunschweig, Dr.-Ing. **E. Becker**, Ludwigshafen, und Dipl.-Ing. **G. v. Heydekampf**, Braunschweig. Mit 103 Abbildungen im Text. V, 124 Seiten. 1929.
RM 9.50; gebunden RM 10.75

*Die Dauerfestigkeit der Werkstoffe und der Konstruktionselemente. Elastizität und Festigkeit von Stahl, Stahlguß, Gußeisen, Nichteisenmetall, Stein, Beton, Holz und Glas bei oftmaliger Belastung und Entlastung sowie bei ruhender Belastung. Von **Otto Graf**. Mit 166 Abbildungen im Text. VIII, 131 Seiten. 1929.
RM 14.—; gebunden RM 15.50

*Festigkeitseigenschaften und Gefügebilder der Konstruktionsmaterialien. Von Professor Dr.-Ing. **C. Bach** und Professor **R. Baumann**, Stuttgart. Zweite, stark vermehrte Auflage. Mit 936 Figuren. IV, 190 Seiten. 1921.
Gebunden RM 18.—

*Berl-Lunge, Taschenbuch für die anorganisch-chemische Großindustrie. Herausgegeben von Prof. Ing.-Chem. Dr. phil. **Ernst Berl**, Darmstadt. Siebente, umgearbeitete Auflage. 1930.
Erster Teil: Text. Mit 19 Textabbildungen. XIX, 402 Seiten. Gebunden.
Zweiter Teil: Nomogramme. Mit einem Lineal. 4 Seiten Text und 31 Tafeln.
In Mappe.   Text und Nomogramme zusammen RM 37.50

Berl-Lunge, Chemisch-technische Untersuchungsmethoden. Unter Mitwirkung zahlreicher Fachleute herausgegeben von Prof. Ing.-Chem. Dr. phil. **Ernst Berl**, Darmstadt. Achte, vollständig umgearbeitete und vermehrte Auflage. In 5 Bänden.

*Erster Band. Mit 583 in den Text gedruckten Abbildungen und 2 Tafeln. L, 1260 Seiten. 1931.   Gebunden RM 98.—

Zweiter Band. 1. Teil. Mit 215 in den Text gedruckten Abbildungen und 3 Tafeln. LX, 878 Seiten. 1932.   Gebunden RM 69.—
2. Teil. Mit 86 in den Text gedruckten Abbildungen. IV, 917 Seiten. 1932.
(Beide Teile werden nur zusammen abgegeben.)   Gebunden RM 69.—

Dritter Band. Mit 184 in den Text gedruckten Abbildungen. XLVIII, 1380 Seiten. 1932.   Gebunden RM 98.—
Enthält u. a.: **Mörtelbindemittel.** Von Dr. Richard Grün, Direktor des Forschungsinstitutes der Hüttenzementindustrie, Düsseldorf.
Einleitung. — Luftbindemittel: Fettkalk. Gips. Magnesiabindemittel. — Wasserbindemittel: Die Normenzemente und der Beton: Die Rohstoffe der Zementherstellung. Die Untersuchung des fertigen Bindemittels. Mörtel und Beton. Hydraulische Kalke. — Hydraulische Zusätze: Natürliche hydraulische Zusätze. Künstliche hydraulische Zuschläge.

Band IV und V befinden sich in Vorbereitung.

---

* *Auf alle vor dem 1. Juli 1931 erschienenen Bücher wird ein Notnachlaß von 10 % gewährt.*

Verlag von Julius Springer / Berlin und Wien

Einführung in die physikalische Chemie der Eisenhüttenprozesse. Von Dr.-Ing. **Hermann Schenck**, Ingenieur der Firma Friedr. Krupp A.-G., Essen.
Erster Band: **Die chemisch-metallurgischen Reaktionen und ihre Gesetze.** Mit 162 Textabbildungen und einer Tafel. XI, 306 Seiten. 1932.
Gebunden RM 28.50

*Physikalische Chemie der metallurgischen Reaktionen. Ein Leitfaden der theoretischen Hüttenkunde von Prof. Dr. phil. **Franz Sauerwald**, Breslau. Mit 76 Textabbildungen. X, 142 Seiten. 1930.
RM 13.50; gebunden RM 15.—

Allgemeine und technische Elektrometallurgie. Von Dr. **Robert Müller**, o. ö. Professor an der Montanistischen Hochschule Leoben. Mit 90 Abbildungen im Text. XII, 580 Seiten. 1932.
Gebunden RM 32.50

Beimengungen und Verunreinigungen in Metallen.
Ihr Einfluß auf Gefüge und Eigenschaften. Von **C. J. Smithells**. Erweiterte deutsche Bearbeitung von Dr.-Ing. **W. Hessenbruch**, Heraeus Vakuumschmelze A. G., Hanau/M. Mit 248 Textabbildungen. VII, 246 Seiten. 1931.
Gebunden RM 29.—

*Vita-Massenez, Chemische Untersuchungsmethoden für Eisenhütten und Nebenbetriebe. Eine Sammlung praktisch erprobter Arbeitsverfahren. Zweite, neubearbeitete Auflage von Ing.-Chemiker **Albert Vita**, Chefchemiker der Oberschlesischen Eisenbahnbedarfs, A.-G., Friedenshütte. Mit 34 Textabbildungen. X, 197 Seiten. 1922.
Gebunden RM 6.40

Schmidt-Gadamer, Anleitung zur qualitativen Analyse. Elfte Auflage bearbeitet von Dr. **F. v. Bruchhausen**, o. ö. Professor der pharmazeutischen und angewandten Chemie an der Universität Würzburg. VI, 113 Seiten. 1932.
RM 5.60

Qualitative Analyse auf präparativer Grundlage.
Von Dr. **W. Strecker**, o. Professor an der Universität Marburg. Dritte, ergänzte und erweiterte Auflage. Mit 17 Abbildungen. VIII, 203 Seiten. 1932.
RM 8.—

*Waeser-Dierbach, Der Betriebs-Chemiker. Ein Hilfsbuch für die Praxis des chemischen Fabrikbetriebes. Von Chemiker Dr.-Ing. **Bruno Waeser**. Vierte, ergänzte Auflage. Mit 119 Textabbildungen und zahlreichen Tabellen. XI, 340 Seiten. 1929.
Gebunden RM 19.50

* *Auf alle vor dem 1. Juli 1931 erschienenen Bücher des Verlages Julius Springer-Berlin wird ein Notnachlaß von 10% gewährt.*

If you have any concerns about our products,
you can contact us on
ProductSafety@springernature.com

In case Publisher is established outside the EU,
the EU authorized representative is:
**Springer Nature Customer Service Center GmbH
Europaplatz 3, 69115 Heidelberg, Germany**

Printed by Libri Plureos GmbH
in Hamburg, Germany